カラー・プレビュー
本書で紹介する計測用便利治具

本書で紹介する計測用治具の一部を**写真P-1** ～**写真P-9**に示します.

いちから回路を自作しなくても，実際に自分で実験できるように，プリント基板化して頒布することにしました．P板.comで運営している「パネルdeボード」というサービスから入手することができます[注].

Column1に「パネルdeボード」のサービスの概要とURLを記してあります．こちらからアクセスして，項目［CQ出版/トラ技企画］➡分類［計測単行本］から注文できます.

写真P-1　パラレル/シリアルの特定ワード・パターン検出回路
オシロスコープのトリガに使えるので，高価なロジック・アナライザが不要になる．第3章のColumn3で紹介する「ワード・パターン検出回路」IEEC-DI005A

注：メーカの都合でサービスが終了した場合はご了承ください

写真P-2　バス衝突や不定状態などの検出回路

ディジタル信号のレベルの中途半端な状態を検出し，オシロスコープをトリガできる回路．第4章の4-5節で紹介する「ウィンドウ・コンパレータ回路」IEEC-DI004A

写真P-3　電流トランス(CT)を使ってケーブルに流れる電流量を計測できる簡易電流プローブ回路

第7章の7-4節で紹介する「簡易電流プローブ回路」IEEC-AP002A

写真P-4　2信号の位相差を電圧値として出力する位相比較回路

位相差に相当する出力電圧をディジタル・マルチメータなどで直読できる．第8章の8-2節で紹介する「位相比較回路」IEEC-IN001A

写真P-5　プリント基板のパターンや同軸ケーブルの伝送線路のようすを計測できるシングルエンド/同相モードTDR計測用高速ステップ波形発生器

第13章の13-4節や第17章〜第19章で紹介する「同相モード高速ステップ波形発生器回路」IEEC-TR002A．シングルエンド線路や，差動線路の同相インピーダンスが計測できる．基板板厚は必ずt＝1.2 mmで注文のこと

写真P-6　プリント基板のパターンなどの差動伝送線路のようすを計測できる差動モードTDR計測用高速ステップ波形発生器

第17章の17-6節で紹介する「差動モード高速ステップ波形発生器回路」IEEC-TR003A．差動線路の差動インピーダンスが計測できる．基板板厚は必ずt＝1.2 mmで注文のこと

写真P-7　微小信号を計測するときにオシロスコープなどのプリアンプに使えるロー・ノイズ・プリアンプ回路

第20章の20-3節で紹介する「ロー・ノイズ・プリアンプ回路」．高速ロー・ノイズOPアンプADA4817-1の評価基板EB-08REDF-1Zを流用（パネルdeボードでは用意していません．アナログ・デバイセズのウェブサイトから注文してください）

写真P-8　低入力容量で計測したいときに使える簡易アクティブ・プローブ

第22章の22-4節で紹介する，高速OPアンプを使った，AC信号専用で入力容量2 pF(本文では1 pFですが，基板上に実装したため容量が若干増加しています)の20：1で低入力容量な「簡易アクティブ・プローブ回路」IEEC-AP001A

写真P-9　割り込み応答時間/処理時間などの異常検出回路

第25章の25-1節で紹介する，割り込み応答時間や割り込み処理時間の異常状態を検出して，オシロをトリガできる回路．「割り込み異常時間検出トリガ回路」IEEC-DI006A

C o l u m n 1

データベースから選ぶだけでアナログ回路モジュールが試作できるサービス「パネルdeボード」

プリント基板の製造・実装サービス・ウェブ・サイト「P板.com」が提供する，プリント基板パターン・モジュール・データベースがパネルdeボードです(**図P-A**)．外形寸法は，0.5インチ・サイズで標準化されています．

フット・プリント変換基板や各種機能モジュールがP板.comサイト上に「パネル」として用意されており，ブラウザ画面上でそれらのパネルを選んでつなぐだけで，「あなただけの試作プリント基板」が実現できるというサービスです．単なる変換基板ではなく，アナログ回路試作向けにグラウンド設計などが最適化されているので，アナログ玄人の方も満足できると思います．

また費用も市販の変換基板なみで，低コストで実験や試作が可能です．

http://www.p-ban.com/panel_de_board/

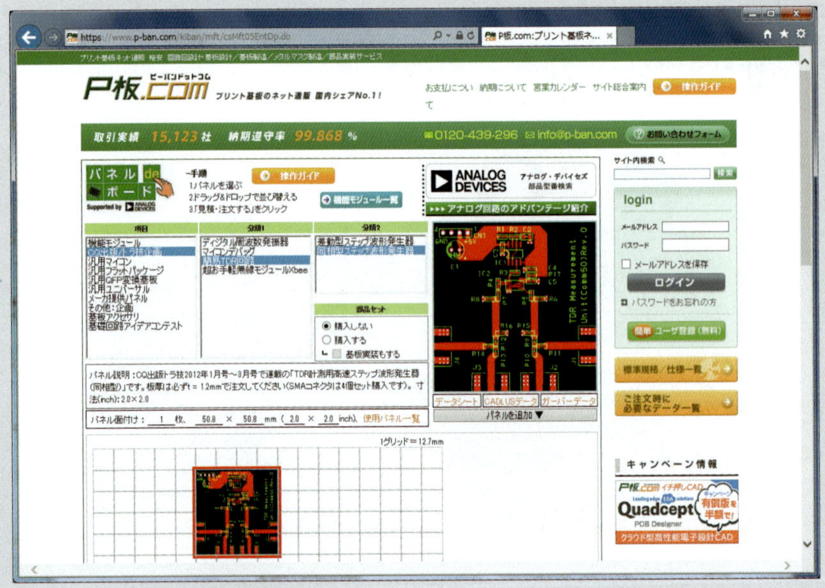

図P-A　データベースから選ぶだけでアナログ回路モジュールが試作できるサービス「パネルdeボード」

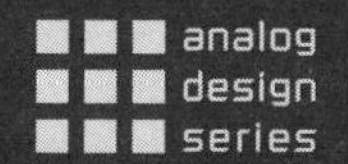

■アナログ・デザイン・シリーズ

Multimeter

Peak-to-Peak

Root Mean Square

Oscilloscope

Passive probe

Digital & analog circuit

Active probe

Phase margin

Time domain reflectometry

Differential transmission line

Common mode noise

Spectrum analyzer

アナログ・センスで正しい
電子回路計測

高速時代は回路の理解&プロービングが成功のかぎ

石井 聡［著］
Satoru Ishii

CQ出版社

はじめに

マイコン，ディジタル，アナログ，そしてミックスト・シグナルのシステムがより高速化，低電圧化している近年では，設計したシステムが「思ったとおりに動かない」ケースが増えてきています．

この高速化や低電圧化の現状に際しては，プリント基板も含んだシステム全体の動きを，「物理的(アナログ回路的)振る舞い」として俯瞰し，「波形や信号を正しく観測(計測)し，正しく評価する」という，基本に立ち返ることが大切です．しかしこれは意外と注意が払われない，忘れられていることではないでしょうか．

また昨今では，設計を複数の担当者で行う，システムに外部購入の部分がある，より広範囲な未経験分野を担当する必要に迫られるなどのケースが増しており，適切に検証(つまり計測)すること自体も難しくなってきています．

本書では回路理論という，電子回路のうごきの基本である「物理的振る舞い」をベースにして，どのように電子回路の計測を適切に行っていけばよいか，理論・実例・実験を交えて解説していきます．

前半ではまず基本技術から入り，ディジタル信号やアナログ信号の計測テクニック，スペクトラム・アナライザの活用方法などを示していきます．引き続きミックスト・シグナルの視点で，本格的な「高速回路(ハイスピード・サーキット)」をどのように計測すればよいかを，単純な例から差動伝送線路まで推し進めて説明していきます．後半では，さらに高精度・高速信号の計測技術や，ソフトウェアと計測という話題を説明します．全体を通してプローブ接続(本文中では「プロービング」という用語を用いる)の観点に立って示していきます．

本書を読み進めていく中で，近年の電子回路設計において，理論的/物理法則的な視点に立脚して，正しく計測し正しい波形を得ること，それにより適切に評価すること，これらがいかに重要かを理解していただければ幸いです．

本書は当初から1冊の本にまとめるべく構想を練り，長期計画でトランジスタ技術に掲載してきた複数記事をもとに大幅に加筆修正，新規書き下ろしをし，まとめたものです．構想段階からとても長いあいだともに歩むように担当いただいたトランジスタ技術副編集長 上村 剛士氏，そして本書の編集を担当いただいたトランジスタ技術編集部 内門 和良氏に，この場をかりてお礼申し上げます．

2015年2月　石井 聡

本書では「計測」という表現にこだわった．JIS Z 8013：2000 計測用語には，

> 計測(measurement)：特定の目的をもって，事物を量的にとらえるための方法・手段を考究し，実施し，その結果を用い所期の目的を達成させること．

とある．計測は「測定」ではなく，「電子回路の構想・設計・試作・評価におけるストラテジー(戦略)」といえるだろう．

目次

初出リスト

第1章～第9章	トランジスタ技術2010年9月号～2011年5月号　高速時代の計測・プロービング入門〈第1回〉～〈第9回〉
第10章～第12章	トランジスタ技術2014年7月号～9月号　ワイヤレス時代のスペクトラム・アナライザ入門〈第1回〉～〈第3回〉
第13章～第15章	トランジスタ技術2012年1月号，2月号，4月号　信号が正しく伝わる度合いがわかる！配線診断「TDR測定」〈第1回〉～〈第3回〉
第16章～第19章	トランジスタ技術2012年6月号～8月号，10月号　差動伝送のメカニズムと伝送線路の評価術〈第1回〉～〈第4回〉
第20章～第23章	トランジスタ技術2011年6月号～9月号　高速時代の計測・プロービング入門〈第10回〉～〈第13回〉
第24章	トランジスタ技術2014年12月号　オシロだけで挑む！ダメ出しマイコン基板の間違い探し〈前編〉
第25章	トランジスタ技術2015年1月号　オシロだけで挑む！ダメ出しマイコン基板の間違い探し〈後編〉

イントロダクション 波形を正しく計測することの重要性

回路のことは波形を見ればぴたりと分かる

●「内部の状態を明らかにする」ことがまず大事

お医者さんに行くと，問診による病状の判断もしますが，聴診器を胸にあてて実際にからだのようすを確認したり，いろいろな検査装置で検査したり，X線レントゲン/CTスキャン/MRIなどで体内のようすを可視化したりして，詳細に病状を判断します．

これはまさに，計測により「内部の状態を明らかに」して，的確なアクションをとることです(**図1**)．

●「間違いなく，一発では動かない」電子回路でも信号波形を見ればトラブルを解決できる

電子回路システムの開発・設計は「間違いなく，一発では動かない」ことは，多くの技術者のみなさんが日ごろから感じていることではないでしょうか．

その問題解決の一番の近道は，回路の動作状態の波形を観測することです．観測すれば，その動作が一目瞭然で分かり，**短時間で問題の解決**ができるのです．計測が「内部の状態を明らかに」しているわけです．

▶問題の一番の原因「勘違い」を可視化してくれる

また回路は「自分が思ったとおり」ではなく，**作ったとおりに**(間違って作ったなら，その間違ったとおりに)**動いています**．動作波形を観測すれば，その回路の**動きを可視化**できます．

「自分が思ったとおりにできているはず」という「勘違い」が，回路のバグや問題の原因であるわけで，波形観測により**自分の勘違いさえも可視化**することができ，トラブルの原因を的確に突き止めることができるわけです．

［図1］計測により「内部の状態を明らかにする」ことがまず重要

● **回路だけではない…ソフトウェアのデバッグでも波形観測で原因を突き止められる**

マイコン開発を例として取り上げましょう．これも見事に「勘違い」の例です．

マイコンのソフトウェアを組んでいて，I/Oポートの動作がおかしいときがあります．ソース・コードを直したり，ブレークをかけてデバッグしたりしてみても，原因が一向に分かりません．時間ばかりが無駄に過ぎていきます．

▶I/Oポートの波形をオシロスコープで観測すれば「ぴたりと分かる」

I/Oポートをオシロスコープで観測してみると，**図2**のような波形が観測されました．Lレベルが正しく出ていないし，信号の変化が緩慢です．HレベルかLレベルしか出ないはずの，ディジタル回路であるマイコンのI/Oポートでは，考えられ

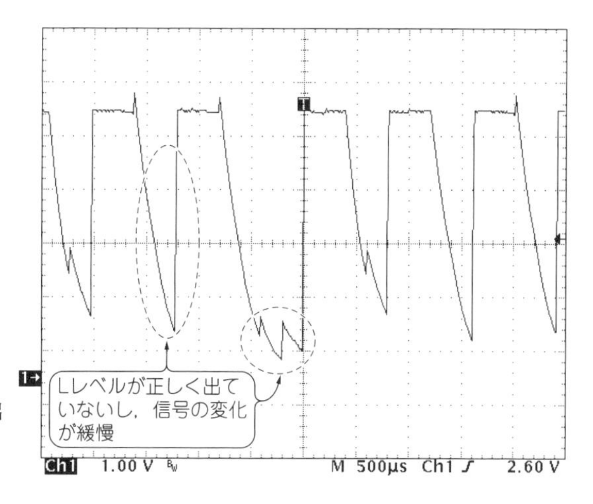

［図2］ マイコンのI/Oポートの入出力方向設定ミスによる異常波形の例
第24章のColumn1で具体的に説明

ないような波形です．

問題の原因は，I/Oポートの入出力方向の初期設定の不適切（勘違い）でした（この例の詳細は第24章のColumn1で詳しく説明する）．

このように波形観測によって，おかしい動作の原因を突き止められます．また波形の変化点から，プログラムがどのような時間間隔で動作しているかなど，より多くの情報も把握できます．計測によって「内部の状態を明らかに」し，問題の原因を短時間で突き止められるわけです．

● 課題…信号波形を正しく計測するにはテクニックが必要

「波形を見ればぴたりと分かる」．それは事実ではありますが，トラブルを適切に検出する，正しく特性を評価する，という視点から考えると，システムがより高速化，低電圧化している近年では，波形や信号を正しく計測して評価することが難しく，またその技術が大切になってきます．

測定器とプロービング…しくみの理解で計測の99％が決まる

● 「観測している波形は正しいの？」…プロービングが適切かどうかで計測の9割が決まる

オシロスコープで観測するとき，信号が高速になってくると，同じ測定対象であっても，プロービングの適切/不適切により，得られる波形は全く異なります．オシロスコープならずとも，どんな測定器でも同じで，不適切なプロービングでは誤差が出ます．「計測の9割がここで決まる」といってもよいでしょう．

ここで必要なのは，アナログ回路的な知識…つまり**電子回路の物理的振る舞い**を理解しておくことです．その理解の延長が本書で示す「プロービング」です．

たとえばソフトウェアの開発者とはいえ，H/Lの論理レベルを観測するだけではなく，タイミング・マージンの検証やバス衝突，**不安定なロジック・レベルのデバッグ**など，開発で直面する問題を，適切かつ最短で解決するには，適切に計測・プロービングすることが非常に重要になってきます(**図3**)．

● 使用する測定器の理解をあわせると計測の99％が決まってしまう

プロービング以外のきちんと計測できない原因の多くは，測定器の取り扱い方法です(**図4**)．システムがより高速化，低電圧化している近年では，このあたりの壁に直面してしまうことも珍しくありません．

正しいプロービングのしくみと使用する測定器の特性(くせや仕様)を理解し，適切に計測することで，計測の99％が決まってしまいます．

● オシロスコープだけでなくどの測定器でもプロービングが重要

本書は多くの記述で，**オシロスコープのプロービングを主体**に説明します．しかしいろいろな電気量を計測する**各種測定器**でも，本書で説明することと**同じ考えが汎用的に適用**できます．

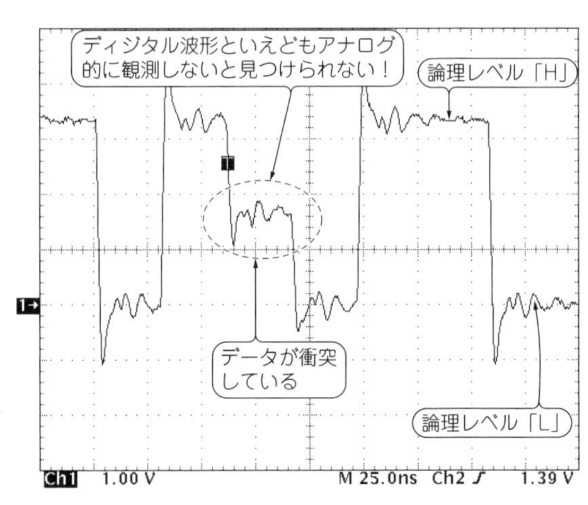

［図3］H/Lの論理レベルだけを観測しているのと本格的かつシビアなデバッグはわけが違う
第4章の4-5節で具体的に説明

［図4］測定器の取り扱いや使い方が不適切できちんと計測できない場合が結構多い

● 最近の高速回路では伝送線路の知識は必須

繰り返しになりますが，近年ではディジタル，アナログを問わず，信号が高速になってきています．IC間を単に接続しただけでは，システムはまともに動作しません．低電圧化もしかりです．

問題解決にはプロービングの技術とあわせて，信号伝送路(伝送線路)の理解が必須です．伝送線路での波形の振る舞いを理解し，適切に波形を計測し評価することが非常に重要になってきます．さらに最近は差動伝送技術が多用されてきています．これも理解しながら，適切にプロービングして問題を解決する必要があります．

本書を役立てられる技術者の例

● その1：若手マイコン・プログラマ

▶ハード設計担当の先輩の設計が悪いんじゃないですか

組み込みソフトウェア開発が主な仕事の若手マイコン・プログラマが，開発中に発生したバグの原因が，ソフトウェアなのかハードウェアなのかを切り分ける必要に迫られました．めったに使うことがないオシロスコープを使って，問題の回路部分の波形(**図5**)を観測し，「こんな波形ですよ！ 先輩のハードが悪いんじゃないですか？」と先輩のハードウェア担当者に詰め寄りました．

▶プローブをあてると対象回路の動作に影響を与える

ハードウェア担当の先輩は，おもむろにプロービング方法とオシロスコープの設定を変え，**図5(b)**のような波形を表示させました．

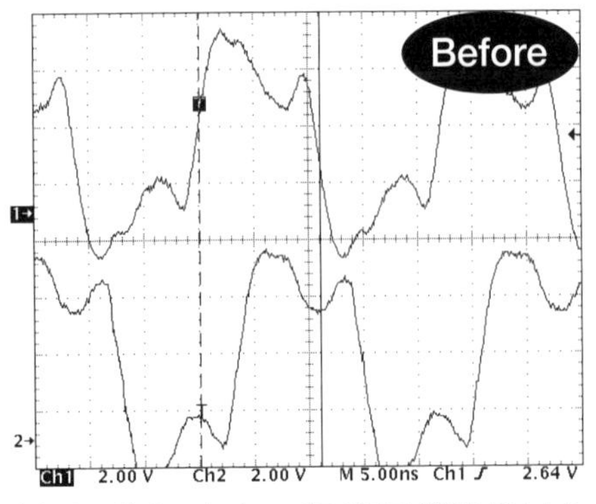

(a) ある若手マイコン・プログラマが慣れないオシロスコープを使って観測できた波形…「信号が暴れてスレッショルドを割っているのが原因だ！」と先輩に詰め寄る

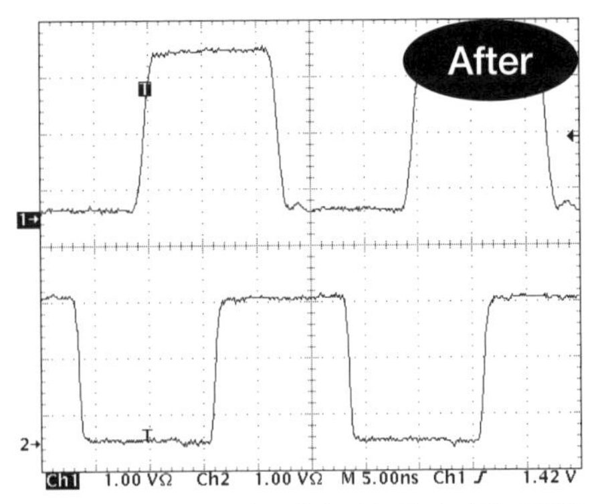

(b) ハードウェア担当の先輩が変更した方法で観測された，「若手」が驚いた波形

[図5] プロービング方法が変わると観測した波形も変わる

「あ!」
「測定器ってカンペキだって思うダロ〜？」
「当然そう思ってますよ」
「君が使っているパッシブ・プローブは，高い周波数の信号を計測すると，プローブ自体の限界がいろいろ見えてくるんだよ」
「だって200万円の測定器ですよ!」
「ダロ〜？でも回路を計測する測定器やプローブだって，測定対象に接続されれば，その回路の一部みたいなモンだ．そこには等価回路となる寄生成分があって，プローブをあてることで，回路と測定系とが結合し，相互作用が生じるんだよ」
「適切に計測するって難しいんですね……」

● その2：FPGA回路設計技術者

▶高速ディジタル・インターフェースがうまく動かない

論理(ディジタル)回路設計やプリント基板設計などがお手のもののFPGA回路設計技術者が，ある日，初めて設計した高速LVDSインターフェースがうまく動かないトラブルに遭遇しました．

『普通にプロービングしたらまずいのでは？』と直感的に思い，オシロスコープのメーカの人に相談しました．返信のメールに添付されていたのは，**写真1**のような計測方法でした．

▶波形を正しく観測するにはそれなりの技がいる

彼はメーカの人に電話してみました．

「もしもし，メールでもらった写真ですけど，なぜこのように接続する必要があるんですか？」
「高速伝送はIC選定だけではなくて，基板上のパターン配線を，きちんと信号伝送路として設計しないと，うまく動かないんですよね」「その信号伝送路の振る舞い，そしてプローブなどの計測系との相互関係や影響度をよく理解して，適切に接続しないと，正しい計測そして正しい判断ができないんですよね」

● その3：スペシャリスト回路設計技術者

技術者経験が長いスペシャリストが瞑想にふけっていると，「師」に指導を仰ぎに，若手がおそるおそるやってきました．

若手の手には，**写真2**のような2本の線がツイスト・ペアになった(撚(よ)られた)シールド・ケーブルが握られています．

「先輩がいうんですよ．ICの間をつないだだけじゃ最近のシステムは動かないよって．アナログもディジタルも差動伝送を活用すれば？ともいうんです．特性イ

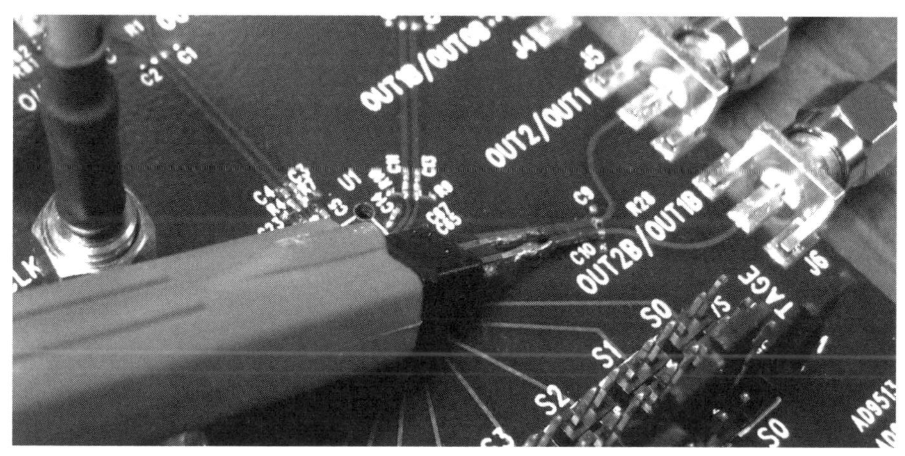

［写真1］FPGA回路設計技術者が直面した高速LVDS信号の計測方法の例

[写真2] スペシャリスト回路設計技術者なら知っておきたい…ツイスト・ペアになったシールド・ケーブル(左)の特性インピーダンスの考え方は？

ンピーダンスっていうのがあるそうですね．この差動ケーブルの特性インピーダンスってどうなるんですか？どう計測するのですか？」「なんだかその辺は，先輩も分からないみたい…なんです」
「ほう，差動ケーブルの差動インピーダンスか…，君の持っているケーブルも，プリント基板上のパターンも，信号の動きは同じなんだよ．現代は接続が大事だ…．そして適切な計測手法もね」

Appendix 1

計測の準備

本書では，電子回路の正しい計測方法を，理論と実験を交えて解説していきます．その前に，計測に使う道具について，最低限のポイントを示しておきます．

道具1：パッシブ・プローブ

オシロスコープ計測で一番ポピュラーなプローブを**図A(a)**に示します．アンプなどのアクティブ(半導体)素子が入っていないので，パッシブ(受動)・プローブといいます．電源供給不要で簡単に使えて，精度も維持しやすいものです．プローブの補正ができることで，周波数応答特性も良好に維持できます．逆に，特性の限界が意外と低い周波数で出てきますので，注意が必要です．

パッシブ・プローブは本書を通じて多用するものなので，ここで簡単に紹介しておきます．

● パッシブ・プローブとオシロスコープの入力回路を単純化したモデル

図A(b)に10：1パッシブ・プローブとオシロスコープの入力回路を一番単純化したモデルを示します．プローブで計測される信号は，プローブ内の9 MΩの抵抗と，オシロスコープ内部の入力抵抗1 MΩとで分圧されます．抵抗比が9：1のため，10：1の減衰比を実現できます．また測定対象の回路に対して10 MΩの高いインピーダンスとなるため(ただし直流から低周波の領域で)，測定対象に影響を与えずに計測できます．

しかし周波数が高くなってくると誤差が増えてきます．第21章で詳しくパッシブ・プローブの構成や限界などを解説します．

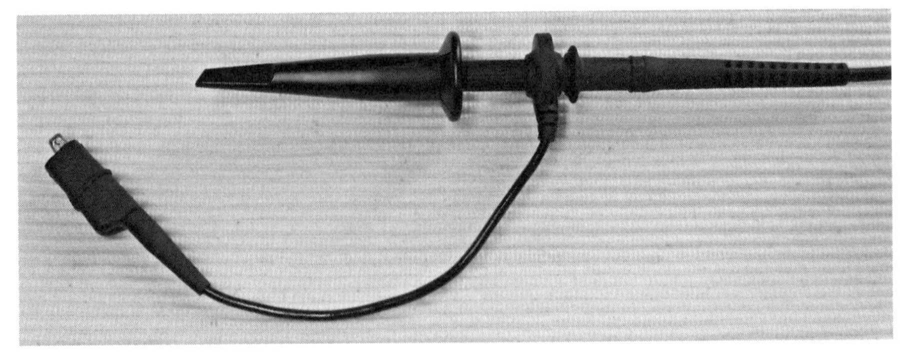

(a) 外観(P6139A，テクトロニクス)

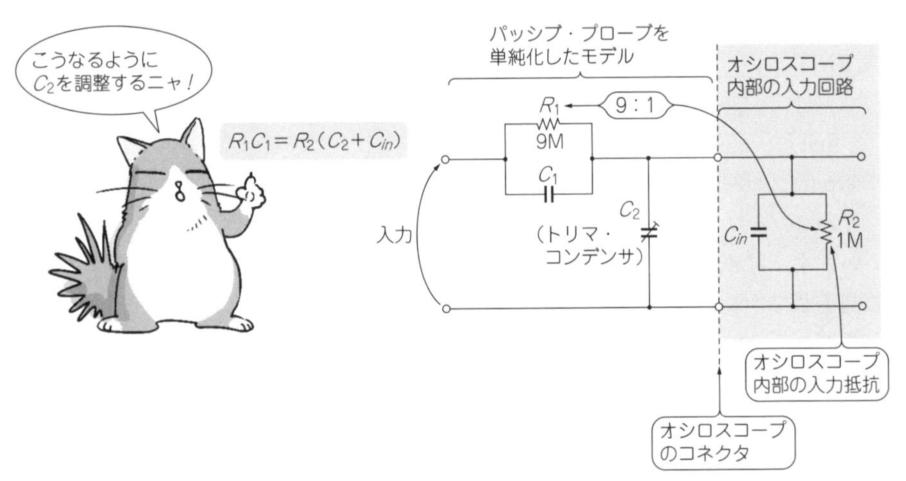

(b) 10：1パッシブ・プローブとオシロスコープの入力回路を一番単純化したモデル

図A　道具1：オシロスコープ計測で一番ポピュラーなパッシブ・プローブ

道具2：本書で用いる同軸ケーブルと同軸コネクタ類

本書では市販のプローブ以外にも，同軸ケーブルや高周波用の同軸コネクタを用いて，プロービングの実験などを行っていきます．本編に入る前に，簡単にこれらがどんなものか紹介しておきます．

● 50Ω同軸ケーブル

芯線と編み線で形成された外皮シールドから構成されるケーブルです［**写真A(a)**］．このケーブルは「特性インピーダンス」というものが規定されており，一般に50Ωのものと75Ωのものがあります．

特性インピーダンスは，ケーブル自体が50Ωとか75Ωの抵抗成分を持っているというものではなく，ケーブルの中を伝わる電圧の波と電流の波の比率(オームの法則と同じV/I)が50Ωとか75Ωになるように作られているものです．本書では特性インピーダンスが50Ωの同軸ケーブルを用います．

同軸ケーブルはいろいろな種類や太さのものが市販されています．この写真は1.5D−2Vというもので，ケーブルの直径は2.9 mmあります．

● BNCコネクタ

オシロスコープや多くの電子計測器で用いられている同軸コネクタです．BNCは，Bell研究所のPaul Neill氏とAmphenol社のCarl Concelman氏にちなんで「Bayonet Neill Concelman」からきています．Bayonetは銃剣(じゅうけん)という意味です．

対応周波数は4 GHz程度までとされていますが，ケーブルとの結線の方法がよくなかったり，BNCコネクタ自体の品質が低いものもあったりで，現実には数百MHz程度までしか実用にならないこともあります．

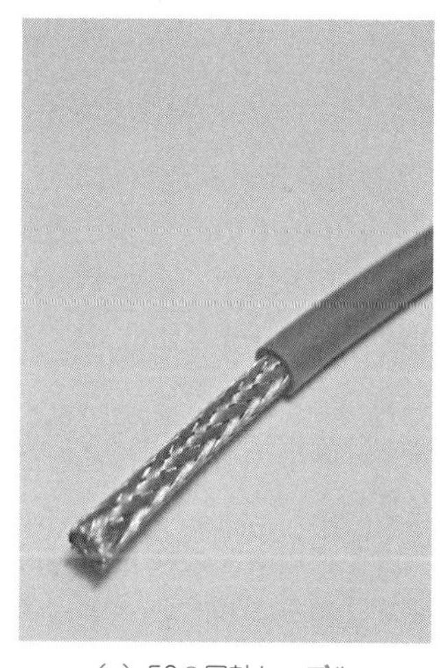

(a) 50Ω同軸ケーブル

(b) 同軸SMAコネクタ

写真A　道具2：正しく計測したいときによく使う…同軸ケーブル＆同軸コネクタ

● SMAコネクタ

SMAコネクタは小型のネジ式の同軸コネクタです［**写真A(b)**］．BNCコネクタと比べて18 GHz程度まで(セミリジッド・ケーブルを使用した場合)の高い周波数で使用することができます．本書ではこれほど高い周波数は取り扱いませんが，小型で接続性がよいので，実験や治具で使用しています．

SMAは「SubMiniature version A」という頭文字をとったものでAmphenol社にて開発されました．

道具3：計測器本体の選定に関する注意点

● 性能と価格はよく検討する

適切な計測が大事ですが，適切な測定器を選んで購入することもポイントです．

測定器は高価なもので，やすやすとは購入できません．1回買うと10年程度の長い期間，使用するものでもあります．ある程度ターゲットとする機種のレンジを調査しておき(性能によって値段が違う)，その性能と価格をきちんと把握しておくべきです．

単純な基本性能だけをカタログで見るだけではなく，仕様書の内容をよく検討して，目的の計測が実現できるか，将来性もあるか，などをきちんと見極めたうえで，機種決定をしてください．

「買ってから使えないことが分かった」なんて話も意外とあるのです．

● 手持ちの測定器×アイデアでなるべく何とかしたい

新しく高価な測定器を購入しないでも，手持ちの複数の測定器を組み合わせたり，ちょっとした治具のようなものを購入したり製作したりして手持ちの測定器と合わせて利用することで，目的の計測ができてしまうことが多々あります．本書ではなるべく，本文中やAppendixなどで，計測に使える便利治具を紹介するようにしています．

また本書はそんなケースを視野にいれて，実際に試せる計測用治具プリント基板を，計測の補助用アクセサリとして何種類か用意してみました．

さらには測定器で得られた計測結果に，理論的解析手法を利用して，測定器の計測限界を超える計測や，もしくは計測できないと思われる計測を実現したりすることも(実は)あります．

第 1 部

計測の基本技術

第1章

【成功のかぎ1】

計測には誤差がつきもの

実験とオームの法則で分かる測定器の内部抵抗の影響

回路が高速化・高精度化している昨今では，回路で生じている現象を計測し，動作を検証したり問題点の把握や動作の確からしさを確認したりするためのテクニックがより高度化しています．

本書では，回路理論の基本的な考え方をベースに，どのように電子回路を適切に計測していけばよいかについて「理論」，「実例」，「実験」を交えて解説していきます(図1-1)．

1-1 現場の視点で基本から高度な応用まで

●「計測理論」からではなく「実験」から入る

「電気計測」の教科書だと，いきなり「計測理論」みたいなものが最初に出てきます．それではせっかく，計測・プロービングに興味を持った方の気持ちが萎(な)えてしまいますね．

[図1-1] 一緒に正しい計測方法を考えていきましょう

［表1-1］本書で用いる用語の定義

用　語	意　味
計測系	測定器とプローブを合わせた計測に必要なもの
測定対象	実際に計測系で計測・プロービングされる「回路側」を指す
回路	ほぼ測定対象と同じ意味で，多くの個所で文脈に合わせて用いていく
計測の確からしさ	計測した結果が本来の物理量と比較してどれだけ正確に出ているか

そこで本書では，なるべく最初は実験で，計測・プロービングをどのように考えていったらよいかをデモンストレーションで見ていきます．

● 基本的な計測テクニックから本格的な高速回路計測への応用まで

本書の前半では，基本的な計測テクニックや，高精度計測として知っておくべき事柄を紹介します．後半では本格的な「高速回路や高周波回路」をどのように計測していったらよいかを，プローブ接続(以降「プロービング」という)の観点を交えて示していきます．

● 四つの用語を定義しておく

本書で計測・プロービングを説明するうえで，**表1-1**に示す四つの用語を定義しておきます．一部文脈によって，違う用語を用いる「ゆらぎ」が出る場合がありますが，その点についてはあらかじめご了承ください．

1-2　誤差を論理的アプローチでできるだけ減らす

皆さんが日ごろ回路設計業務で行っている計測やプロービングを，「電子回路の計測」と一言でくくって取り扱えるものでしょうか．

実際，低周波の精密計測システムの回路設計技術者，超高速シリアル伝送に直面しているディジタル回路技術者，アナログ高周波回路設計技術者…など，人それぞれ「対応すべき測定対象」は異なっています．

とはいえ，基本的にはどれも「電子回路」です．誤差となる要因を論理的に取り除いていけば(不可能ならモデル化していけば)，結局は同じ「電子回路」の計測にたどり着きます．回路の物理的なふるまい，つまり回路理論(難しい話をしているわけではなく，オームの法則を基本とした電子回路計算のレベル)が，これらの計測やプロービングの基本になっています(**図1-2**)．

回路理論的な視点から考えれば，すべての電子回路の計測とプロービングは，まったく同じと言い切っても過言ではありません．

● 計測・プロービングに必要な四つのポイント

「誤差のない計測を実現する」ことが大前提です．実際に現場で計測を行っていくうえで考えるべきポイントには，**表1-2**のようなものが挙げられます．

上の二つは実際の計測を行ううえでの物理的な要因，下の二つは適切に計測・プロービングを行ううえで必要な論理的アプローチです．

［表1-2］計測に必要な四つのポイント

物理的な要因	測定対象物
	誤差要因
計測・プロービングを行うための論理的アプローチ	測定対象と計測系のモデル化
	測定対象と計測系を合わせた誤差要因の解析

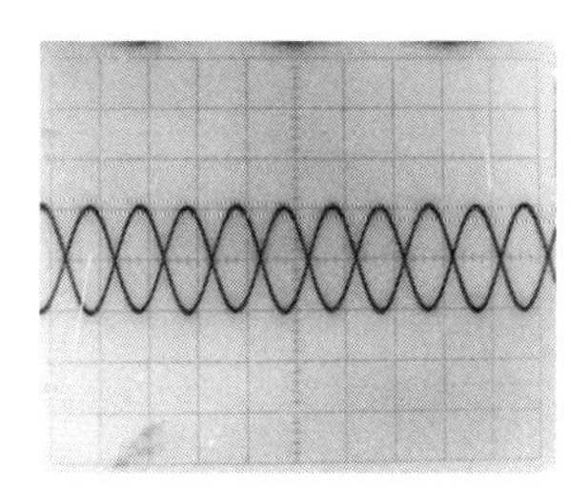

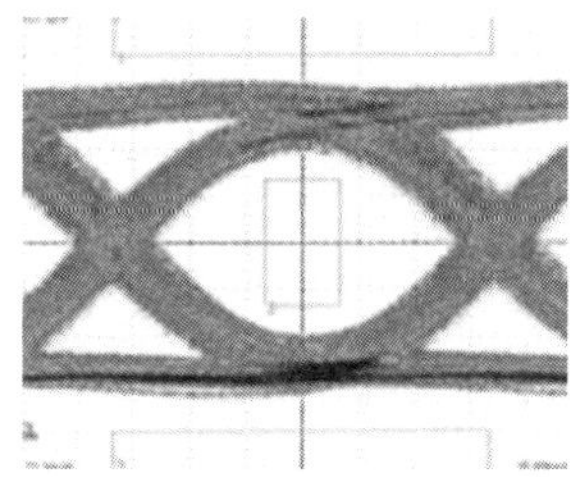

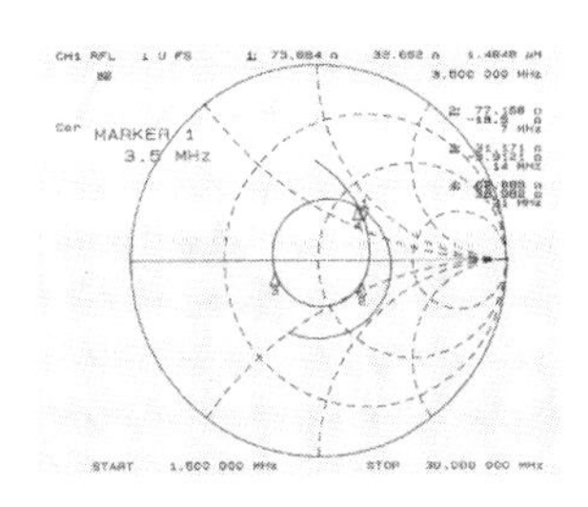

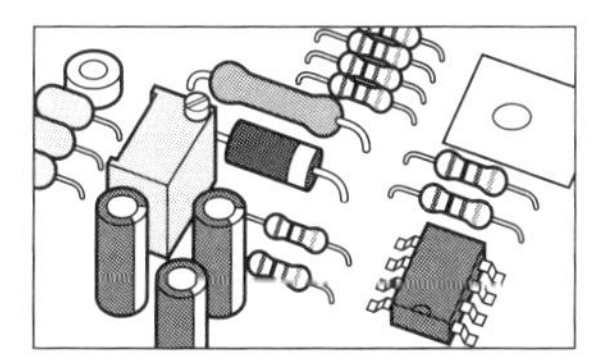

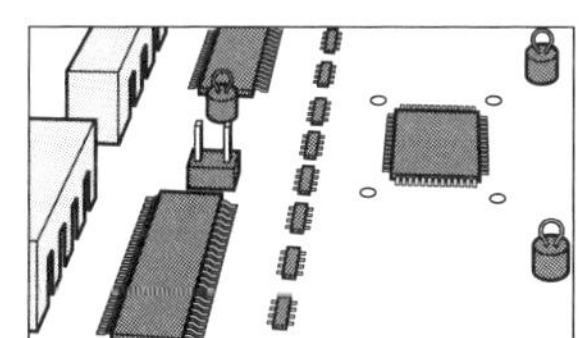

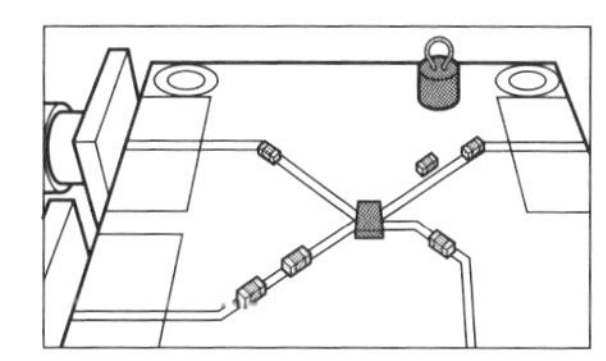

異なる電子回路には見えるけれど，回路理論的な視点からすれば，全く同じものといってもいいんだニャ！

［図1-2］異なる計測には見えるが「電気信号の物理的ふるまいを見ているだけ」と考えればすべて同じ回路理論で取り扱える

● 計測そのものが誤差を生むことを常に意識する

計測の目的は，その対象物つまり電子回路上の電圧や電流の動きを，「本来のまま(誤差なく…これが大切)」計測することです．ところがこれが実際は厄介です．測定器やプローブ，ケーブルを接続することにより，いろいろな誤差要因が生じます．それにより本来の信号波形を測定器上でなかなか正しく捉えられません．

これには**図1-3**に示すような二つ理由があります．

- 計測系内を信号が伝達していく間に，信号波形が鈍ったり，乱れたりする［**図1-3**(**a**)］
- 測定対象に計測系を接続することで，測定対象(回路)の動作が影響を受け，信号波形自体が鈍ったり，乱れたりする［**図1-3**(**b**)］

実際の計測においては，一つ一つ「何が波形を乱す原因として考えられるか」を論理的アプローチでつぶしていきながら，誤差のない，的確な計測・プロービングを見つけていく必要があります．これらのアプローチが**表1-2**の「四つのポイント」で示した，後半の二つに相当します．

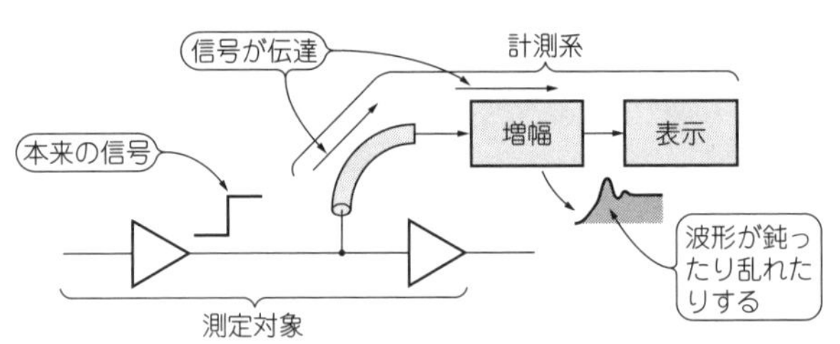

(**a**) 計測系内を信号が伝達していく間に，信号が鈍ったり，乱れたりする

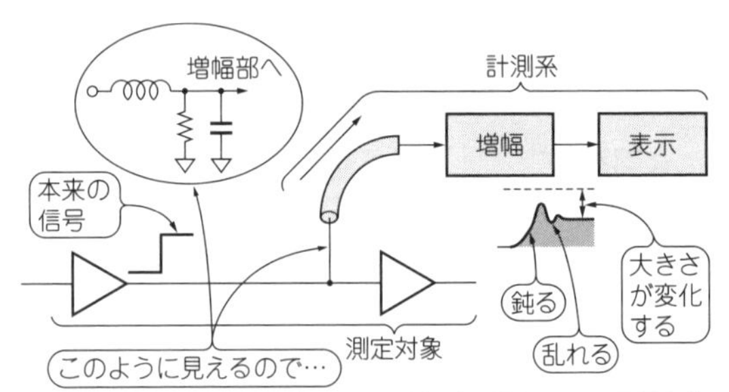

(**b**) 計測系を接続することで測定対象が影響を受け，信号自体が鈍ったり，乱れたりする

［図1-3］**正確な計測を簡単に実現できない二つの理由**

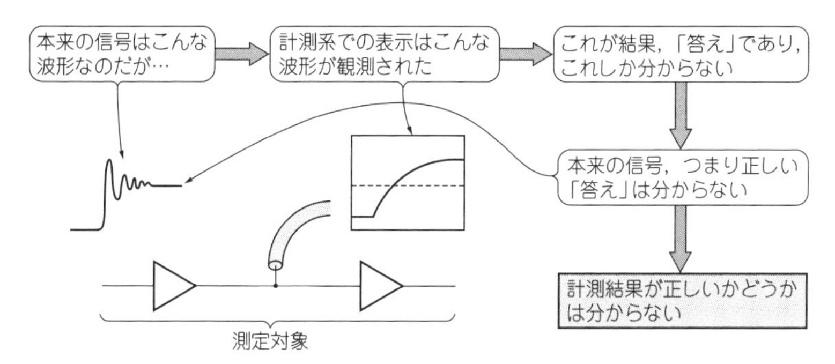

［図1-4］ 何が正しい計測の答え（計測結果）であるかは分からないから難しい

● 計測が目指すのは「信号を本来のまま捉える」こと

ここ10年程で「シグナル・インテグリティ」という用語が大きく脚光を浴びてきています．これはまさにここまで説明してきたことです．

「インテグリティ」という用語を辞書で引いてみると，「正直さ，誠実さ，高潔さ，完全性，整合性」といった言葉が現れます．つまり信号を**本来のまま・正しく捉えて**計測の確からしさを保つことが，シグナル・インテグリティを保つことであり，計測・プロービング技術であるといえるでしょう．

● 答えが分からない状態なので，何が正しいか簡単には分からない

繰り返しになりますが，インテグリティは簡単なことではありません．計測というのは**図1-4**のように，「正しい結果がこうなる」という答えが用意されていないわけですから，本当の「インテグリティ」，つまり計測の確からしさは分かりません．それを追い求めること自体も，とても難しい問題です．

1-3 計測で誤差が発生するようすを実験で確かめる

● 抵抗3個の簡単な回路を計測してみる

まずは実験のようすを紹介し，続いて理由と理論的な背景を考えていきます．

ここで示す実験は，本当に非常に簡単なものです．とはいえ実際は，「計測系と測定対象それぞれをどのように考えていくか」という計測に必要な四つのポイントの視点にまったく忠実なものなのです．

● 電圧計/電流計による計測値と計算値が異なる

写真1-1に示すように，電圧計/電流計とディジタル・マルチメータ(R6441B)の読み取り値がほとんど同じ値になっていることを最初に確認してから実験を始めます．

図1-5の回路の電圧と電流を計測します．まず計算上の理論値の電圧と電流のそれぞれの大きさは，図中のとおり①= 1.47 V，②= 1.53 V，③= 4.63 mA，④= 7.64 mAです．

この①～④を電圧計と電流計で**一つずつ**計測した結果を**写真1-2**に示します．また，計測した結果を理論値と一緒に**表1-3**に示します．表の左の欄は理論値(本来あるべき計算上の大きさ)，右の欄が計測結果です．

それぞれどうも理論値と同じになっていないようです．メータ精度は±2.5％ですが，それに比べてもだいぶ大きな差があります．

● 測定器によって計測値の「確からしさ」が違う

計測した結果，誤差がかなり大きいことが分かりました．使用した抵抗素子の個

(a) 電圧計(メータ精度は規格上±2.5％)

(b) 電流計(メータ精度は規格上±2.5％)

[写真1-1] 実験前に電圧計/電流計がディジタル・マルチメータの読み取り値と比較してほとんど同じ結果になっていることを確認しておく

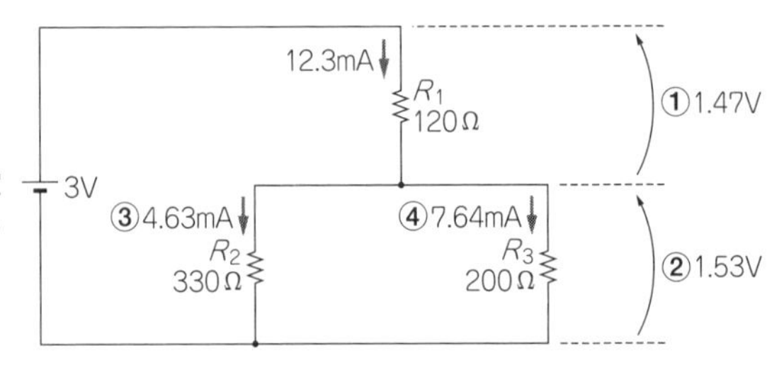

[図1-5] この回路の各部の電圧と電流の理論値と実測値は一致するだろうか？

精度1％の抵抗を使用．図中の数値は理論値．①～④は計測点

体誤差もあるかもしれませんが，抵抗は精度1％なので，本来はそれもほとんどないはずです．

より精密なディジタル・マルチメータで同じ回路を計測してみると，**表1-3**の左の欄で示した理論値とほぼ同じになりました．ディジタル・マルチメータの精度は，電圧計と電流計の読み取り精度と比較して相対的に高いと考えられるので，マルチメータでの計測の確からしさは十分だといえます．

● 誤差の要因をシミュレーションで分析

▶理想的な計測系などない

実験前に確認したとき(**写真1-1**)は，ディジタル・マルチメータの読み取り値と，電圧計/電流計それぞれの読み取り値はほぼ一緒でした．ところがなぜ**表1-3**の計測結果では，そうならないのでしょうか？

(a) ①の電圧の大きさ(計算上1.47 Vであるはずが約1.42 Vになっている)

(b) ②の電圧の大きさ(計算上1.53 Vであるはずが約1.48 Vになっている)

(c) ③の電流の大きさ(計算上4.63 mAであるはずが約4.55 mAになっている)

(d) ④の電流の大きさ(計算上7.64 mAであるはずが約7.45 mAになっている)

［写真1-2］ 図1-5の回路を実際に計測してみると理論値と異なる

［表1-3］ 写真1-2の計測結果をまとめて，理論値と比較してみる
左が理論値，右が計測結果

計測点	理論値(計算上の大きさ)	計測値(メータ読み値)	差
①	1.47 V	1.42 V	−3.4％
②	1.53 V	1.48 V	−3.3％
③	4.63 mA	4.55 mA	−1.7％
④	7.64 mA	7.45 mA	−2.5％

この差異の原因は，測定対象(回路)内の**抵抗**と比較して，使用した**電圧計，電流計の内部抵抗が無視できない**からです．測定対象と測定器(計測系)の内部抵抗がどういう関係のときに計測結果に影響が出るかを**表1-4**に示します．

結局は「計測系が理想的ではない」ということが，ここで生じた誤差のポイントです．通常計測系は，以下に示す理想的なものだと仮定します．

- 電圧計は内部抵抗が無限大(回路に並列に接続するため)
- 電流計は内部抵抗がゼロ(回路に直列に接続するため)

しかしここで，実際に誤差を生じさせる要因としては，**計測系の内部抵抗が理想的ではない**ことが考えられるわけです．そのことを掘り下げてみましょう．

▶内部抵抗による誤差をシミュレーションで確認

まず，さきの計測で用いた精密なディジタル・マルチメータで，電圧計と電流計の内部抵抗を計測してみると，電圧計が1.9 kΩ，電流計が6.5 Ωになっています．

次に電圧計/電流計の**内部抵抗の計測結果**を用いて，電圧計と電流計を接続したときの読み取りで生じた誤差のようすを，シミュレーションで確認してみます．

シミュレーションにはNI MultisimというSPICEシミュレータを用いました．このシミュレータは，SPICEシミュレーションさえも意識せず，実験机上でまるで測定器を接続して実験しているかのように，シミュレーションが実行できるものです．

シミュレーション上でそれぞれ接続している理想電圧計/電流計に，さきの実際の電圧計/電流計の**内部抵抗を付加**してみました．結果を**図1-6**に示します．

▶内部抵抗を含めて計算すると，電圧計/電流計を使った実測結果と整合する

電圧計と電流計による実測結果と，**図1-6**のシミュレーション結果の比較を**表1-5**にまとめます．それぞれけっこうな精度で整合していることが分かります．

これは四つのポイントのうち，「測定対象物」と「誤差要因」をきちんと考える必要があるということですね．考えるといっても「**オームの法則を基本とした電子回路計算レベル**」で十分なのです．

[表1-4] 測定器の内部抵抗が計測結果に影響を及ぼすことがある

測定器そのものが計測結果に及ぼす影響	電圧計	電流計
無視できる場合	電圧計の内部抵抗≫測定対象内の抵抗	電流計の内部抵抗≪測定対象内の抵抗
無視できない場合	電圧計の内部抵抗と測定対象内の抵抗との差異が少ない	電流計の内部抵抗と測定対象内の抵抗との差異が少ない

● 測定器のつなぎ方でも計測値は変わる

ここまでは**図1-5**の測定対象(回路)に対して，電圧計のみ，電流計のみをそれぞれ接続して実験し，誤差原因を解析してきました．それでは電圧計と電流計を両方一度に回路につなぐとどうなるでしょう．

▶方法1：電圧計の内側に電流計を接続…電圧が大きく出て，電流が小さく出る

［表1-5］内部抵抗を含めて計算すると電圧計/電流計を使った計測結果とほぼ同じになる

計測点	理論値 (計算上の大きさ)	計測値 (メータ読み値)	内部抵抗も含めて計算した	差
①	1.47 V	1.42 V	1.43 V	0.7 %
②	1.53 V	1.48 V	1.48 V	0 %
③	4.63 mA	4.55 mA	4.56 mA	0.22 %
④	7.64 mA	7.45 mA	7.47 mA	0.27 %

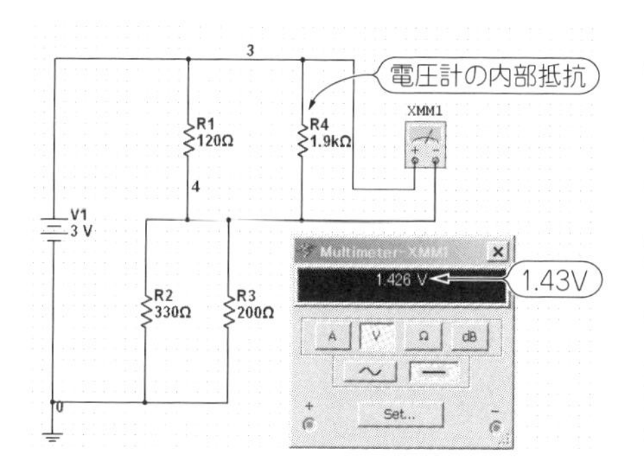

(a) ①内部抵抗のある電圧計を接続(計測値は1.42 V)

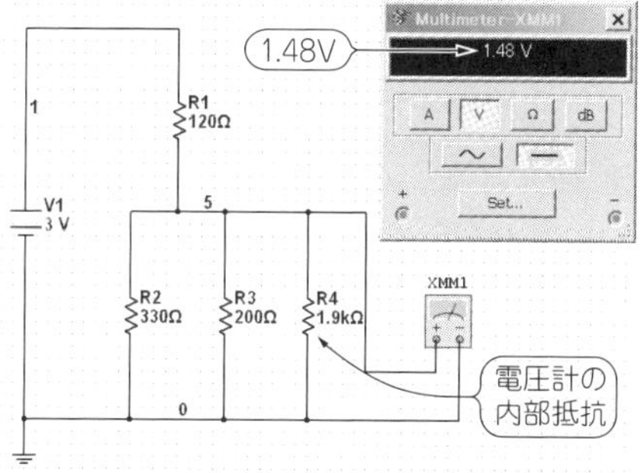

(b) ②内部抵抗のある電圧計を接続(計測値は1.48 V)

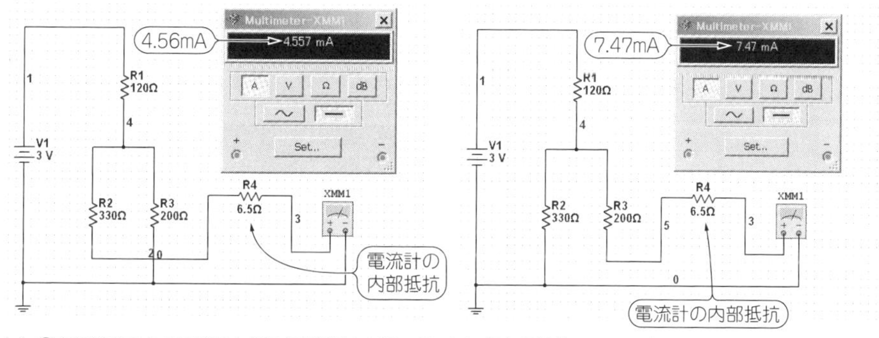

(c) ③内部抵抗のある電流計を接続(計測値は4.55 mA) (d) ④内部抵抗のある電流計を接続(計測値は7.45 mA)

［図1-6］図1-5の各ポイントの電圧・電流を計測系を含めてシミュレーションしてみる

図1-7(**a**)は電圧計の内側に電流計を接続する計測構成です．これを「方法1」とします．この接続で計測した結果が**図1-7**(**b**)です．

ここで分かるのは，電流計が(本来ゼロΩであるべき内部抵抗が)**抵抗成分として見えて**しまっており，結果的に電圧が大きく出てしまっている，ということです．

また電流も，理論値と比較して小さくなっています．これは電圧計が有限の内部抵抗(本来，無限大の内部抵抗であるべき)になっているため，電圧計に**電流が流れ出てしまうから**です．

▶方法2：電圧計の外側に電流計を接続…電圧が小さく出て，電流が大きく出る

図1-8(**a**)は電圧計の外側に電流計を接続する計測構成です．これを「方法2」とします．計測結果が**図1-8**(**b**)です．

今度は電圧が小さく出てしまっています．これはさきの「方法1」と同じ話で，電流計が**抵抗成分として見えて**しまっている，ということです．

電流計は，今度は電流が大きめに出ていることが分かります．**電圧計にも電流が流れて**，その合算が電流計で読み取られているためです．

つまり電圧計/電流計それぞれが，誤差要因として相互に影響を与え合っています．

● 何を計測しているのか正確に把握する必要がある

このような「何を計測しているのか，どちらの読み値が正しいのか，**わけが分からない**(結局どちらも正しくない)」という事態は，できるだけ避ける必要があります(**図1-9**)．これでは何を信じていいか分かりません．少なくとも片方の計測結果が確かであってほしいですね．これは高度な計測でも全く同じプロセスで発生します．

＊

ここまでの実験で，いかに**計測の確からしさというものは不透明**であるか分かっ

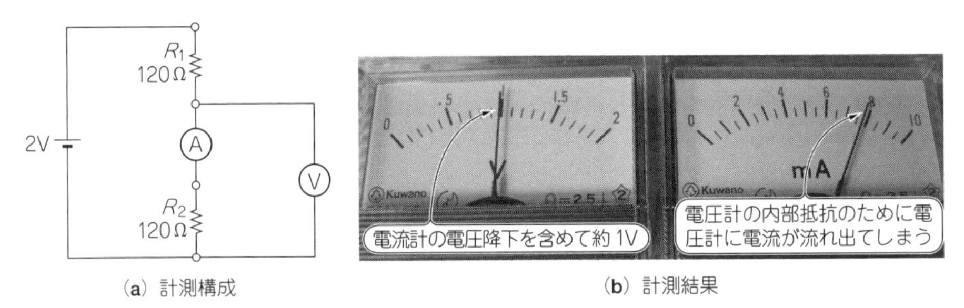

(**a**) 計測構成

(**b**) 計測結果

[図1-7] 電圧計の内側に電流計を接続する「方法1」

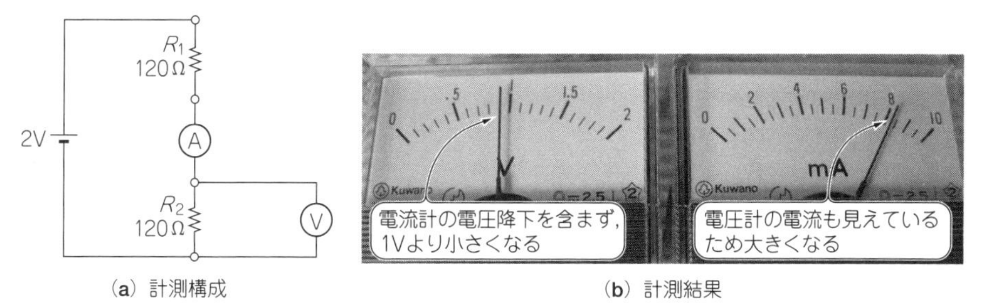

(a) 計測構成　(b) 計測結果

［図1-8］電圧計の外側に電流計を接続する「方法2」

［図1-9］どちらの読み値も正しくない

ていただけたかと思います．これも四つのポイントのうち，物理的な要因の，

- 測定対象物
- 誤差要因

を計測の前によく吟味しておく必要があるということです．先にも説明しましたが，本書では，これらの要因をしっかりと考えていきます．

1-4 計測の心得は論理的なアプローチにあり

● 誤差要因の影響度をシミュレーションで把握しておく

「安易に計測結果をうのみにしないこと」は分かったとして，具体的にどうすればよいのでしょうか？

ここは四つのポイントのうち，計測・プロービングを行うための論理的アプローチ，

- 測定対象と計測系のモデル化
- 測定対象と計測系を組み合わせた誤差要因の解析

を考える必要があります．

例えば，私の使用しているディジタル・マルチメータR6441Bの特性（性能）を**表1-6**に示します．この値をベースに，**図1-6**の値をこのディジタル・マルチメータのものに変更（モデル化）して，シミュレーションで計測への影響度を再確認してみます．

シミュレーション結果を**表1-7**に示します．**図1-5**の理論値とマルチメータでの実測値，そして**表1-6**をベースにしたシミュレーション結果がほとんど同じになっています．このように誤差要因をモデル化して，影響度を把握することもできるわけです．

● 測定対象や目的の計測精度を目安として計測する

回路で使った抵抗の精度は1％です．一般的に電子回路の誤差としては（高精度なものは別にして），1％～数％程度以下であれば十分です．このオーダからすれば，**表1-7**の結果は満足できるものです．

このように測定対象や目的の計測精度と比較して，無視できるレンジの誤差量以下に計測結果を抑えるために，計測系が影響を与えないよう吟味すべきです．目安とすれば，精度1％の計測には，影響量が0.1％以下程度の計測系であれば，ほぼ

[表1-6]ディジタル・マルチメータの特性(性能)

モード	インピーダンス
直流電圧計測(2 V レンジ)	1 MΩ以上
直流電流計測(20 mAレンジ)	1.5 Ω以下

[表1-7] 理論値とディジタル・マルチメータの実測結果，シミュレーションで得られた結果の比較

計測点	理論値(計算上の大きさ)	計測値(メータ読み値)	シミュレーションの結果	差
①	1.47 V	1.47 V	1.47 V	0 %
②	1.53 V	1.53 V	1.53 V	0 %
③	4.63 mA	4.61 mA	4.61 mA	0 %
④	7.64 mA	7.60 mA	7.60 mA	0 %

よいといえるでしょう(厳密にはシミュレーションで確認すればよい).

● 電圧計測では基準点(グラウンド)が違うと結果が異なる

電圧計測では「計測点をどこにするか？」がとても重要になります．基準点(グラウンド)の位置で計測した電圧が異なります．**グラウンド**は，実際の計測・プロービングでもよく出くわす，また電子回路設計の根幹である，非常に大切なポイントです．本書の以降の章でも詳しく説明していきます．

▶正しく電圧計測できない原因その1：パターンやリード線による余計な電圧降下

図1-10のような例を考えてみましょう．ここでは計測の基準点であるグラウンドのポイントとして，異なる2点を考えます．実施する計測は「測定対象の抵抗に生じる電圧降下を計測する」というものです．

図1-10(a)の場合は本来計測すべき(抵抗の本来の)電圧降下を計測できています．

しかし**図1-10(b)**の場合は，抵抗以外の余計な部分の抵抗成分(計測している本人は抵抗ではなく，**抵抗ゼロの純導体だと思いがちな**パターンやリード線)までも一緒にして計測しているというものです．

「そんな単純なミスをすることはないだろう」と思っていても，現実にはこのような計測を何の気なしにしてしまうことが多々あります．

▶正しく電圧計測できない原因その2：他の回路からの電流による電圧降下

図1-11はさらに厄介な例です．本人が抵抗とは思っていない導体部分に他の回路部分の電流が流れており，それによりさらに余計な電圧降下が生じてしまっている，というものです．

これも「そんなバカな計測を…」と，図を見ながらアタマでは分かるものの，現実にはけっこうこのようなミスをおかしがちです．

● 電流計測は計測系を直列に挿入するので，計測系自体が影響を与える

直流の電流計測はもう少し簡単です. **図1-12**のように電流は一つのリード線上を，どこにも漏れ出すことなく(リード線がきちんと絶縁されていれば)流れます．電圧であったような計測点ごとによる不確実性はなくなります．一つのライン上に流れる電流は同じ量なので，電流計測は電圧よりは(直流信号ならば)簡単といえるかもしれません.

その一方で電流の計測では，回路に直列に計測系を挿入しなければなりません.そのため，計測系(電流計やリード線など)により発生する抵抗成分(交流ではインダクタンスも注意．次章で説明する)が，測定対象(回路)に誤差となる影響を与えないことを，きちんと事前に確認する必要があります.

● 計測系を含めたモデル化が必要

本章では直流回路について，電圧計測と電流計測を考えてきました．ポイントは

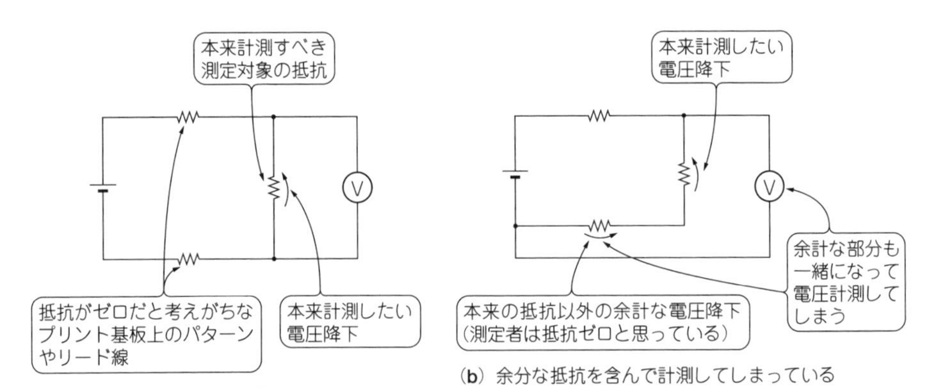

(a) 本来の計測ができている

(b) 余分な抵抗を含んで計測してしまっている

[図1-10] 計測の基準点(グラウンド)を適切に設定する

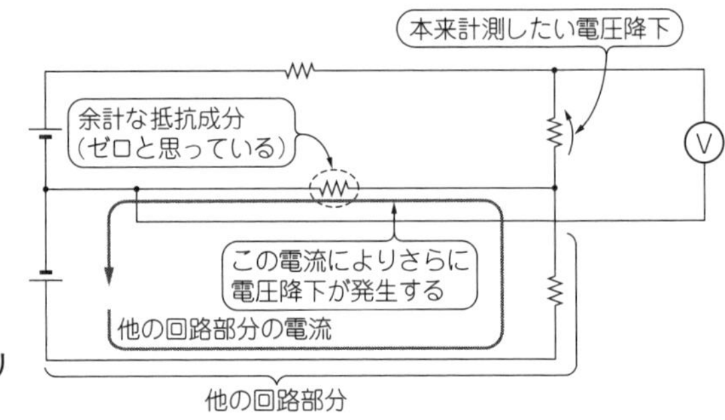

**[図1-11] 他の回路部分の電流により
さらに電圧降下が生じている**

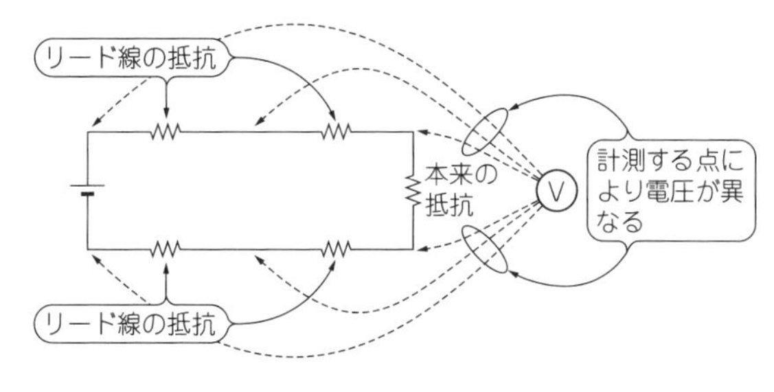

(a) 電圧計測

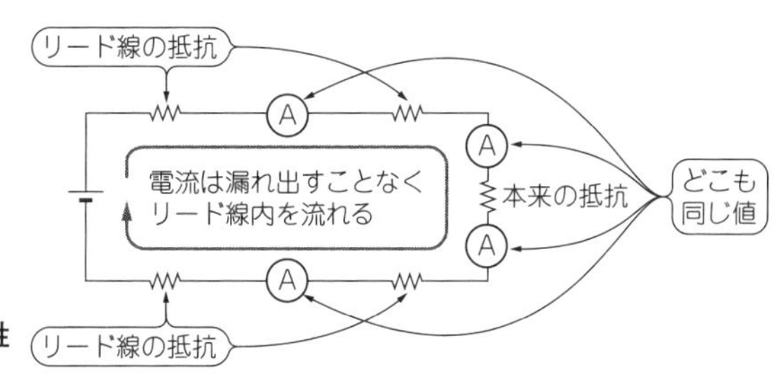

(b) 電流計測

[図1-12] 直流の電流計測は不確実性がないので，電圧計測よりは簡単
ただし直流の場合．交流は一方で難しい

電圧計/電流計には内部抵抗があり，その内部抵抗により計測結果に誤差が生じてしまうということです．

ここまでは直流回路についての説明でしたが，これを交流回路に進めていっても，まったく同じ話です．交流になってくると内部抵抗だけではなく，容量成分(コンデンサ)とインダクタンス成分(インダクタ)も誤差の要因になってきます．とはいえ，これらをきちんモデル化して検討すればよいということです．

次章では交流の場合について詳しく見てみましょう．

第**2**章

【成功のかぎ2】

振幅と周波数特性の計測

「ひずみ」や「寄生成分」が誤差を生む

前章では，電圧計と電流計を用い，直流回路について電圧計測と電流計測を考えてきました．本章では交流信号(交流回路)の計測について，基本的な考え方を解説します．交流といっても急しゅんに変化するディジタル信号にも同様のことがいえます．

併せて計測のときの小技(といっても結構大事なもの)も紹介します．

2-1 まずはおさらい：交流で計測する値

● 交流は振幅が時間変化するので計測する値の定義が必要

直流は電圧や電流の大きさが，そのまま単純に，本来の計測値となります．一方交流は，**図2-1**のように時間で大きさが変化しますから，どの点をその波形の計測値として定義するかが問題です．

交流(特に正弦波)の場合には「実効値」というものを主に用います．

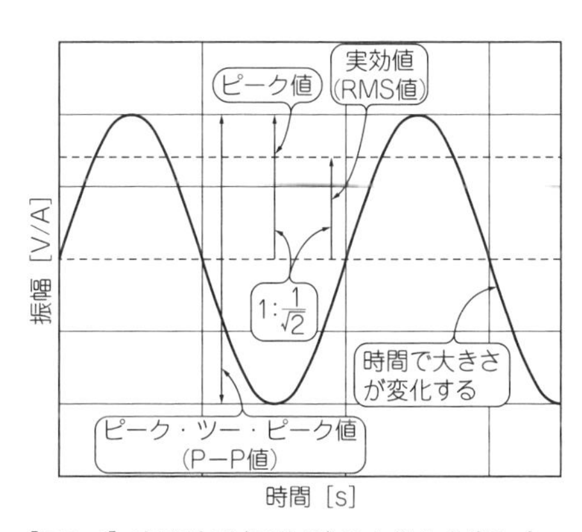

［図2-1］交流波形(正弦波)の大きさの表し方

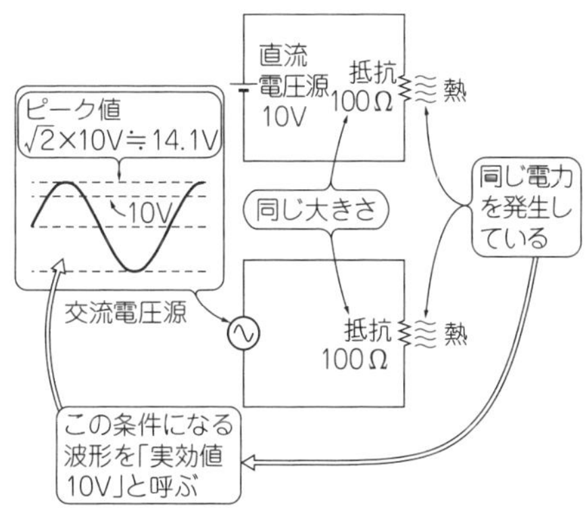

［図2-2］実効値を使えば直流と交流を同じ量として取り扱える

［表2-1］ **ピーク値，実効値，平均値の相互比率**(波形率および波高率)

波形形状	ピーク値	実効値	平均値	波形率	波高率(クレスト・ファクタ)
正弦波	1	$1/\sqrt{2}$	$2/\pi$	$\pi/2\sqrt{2}$	$\sqrt{2}$
三角波	1	$1/\sqrt{3}$	1/2	$2/\sqrt{3}$	$\sqrt{3}$
方形波	1	1	1	1	1
のこぎり波	1	$1/\sqrt{3}$	1/2	$2/\sqrt{3}$	$\sqrt{3}$

● 実効値：直流と交流を同じ量として取り扱える

実効値(RMS；Root Mean Square)とは，**図2-2**に示すように，電力も含めて，直流と交流を同じ計算式で，同じ量として取り扱えるようにするために決められた値です．参考文献(2)のp. 27以降でも具体的に示しています．

実際問題として，**電力計算まで考えなければ**，ピーク値で計算してもなんら問題ありません．電力計算の場合でも，最後に実効値に変換すればよいだけです．

正弦波の場合，実効値はピーク値の$1/\sqrt{2}$になります．正弦波以外の場合には，ピーク値と実効値の関係は**$1/\sqrt{2}$にならない**ので注意してください(**表2-1**)．

● ピーク値なども実際はよく使う

図2-1のような「ピーク値」とか「ピーク・ツー・ピーク値(P-P値)」なども，実際にはよく使われます．

● 平均値：あまり使わないが電子回路で簡単に計測系を実現可能

また「平均値」という考え方もありますが，信号の直流成分を求める場合に使うのみで，普段はめったに使うことはありません．

電子回路を作るうえでは，「平均値回路」というものは簡単に実現できます．そのため平均値での計測値をベースにして，その結果をピーク値や実効値に換算して表示する測定器もあります(以後で示すように，誤差が生じる場合があるので，注意が必要)．

● 正弦波以外の波形だとピーク値，実効値，平均値の相互比率が変わってくる

同じピーク値ながら，**形状の異なる**波形の電圧や電流の大きさを計測すると，それぞれの実効値(RMS値)や平均値は異なった大きさになります．

例えば**図2-3**のように波形形状が三角波の場合，これらの比率は**正弦波と同じにはなりません**．

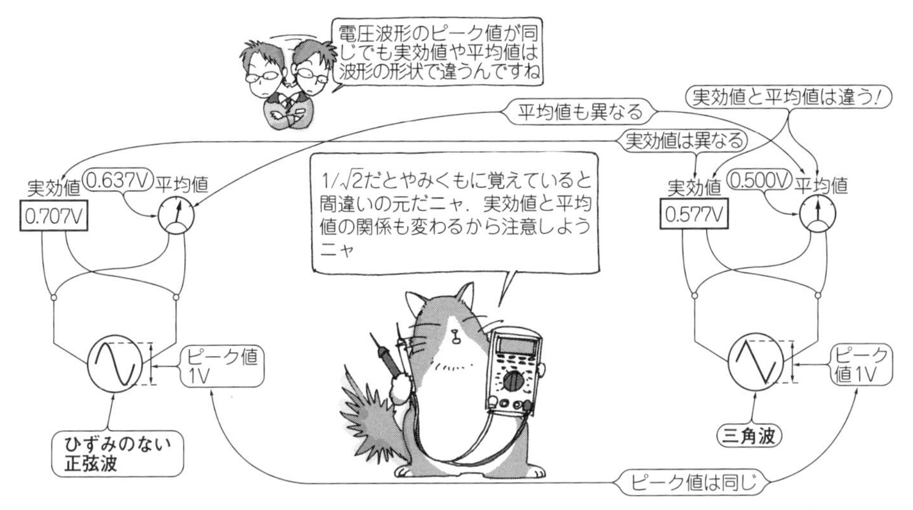

［図2-3］ 波形の形状が変わればピーク値，実効値，平均値の相互比率は変わってくる

● 波形率，波高率(クレスト・ファクタ)：相互の比率を表すもの

正弦波以外の波形におけるピーク値，実効値，平均値の相互比率を**表2-1**に示します．波形ごとに相互比率が異なっていることが分かりますね．

この表の右側に波形率，波高率(クレスト・ファクタ)という値が示されています．それぞれ，

$$\text{波形率} = \frac{\text{実効値}}{\text{平均値}} \quad \cdots\cdots (2\text{-}1)$$

$$\text{波高率(クレスト・ファクタ)} = \frac{\text{ピーク値}}{\text{実効値}} \quad \cdots\cdots (2\text{-}2)$$

と表されます．

波形率は，その波形形状の交流信号を平均値で計測して，それを実効値に換算する係数として利用できます(といっても，波形にひずみがある場合は使えない，以後に示す)．

またクレスト・ファクタは，**図2-1**で示す，波形の実効値とピーク値の比です．ピークが強いほどクレスト・ファクタが大きくなります．クレスト・ファクタは信号のダイナミック・レンジがどの程度かを考えるうえでの指標となります．

2-2	波形の違いが計測値に与える影響

● 正弦波がひずむと誤差を生む

「電気信号の波形は正弦波だろう？」と思われるかもしれません．しかし実際は，正弦波とは違う波形であるとか，理想的な正弦波ではなく高調波が含まれている（これも「波形がひずんでいる」という）場合の方が多いといえます．音声などの信号波形は当然，正弦波ではありません．波形が理想的でないことによる誤差の問題は，計測ではかなり重要なことです．

● 本来正弦波であるべき100 VのAC電源も実際は正弦波になっていない

例えば**図2-4(a)**の波形は，本来正弦波であるべきAC電源（商用交流電源．その電圧をトランスで低くしたもの）の波形です．正弦波のように見えますが，実際は上下の部分がつぶれています．これはAC電源につながっている電子機器の，電源回路の整流動作による，電圧/電流変動特性が理由です．

これを周波数軸上でスペクトラム・アナライザで計測したのが**図2-4(b)**です．本来あってはならない高調波成分，特に3倍や5倍など奇数倍の周波数成分が含まれていることが分かります．

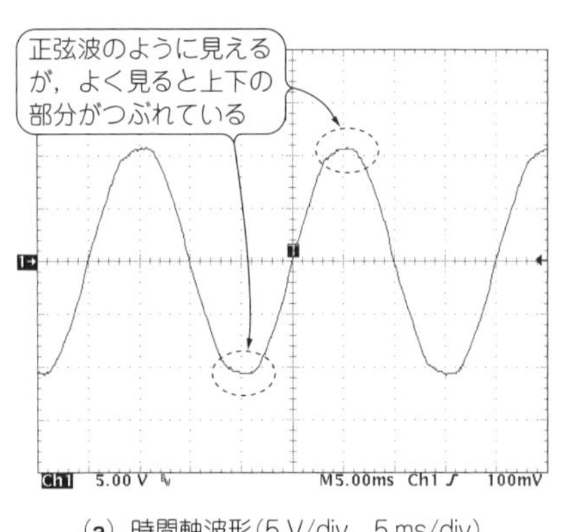

(a) 時間軸波形（5 V/div，5 ms/div）

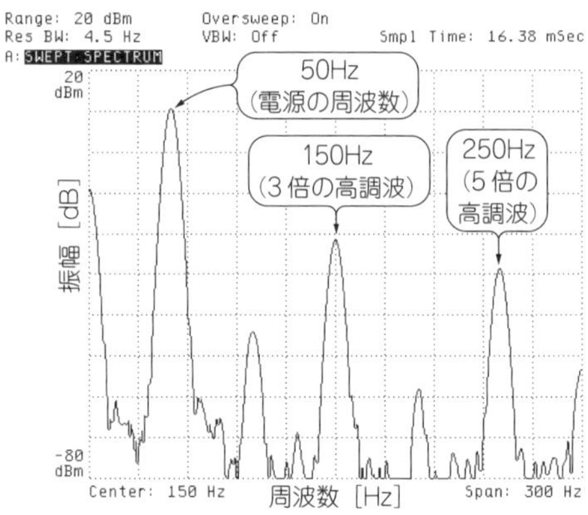

(b) 周波数スペクトル（縦軸はdB表示，10 dB/div，Span＝300 Hz）

[図2-4] 100 V AC電源（商用交流電源）の波形を計測すると，正弦波のように見えるがそうなっていない
計測しやすいように電圧をトランスで低くした

このように実際の波形というのは，**理想的な正弦波ではない**ということを肝に銘じておく必要があります．

● 平均値を実効値に換算して表示する測定器は誤差が大きい

低価格な電圧測定器では，平均値で計測し，実効値で表示するものがあります．特にテスタなどがそうです．

図2-5のように，交流波形をいったん整流して平均化処理し，平均値として計測し，それを実効値に表示上換算して(**表2-1**に示す正弦波の波形率を掛けて)表示する方法をとっています．

▶真の実効値計算回路は複雑でコスト高なので平均値回路も有効

実効値は「波形を2乗して平方根をとる」という操作が必要で，回路が複雑になります．安価に実現するためにこのような平均値計測方式がとられているのです．

交流波形の大きさを表すときには，平均値はほとんど使われませんが，電子回路として作るうえでは,平均値回路なら**整流してロー・パス・フィルタを通せば**よく，簡便であるため低価格な測定器でよく用いられる方法です．

▶ひずみがあると誤差が出る

波形が理想的な正弦波であれば，ここまでの説明のように平均値と実効値の相互比率が一定(**表2-1**の正弦波の波形率)であるため，単純に換算できます．しかし，**図2-4**や**表2-1**に示したような正弦波以外の波形や，2倍，3倍の高調波成分が含まれた波形などは，平均値から正しい実効値を得ることができません．誤差が出てしまうことになります．

▶高調波が含まれると波形率が変化するようすをシミュレーションしてみる

どのくらい誤差が生じるかについて，**図2-6**に2倍と3倍の高調波が含まれている場合を例として，平均値と実効値の相互比率「波形率」が変化していくようすを示します(シミュレーションによる計算)．

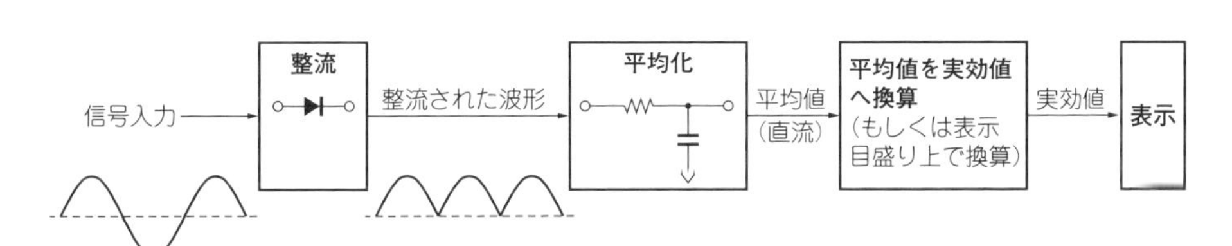

[図2-5] **波形を整流し平均化し，平均値として計測し実効値に換算して表示する**
この方法は低価格な測定器に多い

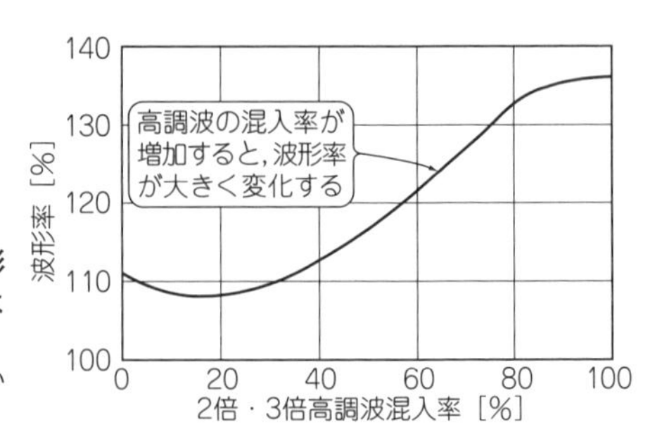

［図2-6］2倍と3倍の高調波が含まれている波形の波形率が高調波の比率により変化していくようすの一例
2倍と3倍の高調波が同じ大きさで横軸の比率で混入している場合

この図は，正弦波の波形率$\pi/(2\sqrt{2})\fallingdotseq 111\%$を基準(横軸の一番左．高調波の成分がゼロの場合)としてグラフ化したものです．高調波の比率により，波形率の大きさが変化することが分かります．なおこれは「一例」であり，高調波相互の位相関係が変化すると波形率も変わってきます．

このように平均値を計測し実効値に換算する測定器では，波形がひずんだときに**精度を維持することができない**，確からしい計測ができないわけです．

▶高精度な測定器は「真の実効値」を表示できる

このように誤差が生じてしまうため，少し高機能・高精度の測定器では，「真の実効値，True RMS値」を計測できるようになっています．これは平均値から換算した実効値を表示するのではなく，本来のRMSとしての2乗操作をきちんと行って表示してくれるものなので，波形率の変化による誤差は出なくなります．専用ICで実現した例を第7章の7-2節に示しています．

2-3　リアクタンスの周波数特性が計測値に与える影響

計測系にインダクタ/コンデンサというリアクタンス素子や寄生成分がある場合，測定対象に加わる信号の周波数が変動することで，インダクタ/コンデンサのリアクタンスが変化し，正しい計測ができなくなります．これを示してみます．

● 周波数の影響を確認するための簡易モデル

図2-7は計測系を一番単純にモデル化した二つの例です．このモデルはオシロスコープの周波数帯域特性などにも用いられるものです．

この**図2-7**は，数十MHz(場合によっては数MHz)程度までの周波数を計測するものとしてモデル化しています．より高い周波数になると，さらに複雑な素子・浮遊成分の組み合わせとして絡み合ってくるので，このモデルのままで考えることができません(それでも抵抗/インダクタ/コンデンサの組み合わせモデルには変わらない)．その点については十分注意してください．

この「モデル化する」という考え方は，本書での四つのポイントのうち，

- 適切に測定対象と計測系をモデル化すること
- 測定対象と計測系を組み合わせたかたちで理論的に誤差要因を解析する

に該当します．

● 要求される精度が5％なら－3 dB周波数まで計測できない

図2-7のモデルで，計測系での計測値が**－3 dBに低下する(誤差になる)周波数**を，特性周波数(カットオフ周波数，遮断周波数，ロールオフ周波数，－3 dB周波数帯域などともいう)として以下の式で定義します．

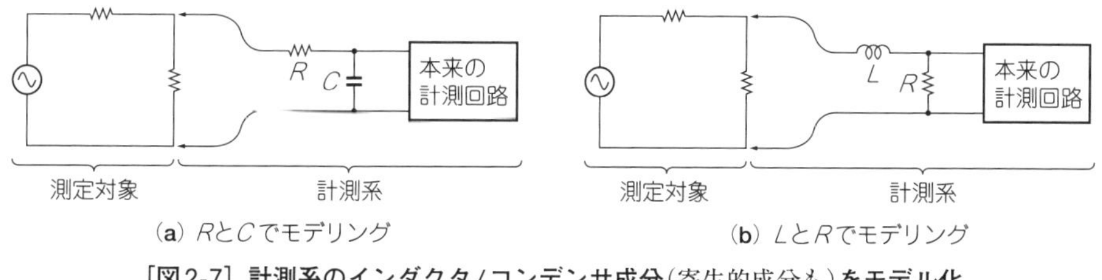

［図2-7］ 計測系のインダクタ/コンデンサ成分(寄生的成分も)をモデル化

Column 1

測定器は電源を投入してから30分待つ！

測定器はアナログ回路のカタマリです．アナログ回路は特性が温度により変化します．そのカタマリである測定器も温度が変わると特性が変化してしまいます．

大体，測定器は電源を投入してから，およそ30分待ってから計測を始めるようにと，取扱説明書でも注意がされています．これは電源投入後30分くらいたつと，内部回路の温度が安定し(平衡状態になり)，本来の特性になってくるからです．電源を投入してすぐでは規定の精度が出ないこともありますので，注意してください．

オシロスコープで輝線(波形表示)の位置が，電源投入時と温まってからでは，変わっていることも日常として見られることです．

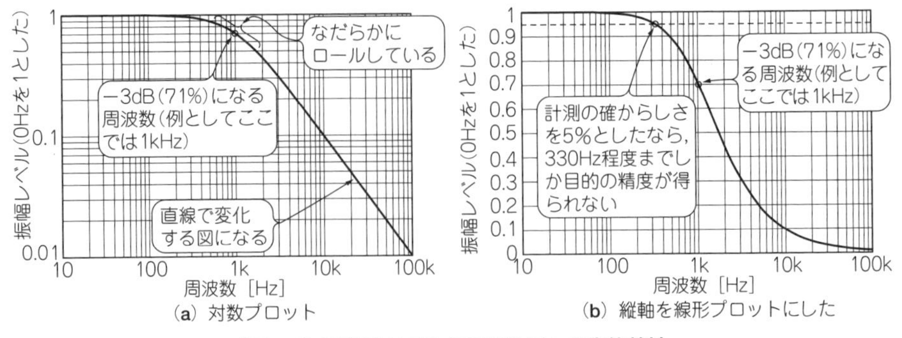

[図2-8] 計測系モデルの周波数ごとの応答特性

$$f = \frac{1}{2\pi CR} \quad \cdots\cdots (2\text{-}3)$$

$$f = \frac{R}{2\pi L} \quad \cdots\cdots (2\text{-}4)$$

これを周波数ごとの応答特性としてグラフにしたものが**図2-8**です．縦軸(振幅レベル)は，**−3 dBになる周波数**(71 %になる周波数．ここでは例として1 kHzとした)を境になだらかにロールしており，それが周波数が高くなるにしたがって変化するようになります．

図2-8(**a**)のグラフは縦軸が対数(ログ；log)なので直線で変化しますが，これを実際の波形の大きさで描き直してみると，**図2-8**(**b**)のようになります．

このグラフから分かるように「−3 dBになる周波数」は振幅が−71 %になるところです．例えば計測の確からしさ(目的とする精度)を5 %としたなら，この場合は330 Hz程度の周波数までしか，**目的の精度が得られません**．

● 計測の精度と−3 dB周波数の関係

例えば「−3 dBになる周波数」を計測系の仕様上の周波数特性とした場合に，目的の計測の確からしさ(計測系の精度)を実現できる最高周波数を**表2-2**に示します．「−3 dBになる周波数」との比としてパーセントで示してあります．

このように精度をより高くして計測しようとすれば，−3 dBの周波数からかなり低い周波数までしか，きちんと計測できないことが分かります．

● 測定器が対応する周波数帯域特性をよく確認しよう

測定器の周波数帯域として，この「−3 dBになる周波数」を仕様書やカタログに

[表2-2] 目的の計測の確からしさと「－3 dBになる周波数」との比率

計測の確からしさ	－3 dBの周波数との比率
10 %	48 %
5 %	33 %
1 %	14 %
0.5 %	10 %
0.1 %	4.5 %

謳(うた)ってあるものがあります．オシロスコープなどがこれに当たるでしょう．

これを「その周波数までは問題なくきちんと計測できる」とうのみにしてしまうことがあります．しかし実際はそうではないことが，ここまでの説明で分かりますね．

なお測定器によっては，−3 dB(71 %)で定義せず，きちんと(例えば1 %の確からしさを)仕様として謳っています．

いずれにしても測定器の仕様書や取扱説明書をよく読んでから，使用することがとても重要です．

2-4 高速・高周波回路で注意すべきこと

● 高速・高周波回路でも基本的な考え方は同じ

ここまで説明してきた，周波数の違いとインダクタ/コンデンサ/抵抗成分から生じる誤差というのは，例えば数GHzという，より高い周波数(高速・高周波回路)になってもほぼ同様に考えることができます．

● 高速といってもどこからかは決まっていない

よく「高周波回路は全く別物」「高周波になると理論的なことが通じない」「職人芸だ」などと聞くことがあります．ではしかし「あなたにとって何MHzからが高速回路・高周波回路なのか？」ということを考えてみましょう．人によっては10 MHzが高速だと答えるかもしれませんし，人によっては1 GHzを超えた辺りだという人もいることでしょう(**図2-9**)．

ここで分かるのは「高速・高周波」というものは明確な定義はないということです．計測という視点では，**誤差要因として影響を与える要素**(インダクタ/コンデンサによるリアクタンス成分)**が無視できなくなってくる周波数**だといえるでしょう．

[図2-9] 人によって「ここからが高速・高周波だ」という周波数が異なる

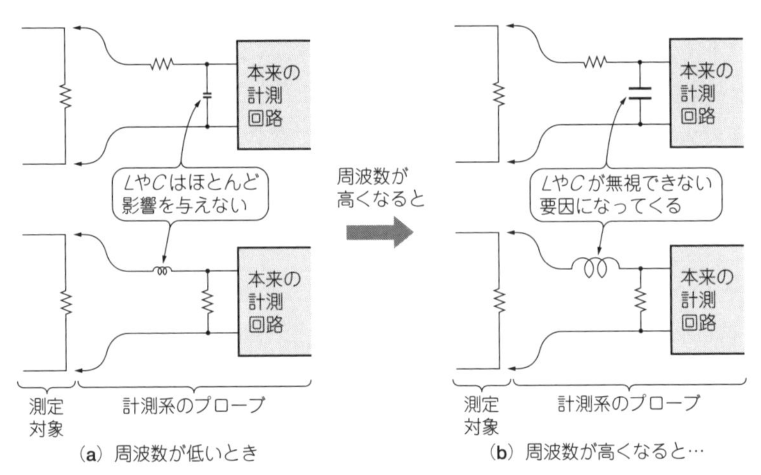

[図2-10] 低い周波数では影響を与えることがなかったインダクタ/コンデンサ成分が高速・高周波回路では影響を与えてくる
インダクタ/コンデンサの定数が大きくなるのではなく，リアクタンスが変化してくる

繰り返しになりますが，このような誤差要因を適切にモデル化して取り除いていけば，より確からしい計測が実現できます．

● 高速回路ではプロービングが特に重要

高速回路で大切なことは，**図2-10**のように，低い周波数では計測系に影響を与えることがなかった測定器のプローブを，高速回路の測定対象に接続するとき，そこで生じるインダクタ/コンデンサ/抵抗の成分を考慮することです．特にリアクタンス成分は，周波数が高くなってくると無視できない要因になってきます．

オシロスコープについては，次に示すような「校正」は一般論としてほぼ不可能なので，「いかに適切にプロービングができるか」という点が重要です．これについては章をあらためて説明していきます．

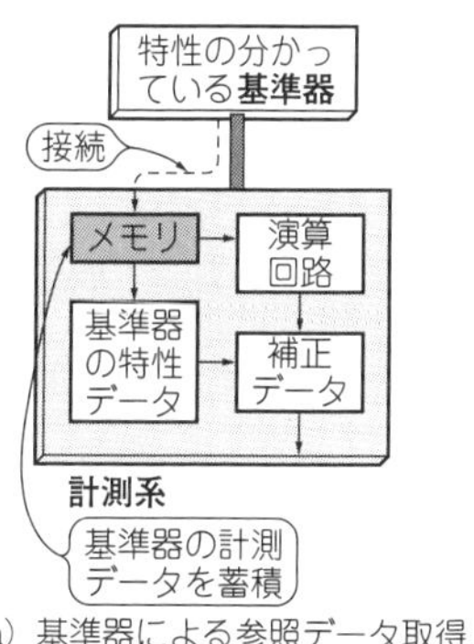

(a) 基準器による参照データ取得

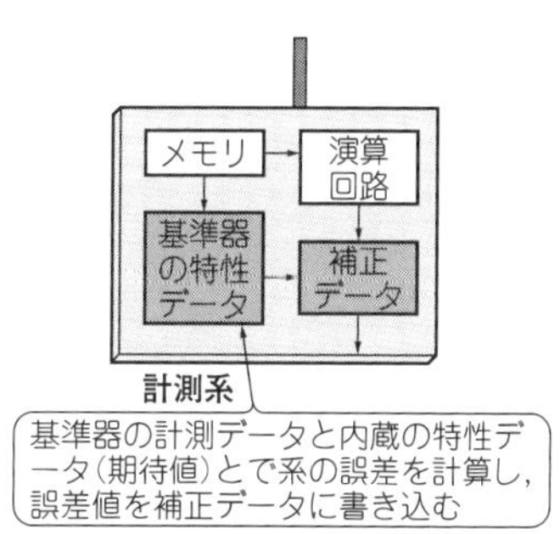

(b) 計測系の校正

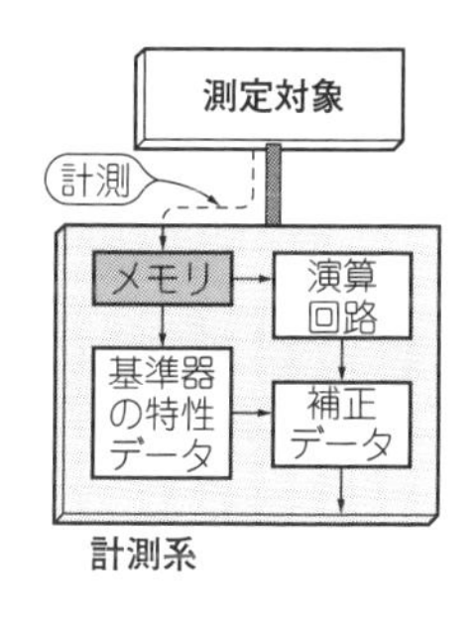

(c) 実際に測定対象を計測

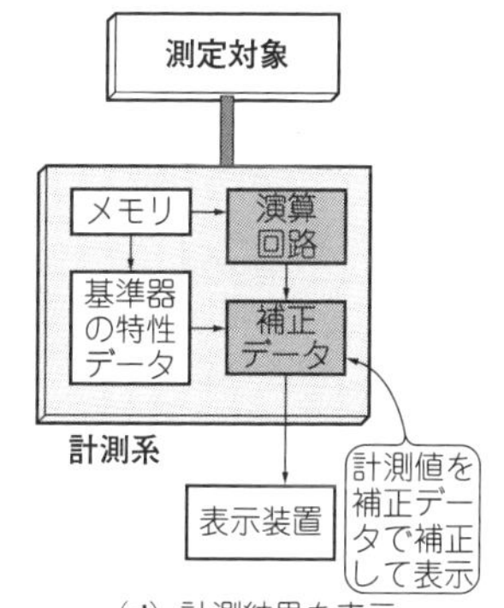

(d) 計測結果を表示

[図2-11] **誤差要因は校正**(キャリブレーション)**という方法で取り除く**

● 校正して使用する測定器もある

オシロスコープ以外の測定器では，このリアクタンス成分により，周波数が高くなってきたときに生じる誤差要因を「校正(キャリブレーション)」という方法を用いて取り除くものがあります(**図2-11**)．例えばネットワーク・アナライザで計測の前に行う“CAL”などが相当します．

校正とは，ある基準器を用いて計測系の基準値を作るもので，実際の測定対象の値を計測したときに，この基準値を用いて差異を補正していきます．これにより精度の高い，確からしい計測が可能になります．

● 計測には答えがないのでモデル化と解析が重要

計測というのは「正しい計測結果」という答えが用意されていません．計測結果が本当に「確か」かどうかが分からないので，非常にやっかいです．

しかしそれらは，リアクタンス成分などの誤差要因を一つずつ特定し，モデル化し，基本的な回路計算(回路理論)を当てはめながら取り去っていけば，確からしさがかなり上ってきます．

このアプローチは本書での四つのポイントのうち，

- 適切に測定対象と計測系をモデル化すること
- 測定対象と計測系を組み合わせたかたちで理論的に誤差要因を解析する

に該当します．

*

第1部(第1章と第2章)では，本書の導入的な意味合いもふくめ，計測における基本的な誤差要因を説明してきました．

以降でいろいろな場面での計測について考えていきますが，ここまで説明してきた基本的なこと(回路理論)の積み重ねで，高度な計測も高い確からしさで実現することができます．

この二つの章を計測の基礎として理解して，以降を読み進めていただければと思います．

Column2

計測やプロービングの「小技」

本格的なプロービングについては別途説明していきますが，ここでは，計測やプロービングの際に現場で活用できる小技を紹介しておきます．「小技」といっても結構，大事なものです．

● ポリウレタン線を用いた微細プロービング

最近はプリント基板のパターンや表面実装ICのリード端子が微細化しています．オシロスコープなどの測定器に付属している測定端子(プローブ・チップ)で直接計測することが難しくなってきています．

このようなときに利用できるものとして，**写真2-A**に示すような「ポリウレタン線」というものがあります．パーツ販売を行っている業者から購入できます．太さもかなり細いものから複数ありますので，使用しやすいものを選んでください．

ポリウレタン線はUEW(Polyurethane Enamelled Copper Wire)ともいい，銅導体をポリウレタン系樹脂で被覆したものです．つまり外側は**絶縁されて**います．

▶ポイントその1：ポリウレタン線の被覆の取り去り方

ポリウレタン線の被覆は耐熱温度が高めなので，取り除くことが少し大変です．**写真2-B**のように，はんだごてにはんだを乗せた状態で，ポリウレタン線の先端を少し長めな時間(はんだと一緒に溶かしながら)熱し，先端のポリウレタンを蒸発させ，被覆を取り去りはんだメッキを施します．

[写真2-A] ポリウレタン線

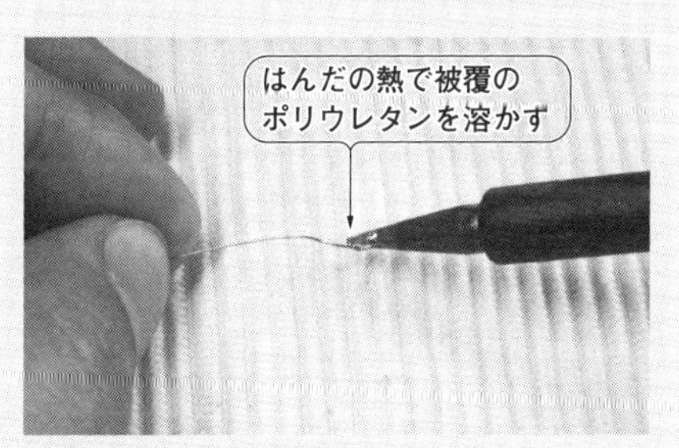

[写真2-B] ポリウレタン線の被覆を取り除く方法

その後，測定対象側のプリント基板のレジストをカッタなどではがして，そこにもはんだメッキを施して，ポリウレタン線を接続します．

さらに高度な技ですが，顕微鏡で見ながらICのリード端子に直接「垂直に」ポリウレタン線を立てることもできます(0.5 mm程度のピッチでも慣れてくればはんだ付けできる．なおきちんと固定すること)．

▶ポイントその2：ポリウレタン線をきちんと固定

ポリウレタン線は，動かすとはんだ接続部がすぐに取れてしまいます．**写真2-C**のようにホット・メルトなどを使ってポリウレタン線を固定させるということも，単純ですが重要なポイントです．なお専用のメルト・ガンなどを使わなくても，ホット・メルトを一部カッタやニッパで切り出して，はんだごてで熱して溶かすだけで処理できます．

▶しかしながら高い周波数には不向き

ただし，導線は1 mmで1 nH程度のインダクタンスを持っています．プリント基板からポリウレタン線を長く計測系に伸ばし，数MHzを超える周波数の信号を計測しようとするときには限界が生じるので注意してください．

● 意外と大事な計測小物集

計測だけでなくても回路実験をする際も含めて，**写真2-D**のような小物を用意しておいて，適切に使用することも大切です．

みのむしクリップは電源からの接続や，回路間の仮接続などにも便利に使えます．ICクリップも同様です．

チェック端子は実験だけでなく，量産製造での特性計測や調整用にも活用できます．量産製造の基板にも採用されているものも多く見かけます(表面実装用の端子もある)．

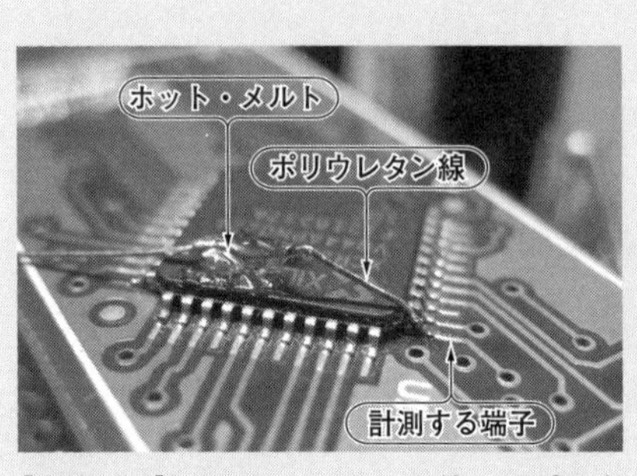

[写真2-C] ホット・メルトを使ってポリウレタン線を固定する

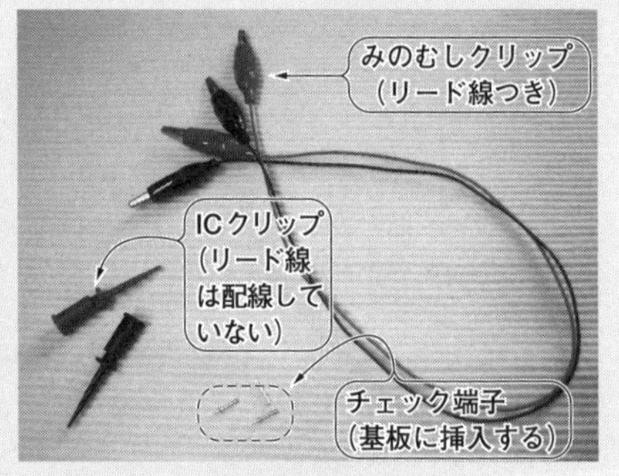

[写真2-D] 計測で便利な小物集(みのむしクリップ，ICクリップ，チェック端子)

● 計測の際はプローブや電源ケーブルの固定が重要

プローブや電源リード線をブラブラさせずに，ガムテープなどで机にきちんと固定しておくことも，単純ですが意外と重要です(**写真2-E**)．

評価中にアクシデントで，ケーブルがずり落ちてICの端子がとれてしまうとか，思わぬトラブルを生じさせる原因になります(私も何度も泣いた事がある)．このような安全策をとっておいた方がすこぶる安心です．

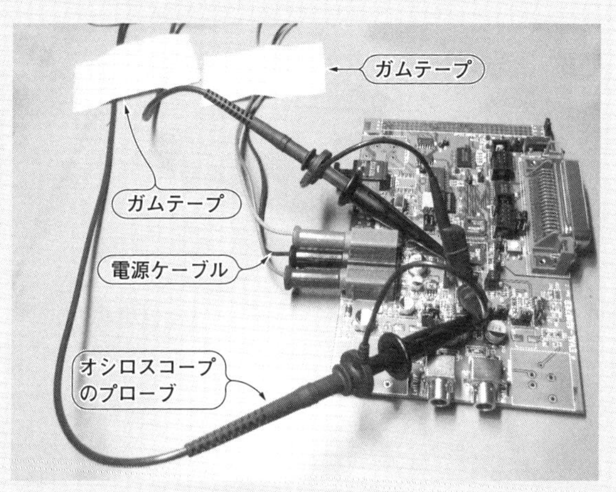

[写真2-E] プローブや電源ケーブルはガムテープなどで固定しておこう

第2部

ディジタル信号の計測技術

第3章

【成功のかぎ3】
高周波信号の集まり「ディジタル信号」の計測
正しいグラウンドで正しく計測する

本章から第5章までは，ディジタル回路の計測とプロービング方法を説明していきます．ディジタル回路とはいえ，結局は電気信号です．そのことを考えれば，ディジタルでもアナログでも考え方に全く差異がないということを説明していきます．

3-1　ディジタル信号は高い周波数成分があるので計測には注意

● 10 MHzのクロック信号には100 MHzを超える周波数成分が含まれている

「ディジタル回路はつなげば動く」といわれたのは，既に20年以上前の昔話なのかもしれません．最近はディジタル回路が高速になり，数百MHz，場合によるとGHzの動作速度もあり得ます．

そうでなくても，ディジタル信号の立ち上がりはもともと高速です．例えば10 MHzの繰り返しクロック信号であっても，信号には5～9倍(50 M～90 MHz)，またさらに高次の**とても高い周波数成分**つまり「**高周波信号**」が含まれています．

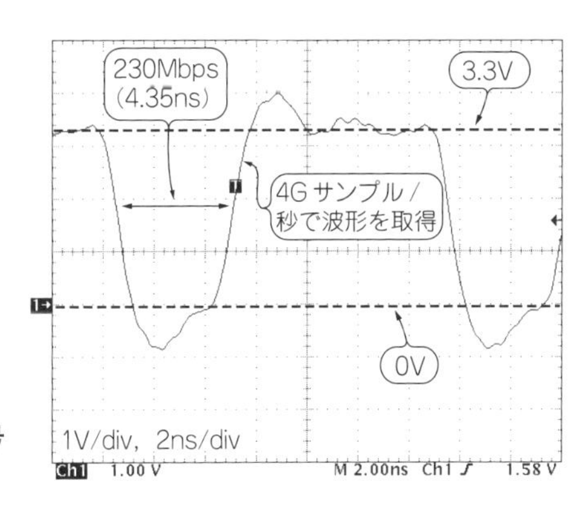

[図3-1] ディジタル信号も実はアナログ信号
230 Mbpsの3.3 V CMOS信号

● ディジタル信号もアナログ信号として計測すべき

ディジタル信号に高周波成分が含まれていることで，信号波形は鈍り，反射や過渡変動が生じ，共振などにより振動します．実際にその信号を計測してみると，**図3-1**のように，とても「1/0」のディジタル信号ではなく**アナログ信号**であるかのように見えてきます．

“H”か“L”かを観測するだけなら，簡便に「とりあえず」プロービングしておけばよいのですが，**タイミング・マージンの検証やバス衝突，不安定なロジック・レベルのデバッグ**など，開発途中で直面する問題を適切に解決することはできません．

ディジタル回路の計測とプロービングでも，**表1-2**に挙げた「計測に必要な四つのポイント」が重要です．ここで理解してもらいたいのは，「**ディジタル信号もアナログ信号として取り扱い，計測すべき**」ということです．

3-2 計測の基準「グラウンド」の正しい位置

1個のディジタルICを考えてみましょう．この**IC入力のスレッショルド・レベルと入力信号波形との関係を詳細に観測したい**とします．

● グラウンド接続が計測点から離れていると正しく計測できない

図3-2(a)では二つの基板間に信号伝送するケーブルが接続され，受け側のディジタルICの入力端子をプロービング(図中左側)して，オシロスコープで波形を計測しています．プローブのグラウンド・リードは，接続を簡単にするため，二つの基板の電源供給の共通ポイント(中央右)につないでいます．

この接続では，**図3-2(b)**のような**乱れた波形**のディジタル信号波形が観測されました．実はこの計測方法と得られた波形は，ICの入力信号波形を観測するという意味では**正しくありません**．理由を以下に説明します．

● ディジタル信号に含まれる高調波が配線パターンなどのインダクタンスでノイズを生む

ディジタルICの入力回路は**図3-3**のようなモデルになっています．結局はアナログ回路を考えているようなものです．この図では**図3-2**での接続のようすも含めて記載してあります．

つまり**図3-2**で観測したのは，IC自体が本来見ている(ICの入力端子から見えている信号源側の)波形ではなく，周辺回路のノイズ，過渡変動，共振による振動な

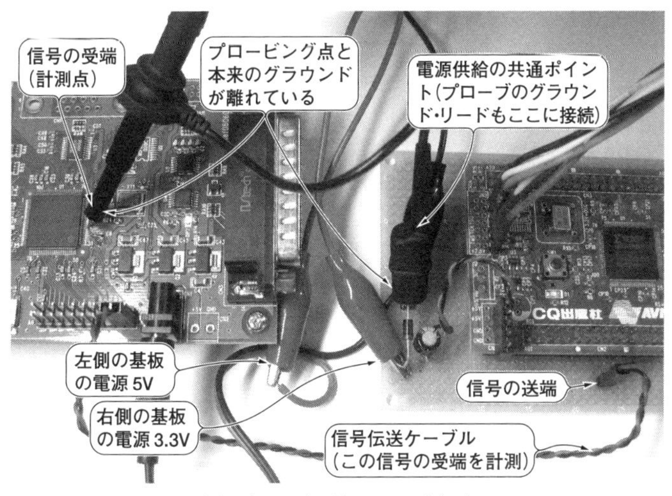

(a) プロービングしているようす

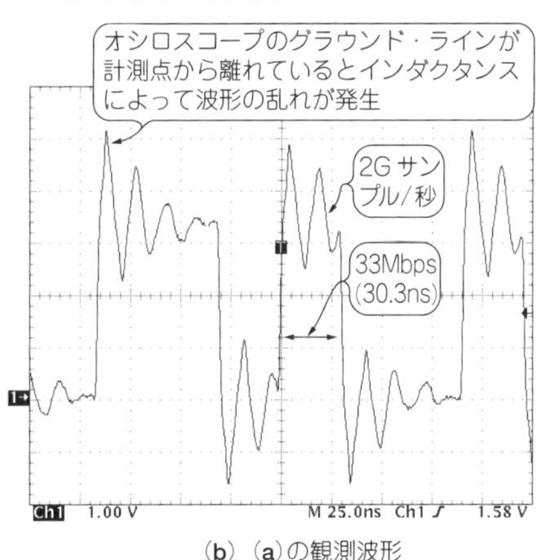

(b) (a)の観測波形

[図3-2] **何も考えずにディジタルICの入力端子をプロービングしたときの波形**

どが入り交じった，**本来の波形ではないもの**を見ているのです.

特にディジタル信号は，5～9倍など非常に高い周波数成分まで含んでいます. これが**図3-3**中のインダクタンス成分の影響を受け，波形が大きくひずみます.

● ICの入力信号を計測するには少なくともICのグラウンドを基準にすべき

図3-3に示したIC自体から見れば，ICのスレッショルド電圧の基準になっている電位は，ICのグラウンド端子と回路グラウンドが接続されている点であって，**図3-2**で計測に使っているグラウンド部分(**図3-3**の左下に示してある)ではありま

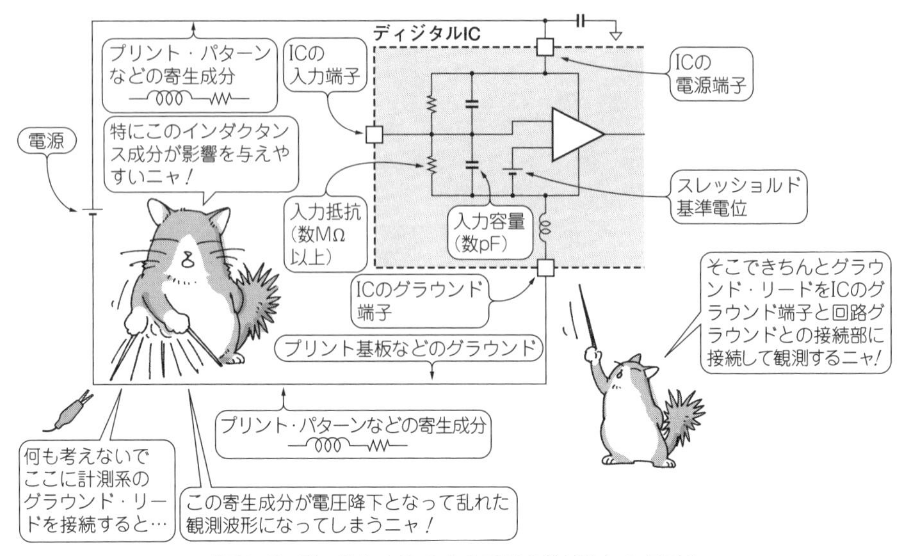

[図3-3] ディジタルICの入力回路を単純化したモデル

せん．IC自体の基準電位(グラウンド)を，計測系でも基準電位とすべきです．

そこでICの入力端子から「本来見えている波形」として観測するには，観測したいICのグラウンド端子の直近となる部分に，グラウンド・リードをきちんと接

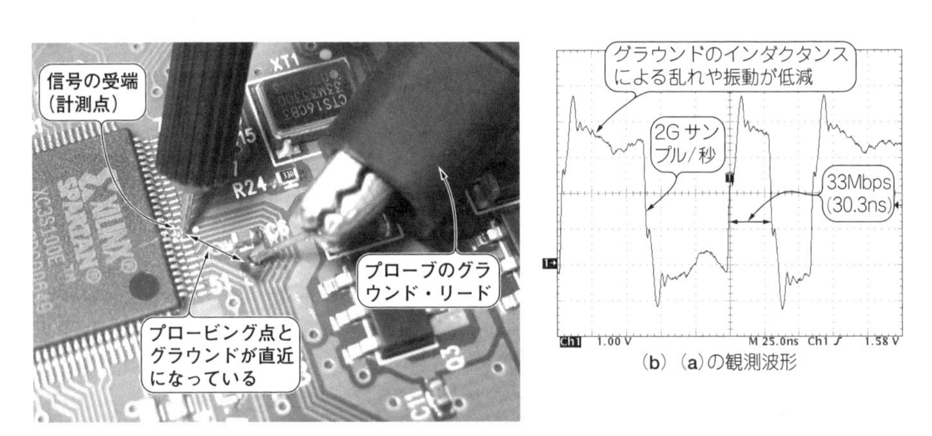

(a) プロービングしているようす

(b) (a)の観測波形

[図3-4] プローブのグラウンドをプロービング点の直近につないでディジタルICの入力端子をプロービングする

これでもまだまだ不十分

続してから行うことが，**少なくとも**大切です．

図3-4は接続点を適切なポイントに変えた例です．こうすると上記に説明したような余計な乱れが発生しません．

とはいえ以後に示すように，プローブのグラウンド・リード自体も波形が乱れる原因になります．そのため，「**これでもまだまだ不十分**」というのが実際のところです．

3-3 プリント基板上で発生する計測の誤差要因

ここまで説明してきたとおり，適切にグラウンドをとらないと観測波形と実際の波形との間に差異(誤差)が生じます．その誤差要因は，理論的にはどのように考えられるでしょうか．基板上で発生する計測の誤差要因を以下に示します．

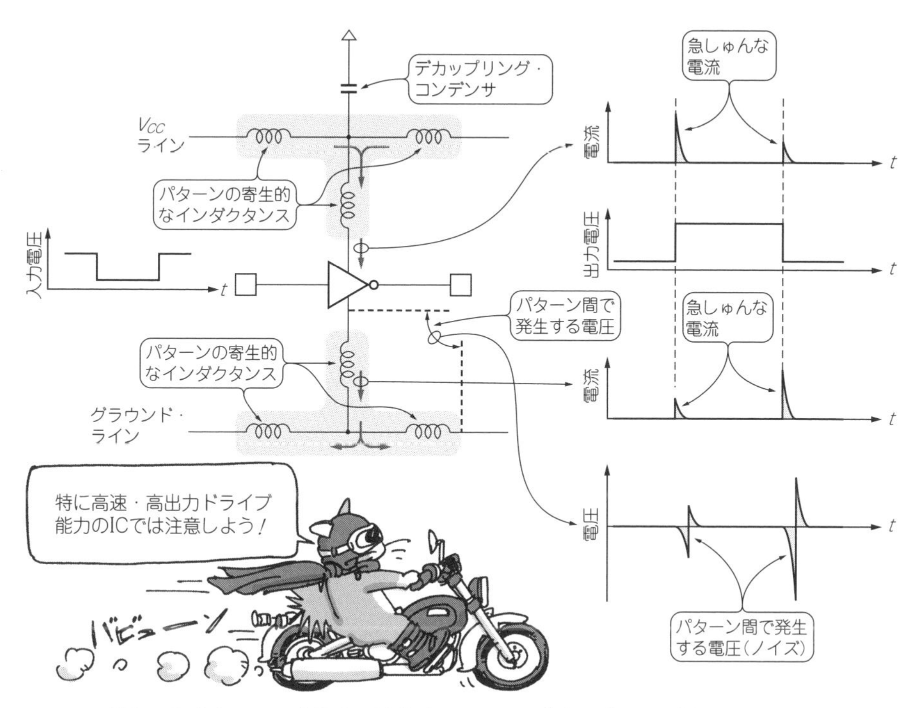

[図3-5] 急しゅんに変化する電流がスイッチング時にプリント基板上を流れる
基板パターンをモデル化しノイズ発生の理由を考える

● その1：ディジタル信号の高周波電流と基板のインダクタンスで発生するノイズ

図3-5のようにディジタル回路では論理が切り替わるとき（スイッチングするとき）に，プリント基板上をとても急しゅんな変化で電流が流れます．

一方でプリント基板のパターンには，寄生インダクタンスがあります（長さのある導体はインダクタンス成分をもつ）．インダクタンスには流れる電流の**時間微分**

Column 1

タイミング解析ではプロービングが重要

特にロジック・アナライザでの話になりますが，ディジタル回路を計測する二つの解析方法があります．ステート解析とタイミング解析です．

ステート解析は**図3-A**のように，回路動作の状態（ステート）を，クロック信号を基準タイミングとして計測します．論理的なデバッグに用いられます．

一方タイミング解析は，**図3-B**のように回路の実際の動作タイミングを計測しながら波形を表示させます．セットアップ/ホールド時間などタイミング・エラーのデバッグに用いられます．ここではプロービングの技術が特に重要になります．

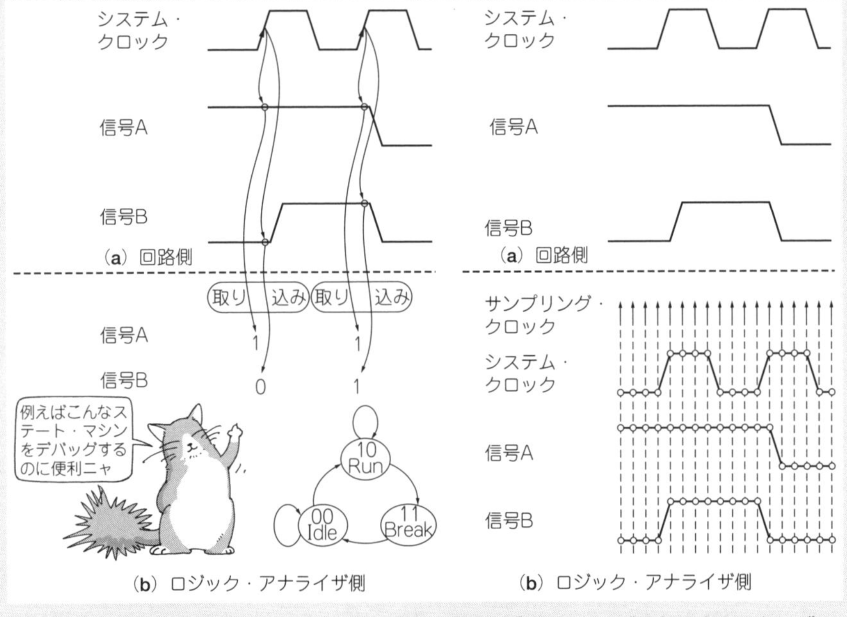

［図3-A］ステート解析はシステム・クロックを基準にして動作する

［図3-B］タイミング解析は実タイミングで計測しながら動作する

値に比例して電圧が発生します．つまり電流の変化が急しゅんであればあるほど，パターンで発生する電圧，つまりノイズは大きくなってしまいます．

● その2：ICのスイッチング電流が近傍ICへのノイズ源になりリンギングが生じる

ノイズ発生源はこれだけではありません．さきの話をさらに拡張して考えれば，**図3-6**のように計測ポイントである左側のICがスイッチングし，その信号が右側の受端側ICにスイッチング電流を生じさせます．この受端側ICのスイッチング電流によって生じる電圧もノイズとして観測されてしまいます．

また図中にあるような寄生容量と寄生インダクタンスの組み合わせにスイッチング電流が流れることで共振状態になり，**リンギング**と呼ばれる波形の振動ノイズが生じてしまいます．

そのため**図3-2(a)**のように，「接続が簡単だから」と基板の電源供給の共通ポイントでプロービングすると，このパターンや配線間で生じるノイズや，共振によるリンギングも「不本意ながら」一緒に観測してしまいます．

アナログ回路設計では，これらのふるまいをとても重要視します．ディジタル回

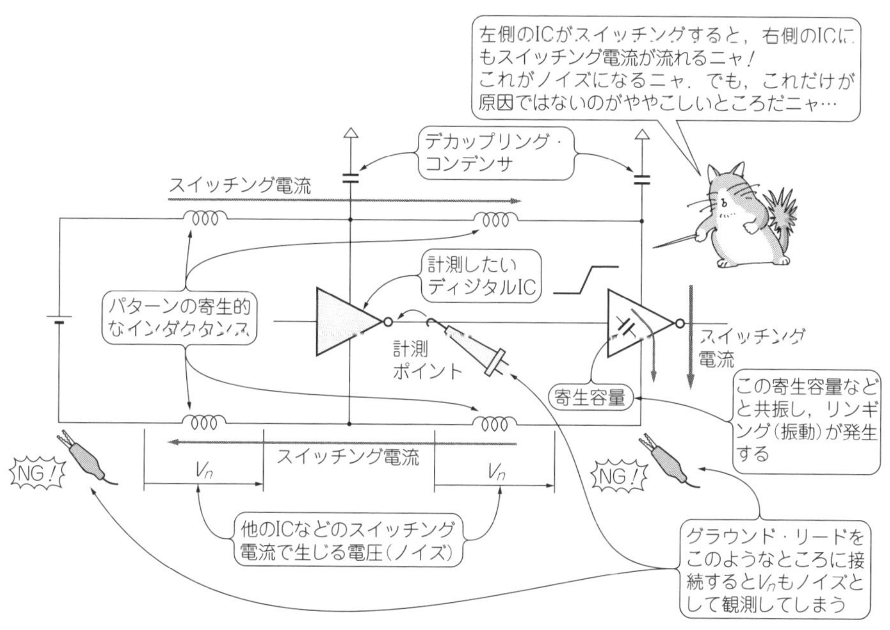

[図3-6] 他のICがスイッチングしたときも急しゅんなスイッチング電流が流れる

路でも昨今は同じように注意が必要になってきています.

● できればプロービング用グラウンド・パターンを配置しておく

ICのグラウンド端子にプローブのグラウンドをつなげないことはよくあります.ここまでの説明のように,それでもIC自体の基準電位となるべき,ICのグラウンド端子が接続されているパターン付近の電圧を,計測系側としても基準(グラウンド)にすべきです.

そのため**図3-7**のように,計測したい端子やパターン付近にプローブのグラウンドをつなげるランドやビアを用意しておくとよいでしょう.

最近の高密度実装基板のことを考えると,このような提案は「却下」されそうですが,正しい波形を観測するためにはやはり重要なことです.

特に最近はBGA(Ball Grid Array)のICが増えてきており,この場合は直接,信

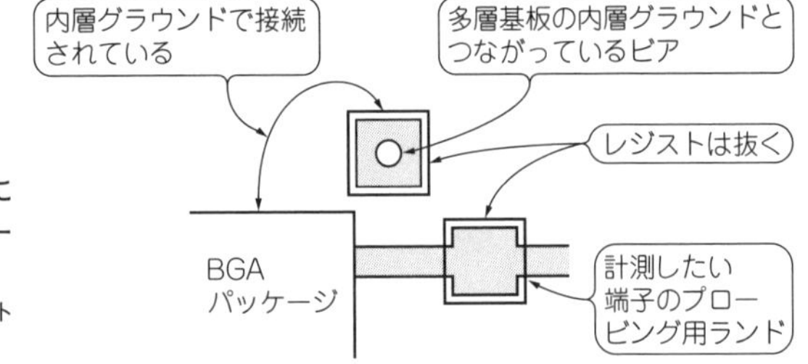

[図3-7] 計測したい入力端子付近にプロービング用グラウンド・パターンを用意する
図は多層基板を想定.パターン側もレジストは抜いておくこと

Column 2

FPGAのデバッグ環境が整っても「力業」はいまだに必要

論理シミュレーション技術も高度に向上し,FPGA(Field Programmable Gate Array)などの端子の動きを観測できるJTAGツールや,「ChipScope」や「SignalTap」といったFPGAチップ内部の動きを観測できる回路埋め込み型のロジック・アナライザなどが増えてきました.ディジタル回路におけるデバッグ環境はだいぶ整ってきたといえるでしょう.

これらデバッグ技術の革新により,論理回路検証のかなりの部分をソフトウェア的に実現できるようになりました.

とはいえ,いまだにプリント基板上でプロービングして,実際に計測しながらデバッグする(今では「力業」といってもいいだろう)作業が必要になることは一方で事実です.

号やグラウンド端子をプロービングできません．同様にプロービングのしやすさを考慮しておくことは大切です．

さらに別の方法としては，**差動プローブ**を使って，片側を信号端子，もう片側をそのICのグラウンド端子に接続し，差動信号として検出する方法もあります．この方法についてはあらためて第9章の9-3節で詳解します．

3-4　グラウンド・リードから発生する計測波形の暴れ

● プローブのグラウンド・リードは100 MHzで63 Ω！

高速なディジタル信号を計測する場合には，パッシブ・プローブのグラウンド・リードをそのままICのグラウンド端子につないでしまうことには問題があります．

グラウンド・リードは**図3-8**に示すように，それ自体が「インダクタンス」としてモデル化されるものです．ケーブルのインダクタンスは大体1 mm当たり1 nHですから，100 mm程度の長さのグラウンド・リードであれば，ここだけで100 nHほどのインダクタンスが生じます．

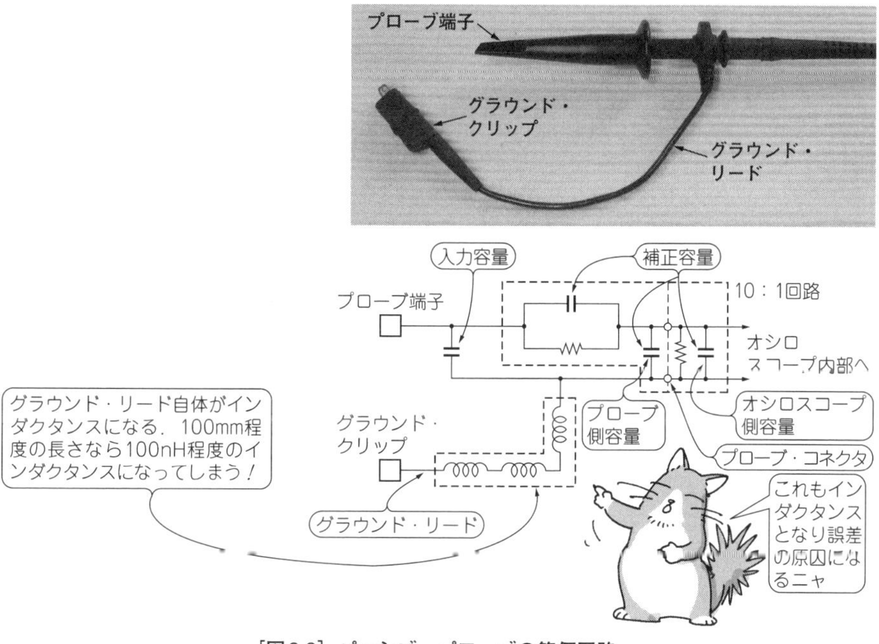

［図3-8］パッシブ・プローブの等価回路
写真はP6139A（テクトロニクス）

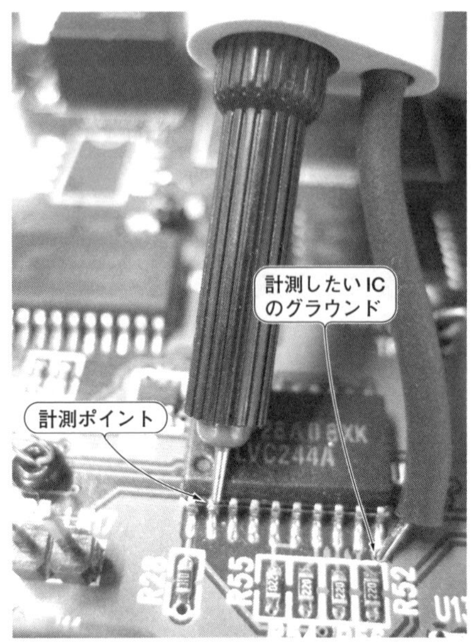

(a) ここまで使用してきたプローブP6139Aを用いているようす(別の基板での参考例)

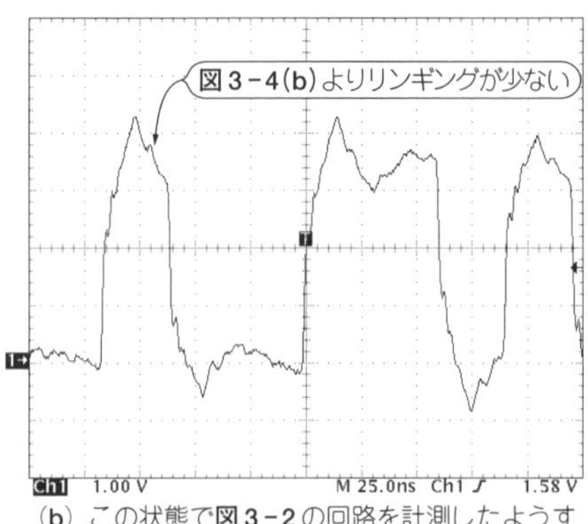

(b) この状態で図3-2の回路を計測したようす

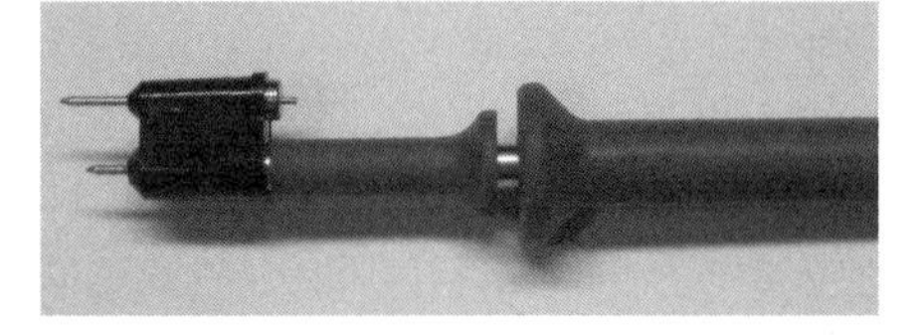
(c) 異なるプローブ(P6114B)の例.
オプション013-0085-00を使用

[図3-9] プローブ先端に短いグラウンド・ピンを接続し寄生インダクタンスを減らして計測する

100 nHは**10 MHzで6.3 Ω，100 MHzでは63 Ω**です．さらにこのグラウンド・リードのインダクタンスと，回路内の容量成分や，**図3-8**に示すプローブの入力容量などが相互に影響しあい，計測したい波形をひずませたり，**リンギングが生じ**たりします．まさにアナログ的なふるまいです．

● インダクタンスを極力減らせば100 MHzくらいまでの周波数成分は計測できる

そこで高速な信号の計測にはグラウンド・リードを用いずに，**図3-9**のように短いグラウンド・ピンをパッシブ・プローブ先端に接続し，寄生インダクタンスを減らして計測することが現実的です．例えばピンの長さが5 mmであればインダクタンスは5 nHです．しかしそれでも確からしさの高い計測をしたいなら，100 MHz(10 MHzのクロック)程度までが限界でしょう．

いずれにしても計測系も含めて全体を**モデル化して考えて**，相互に影響を与えない，受けないように配慮し，確からしい計測を実現することが重要です．

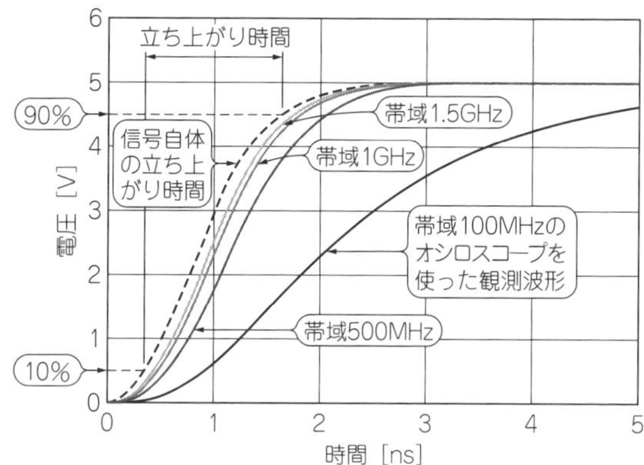

［図3-10］ディジタル信号の立ち上がり時間とオシロスコープの周波数帯域の関係をきちんと理解していないと正確に計測できない
入力信号は1 nsのランプ波を時定数0.5 nsでフィルタしたもの

● パッシブ・プローブで確からしく計測できるディジタル信号は数十MHzの繰り返し周波数まで

ディジタル信号には奇数倍周波数の高調波成分が含まれます．ここでの「100 MHz程度」というのは，ディジタル信号自体の繰り返し周波数ではなく，ディジタル信号の高調波成分も考えたときの周波数帯域の限界です．繰り返し周波数で考えれば，さらに低くなるということです．

「インテグリティ」の高い，確からしい計測・プロービングを行うのであれば，次章以降に示すような「50 Ω系計測」もしくは「差動プローブ」を用いることが堅実です．

3-5　信号の立ち上がり時間とオシロスコープの帯域幅

● 誤差すくなく計測するための必要帯域

図3-10のようにディジタル信号の立ち上がり時間とオシロスコープの周波数帯域の関係をきちんと把握しておくことは重要です．

この図のように，一般的に信号変化の10 %～90 %の時間を**立ち上がり時間**t_r[ns]と定義します．信号をほぼ誤差なく計測するために，オシロスコープの帯域幅をt_{BW}[MHz]として，

$$f_{BW} = 4 \times \frac{350}{t_r} \quad \cdots\cdots (3\text{-}1)$$

がおよそ必要です．「ほぼ」なのは，**どうしても若干の誤差が出てしまう**からです．

式(3-1)では誤差3％としています．またオシロスコープの帯域特性を1次系と仮定しています．

つまり立ち上がり1 nsの信号(10 MHzの繰り返し波形の1/100の時間)を観測するには1.4 GHz程度の帯域のオシロスコープが必要になるということです．

● とはいってもやはり少しは誤差が生じる…

式(3-1)を満足すればよいとはいえ，前述で「誤差を3％としている」のとおり，オシロスコープの周波数帯域性能f_{BW}が立ち上がり時間に誤差を生じさせます．この関係は以下の式で計算できます．

$$t_{MES} = \sqrt{{t_r}^2 + \left(\frac{350}{f_{BW}}\right)^2} \quad \cdots\cdots (3\text{-}2)$$

ここでt_{MES}はオシロスコープで観測される波形の立ち上がり時間[ns]，f_{BW}はオシロスコープの周波数帯域性能[MHz]，t_rは信号自体の立ち上がり時間[ns]です．

この式で，観測された立ち上がり時間t_{MES}から，オシロスコープの周波数帯域性能f_{BW}で補正して，**本来の立ち上がり時間t_rを予測**することもできるでしょう．

● プローブの浮遊成分や補正容量も誤差要因

プローブの先端には，**図3-8**のように入力容量，浮遊容量や補正容量があり，これが高い周波数において計測に誤差を生じさせてしまいます．

これについても，**表1-2**の「適切に測定対象と計測系をモデル化すること」や「測定対象と計測系を組み合わせたかたちで論理的に誤差要因を解析する」のとおり，プロービングする部分(測定対象と計測系の両方)をきちんとモデル化して考えていく必要があります．このへんの話題は，第21章以後であらためて考えてみます．

Column 3

高価なロジック・アナライザ不要！
特定データ・パターンでオシロをトリガする「ワード・パターン検出回路」

オシロスコープを利用した基本的なディジタル回路のデバッグのアイデアを示します．

これらはロジック・アナライザを用いれば，その機能ですぐに実現できるものですが，ここではオシロスコープしか持ち合わせていない，波形が高速すぎて低速なロジック・アナライザでは計測できない，などの場面を想定しています．

■ ワード・パターン検出回路

● 特定のパターンでトリガ・パルスを出力する便利回路

例えばバスとかステート・マシンで，特定の状態のタイミングでトリガをかけたいときがあります．ロジック・アナライザがあれば簡単ですが，**図3-C**の回路を用いることでも，自分が希望するワード・パターンでトリガ信号パルスを生成できます．

ディジタル回路はクロックに同期して動いています．メモリ・バスも，非同期バスであってもシステム・クロックを基準にして動作しています．

そこでこのシステム・クロックをパターン検出(トリガ)回路のクロックにも用います．

● CPLDなどを使えばさらに複雑なトリガを実現可能！

図3-C(a)はディスクリートのロジックICを用いた回路で，ワード・パターンをスイッチで設定する回路です．CPLDなどでこの回路を作ることもひとつです．

また**図3-C(b)**で拡張例として示してあるように，スイッチの代わりにシフト・レジスタとし，シリアル・ポートから希望のワード・パターンを書き込むような方法も可能です．

必要に応じて制御用のマイコンを用意しなくてはなりませんが，この辺は使う頻度で方法を選択してください．

CPLDやFPGAなどをデバッグする場合は，IC内部にこのトリガ信号生成回路を形成するという手もあるでしょう．

■ 利用方法

● ステート・マシンの解析

このトリガ信号生成回路を使えば，ステート解析にも応用できます．

ステート・マシンの設計条件(遷移図)から，あるステートに来れば，次に遷移するステートは論理として本来決まっています．またそのステートに遷移してきた元

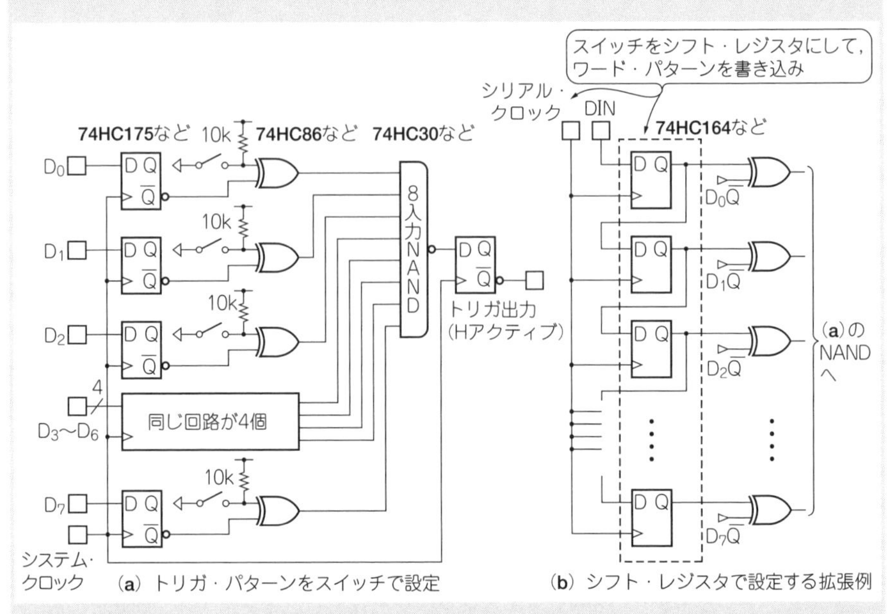

[図3-C] 規定のワードでトリガ出力が得られるワード(8ビット)・パターン検出(トリガ信号生成)回路

のステートも決まっています．

そこでステート遷移図と見比べて，**図3-C**の回路でトリガを発生させれば，トリガが生じた前後のステートがどういう状態であったか，ということを観測・確認しながらデバッグできます．

さらに**図3-D**のように，**図3-C**の比較回路部分を2回路作っておき，それぞれトリガ信号がシーケンシャルに出力されたものをANDでデコードすれば，複数のステート遷移(ここでは2ステート)を検出できます．

● 想定しない状態が何から発生しているかを探し出す

図3-E(**a**)のように，周辺のアナログ回路やロジックICが出力する信号をオシロスコープで観測しながら，このトリガ信号生成回路のトリガ信号パルスでオシロスコープをトリガすれば，想定しない(デバッグすべき)状態遷移が生じる原因がどこから来ているかをデバッグできます．

さらに**図3-E**(**b**)のように，このトリガ信号を回路内のマイコン(もしくはFPGAなどの論理回路)の割り込み端子などに接続し，マイコンならば割り込みを生じさせるなどして，内部のメモリやレジスタのようすをスナップ・ショットでデバッグ

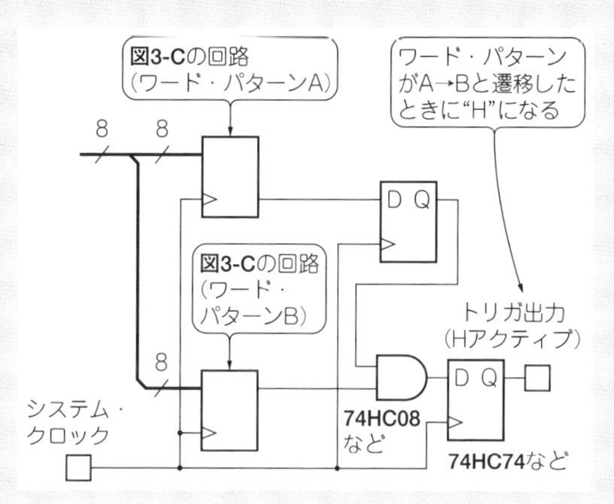

[図3-D] 比較回路部分を2回路作っておきステート遷移でトリガ出力する

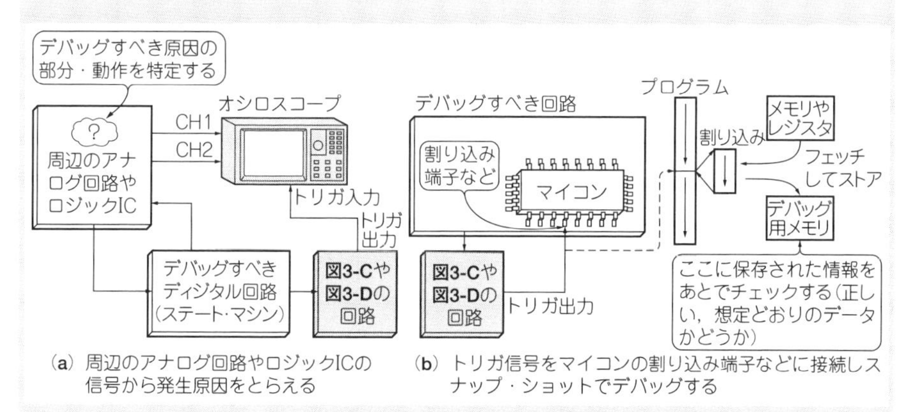

(a) 周辺のアナログ回路やロジックICの信号から発生原因をとらえる
(b) トリガ信号をマイコンの割り込み端子などに接続しスナップ・ショットでデバッグする

[図3-E] トリガを用いて周辺回路の動きを観測し原因をとらえる

用メモリ領域に保存し,デバッグするという技も可能です.

■ 応用回路

● シリアル・データからトリガ信号が生成できるシーケンシャル・ワード・パターン検出回路

シリアル・データからトリガ信号が生成できる,シーケンシャル・ワード・パターン検出回路も考えることができます.これを**図3-F**に示します.

考え方としては**図3-C**と同じものです.特定のシリアル・データ・パターンが入ってきたときに,トリガを発生させることができます.

当然,拡張することも可能で,設定をスイッチではなくレジスタに,また2回路作ってそれらをシーケンシャルに接続することや，並列に動作させて異なるデータ・パターンでトリガさせることもできます．

*

このように，ちょっとした回路(とアイデア)で，疑似ロジック・アナライザとしてかなりの局面で活用できるので，高価な測定器を購入せずに済みます．そして短時間でバグをつぶすことができます．

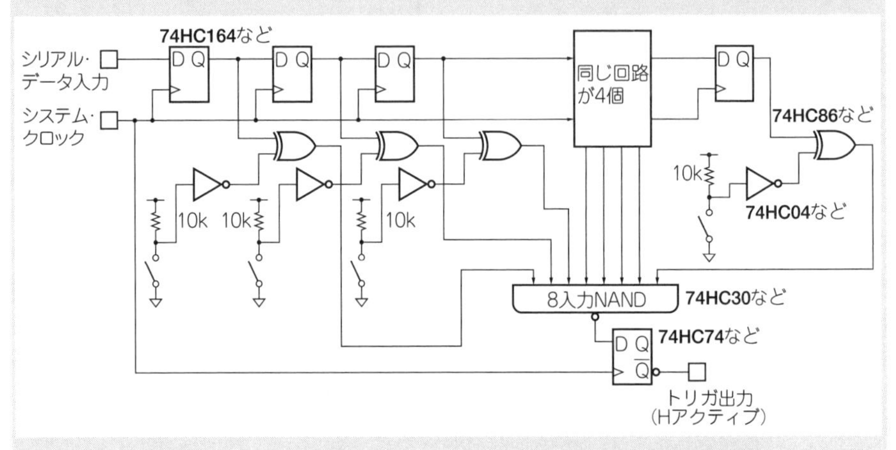

[図3-F] シーケンシャル・ワード・パターン検出(トリガ信号生成)回路

第4章

【成功のかぎ4】
数十MHzのディジタル信号を50Ω系計測で忠実に計測
プロービングによる信号波形の変化を抑えるテクニック

本章では高速化してきているディジタル信号を，オシロスコープで適切に計測する「50Ω系計測テクニック」を紹介します．クロック速度が数十MHz程度までのディジタル信号を，忠実に計測できるようになります．日ごろのデバッグ・問題解決に活用できるものと思います．

4-1 数十MHzのディジタル信号をオシロで忠実に計測する

● パッシブ・プローブで高速のディジタル信号を正しく観測できるか

図4-1(a)にパッシブ・プローブを用いて，40 MHzのクロック・ラインをプロービングしたものを示します．波形が大きく暴れているのが分かります．というよりは，(実際のケースでは)よく見る波形ではないでしょうか．

この波形は果たして「インテグリティ」が高いと，確からしい計測だといえるでしょうか．少なくとも，**余計な容量やインダクタンス成分がプローブにある**ので，「**正しくないのではないか？**」と予想できると思います．

図4-1(b)は本章で紹介するテクニックを用いて計測した波形です．驚くほど波形のようすが異なっています．

4-2 パッシブ・プローブの限界

● おさらい：ディジタル信号のプロービングの基本

これまで説明してきた，ディジタル信号の波形を忠実に捉える基本的な注意点を，おさらいとして示します．

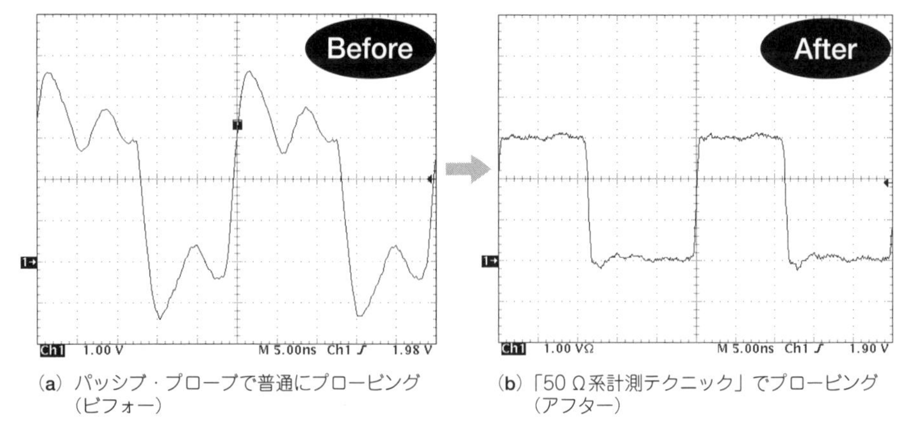

(a) パッシブ・プローブで普通にプロービング（ビフォー）

(b)「50 Ω系計測テクニック」でプロービング（アフター）

［図4-1］ 40 MHzクロック・ラインの計測波形ビフォー・アフター

- ICの入力端子の基準グラウンド点(ICのグラウンド端子)に，グラウンド・リードをきちんと接続する
- グラウンド・リード自体もインダクタンスをもつので注意する．代わりに短いグラウンド・ピンを用いて，計測系のグラウンド経路上のインダクタンスを減らして計測する

しかしこれだけを守ってパッシブ・プローブでプロービングしても，適切な計測結果は得られません．

● パッシブ・プローブでは思いのほか低い周波数までしか捉えられない

前章で，「パッシブ・プローブには入力容量などがあり，プローブのグラウンド・リードもインダクタンスをもつ…」ということを説明しました．これらの容量やインダクタンスのことを考えても，高い周波数になれば計測結果に誤差が出てきそうなものです．

図4-2に私が使用している，パッシブ・プローブP6139Aの入力インピーダンスの周波数特性［取扱説明書記載．参考文献(32)］を示します．思いのほか低い周波数で，入力インピーダンスが低下したり，位相が変化していることが分かります．

このようにパッシブ・プローブでの計測は，(前章では100 MHzとしたが)数十MHzまでが限界で，高い周波数成分(奇数倍の高調波)をもつ高速なディジタル信号を，正しくプロービングすることはできないのです．第21章以後でもこのことをあらためて考えてみます．

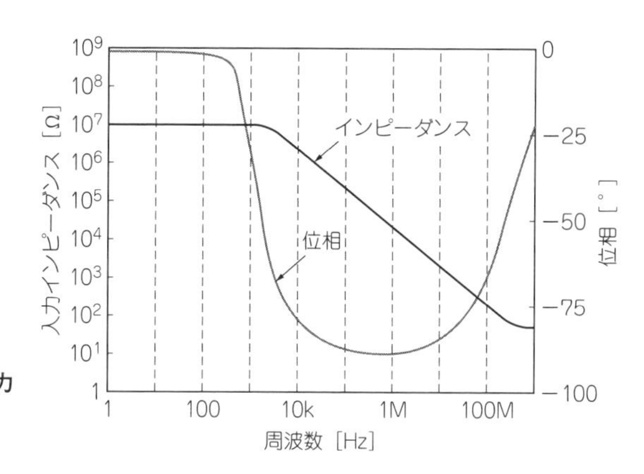

［図4-2］パッシブ・プローブの入力インピーダンスの周波数特性
意外に低い周波数で特性が変化している

4-3 パッシブ・プローブの限界を打ち破る「50Ω系計測テクニック」

● 特性インピーダンスで考える50Ω系計測の二つのポイント

計測の確からしさを上げるうえでとても重要な，**特性インピーダンスを考慮して計測する「50Ω系計測」**という方法があります．特殊かつ高価なプローブを購入せずとも実現できるので，非常に便利です．

この方法を応用したZ0プローブというものがあります．また**アクティブ・プローブや，差動プローブを用いて計測する方法**もあります．これらについては章をあらためて，第9章の9-3節，第22章や第23章で説明します．

50Ω系計測の全体像を**図4-3**に示します．重要なことは以下の2点です．

▶その1：系全体でインピーダンス50Ωを維持する

この図で一番大切なところは，ケーブル先端からオシロスコープ入力までの計測系全体にわたって，**50Ωというインピーダンスを維持する**ことです．

オシロスコープに対して信号を伝送するケーブルは，特性インピーダンスが50Ωのものを使います(ビデオ用の75Ωケーブルは使わないこと)．

このようにすると，**図4-3**のプロービング点から取り込まれた信号が，ストレスなくケーブル内を伝わっていき，オシロスコープ側においても信号を乱すことなく取り込めます．

▶その2：オシロスコープは入力を50Ωにする

オシロスコープの入力インピーダンスも1MΩでなく，50Ωに設定する必要があります(「終端する」という)．**図4-4**に私が使用しているオシロスコープでの設定

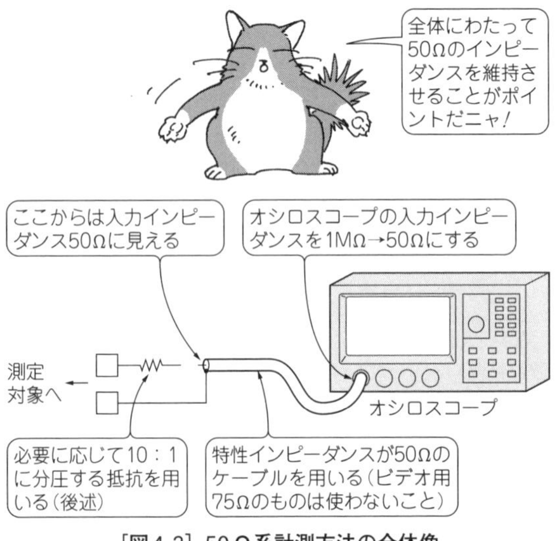

[図4-3] 50Ω系計測方法の全体像

画面を示します.

オシロスコープで設定できない場合(1MΩの入力設定しかないオシロスコープ)は,**写真4-1**のようなフィードスルー・ターミネータをオシロスコープ側に接続して,高周波領域での挙動を安定させる必要があります.

ポイントはオシロスコープの**入力を1MΩの設定のままにしておかない**ということです.

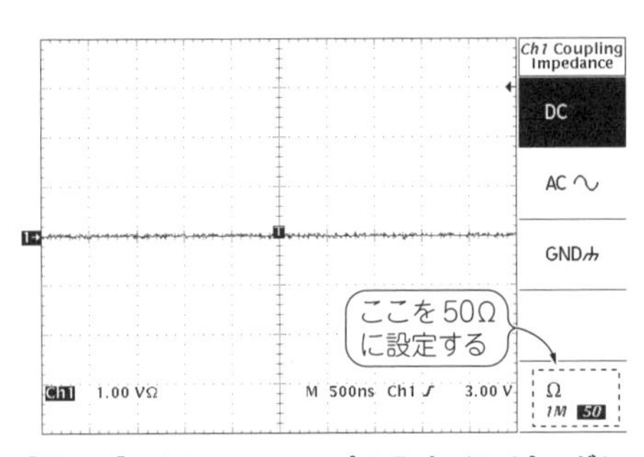

[図4-4] オシロスコープの入力インピーダンスを50Ωに設定する

[写真4-1] オシロスコープの入力インピーダンスが50Ωに設定できない場合に用いるフィードスルー・ターミネータ

● プロービング点から計測系は50Ωの抵抗に見える

プロービング点から計測系を見たようすを**図4-5**に示します．計測系は50Ωの特性インピーダンスのケーブル，そしてオシロスコープ側で50Ωに終端されています．これをプロービング点から計測系側(ケーブルの先端)を見ると，「**50Ωの抵抗負荷**」に見えることになります．

● ディジタルICにとって50Ω負荷は重すぎる

この計測系のケーブルを，直接ディジタルICの出力ピンにつないだことを考えてみましょう．

ディジタルICに50Ωの抵抗を単純につなぐと，例えば$V_H = 3.3$ VのディジタルICであれば(ICの出力抵抗による電圧降下が生じないとして)，66 mAの電流が流れます．計測系もプロービング点から見れば50Ωの抵抗負荷に見えるわけですから，このままでは大きな電流が流れてしまいますね．

素子が壊れないにしても，実際にはICの出力抵抗があるので，少なくともV_Hのレベルがかなり低下します．これでは一般的なディジタルICを計測できません．

● 直列に470Ω抵抗をつけて1/10のプローブにする

そこで**図4-6**のように，470Ωの抵抗をこのケーブルに直列に接続し，それをディジタルICの出力に対して接続します．これと同じ構成がZ0プローブです．こう

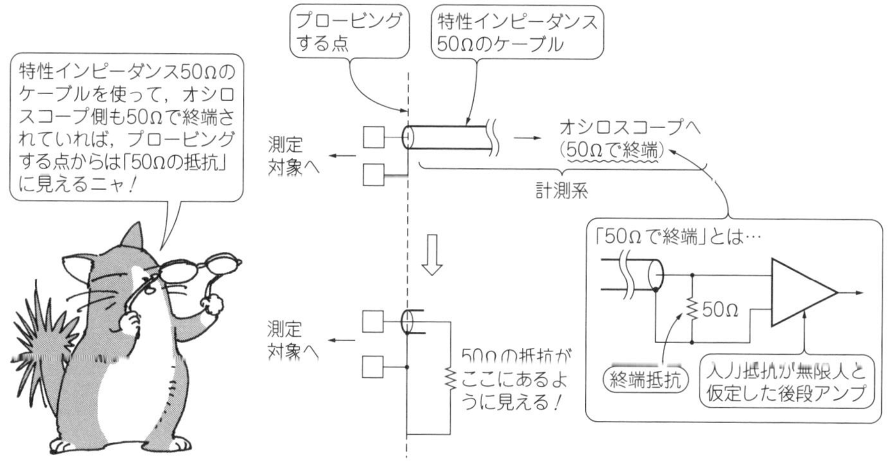

[図4-5] プロービング点から計測系は「50Ωの抵抗負荷」に見える

すると二つの利点が得られます.

- ディジタルICからは520 Ωの抵抗が出力につながった形になり，3.3 V系であれば6 mA程度の電流になり，ICがドライブ可能な電流になる
- 50/(470 + 50) Ωという分圧の関係になるため，オシロスコープ側も10：1のパッシブ・プローブを接続したときと同じ10：1の表示状態で観測できる

● 50 Ω系1/10プローブの欠点

一方でこの1/10プローブには欠点もあります.

- ディジタルICに520 Ωの負荷がつながるため，この520 Ω(計測系)から測定対象(回路)への影響が生じる(**表1-2**の「測定対象と計測系を合わせた誤差要因の解析」に相当)
- 450 Ωの抵抗は現実的ではないので470 Ωにしてある．1/10に対して4 %程度の誤差が出るが，オシロスコープでの高速なディジタル信号波形の観測においては，ほとんど問題にならない
- 520 ΩでもディジタルICには重い負荷になっている可能性がある．この場合は470 Ωの代わりに，さらに大きな抵抗にして，ディジタルICがドライブする電

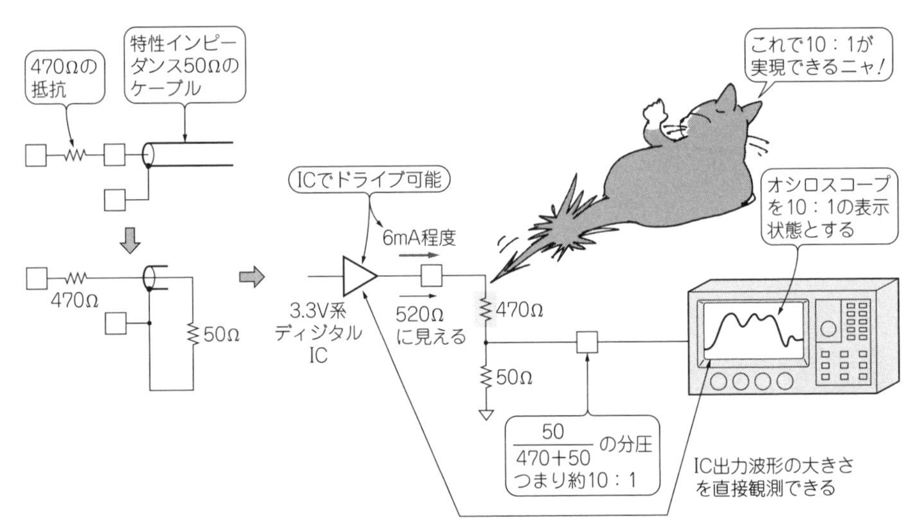

[図4-6] 50 Ωの計測系に470 Ωの抵抗を直列に接続して，これをディジタルICに接続する

流を低減させる. 10：1の表示状態で観測できないので, 適切に表示を換算する. また高抵抗接続による周波数特性の低下も考慮する必要がある

● プロービングは「短く！ 小さく！」

「470 Ωの抵抗を使って計測すればよいのだ」という単純なことではなく, ケーブルから470 Ωの抵抗, そして測定対象であるICに至る部分の**配線は極力短くする**必要があります.

写真4-2にこの結線のようすを示します. 470 Ωの抵抗は1/8 Wの小型抵抗を, リード線を非常に短く切って用いています. こうすれば抵抗のリード線などで生じるインダクタンスの影響を減らせます.

リード線は1 mmで1 nH程度のインダクタンスがありますから, 例えば10 mmのリード線で接続したのでは, 200 MHzで12 Ωのリアクタンスになってしまいます.

同じように浮遊容量による問題も発生しないように注意が必要ですが, インダクタンスと比較して影響度は低いものです

いずれにしても「短く！ 小さく！」が重要です. 結局は**表1-2**で示す「計測・プロービングを行うための論理的アプローチ」が重要です.

● 注意点：物理的に壊れないように固定する

特性的にはチップ抵抗がベストですが, 物理的に弱い(電極がはがれる)ので, きちんと周辺を固定しておき, 安定に計測する必要があります. ホット・メルトで動かないように固定するのも手です. ホット・メルトについては第2章のColumn2で

[写真4-2] 1/10プローブをターゲットに接触させるときも短く！ 小さく！ が基本
ケーブルは細身のRG-174を使用

Column 1

プロービングの状態と電気信号が伝わる速度

クロック・ラインは同期ディジタル・システムの要（かなめ）です．クロック波形が不適切だったり，タイミングにズレ（スキュー）があったりすると，本来の正しい回路動作が期待できません．ここではクロック波形やタイミングを計測する際の注意点を紹介します．

● ケーブル長が違うと正しいタイミングが計測できない

図4-Aはあるディジタル回路のプリント基板上の，クロック・ラインの非常に近接した2カ所を計測した波形です．**図4-A**(**a**)では計測用ケーブルの一方を1 m（上側の波形），もう一方を2 m（下側の波形）としています．クロック周波数は40 MHzです．同じクロック信号源でありながら，かなり時間差があるように表示されています．

50 Ωの同軸ケーブルを電圧や電流が伝わる速度は，光の速度の66 %程度（「波長短縮率」と呼ぶ）で，約2×10^8 m/sです．2本のケーブル長の差は1 mですから，この差は，5 nsの時間遅延に相当します．5 nsはクロック周波数40 MHzだと周期（25 ns）の1/5にも相当します．

● ケーブル長を合わせて計測する

通常のパッシブ・プローブを利用していれば，（長さは決まっているので）あまり心配する必要はありません．しかし同軸ケーブルを切ってプロービング用のケーブルを作るときには，長さをそろえて製作する必要があります．

図4-A(**b**)はそれぞれ等長の1 mのケーブルで，同じラインを計測してみた結果です．先ほどの**図4-A**(**a**)とは異なり，お互いのタイミングがかなり近づいています．ケーブル長を考慮する重要性が分かります．

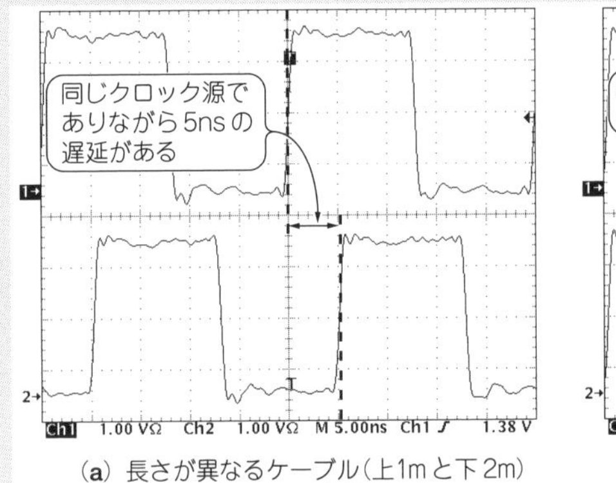

(**a**) 長さが異なるケーブル（上1mと下2m）で同じクロックを計測

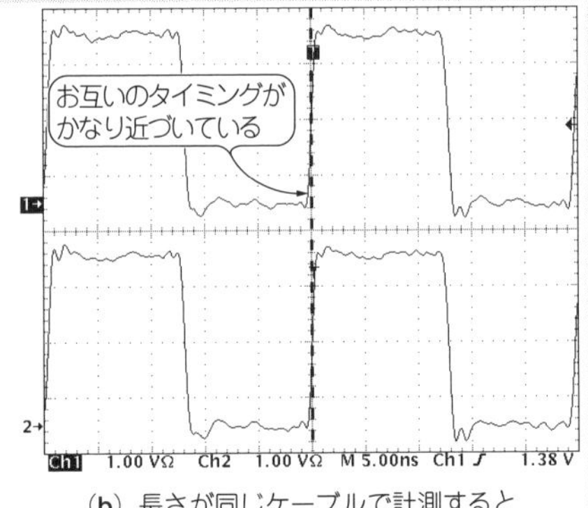

(**b**) 長さが同じケーブルで計測するとタイミングがかなり近づく

［図4-A］長さが異なるケーブルで計測すると偽のタイミングを計測してしまう
ケーブルの長さが1 m違うと5 nsの遅延が生じる．ケーブルは細身のRG-174を使用

も紹介しています.

4-4　「50Ω系」プロービングによる波形への影響など

● 終端されていないCMOS ICへの入力信号は反射する

クロック・ラインが複数のICに対してつながっている回路を考えます. **図4-7(a)**のように,負荷抵抗(クロック・ラインの特性インピーダンスと等しいもの)が接続,つまり終端(整合終端)されていれば,パターンを伝わってくるクロック信号のエネルギはこの抵抗で受け止められて,クロック・ドライバ側に反射してきません.

一方,通常のディジタル回路では,**図4-7(b)**のようにそれぞれのICのクロック入力には,信号のエネルギを受け止める抵抗負荷がついていません.これを「終端されていない状態」といいます.

CMOS ICであれば,その入力端子(負荷側に相当する)は,入力容量のみを持ち,電流が流れ込まないハイ・インピーダンス入力になっています.

そのためクロック信号のエネルギが受け止められず,信号がクロック・ドライバ側に反射してきます.その結果,このクロック・ラインの波形は複雑な動きをします.

● 520Ωの1/10プローブを接続すると抵抗成分で波形が変化する可能性がある

このインピーダンスの高い点に,**図4-8**のように520Ωの抵抗に相当する1/10プローブを接続すると,このプローブの抵抗成分によって,クロック・ライン上で信号の反射するようすが変化します.その結果,波形形状が変化する可能性もあります.このしくみはZ0プローブでも同じです.

● プロービングが波形に影響を及ぼしていないことを簡単にチェックする方法

この確認は,影響を与え合う二つの異なる計測点を同時にプロービングし,片側ずつを外して,もう一方の波形がどのように変化するかを見れば,プロービングがどのくらい波形に影響を及ぼすかを知ることができます.

波形が変化しなければ,プロービングの影響が及んでいないと分かりますし,変化すれば影響が及んでいるということです.これを交互に確認します.

もし波形が変化しているようであれば,470Ωの抵抗を2.2kΩから4.7kΩ程度の間で変化させて(倍率を変えて),波形が変化しないようにしてプロービングする必要があります.抵抗が大き過ぎると周波数特性が低下します.

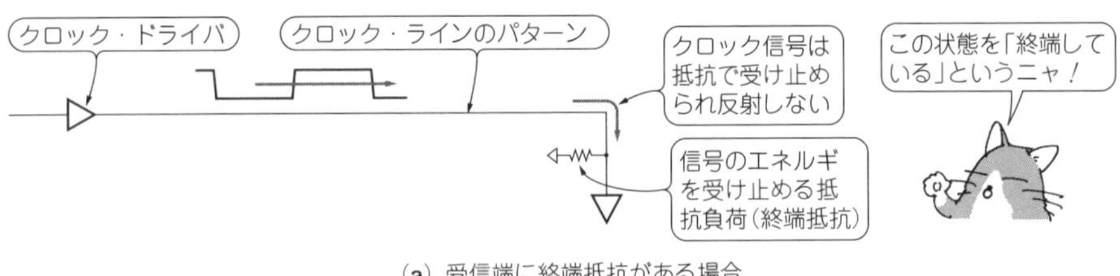

(a) 受信端に終端抵抗がある場合

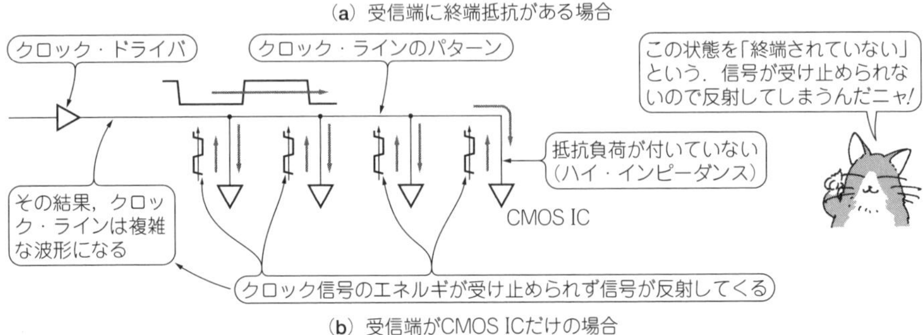

(b) 受信端がCMOS ICだけの場合

[図4-7] CMOS入力はハイ・インピーダンスなので，信号が反射して複雑な波形になる

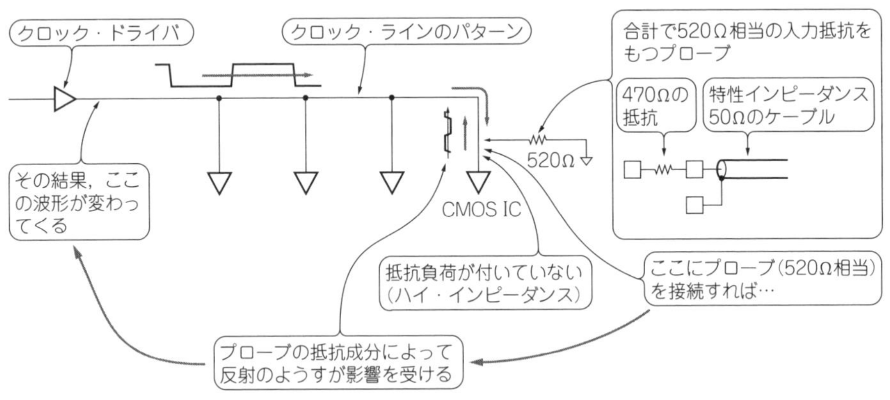

[図4-8] 520Ωの抵抗を接続することで波形が変化することもある

4-5 不安定波形による不具合を見つけられる治具的回路

ディジタル回路はアナログ回路よりも安定だとはいえ，アナログ的な波形変化により誤動作することがよくあります．そんなときに活用できる「治具的回路」を紹介します．

デバッグしていると，**図4-9**に示すようなディジタル信号が論理1でも論理0でもない中途半端なレベルになることがあります．原因は次のようなことが考えられます．

- 信号が反射して複雑な動きをする
- バス・ライン上で二つのドライバが同時にアクティブになり出力がぶつかる

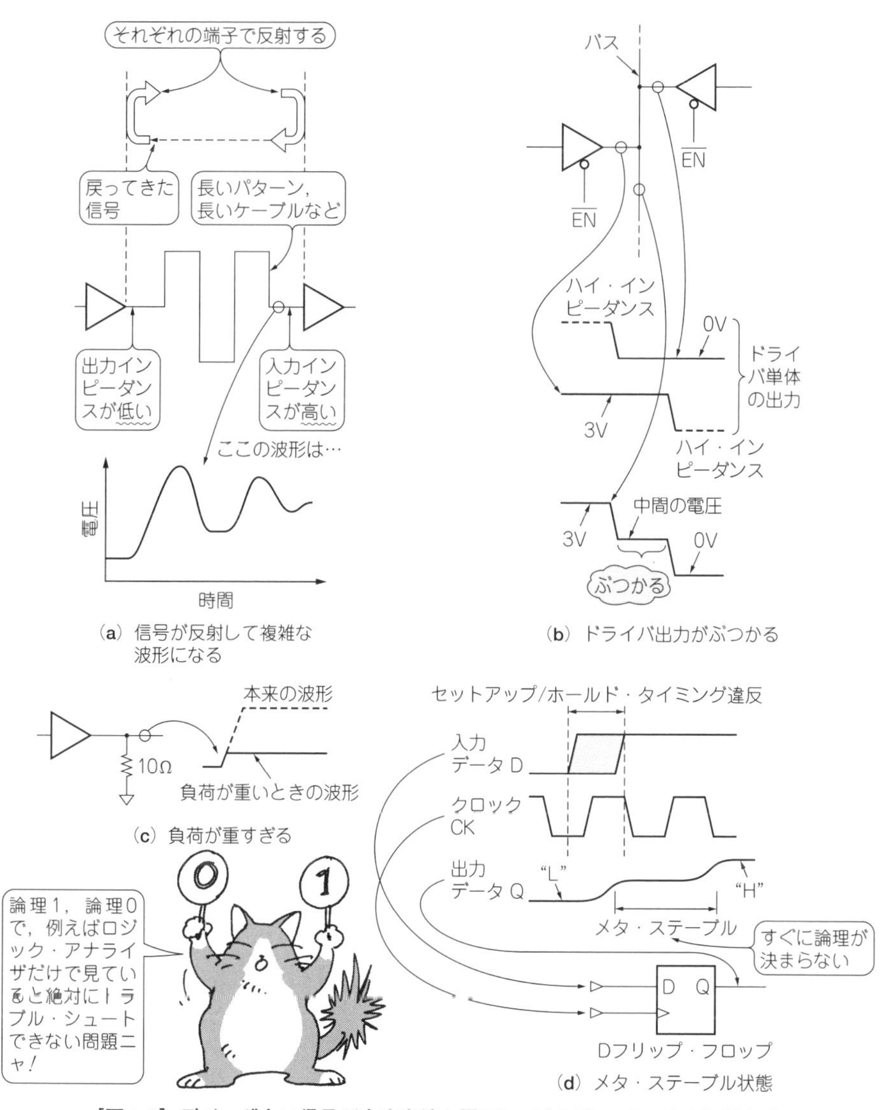

［図4-9］デバッグ中は信号が中途半端な電圧レベルになっていることがある

- Dフリップ・フロップのセットアップ/ホールド・タイミング違反によって出力レベルが異常になる(メタ・ステーブル状態)

症状が常時発生してくれればデバッグは簡単ですが，発生する頻度が数分～数時間に1回とか低いと難しくなります.

● ウィンドウ・コンパレータ回路でトリガ信号を作る

この状態で，普通にトリガをかけたいとしても，特殊なトリガ条件を設定できる高機能のオシロスコープが使える環境はなかなかありません.

そこで**図4-10**のような高速ウィンドウ・コンパレータ回路を作っておきます. 信号が中間レベルになったときに，それをトリガとして用いることができます.

ADCMP601BKSZなど超高速コンパレータが必要です. 一方でスレッショルド・レベルもトリマ・ボリュームで可変できるようにしておくと,「中途半端な状態」でトリガする電圧範囲(ウィンドウ範囲)を可変できます.

● ディレイ・ラインでタイミング条件を変えながら不具合を見つける

図4-9のように, ある一部の時間だけしかこのような中途半端なレベルが生じず, クロックの立ち上がりで捉えられないことも考えられます.

そこで**図4-10**の回路ではディレイ・ライン3D3220-5(Data Delay Devices)をIC_6に用いて，この回路内のシステム・クロックの位相を調整して，フリップ・フロップIC_4がラッチするタイミング条件を変えます. IC_4のラッチ・タイミングは, デバックするターゲット回路内のフリップ・フロップがラッチするタイミングに合わせます. これで誤動作の元となっている「レベルが中途半端な状態」を検出でき, 不具合動作の原因を見つけられます.

ここではシステム・クロック・レートが20 MHzであることを想定し, ディレイ・ラインIC_6は1タップ5 nsのものにしてあります. 使用するシステム・クロックに応じて，適切なタップ遅延量のものを選定してください.

図4-11にこの回路を用いて，レベルが中途半端な状態でトリガしたようすを示します.

4-6 プローブを接続すると現象が再現しなくなっちゃった！ そんなときの対策

そんなことが結構あるかもしれません. これでは何のためのデバッグだか分かりませんね. これはプローブを接続することにより, プローブがもつ容量(**図3-8**参照)

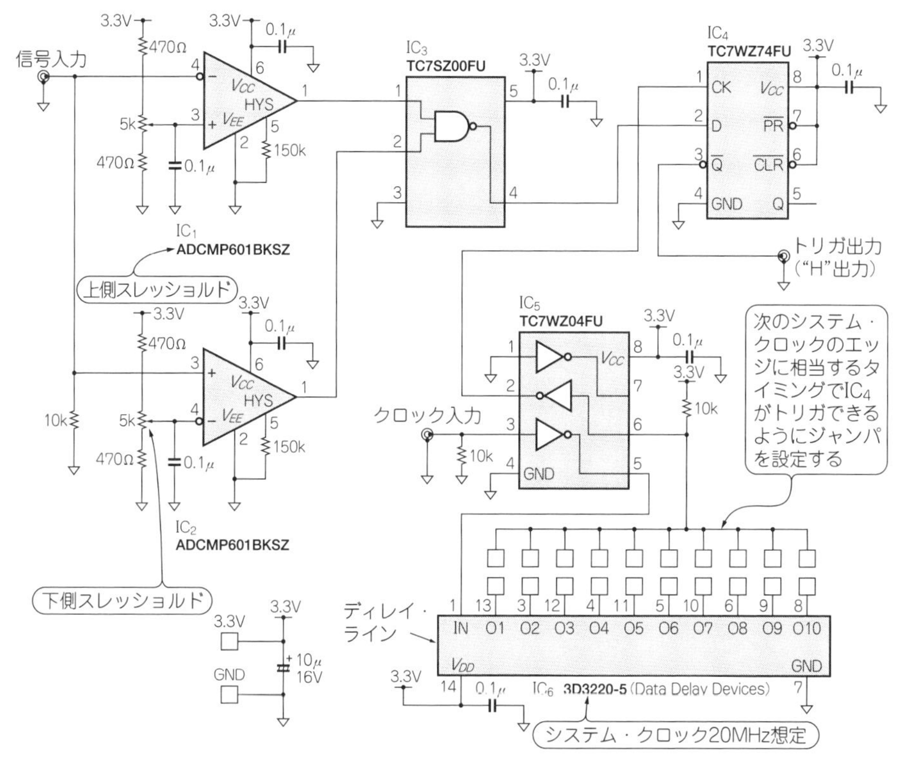

[図4-10]「中途半端な状態」を検出するウィンドウ・コンパレータ回路(IC_6の−5は1タップ5 nsの意味)

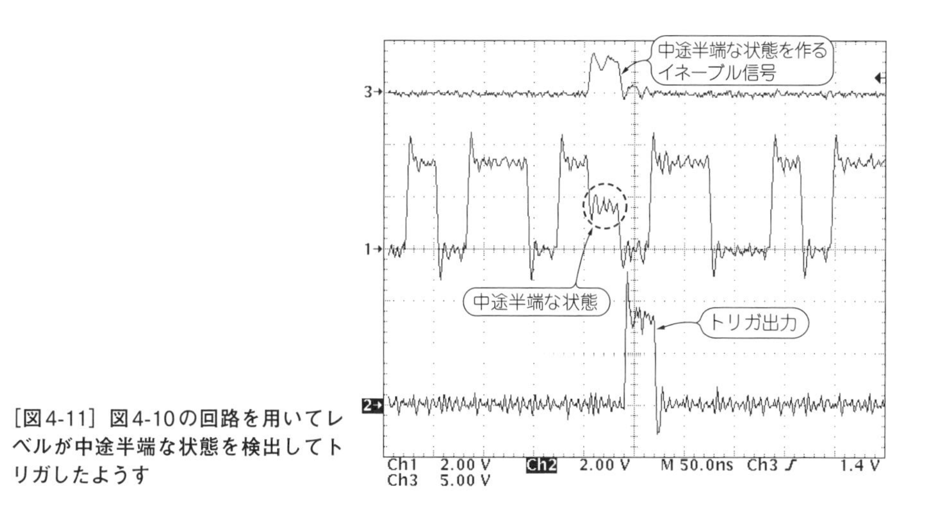

[図4-11] 図4-10の回路を用いてレベルが中途半端な状態を検出してトリガしたようす

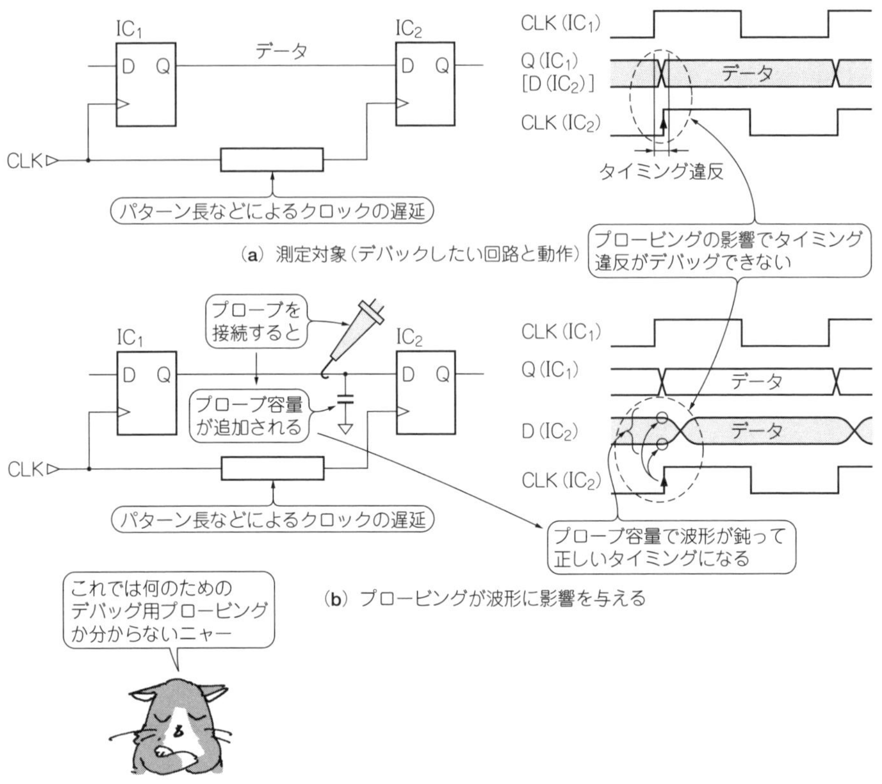

[図4-12] 二つのフリップ・フロップ間で発生しているタイミング違反がプローブを接続することで軽減されてしまう

で波形が鈍る(遅延する)ことが原因です.

● 再現しなくなる例:タイミング・スキューによるセットアップ/ホールド違反

図4-12のように二つのフリップ・フロップ間でデータが伝達され，CLKで示される同期クロックで(同期回路として)動作している場合を考えましょう.

ここでクロックが立ち上がってから**ホールド時間後**に次のデータがIC_2のDへ到着しなくてはなりません．しかしデータの到着が早すぎて，受信側フリップ・フロップ(IC_2)のクロックの立ち上がりより先にデータが変化しまい，ホールド違反になるケースがあります.

またパターンや途中に挟まるゲートなどで遅延し，セットアップ時間違反になるケースもあります.

Column 2

アナログ屋には当たり前ともいえる言葉「シグナル・インテグリティ」がもてはやされる理由

「シグナル・インテグリティ」という用語は，どちらかというとディジタル信号を観測するときによく使われる言葉です．アナログ信号では当然のごとく，計測の確からしさとしてシグナル・インテグリティは大切ですが，ディジタル信号で近年注目をあびるのは，以下のような理由からでしょう(**図4-B**)．

- 従来，1/0論理の世界で考えてきた思考を，信号の高速化によるアナログ的な信号の振る舞いへ考え方をシフトするのが難しい
- 高速信号を扱うアナログ技術者であれば理解できる，浮遊要素，入出力等価回路，特性インピーダンス，伝送線路の問題が，ディジタル技術者では(経験がないので)なかなか理解できない
- 同様にプロービングについても，どういう点が注意点，ノウハウなのかが(計測系をモデル化した考え方が)なかなか理解できない

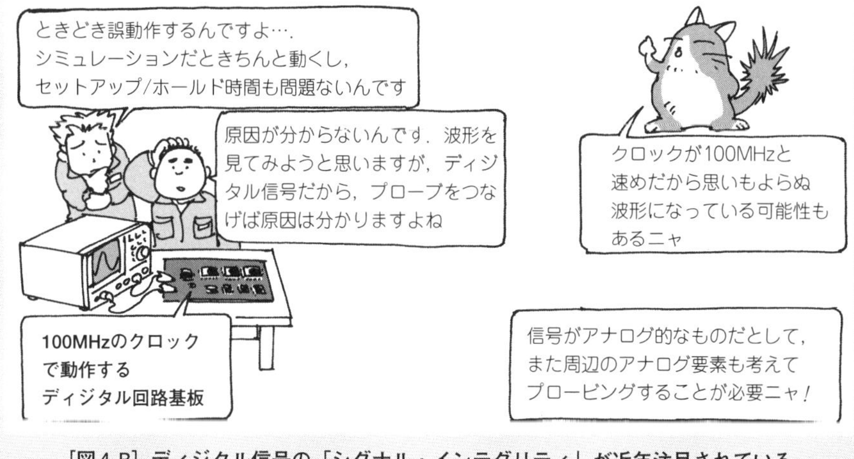

[図4-B] ディジタル信号の「シグナル・インテグリティ」が近年注目されている

● プローブの容量によりタイミング違反が軽減する

この問題をデバッグしたいので，データやクロックを観測しようと，受信側のIC_2のデータ(D)端子にプローブを接続したとします．

プローブを接続すると，信号が**プローブの容量で鈍り**，立ち上がりが若干遅延します．その結果タイミング違反が軽減され，現象が再現しなくなることがあります．

これ以外にもデータとクロックのいろいろな関係により(さらにはシステム設計上でのフォールト・トレラント構成によっても)現象が再現しなくなる，また逆に誤動作が生じることがあります．**プロービングにも注意が必要**ということです．

● パルス回路や非同期回路ではさらにクリティカル

最近は同期回路が主体ですから，非同期回路を用いることはありません．しかし，消費電力を減らしたり回路規模を小さくしたりするときに，パルス回路や非同期回路を用いることがあります．

パルス回路や非同期回路は同期回路と比較して，安定に動作させること自体が難しいといえます．そのためプローブ容量による波形の鈍りで，本来の動作から変わってしまう(現象が再現せずデバッグできない)こともあります．

第**5**章

【成功のかぎ5】

ディジタル回路の放射ノイズの計測と対策

基板上の電圧/電流の変化が放射ノイズを生む

本章では，解決の難しいディジタル回路の放射ノイズの計測・プロービング方法について解説します．放射ノイズを計測したり対策したりするためには，基板上で発生する反射やリンギングを理解しておかなければなりません．本章の後半では反射やリンギング発生のメカニズムも解説します．

5-1 電磁波の性質を理解して対策する放射ノイズ

● ディジタル回路では放射ノイズ対策に苦労する

現代の電子回路設計は，放射ノイズ対策が切り離せないものとなってきました．機器が放射する電磁界に対してのEMI(Electro-Magnetic Interference；電磁妨害)規格や，放射/感受性に対してのEMC(Electro-Magnetic Compatibility；電磁両立性)規格を満たさなければならないケースが増えています．VCCI規制やCISPR規格，IEC規格が代表的です．

特にディジタル回路ではこの問題は深く，規制をパスするためにかなり苦労しているようすを見聞きします．

また規制を満たす必要がなくても，ノイズを大きく放射しているのは，回路の動作に無駄があるということなので，ノイズを放射しないに越したことはありません．

● 対症療法ではなく現象を理解して対策すべき

EMI(電磁妨害)は基板からノイズが電磁波として放射され，それが他の電子機器に影響を与えるというものです．この「ノイズが電磁波として放射」されるしくみというものは，マジックのような，理解不可能な発生原因ではなく，**図5-1**に示すように，基板上の電圧の変化と，電流の変化が元となって発生します．

対症療法でいろいろと放射ノイズ対策をするよりも，「電圧/電流の変化」をいかに基板上で捉えて対策していくかが基本になります．そのうえでシールドなどの外部対策を施すべきです．

● 基板上の電圧/電流の変化が電磁波になり空間にノイズとして放射されていく

ディジタル信号が通っているプリント基板上のパターンも，**図5-1**のように電圧が加わり，電流が流れています．これが電界と磁界を形成し，その電界と磁界が周辺の空間とさらに結合して電磁波が生じます．

電圧/電流の**変化周波数**が高ければ高いほど，また電圧/電流の**大きさ**が大きければ大きいほど，同じ寸法であれば周辺の空間との結合量や電磁波としての放射が強まってきます．また電圧/電流が加わったり流れたりする，基板上のパターンや**領域の範囲**が広ければ広いほど，空間との結合度(放射)が強くなってきます．これがノイズを放射するしくみです．

放射ノイズを計測するとは，この電圧や電流の変化を検出することにほかなりません．

プリント基板や回路を設計するときは，できるだけ**高い周波数/大きな電圧・電流にしない**こと，そして**領域を制限する**ことが重要です．これがEMI対策の基本でもあります．

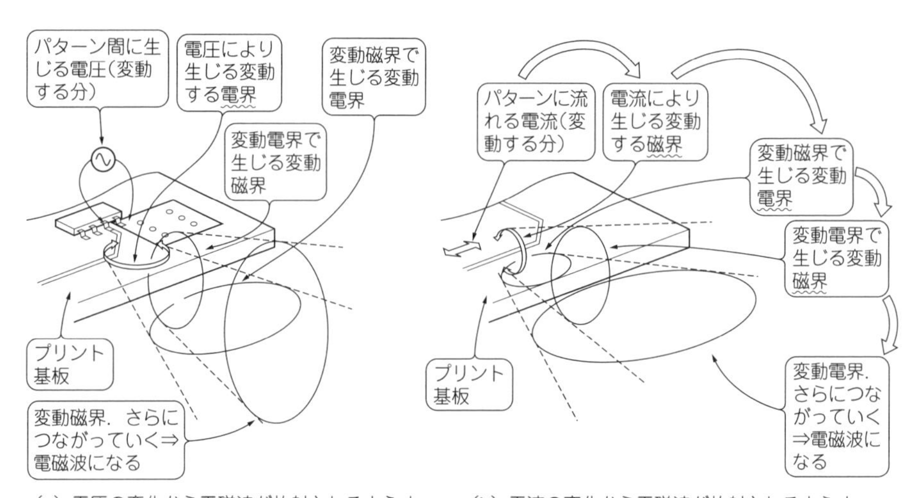

(a) 電圧の変化から電磁波が放射されるようす　(b) 電流の変化から電磁波が放射されるようす

[図5-1] ノイズが電磁波として放射されるしくみは基板上の電圧/電流の変化が元となっている

● 放射ノイズ対策のポイント

放射ノイズ対策を行うには以下のようなポイントがあります．

- ディジタル信号波形の立ち上がり/立ち下がりの傾斜をなだらかにする
- トグル周波数を低くする
- 大きな電流が流れないようにする(適切な終端が必要な場合は別)
- 信号が伝わる経路のインダクタンスや容量により，リンギングが生じないようにする
- 信号が送信端，受信端の間で反射を繰り返さないようにする
- 高速なディジタル信号が経由する領域(面積)をできるだけ小さくする
- ディジタル信号が高速に変化するパターンに小抵抗を直列に挿入する(送信端側が良好)

5-2 パターンを流れる電流を検出できる近磁界プローブ

● 近磁界プローブを手作りする

高速なディジタル信号の電圧は，オシロスコープなどで観測できますが，パターンを流れる高速に変動する電流というのは，なかなか観測・計測が難しいものです．またこの電流がEMI問題の原因になることが往々にしてあります．

放射ノイズの解決方法を探る手段として，**写真5-1**のような「近磁界プローブ」というものがあります．これは私が自作した近磁界プローブですが，市販品もあります．

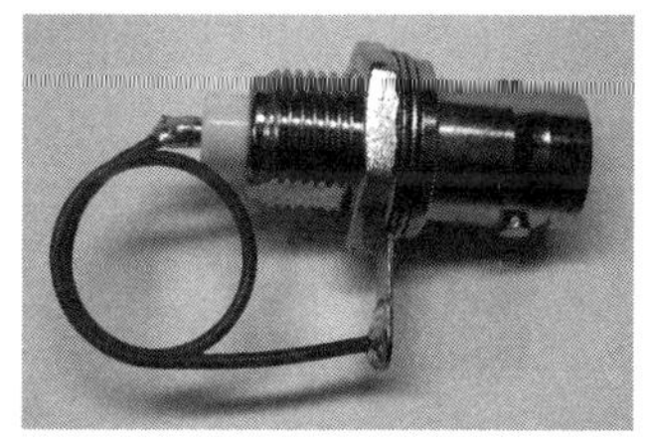

(a) 簡単な構成のもの

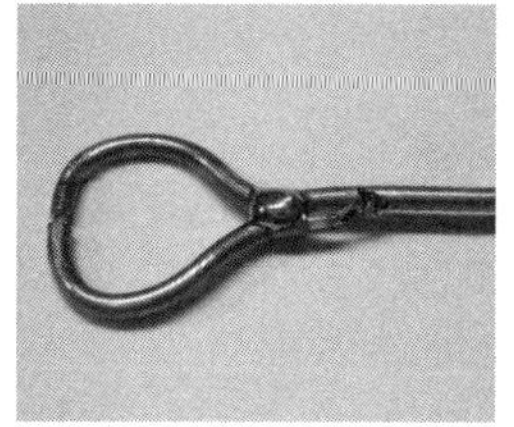

(b) 高い周波数まで適切な性能が得られる本格的なもの(プローブ部分はセミリジッド・ケーブル)

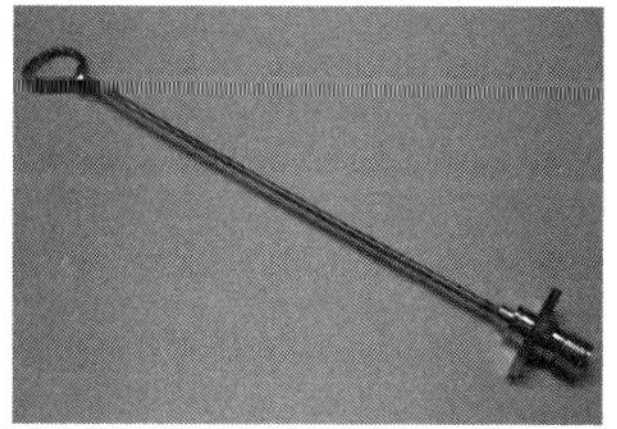

(c) (b)の全体のようす

[写真5-1] 高速に変動する電流を計測する近磁界プローブ(自作したもの)

● 計測にはオシロスコープではなくスペアナを使う

近磁界プローブで検出される信号強度はとても小さいため，オシロスコープではなく，ダイナミック・レンジの広いスペクトラム・アナライザ(スペアナ)を用いることが一般的です．またこのプローブの周波数特性により，低い周波数の信号は検出できないという理由もあります．

● 近磁界プローブは単なるコイル

写真5-1(a)の近磁界プローブは，単純に「ピックアップ・コイル」と考えることができます．コイルとして巻いてある巻き数を増やせば，ピックアップできる量(結合度)を増やすことができます．

また**写真5-1**(b)の近磁界プローブは，セミリジッド・ケーブルと呼ばれる，シールドとなる外導体部分が銅パイプでできている同軸ケーブルを用いています．特に100 MHzからGHzオーダの信号変化の計測に有効なものです．

● どこがおかしいかを狭い領域に特定するときに有効

特に**写真5-1**(b)のプローブは，検出できる位置的範囲が非常に小さいもの(同写真の構造を見ても直感的に想像できる)なので，プリント基板全域を調べていくというよりも，**特定の領域でどこが原因か**，などを判断するときに有効でしょう．

● 電流検出のしくみはとてもよくできている

図5-2に，**写真5-1**(a)，(b)の近磁界プローブの電流検出のしくみを説明します．基本的にどちらも「電流で生じる磁束の変化を，電圧として取り出している」というものです．

図5-1(b)のプローブでの電圧変動のピックアップについては，プリント基板のパターンとプローブ間で形成される容量が低いために，プローブで検出されにくくなります(結合度が低い)．

さらに**図5-2**(b)のように，容量による結合(電圧の変動)は，プローブ先端でのシールド効果によりキャンセルされます．また外導体の途中が切れているため，電流も外導体には流れません．そのためここでも電圧のみの変動は，この近磁界プローブで検出されることはありません．

● 自作した近磁界プローブの性能

自作した**写真5-1**(b)の近磁界プローブの性能を計測してみましょう．「計測系の

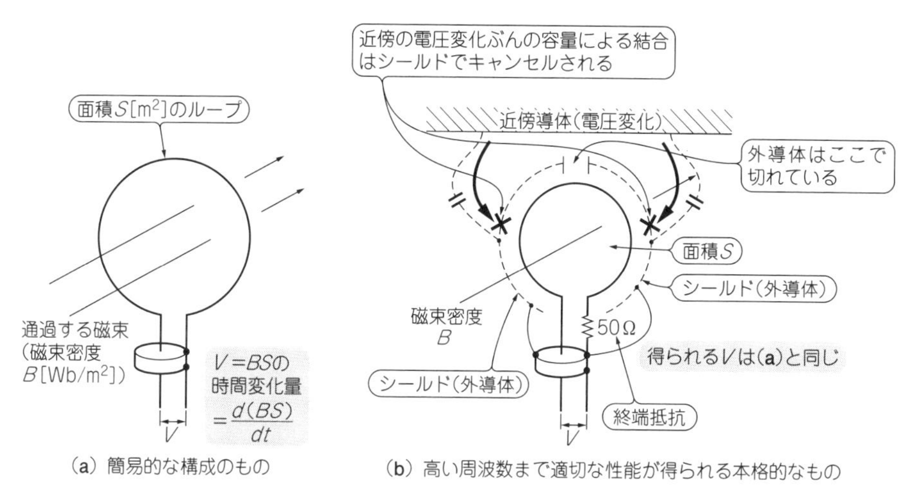

(a) 簡易的な構成のもの　(b) 高い周波数まで適切な性能が得られる本格的なもの

[図5-2] 近磁界プローブの構造と電流検出のしくみ

レベルを校正する」という意味でも，このような計測を事前にしておくことは大切です．

計測方法は**写真5-2**のとおりで，結果を**図5-3**に示します．この近磁界プローブは，高い周波数の方が，結合度が高いことが分かります．

● 近磁界プローブを使ってみる(計測には配置方向に注意)

信号パターンから生じる磁界は，**写真5-2**のように，流れる電流に対して取り巻

[写真5-2] 近磁界プローブの性能を計測する方法

[図5-3] 近磁界プローブの性能を計測した結果

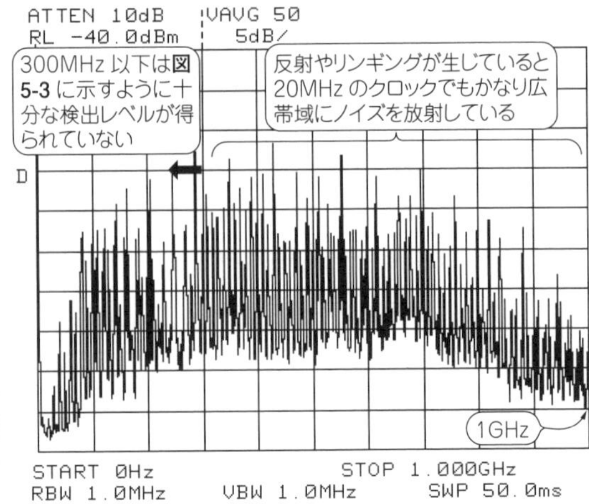

[図5-4] 20 MHzのクロックで動作するディジタル回路が放射するノイズを自作の近磁界プローブとスペクトラム・アナライザで計測したようす

くように発生します．その磁界を近磁界プローブのループ部分で捉えるようにして，計測する必要があります．

そのため近磁界プローブの向きは，電流の流れる向きに対して同写真に示す向きでプロービングする必要があります．流れる電流の方向に対して**直角にプローブのループ部分を配置すると，適切に計測することができません**(磁界の向きがループと結合しない)．

この近磁界プローブを用いることで，放射ノイズの調査が行えます．

● 近磁界プローブによるディジタル回路基板の計測例

図5-4に20 MHzのクロックで動作しているディジタル回路の基板を，**写真5-1(b)**の近磁界プローブで計測したスペクトラム・アナライザの波形を示します．1 GHzまで表示していますが，20 MHz程度のクロック周波数でもかなりの広帯域ノイズが生じていることが分かります．

近磁界プローブを基板上で動かすと，表示されるノイズのようすが大きく変わります．どの辺りで大きなノイズが発生しているかを特定できます．

なお**図5-3**のとおり，300 MHzから下の周波数では十分な検出レベルが得られませんので，この帯域ではロスを補正しながら活用してください．

5-3　放射ノイズ計測と対策の注意点

● ディジタル回路のバス・ラインの1本を対策しただけでは放射ノイズはほとんど変化しない

放射ノイズを計測するときは，オシロスコープよりも，スペクトラム・アナライザを用いて周波数領域で信号を表示させます．

例えばバス・ラインのような複数のパターンから放射ノイズが出ている場合の計測については，注意が必要です．

自分の施した対策の効果があるかどうか，「まずはようすを見てみたい」というのがデバッグのスタートになるでしょう．ここで例えばバス・ラインが8ビット，つまり8本だったとします．

気持ち的には，**図5-5**のようにバス・ラインの1本に，自分が考案した対策を「まず」施してみて，その結果を近磁界プローブなどを用いてスペクトラム・アナライザで計測してみたくなるものと思います．

もしその対策が完璧であり，そのラインからの放射ノイズがゼロになったとします．しかし全体では8本のラインがありますから，それだけではなんと**1/8の対策にしか**なりません．

● スペクトラム・アナライザで計測するとほとんど差異が分からない

さらにスペクトラム・アナライザは対数表示になっています．放射ノイズのエネ

[図5-5] バス・ラインの場合は1本(1ビットぶん)に放射ノイズ対策を施しただけだと効き目が分からない

ルギは7/8になるため，これは－0.6 dB～－1.2 dB(信号同士の相関性により10 log～20 logの間になる)の低減にしかなりません．

一方でプローブの配置を少しずらすだけで，数dBの変動(差異)が生じてしまいます．－0.6 dB～－1.2 dB程度の変化は，この変動に隠れてしまい，スペクトラム・アナライザでは，このような数%オーダの精密な変化を計測することが難しくなります．

そのためこのEMI計測の場合には，「対策できたのか？誤差なのか？」の**区別さえできない**状態になってしまいます．

● すべての信号に対策を施してから計測する

このような場合には，きちんと8本ぶんすべてを対策してから，その結果をスペクトラム・アナライザで観測しないといけません．こうしないと，**実は正しかった対策も結局見逃してしまう**ことになります．

5-4 信号がパターンを伝わるようすから放射ノイズを理解する

● 現象を理解しておかないと放射ノイズの計測も対策も行えない

ここまで「ノイズが電磁波として放射」されるしくみと計測方法を説明してきました．この放射ノイズを生じさせる，パターン上を伝わるディジタル信号のようすを見ていきましょう．どのような信号のふるまいが「ノイズとして基板から放射されやすいか」を理解しておかなければなりません．

これは本書の基本，**表1-2**に説明した「適切に測定対象と計測系をモデル化すること」そのままなわけです．それにより放射ノイズを正しく計測・プロービングし，EMI/EMC対策を正しく行うことが可能になります．

● ディジタル信号が高速に変化する信号パターンは伝送線路として取り扱う必要がある

図5-6のように，ディジタル信号の変化速度や信号の周期と，ICの出力から入力に信号の変化点(エッジ)が伝わっていく(「伝搬する」という)時間との関係が，プリント基板の信号パターン長を無視できなくなるとき，その信号パターンを**伝送線路**として取り扱わなければなりません．

● どのくらいのパターン長を伝送線路と考えるか

パターン上でのディジタル信号の波長(信号パターン上を伝わる速度である**伝搬**

速度を信号のクロック周波数で割ったもの)の1/100程度に相当する長さをパターン長が超えるあたりになると，このように取り扱う必要が出てきます．クロック周波数20 MHzでなんと100 mm程度なのです[注]．周波数が10倍になれば，対応するパターン長は1/10になります．

信号の反射を考えるとき，こんな短いパターン長の場合でも，**現実の場面では**伝送線路として考える必要があることが分かります．

● その伝送線路とはいったい何者か？

伝送線路とは，パターンなどの長さをもった導電構造体上をディジタル信号が伝わる際に，**信号を「波」として取り扱うべき**その導電構造体のことです．プリント基板では，**図5-7**のように4層基板の表面層の信号パターンとグラウンド・ベタ・パターン(内層)，そしてその間の絶縁部分とで構成される，導電構造体が基本です．これはなんと原理的(物理現象的)には，**同軸ケーブルと同じ構造**になっているのです．ここでは「特性インピーダンス」という大きさが決まります(第4章で50 Ω系計測を示したが，これも同じ概念)．

「伝送線路」だなんて硬い用語ですが，以後で説明するイメージを理解してしまえば怖くありません．詳しくは参考文献(2)や(4)を参照してください．また第13章でも説明していきます．

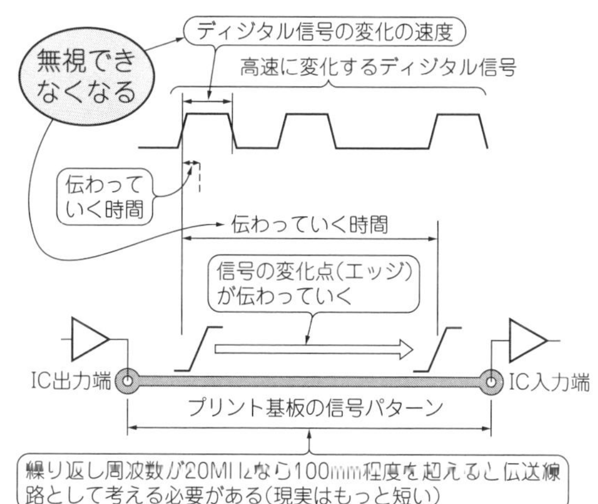

[図5-6] プリント基板の信号パターン長がディジタル信号の変化速度と信号伝搬速度に対して無視できなくなるとそのパターンを「伝送線路」として取り扱う必要がある

注：5次高調波成分まで考えたとして，その1/20程度，かつ位相速度は光速の66 %で算出してみた．現実はもっと短いものだとして考える必要がある．

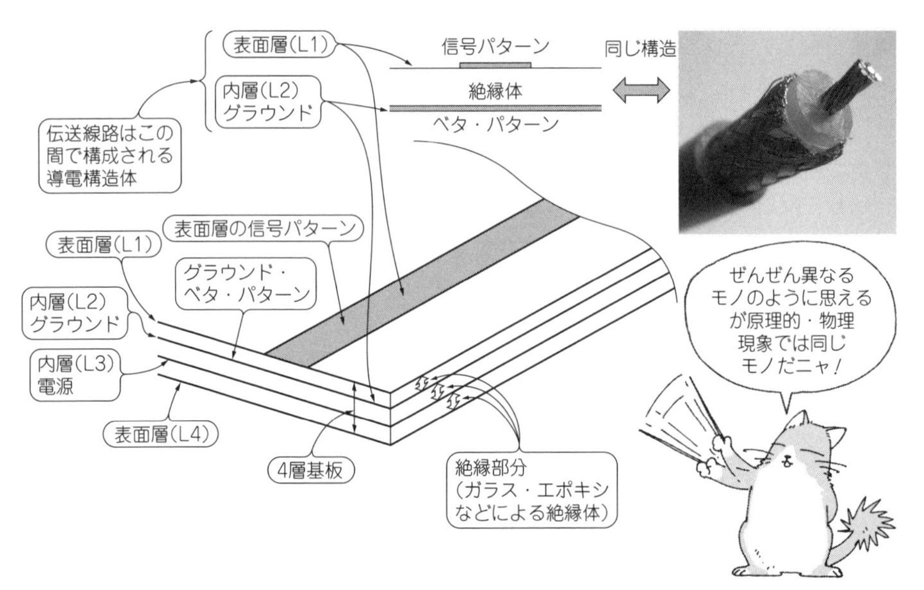

[図5-7] 4層基板の表面層の信号パターンとグラウンド・ベタ・パターン(内層)とでできる導電構造体が「伝送線路」

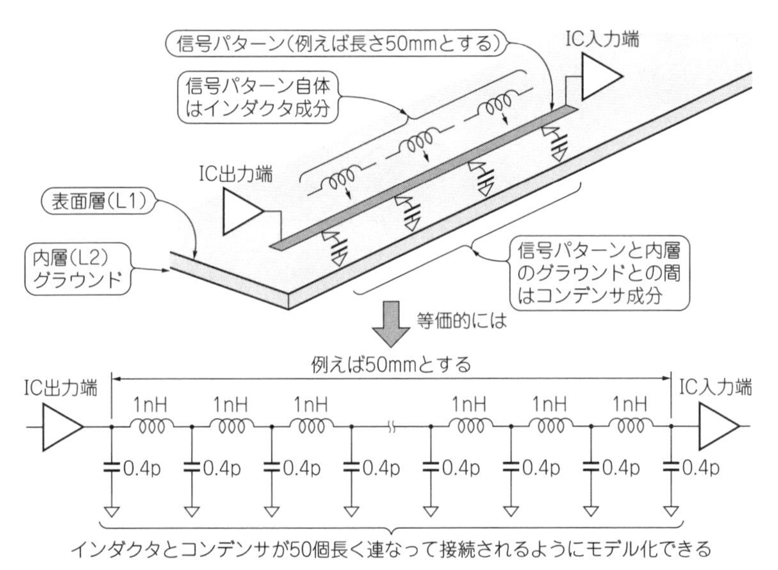

[図5-8] この導電構造体はインダクタとコンデンサでモデル化できる…これが伝送線路

ここでは1 mm相当の長さ単位でモデル化したが，実際には均一にインダクタとコンデンサが分布している．そのため「ある長さで相互の比率が等しい」ことになる

● 信号パターンはインダクタに，二つの導体間はコンデンサにモデル化できる

さらにこれは**図5-8**のように，ディジタル信号が伝わる信号パターン自体はインダクタに，その信号パターンと内層のグラウンドとの間はコンデンサになります．例えば1 mmの長さあたりでインダクタ成分(インダクタンス)が1 nHあり，コンデンサ成分(容量)が0.4 pFあったとします(これを分布定数と呼ぶ)．

この信号パターンとグラウンド層が50 mmの長さがあったとすれば，等価的にはこの1 nHのインダクタと0.4 pFのコンデンサが，この図のように長く連なって接続されているようにモデル化されるわけです．このモデルが，高速ディジタル信号が信号パターンを伝搬していくとき「信号パターン長を無視できなくなる」場合となる「伝送線路」の考え方です．

● スムーズな排水溝を小さい津波が伝わるのが，伝送線路をディジタル信号が伝わるイメージ

図5-7や**図5-8**で示した伝送線路では，「電圧という波」と「電流という波」が**スムーズによどみなく**伝わっていきます(伝送線路の特性が不連続でない場合)．

高周波などのアナログ信号では，「連続した正弦波の波」で考えますが，ディジタル信号の場合は**図5-9**に示すように，電圧/電流の波は「小さい津波」のようなものだとイメージしてください(立ち上がりディジタル信号として考えれば，波の前がLレベル，波のうしろがHレベルの波が伝わっていくイメージ)．この詳しい話は参考文献(2)や(4)に説明されていますし，第13章でもTDR(Time Domain

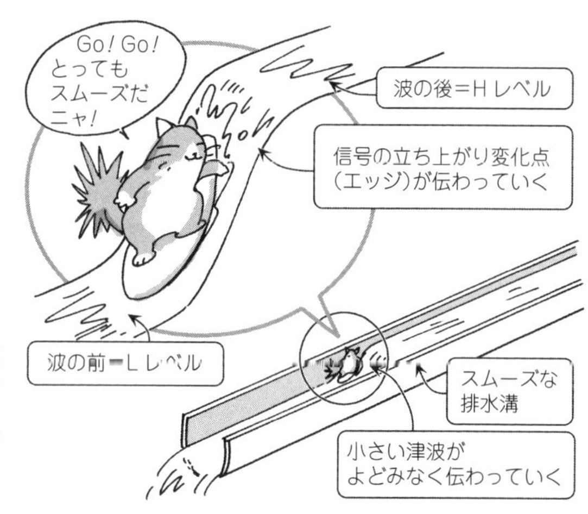

[図5-9] 伝送線路というスムーズな排水溝を小さい津波がよどみなく伝わっていく…これがディジタル信号が伝わっていくイメージ
立ち上がり変化点として考えれば，波の前がLレベル，波の後がHレベルの波が伝わっていくイメージ

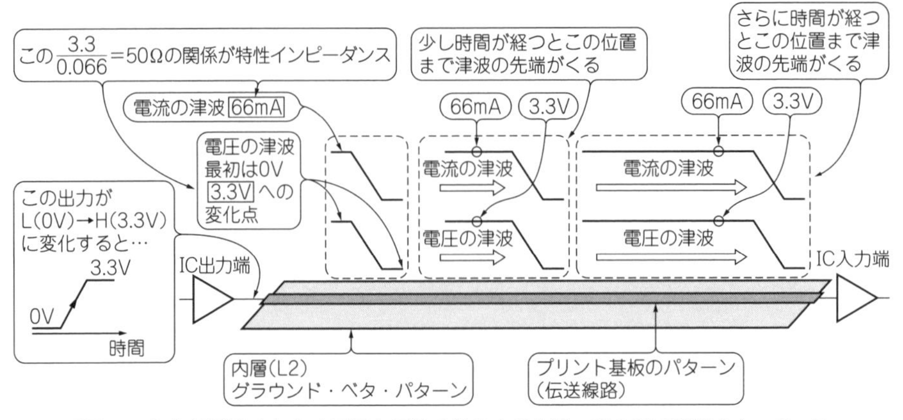

［図5-10］ 伝送線路を伝わる電圧と電流の波の大きさは一定の相互関係をもっている
電流の波は密度波だがここでは電圧の波と同じく高さで表した

Reflectometer)への応用として説明していきます.

● 伝送線路を伝わる電圧と電流の波の大きさの相互関係が特性インピーダンス

図5-10のように，伝送線路を伝わる「電圧と電流の波」の大きさは，相互に一定の関係をもっています.

例えば**図5-8**の場合(インダクタンスL = 1 nH，容量C = 0.4 pF)，電圧を3.3 Vとすれば，3.3 V対66 mAという関係になります．この関係を**特性インピーダンスZ_0**といい，以下の式で求めることができます.

$$Z_0 = \sqrt{\frac{L}{C}} \quad \cdots\cdots (5\text{-}1)$$

この例では50 Ω($\sqrt{1\ \mathrm{nH}/0.4\ \mathrm{pF}}$ = 3.3 V/66 mA = 50)になります.

5-5　放射ノイズの原因！ 信号の反射とリンギング

● 信号はさえぎられると反射して放射ノイズになる

ここでは伝送線路を伝わる小さい津波がさえぎられて反射するようすを考えます．これがノイズとして，不要電磁波として，外部に放射されることになります．いま一度，伝送線路(信号パターン)を「スムーズな排水溝」というイメージで捉えていてください.

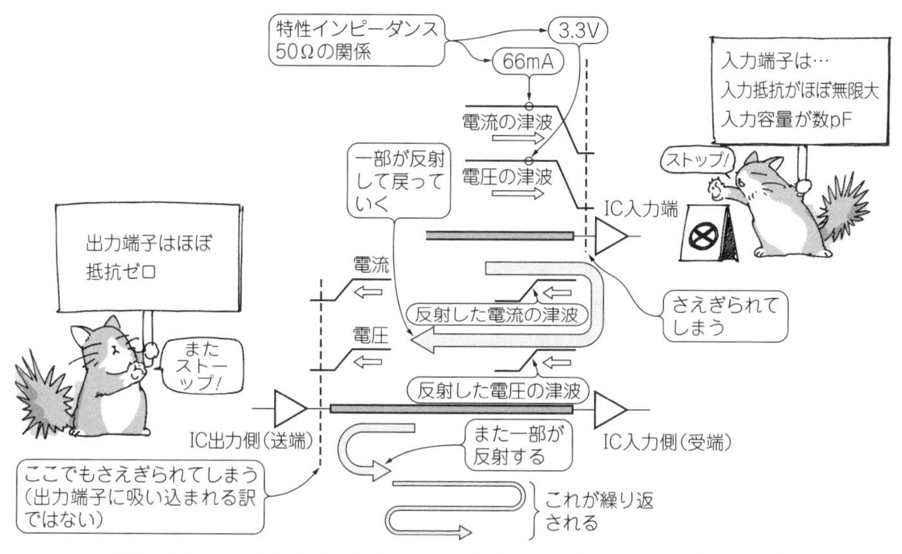

[図5-11] ディジタル信号の津波がさえぎられ，反射して戻ってきてしまう
さらに反射が何度も繰り返される．これを多重反射と呼ぶ

● ディジタルICの入力端子のところで伝搬がさえぎられる

図5-11のように，ディジタル信号が信号パターンを伝わって(伝搬して)きて，受端側ICの入力端子に到達したことを考えてみましょう．ここで伝わる電圧と電流の特性インピーダンスの関係が，「ハイ・インピーダンスな入力端子」でさえぎられます．CMOS ICは入力抵抗がほぼ無限大，入力容量が数pFであり，これはここまで伝わってきた電圧と電流の相互関係と異なります．

「さえぎられる」ことで行き場のなくなった津波が，**その一部が反射して戻って**しまいます(受端の条件により反射する大きさは異なる)．

● 厄介なことに反射は何度も繰り返される

さらに厄介なことに，反射して戻っていくディジタル信号が，再度送端側ICの出力端子に到達したときに(ここは抵抗がほぼゼロと考える．実際は数Ω程度ある)，なんと再度**一部が反射して**きます(これも**図5-11**に示している)．出力端子の抵抗はほぼゼロですが，**出力端子に吸い込まれるわけではない**というところも重要なポイントです．

この反射は，減衰しながら受端側～送端側の間を，**何度も繰り返して往復**(多重反射という)してしまいます．通常の「HレベルかLレベルか？」というディジタル回路の考えとは大きく異なっていることが分かります．

この反射の繰り返しが，**外部にノイズとして，不要電磁波エネルギとして放射**されることになります．

C o l u m n 1

EMCテストと同相モード・ノイズ

EMCテスト・サイトなどで，強烈な外部ノイズを被試験機器に(アンテナなどから)加える試験があります．特にEMC規格でも厳しい方に分類される試験です．

図5-Aのようにケーブルを長く引っ張る場合に，外部ノイズによりこのケーブルに同相モード・ノイズが乗って，非試験機器が誤動作することが多くあります．

この誤動作のメカニズムは，同相モード・ノイズが機器内に入り複数の異なる経路を通過すると，この同相モード・ノイズが差動ノイズに変化し，その差動ノイズが内部のICのスレッショルド・レベルを超えるためです．

この対策は基本的には三つです．ケーブルからの入力にローパス・フィルタを設置すること，差動伝送を利用すること，コモンモード・チョーク・コイルを挿入することです．テスト・サイトの現場で対策せざるを得ないのであれば，三つ目の手段しか手がないのが現実でしょう．詳しくは第9章で説明します．

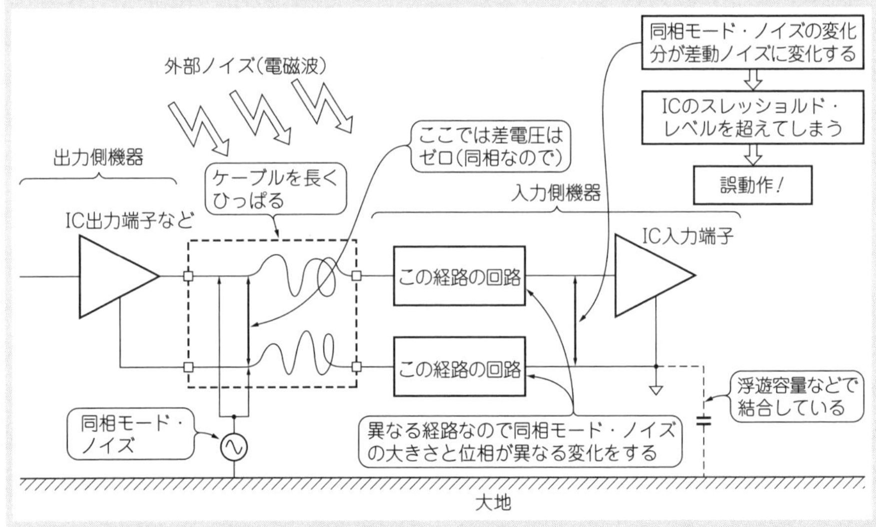

[図5-A] 外部ノイズを被試験機器に与えると，ケーブルから同相モード・ノイズが乗り，それが差動ノイズに変化して非試験機器が誤動作する

● 反射が繰り返すようすを実験的に作ってみた

このようすを実験的に再現した波形を**図5-12**に示します．送端側と受端側の間を信号が伝わる時間を5 ns(同軸ケーブル1 m長に相当)としてあります．「暴れる」ディジタル信号になっており，これが放射ノイズの原因となります．

近磁界プローブを使えば，この暴れるようすを，それも基板上のどの辺りの信号なのかを，局所的に探し出せるでしょう．

● 信号のリンギングも放射ノイズになる

「リンギング」も信号波形の暴れです。このモデル化の考え方は，ここまで示したインダクタとコンデンサの連続体(伝送線路)ということではなく，どちらかというと信号パターンをインダクタとして取り扱う(信号パターンとグラウンド間のコンデンサ成分がかなり小さい)場合です．

とはいえ，これも「波形の暴れ」には変わりがありません．結果としてこの暴れにより，外部にノイズ，不要電磁波が放射されます．

● パターンがインダクタンス成分になりリンギングが発生

4層基板は内層がグラウンドになりますので，**図5-8**のようにインダクタとコンデンサで伝送線路としてモデル化できます．しかし**図5-13**(a)の片面基板の場合は，コンデンサに相当する「対向する導体平面」はないので，信号パターンはインダクタンス成分のみと考えられます．両面基板でも「対向する導体平面」がない場合は

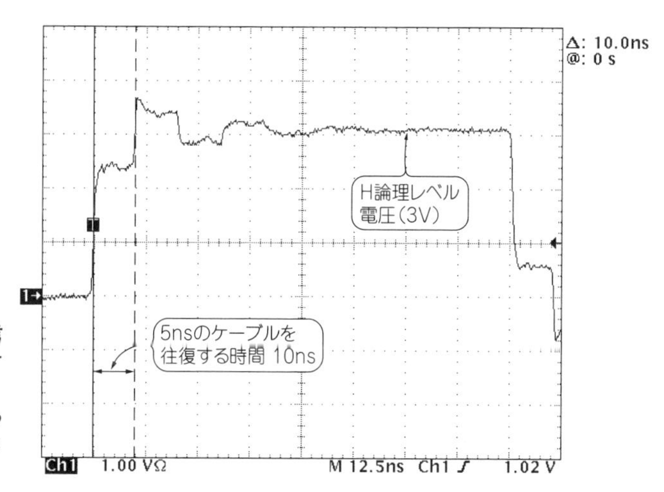

[図5-12] ディジタル信号が反射しているようすを実験的に再現してみた
送端側から受端側に信号が伝わる時間を5 ns(1 m長に相当)としてある

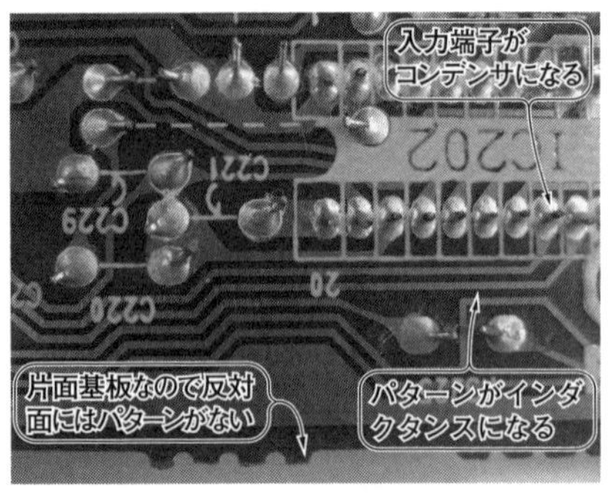

(a) ベーク材の片面基板(イメージ)

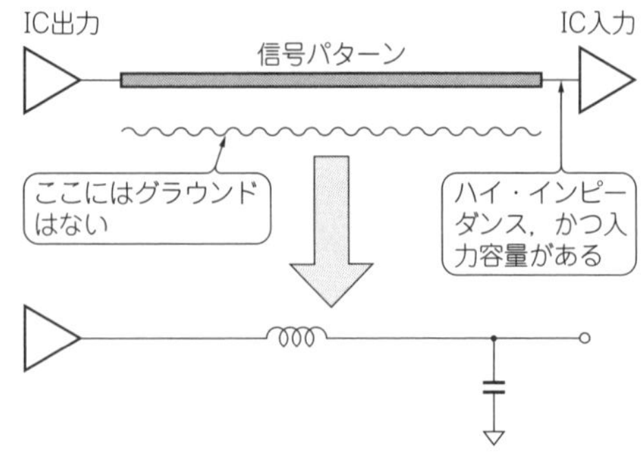

(b) 片面基板をモデル化したようす

[図5-13] このような場合は信号パターンがインダクタ，ICの入力端子がコンデンサとしてモデル化され，方形波によりリンギングが発生する

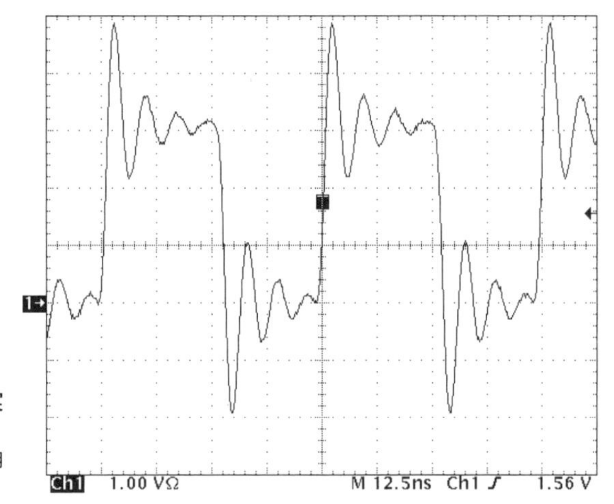

[図5-14] リンギングのようすを実験的に再現(1V/div，12.5 ns/div)
インダクタ75 nHとコンデンサ12 pFを用いた

同じことです．

● このモデルで発生する現象は反射と同じような症状に見える

この場合は**図5-13(b)**のように，信号パターンをインダクタ，ICの**入力端子をコンデンサ**としてモデル化されます．ここにディジタル信号の方形波が加わると，過渡現象により波形が本来の大きさからさらに大きく，短い周期で上下に変動します．

これを**リンギング**といいます．この現象はオシロスコープで観測すると，これまで説明してきた反射と同じような症状に見えます．しかしその原理としては，反射

Column 2

低速なスルーレートと低い信号レベルで差動で高速伝送する

最近の，特に高速ディジタル・シリアル伝送においては，低電圧の差動伝送をよく用います．具体的にはLVDS(Low Voltage Differential Signaling)やCML(Current Mode Logic)，PECL(Positive Emitter Coupled Logic)による差動伝送などがプリント基板上で(機器内伝送として)使われる方法です．USBやIEEE 1394，Serial ATA(SATA)，PCI Expressなどもこの仲間です．

LVDSで伝送する差動電圧レベルのようすを**図5-B**に示します．このように低レベルで伝送することで，放射ノイズのエネルギ自体を，また高い周波数の放射エネルギを抑えることができます．

さらに差動で伝送することで，信号がバランスしているため，信号伝送方式自体でも放射エネルギを低くしている点も見逃せません．

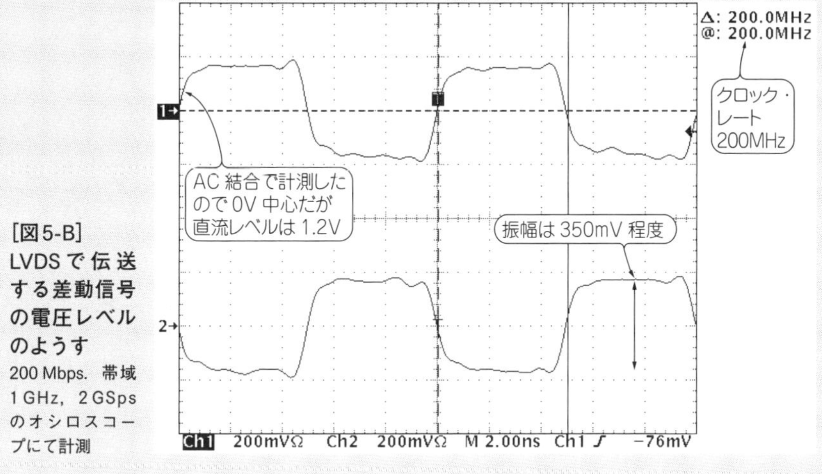

[図5-B] LVDSで伝送する差動信号の電圧レベルのようす
200 Mbps．帯域1 GHz，2 GSpsのオシロスコープにて計測

とは全く異なるものです．リンギングのようすを実験的に再現したもの(実際の基板パターンを用いたものではない)を**図5-14**に示します．

● リンギングを減らすと高い周波数の放射エネルギを低減できる

図5-14のようなリンギングが発生する場合が結構あります．これが高周波のEMI放射エネルギになってしまいます．片面や両面プリント基板の場合などに顕著といえるでしょう．

この場合はパターン上に10Ω～47Ω程度の抵抗を直列に挿入します．こうするとリンギングを減らすことができます(Qダンプという)．これにより高い周波数の振動が減り放射エネルギを低減できます．

＊

第2部(第3章～第5章)では，ディジタル回路に関する計測とプロービングを示してきました．

理解しておきたいことは「適切に測定対象と計測系をモデル化し，論理的に誤差要因を解析する」というアプローチです．

最近はディジタル回路もかなりハイスピード化してきています．「ディジタル信号でも高速アナログ信号なんだ」くらいの気持ちで，この説明の理解とともにデバッグなどの問題解決に当たっていただければと思います．

第3部

アナログ信号の計測技術

第6章

【成功のかぎ6】
精度よく電圧や抵抗値を計測する
回路図にないインダクタンス/容量/抵抗成分が誤差になる

第2部ではディジタル信号(回路)での計測を中心に説明してきました. 第3部では, アナログ信号(回路)を計測するための考え方やテクニックを紹介します. これらはディジタル信号の計測にも生かせるものです.

特に直流で精度よく計測するということだけでなく, 周波数が高くなっても精度を維持できる計測方法について考えていきます. なお「温度変化」も精度よく計測するには重要な点ですが, 本書では踏み込まないことにします.

6-1 「精度よく計測する」には

● 「精度よく計測する」とは目的の精度を維持すること

計測全般にいえることですが,「精度よく計測する」とは, 目的とする精度で測定対象を計測することです. 当たり前といえば当たり前のことですが, これから説明するような, いろいろな要因が実際には影響を与えるため, なかなか思ったとおりに計測できないことが現実です.

● 「精度よく計測する」には「プロービング」が重要

測定器の限界に直面する前に, だいたい計測方法(つまりプロービング)が不適切であるために, きちんと計測できない場合がよくあります(**図6-1**). **誤差要因が何であるか**, それが**誤差としてどれだけ影響を与えるか**をきちんと考える必要があります. これにより計測の確からしさを高めることができます.

ここでは特に高精度かつ適切に電気量を計測するためのプロービング(オシロスコープに限定していない)を説明します.

精度よく計測を行うには, **表1-2**で示したように, 測定対象と計測の誤差要因を考える必要があります.

［図6-1］計測する目的を理解し，計測方法が適切かをよく考える必要がある

- 計測系を接続することにより，測定対象に影響を与えて誤差が生じる
- 測定対象をどのように計測するかにより，測定対象から影響を受けて誤差が生じる

6-2 精度よく電圧量を計測するにはグラウンドが特に重要

この章の後半は精度よく抵抗値を計測することがテーマですが，抵抗値の計測も「電圧値を計測する」ことでもあります．また次の第7章でも関連する話題を説明します．

計測系の種類にかかわらず，**電圧値を計測**する際に適切に計測(プロービング)することは非常に重要です．ディジタル信号の計測における「回路のグラウンド」の重要性については第3章でも解説しましたが，アナログ信号の電圧計測でも**一番大事で基本的なこと**です．一番現場で出くわす大切なことなので，あらためて詳しく考えてみましょう．

● グラウンド経路を十分考えない電圧計測は精度が出ない

図6-2のような回路で，抵抗R_1の端子電圧を「交流信号源を使って」計測したいとします(計測系は特定しない)．回路には信号源(交流電源)V_{AC}[V]から電流I[A]が流れ，その電流Iはグラウンドの経路を伝わって電源V_{AC}に戻っていきます．このグラウンドの経路というのは，リード線であったり，プリント基板のパターンであったりするでしょう．

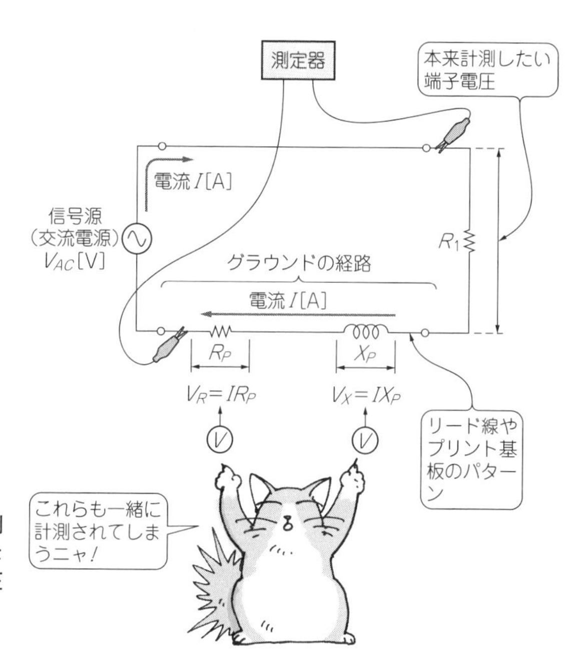

［図6-2］抵抗R_1の端子電圧を計測する際にグラウンド経路を考慮しないと，グラウンド経路における電圧も計測されてしまう
電源は交流として考える

ここで同図のように，信号源V_{AC}のマイナス端子のところに，測定器のプローブ端子のマイナス側をつないで電圧計測すると，**グラウンドの経路**に存在する寄生抵抗成分R_P[Ω]（例えばリード線の抵抗成分）や寄生リアクタンス成分X_P[Ω]（同じくインダクタンス成分）が加わり，電流Iにより発生する電圧降下$V_R = IR_P$，$V_X = IX_P$も一緒に計測してしまいます．

これは**写真6-1**(a)のような例として実際やりがちなことです．

● アナログ信号の計測はプロービングが計測電圧レベルに直接影響を及ぼす

アナログ交流信号は（それも高周波になると）ディジタル信号より計測することが厄介です．アナログ信号の場合，特に1/100～1/10000程度までのレンジを精度よく計測する必要があるからです．また寄生抵抗成分R_Pに加えて，**図6-2**の寄生インダクタンス成分X_Pでも電圧降下が生じ，計測に直接影響を与えてしまうからです．周波数に比例して影響が大きくなるので厄介です．

写真6-1(a)の状態で，1 kHzから1 MHzの周波数帯域での周波数特性を電圧量として計測した結果を**図6-3**(a)に示します．100 kHzを超えた辺りで特性が「暴れて」いることが分かります．

特に**図6-2**の寄生インダクタンス成分X_Pは，単に信号レベルを減衰させるだけ

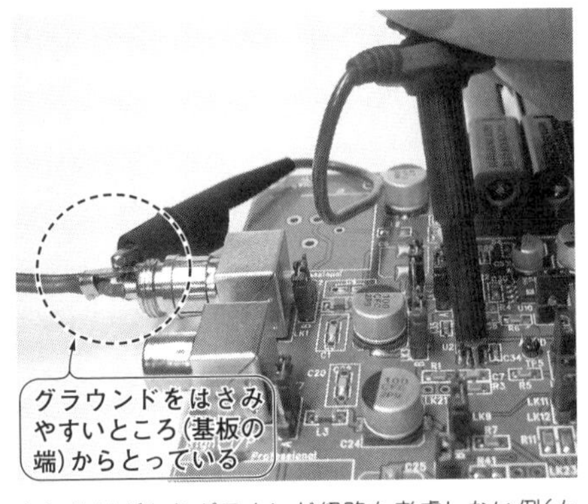

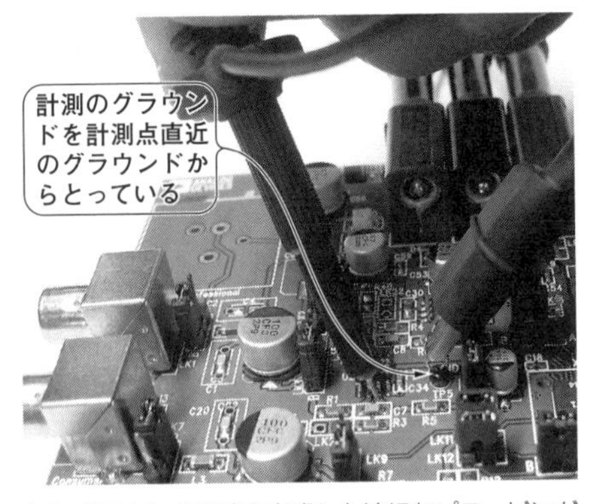

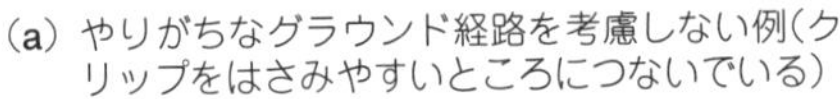
(a) やりがちなグラウンド経路を考慮しない例(クリップをはさみやすいところにつないでいる)

(b) グラウンド経路を考慮した適切なプロービング

[写真6-1] 適切な計測系のグラウンド接続
オシロスコープのプローブを例としているが，計測系は特定しない

でなく，信号レベルの周波数特性を乱します．時間軸波形で見てもオーバーシュートやリンギングなど，過渡的変動も生じるので，この例のような計測をしてはなりません．

また，他の回路の電流がグラウンドのパターンやリード線を流れることが結構あります(第3章でもディジタル信号を例にして示した)．例えば大電流がスイッチしている回路(パワー・ドライブ回路など)のリターン電流が**図6-2**のグラウンド・ラインを流れているときに，不適切にプロービングすると，特に寄生インダクタンスによるかなり大きな電圧降下や，過渡的波形変動が生じ，正しい電圧レベルを計測できなくなります．

前章まで説明してきたディジタル回路の信号変化も，高い周波数成分が存在しています．もしその信号電流が**写真6-1**(a)のグラウンドに流れており，同写真のように接続してしまうと，寄生リアクタンス成分X_Pにより，高くて広い周波数範囲において電圧変化(ノイズ)を生じさせてしまいます．その結果，測定信号にノイズが乗り，精度よいアナログ信号電圧レベルの計測ができません．

● 計測点直近のグラウンドを使ってプロービングすると精度よく計測できる

写真6-1(b)のように，計測する点の直近のグラウンドに，測定器のプローブ端子のグラウンド側をきちんと接続すれば，余計な寄生成分による電圧降下の影響を除外できます．この方法で計測した結果を**図6-3**(b)に示します．**図6-3**(a)で見たような周波数特性の不思議な「暴れ」が消えており，安定した素直な周波数特性に

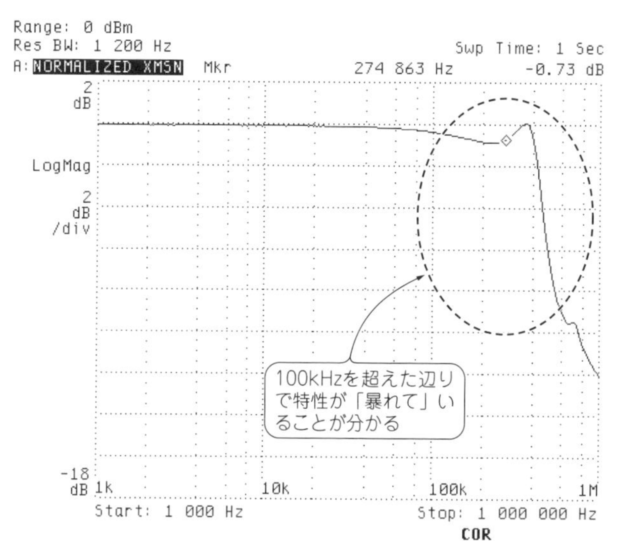

（a）グラウンド経路を考慮していないとき（差異が目立つようによりグラウンド経路を悪化させてある）

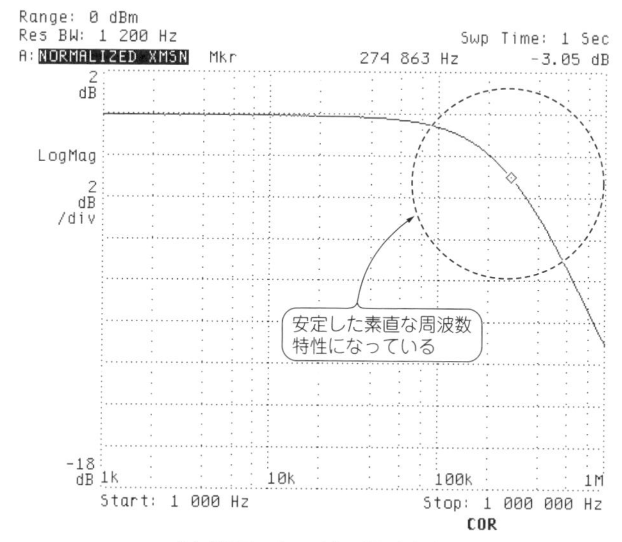

（b）適切にプロービングしたとき

［図6-3］グラウンド経路を考慮してプロービングしないと信号の周波数特性が暴れる

1 kHz～1 MHzの周波数帯域で計測

なっていることが分かりますね．

● グラウンド以外も短く！

ここまでは「グラウンド」経路を考えてきましたが，当然グラウンド以外の配線

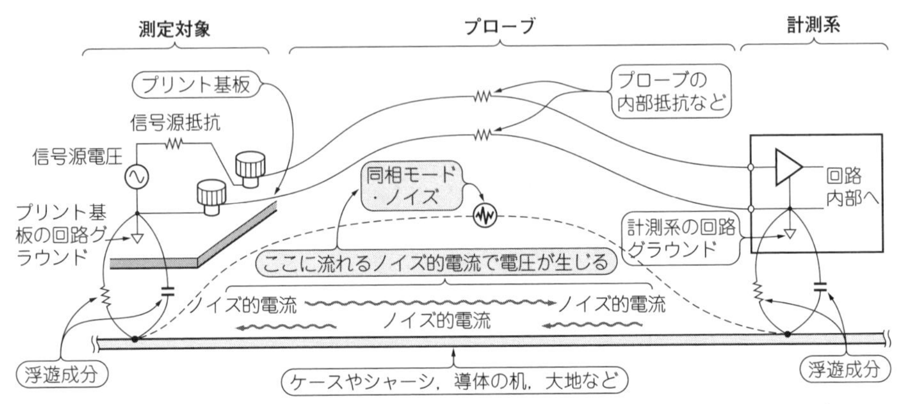

［図6-4］電源系や周辺回路の影響によりグラウンド間に発生する「同相モード電圧」

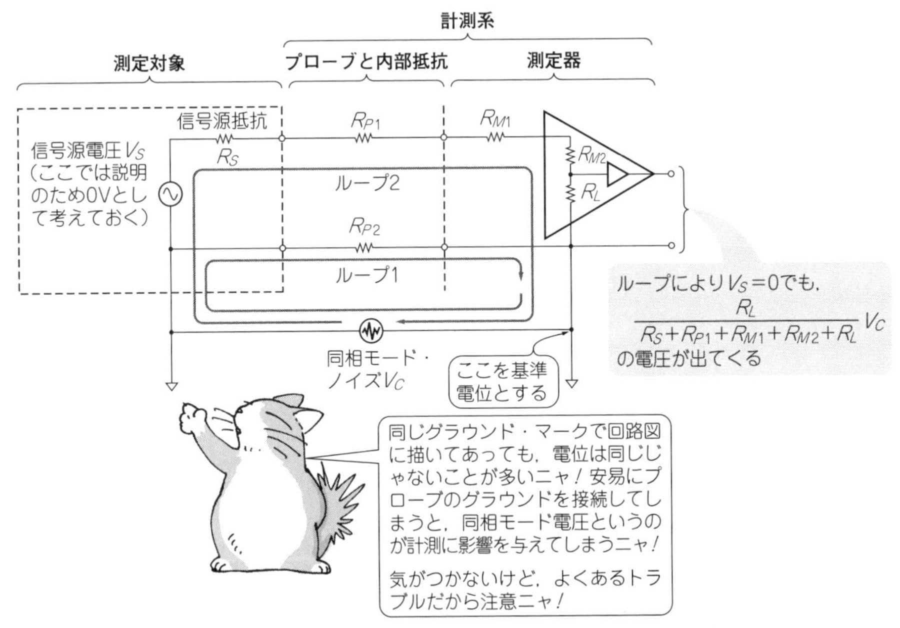

［図6-5］「同相モード電圧」の計測系への影響をモデル化して考える

でも同じしくみで電圧降下が生じ，電圧計測に影響を与えます．**写真6-1(b)**のように，目的の素子のすぐそばで，きちんと接続(プロービング)することが大切です．

このような例を示されると，「そんなものは当然なこと」だと思いがちです．しかし実際は，測定対象の回路構成などが複雑であるため，ここで示してきたような計測を**うっかりとやってしまう**ことがあります．

● グラウンドに関連する計測での注意点：同相モード電圧

第5章のColumn1でも「同相モード・ノイズ」として示しましたが，精度よい計測をするうえでも「同相モード電圧」(コモン・モード電圧とも呼ぶ)というものを考える必要があります．

例えばプリント基板上を考えます．ある測定対象の端子電圧を計測するときに，**図6-4**のように，プリント基板上の本来の電圧に対して，電源系だとか周辺回路の電気的影響により「同相モード電圧」というものが発生します．これは測定対象と計測系の間のグラウンド電位が変化するというものです．しくみとしては，ここまでのグラウンド経路での精度低下の話と同じといえるでしょう．

本来であればプロービングする計測系側では，同相モード電圧による影響は生じないのですが，**図6-5**のようにモデル化してみると，この同相モード電圧が測定器で観測できる「差動モード電圧」…つまり基板上の本来の電圧と同じ電圧成分…ノイズとして現れることが分かります．

この同相モード電圧が計測に影響を与えないように考える必要があります．

同相モード電圧により生じる**同相モード・ノイズ**については，あらためて第9章でさらに詳しく解説します．

6-3　抵抗値を精度よく計測する

つづいて抵抗の大きさをきちんと計測する方法を考えてみましょう．ここまで説明してきた「精度よく計測する」考え方がそのまま適用できることが分かると思います．なお，抵抗値の計測ということで，直流での計測としています．

● 定電流を流して電圧を計測すると抵抗値が分かる

抵抗値の計測は，**図6-6**のように計測する抵抗に定電流を流して，それにより生じた電圧降下を計測します．そのため**低い抵抗値**を精度よく計測するには，**大きめの定電流**を流さなくてはなりません．

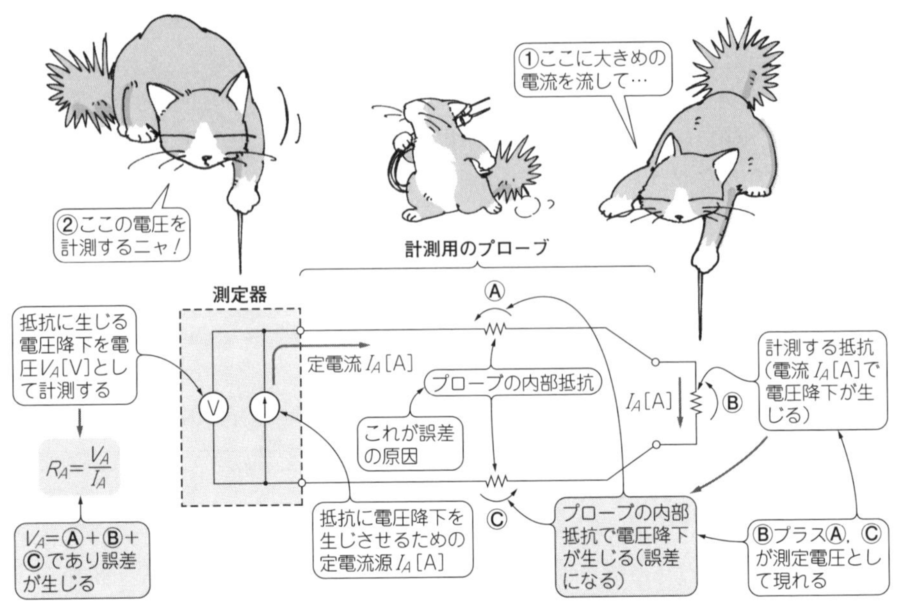

［図6-6］ 低抵抗に大きめの電流を流して計測することで誤差が生じる

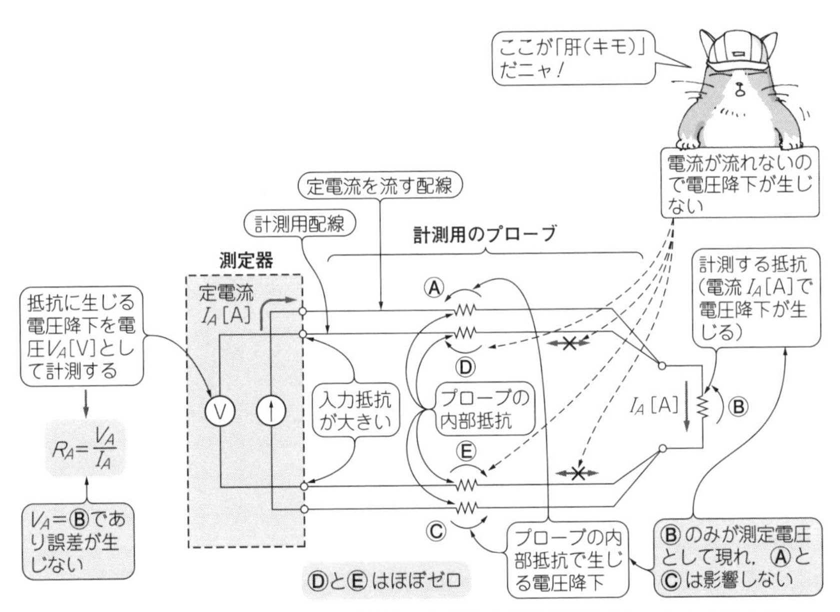

［図6-7］ 4ワイヤ計測を用いれば配線による誤差（電圧降下）をキャンセルできる

● **大きな電流を流すとプローブの内部抵抗成分によって誤差が生じる**

その電流により，**図6-6**のような誤差が生じることになります．測定器からの定電流は**計測用プローブ**(計測系)**を伝わってくる**ため，このプローブの内部抵抗により誤差となる電圧降下が生じます．

一方で抵抗値計測としての電圧降下の計測点は測定器側であるため，測定器から見れば「実際の抵抗値＋プローブの内部抵抗」を合算したものを計測していることになってしまいます．つまり誤差が生じます．なお，最初にプローブの先端をショートして校正しておく，という対応方法もあります．

● **プローブ内の抵抗成分をキャンセルできる4ワイヤ計測**

そこで**図6-7**のような「4ワイヤ計測」というものを用います．4ワイヤ計測はプローブの内部抵抗ぶんによる電圧降下をキャンセルした計測ができます．これにより計測の確からしさが向上します．

図中に示すように，抵抗に対して**定電流を流す配線**(4ワイヤ中の2ワイヤ)と，抵抗の両端に発生する(本来の)電圧降下を計測する**計測用配線**(4ワイヤ中の残りの2ワイヤ)を分離する方式です．

計測用配線の測定器側入力は入力抵抗が大きいので，電流がほとんど流れず，この計測用配線での電圧降下，つまり誤差が発生することはありません．

このようにすることで，計測系(配線)で生じる誤差(電圧降下)の影響をなくし，正確に低抵抗の抵抗値を計測できるようになるわけです．

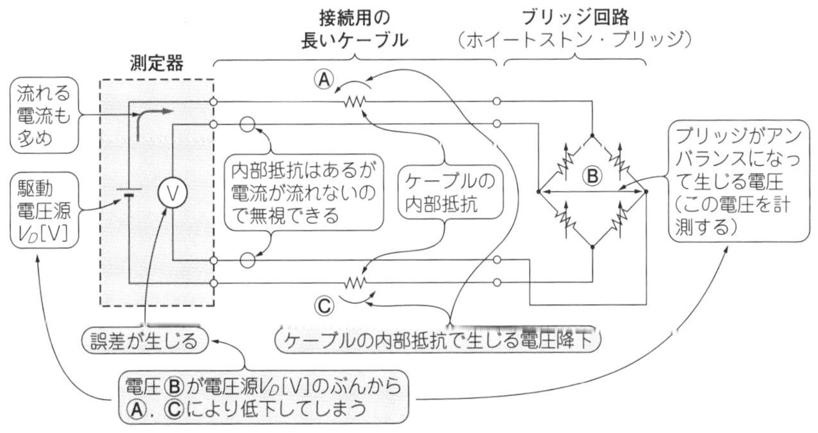

[図6-8] ブリッジ回路のリモート計測でもケーブルの内部抵抗による誤差が発生する

抵抗を計測する測定器のうち高機能なものは，この4ワイヤ計測機能が備わっているものがあります．

● 遠く離れた抵抗の電圧を正確に計測するテクニック：6ワイヤ計測

似たような例になりますが，**図6-8**のようなブリッジ回路(ホイートストン・ブリッジ)をいろいろな計測に応用する場合があります．よくあるのが重量計測でしょう．この回路の抵抗のうち一つ(もしくは複数)は抵抗性センサになります．これは**図6-7**の4ワイヤ計測とほぼ同じ回路ですが，**測定器側が定電圧源**になります．

▶センサの設置場所が計測系と離れているので，電圧降下が発生する

ブリッジ回路の出力電圧は，ブリッジに加わる電圧に比例します．そのためこの電圧が正確でないと，**4ワイヤ計測を用いても**誤差が生じます．重量の計測点，つまりブリッジ自体が離れた位置にあり，**図6-8**のように長いケーブル(「長く伸びたワイヤ」という意味をこめてこの用語を用いた)で接続されている，というケースがあります．

一般的にブリッジ自体の抵抗値は低めなため，ケーブルに流れる電流も多く，**図6-8**ではケーブルの内部抵抗により電圧降下が生じて，ブリッジに加わる電圧が低下し誤差が生じます．

この場合も，**表1-2**に示すように「適切に測定対象と計測系をモデル化」すれば，

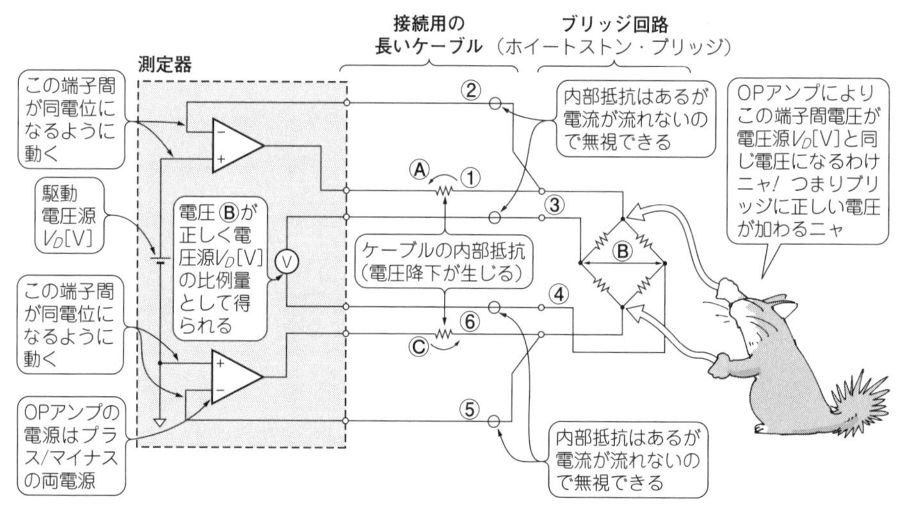

[図6-9] ブリッジ回路を使った離れた場所にあるセンサ計測(リモート計測)**での誤差をキャンセルする「6ワイヤ計測」**

ここまでの2ワイヤ計測の誤差や4ワイヤ計測の考え方と「まったく同じ」話です.

▶6ワイヤ計測でケーブルの電圧降下をキャンセルする

そこで**図6-9**のようにOPアンプを2個追加し，全体で**6ワイヤ計測**の回路を形成します.

①と⑥はブリッジに電圧を供給するためのケーブルです.

②と⑤はブリッジに加わる電圧が本来の電圧V_D[V]になっているかどうかを計測するケーブルです．この電圧量をフィードバックさせOPアンプを駆動し，このブリッジ端のポイントで(ケーブル①，⑥により電圧降下があっても)正しい電圧V_Dになるように電圧レベルを自動調整します.

③と④はブリッジの電圧計測用のケーブルです．6ワイヤ計測を行うことで，このケーブル出力から正しいブリッジ出力電圧を計測できます.

なおここで使用するOPアンプは，負荷として流れる電流が大きいのでドライブ能力の高いこと，またオフセット電圧が低いことが重要です．これらを満足するOPアンプを選定します.

6-4 回路の出力抵抗や出力インピーダンスを計測する

● 回路の出力抵抗を簡単に計測する

例えば増幅器の出力など，回路の出力抵抗R_{out}を計測したい場合が結構あります．その場合は以下のようにして(かなり限定的だが)計測が可能です.

図6-10はこの計測方法を示しています．最初に負荷がオープン(無負荷)の場合の出力電圧V_{out}を計測します．次に負荷抵抗R_Lを接続し，このときの出力電圧V_L

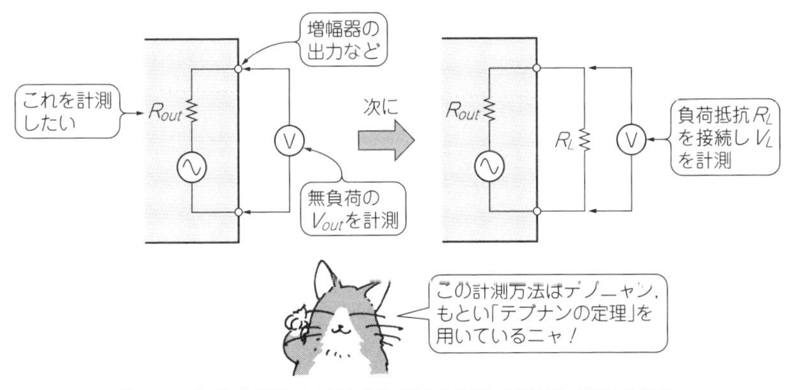

[図6-10] 負荷抵抗を接続すれば出力抵抗を簡易に計測できる

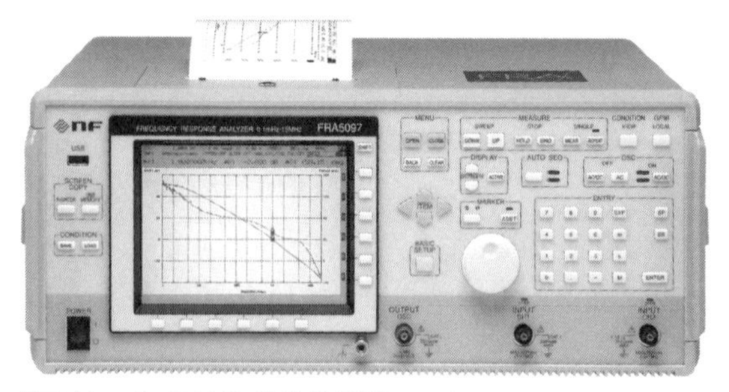

[写真6-2] 周波数特性分析器FRA(Frequency Response Analyzer)
FRA5097(エヌエフ回路設計ブロック)

も計測します．それらの結果から出力抵抗R_{out}は，

$$R_{out} = \frac{R_L}{V_L}(V_{out} - V_L) \quad \cdots\cdots (6\text{-}1)$$

● 負荷抵抗は出力電流の許容範囲でないとダメ

接続する負荷抵抗R_Lは低めの方がよいのですが，測定対象(出力抵抗を計測したい回路側)の出力電流の許容範囲以下(出力電圧を正しく維持できる範囲)にする必要があります．測定対象の出力抵抗が低い場合でも，あまり低抵抗を接続することはできません．またこの場合は正確な結果がほとんど得られず，計測の限界が出てしまいます．

● 出力インピーダンスがリアクタンス成分をもつ場合はかなり計測が難しい

さらにこの計測方法において，測定対象の出力抵抗がインピーダンス量としてインダクタンスや容量成分(リアクタンス)をもつ場合は，インピーダンス相互の位相関係により計測結果に大きく誤差が出るので，測定対象の出力回路がどのようになっているかを十分に考慮しておく必要があります．

● より高度な出力インピーダンス計測には周波数特性分析器FRAを使う

ここまで説明した方法では，計測の限界も生じてきます．そのため実際には，周波数特性分析器FRA(Frequency Response Analyzer)という測定器を用いて計測すると簡単です(**写真6-2**)．またネットワーク・アナライザも活用できます．

この計測方法だと，先の方法では抵抗成分しか計測できなかったものが，リアクタンス量も含めたインピーダンス量として計測できます．以下のような計測をする場合に，この測定器を用いるとたとても便利です．

- 上記の簡単な計測方法では，出力抵抗が低すぎて計測できない(電源回路など)
- 出力抵抗が純抵抗成分だけでなく，インダクタンスや容量成分(リアクタンス)を持っている
- 測定対象をどのように計測するかにより，測定対象から影響を受けて誤差が生じる

第7章

【成功のかぎ7】
知って得するアナログ信号の電圧/電流計測テクニック
原理を理解すれば簡易計測したり精度よく計測したりできる

第6章では，電圧計測におけるグラウンドの影響についておさらいし，電圧や抵抗値を正しく知るための計測方法を解説しました．本章ではより具体的な電圧や電流の計測方法や考え方，ノウハウなどを紹介します．オシロスコープだけでなく，他の計測系(測定器)でも共通する一般論として説明します．

7-1 電圧を的確に計測する　その1：プロービングの影響を受けやすいハイ・インピーダンス回路

サンプル・ホールド回路やピーク・ホールド回路では，電圧値を維持(ホールド)するためにホールド・コンデンサが用いられます．このコンデンサはホールド動作中に放電してはいけませんから，かなりハイ・インピーダンスな回路であるべきです．

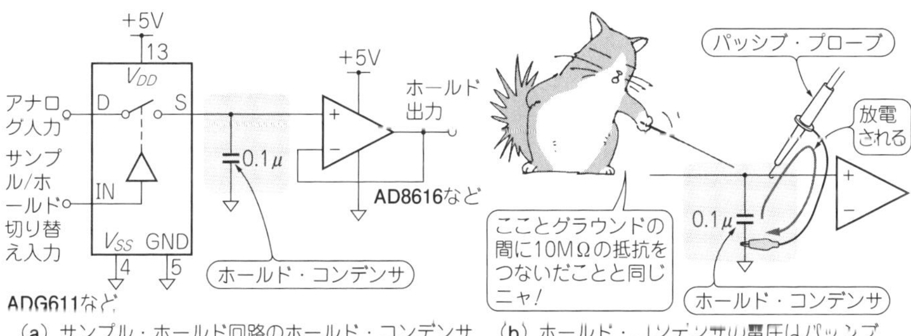

(a) サンプル・ホールド回路のホールド・コンデンサ(回路のバイパス・コンデンサは省略してある)
(b) ホールド・コンデンサの電圧はパッシブプローブでは正確には計測できない

[図7-1] パッシブ・プローブを安易に接続すると正しく電圧を計測できない例①…サンプル・ホールド回路のホールド・コンデンサ
プローブのインピーダンスは測定対象(ホールド・コンデンサ)で必要なインピーダンスより十分大きくなければ誤差になる

「計測」という点からすればだいぶ極端かもしれませんが，このハイ・インピーダンスな回路の計測について考えてみましょう．

● ハイ・インピーダンスなサンプル・ホールド回路はプロービングの影響を受けやすい

図7-1(a)はサンプル・ホールド回路の一例です．コンデンサの容量を0.1 μFとします(サンプル・ホールド回路用としては相当大きい容量)．このとき**図7-1**(b)のように，このホールド・コンデンサに直接パッシブ・プローブを接続するとどうなるでしょうか．

パッシブ・プローブをつなぐことは，10 MΩの抵抗をつないだことと同じです．10 MΩと0.1 μFの時定数は10 MΩ × 0.1 μF = 1 sになりますから，**図7-1**(b)の接続方法だと時間がたつと放電して，本来計測したい大きさから，誤差が生じます．

このような回路以外でも，インピーダンスが高い測定対象(信号源)を計測するときに，この10 MΩが影響を与えてしまう可能性もあるので注意が必要です．

● 0.1 μFのコンデンサを使った実験で確認

このようすを実際に見てみましょう．パッシブ・プローブ(P6139A)を接続した0.1 μFのコンデンサを5 Vに充電して，その電圧源を取り去り(ハイ・インピーダンスにして)，放電していくようすを観測したのが**図7-2**です．時間と共にコンデンサの端子電圧が変化していくことが分かります．時定数も1 sです．

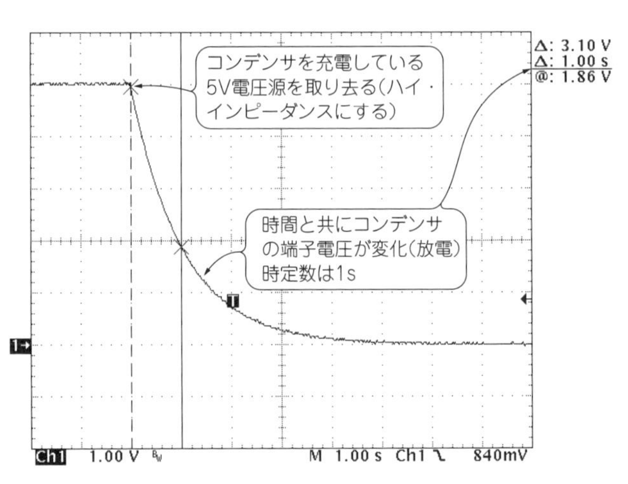

[図7-2] 5Vに充電されたコンデンサがパッシブ・プローブの抵抗成分により放電してしまうようす

[図7-3] パッシブ・プローブを安易に接続すると正しく計測できない例②…フォト・ダイオード
出力インピーダンスの高いフォト・ダイオードの出力電圧を直接計測することは不適切．本来フォト・ダイオードは電流源として活用すべき

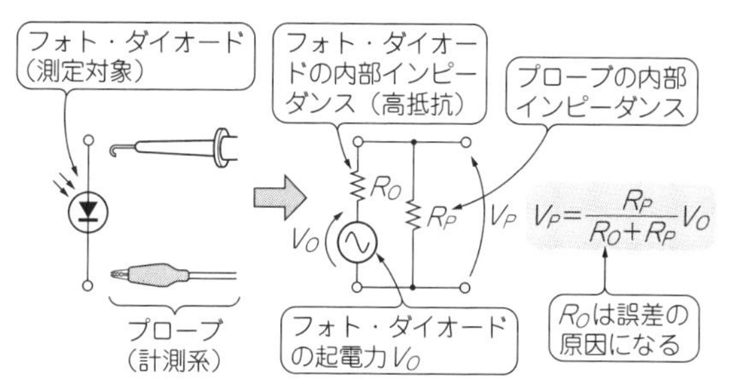

● フォト・ダイオードの出力電圧を計測するときのプロービングも要注意

また**図7-3**のような光センサ（フォト・ダイオード）の出力を**電圧値**（起電力）として，電圧計やオシロスコープなどで計測するときも要注意です．測定対象のインピーダンスに対して**計測系のインピーダンスが低い**ときには，測定対象に影響を与えてしまい，誤差が生じてしまうケースが多々あります（本来フォト・ダイオードは電流源として活用すべき）．

● 間接的に計測するか，影響を与えないプローブを使う

いずれにしても，ハイ・インピーダンス回路は，計測系と測定対象の相互の影響度合いと，許容される誤差を十分吟味してから計測を行う必要があります．方法としては以下のものが挙げられるでしょう．

- 直接計測を行わずに測定対象（回路）に計測系が影響を与えない個所で間接的に計測する
- オシロスコープの計測では，アクティブ・プローブなどを用いたとしても，インピーダンスが不足する場合も多いので，影響度をよく吟味する（パッシブ・プローブより入力インピーダンスが低い場合が多い）

7-2 電圧を的確に計測する　その2：計測するのが簡単ではない正しい実効値

アナログ信号の実効値（RMS）を計測する場合にも難しさがあります．

● 使用している測定器は実効値を実効値として計測しているか？

第2章でも説明しましたが，きちんと正しい実効値を計測するためには，「波形を2乗して平方根をとる」という操作が必要です．電圧の実効値V_{RMS}を得るには

$$V_{RMS} = \sqrt{\frac{1}{T}\int_0^T [V(t)]^2 dt} \quad \cdots\cdots (7\text{-}1)$$

ここで$V(t)$は信号波形の電圧[V]，Tは波形の周期[s]です．しかし式(7-1)を実際の回路で実現するのは簡単ではありません．そのため電圧や電流をA-D変換し，実効値をソフトウェアの数値計算で求める計測システムも多くあり，実は難易度の高い計測です．

正しい実効値を「真の実効値(True RMS)」といいます．**普段使用している測定器が，きちんと真の実効値**(True RMS)**で表示しているの**かを，いま一度確認してみるとよいでしょう．意外とその測定器は正しい実効値を計測していないかもしれません．計測する信号波形によっては誤差が生じるので(第2章で説明した)，注意が必要です．

●「真の実効値」を計測する回路をIC1個で作ってみる

実際の測定器でも適切に計測することが難しい「真の実効値」を，簡単に実現する方法があります．AD737という実効値(RMS)－電圧値(DC)変換ICを用いて，真の実効値計測用回路を作ってみましょう．

図7-4はこのICで製作した計測用回路です．この回路で正弦波と方形波の電圧を0～1.2Vに変化させたときの，ディジタル・マルチメータ(R6441B．AC実効値計測誤差0.25％)との差異を**図7-5**に示します．計測の確からしさをどの程度にするかにもよりけりですが，十分な性能が得られていると考えられます．

このように市販のICをうまく活用することで，2％程度の誤差であれば，真の実効値(True RMS)計測が簡単に実現できます．

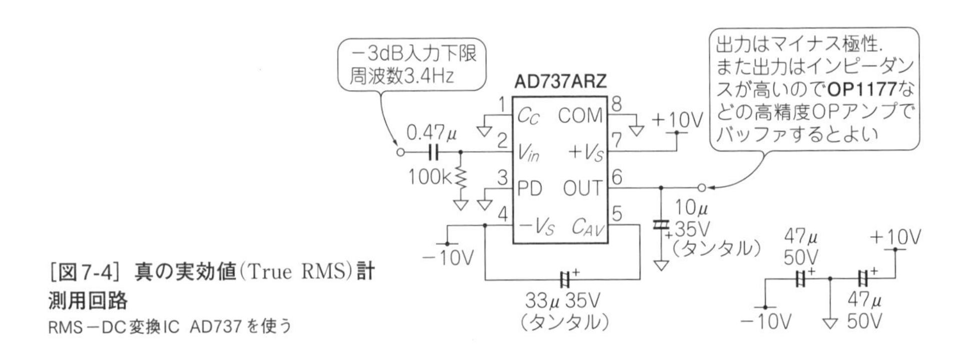

[図7-4] 真の実効値(True RMS)計測用回路
RMS－DC変換IC AD737を使う

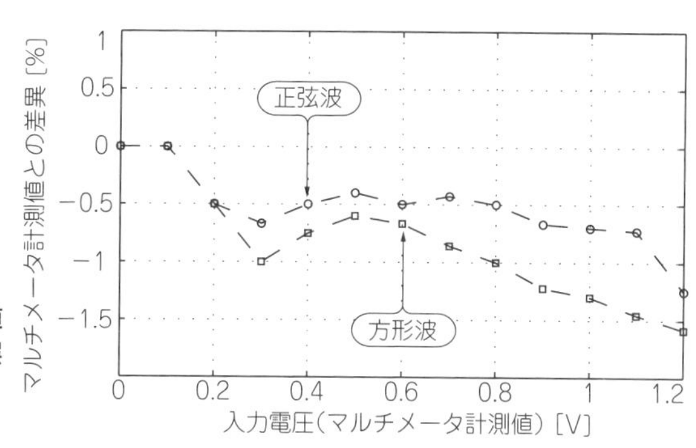

[図7-5] AD737を使った真の実効値計測用回路は入力電圧0～1.2 Vで誤差2 %程度
計測周波数1 kHz．AD737は最大入力1 V_{RMS}

7-3 電流を的確に計測する　その1：グラウンド基準でない計測

電流を計測するには，**図7-6**のように低抵抗R_M[Ω]に流れる電流I_M[A]を，その電圧降下V_M[V]として計測し，それを電流量に換算($I_M = V_M/R_M$)する方法があります．しかしこの低抵抗R_Mの端子がグラウンド基準になっていないことが多いため，計測するのは簡単ではありません．

● 差電圧アンプと低抵抗で電流値が簡単に計測できる

図7-7はAD628という差電圧アンプ(端子間の電圧差を出力する)を用いた電流計測回路です．**図7-6**で示したようなグラウンド基準になっていない場合でも(±120 Vまで)，抵抗の両端の電圧を差電圧として検出できます．そのため簡単に電流計測システムを実現できます．

なおAD628は*CMRR*特性(Common Mode Rejection Ratio；同相モード除去比)が1 kHzを超えると低下してきます．そのため高い周波数まで精度よい計測を考えるのであれば，*CMRR*の周波数特性も考慮する必要があります．

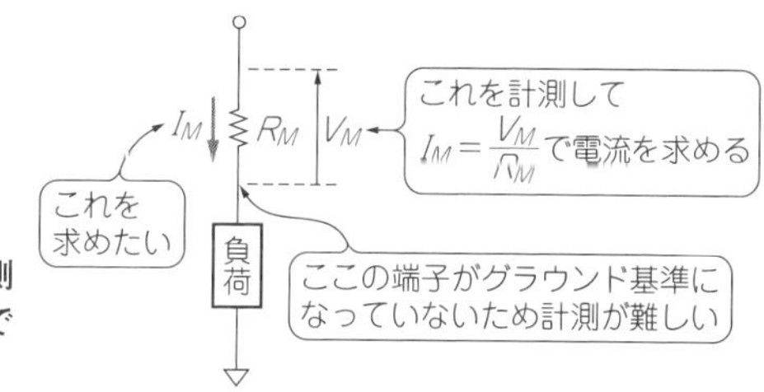

[図7-6] 低抵抗R_Mの電圧降下から電流を計測する方法はグラウンド基準になっていないので簡単ではない

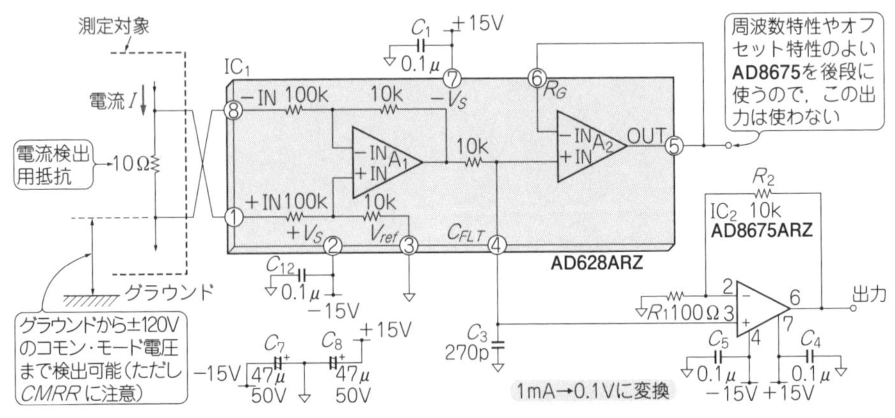

［図7-7］ 差電圧アンプAD628を用いた電流計測回路

● 誤差量を解析しておく：10Ωの電流検出用抵抗で約15％

AD628はOPアンプをベースとした回路なので，OPアンプ回路設計で考えるべき誤差要因が現れてきます．**図7-8**を用いて誤差量を解析してみましょう．この図に示すように，AD628の入力換算オフセット電圧は最大±1.5 mVで，これが支配的です（*CMRR*は500 Hzにおいて70 dB minなので，こちらも注意が必要）．

最小で10 mVの電圧が電流検出用抵抗の両端に生じるように設計すれば，最大±1.5 mVの入力換算オフセット電圧に対して，精度を15％程度にできます．このとき電流検出用抵抗を10Ωとすれば，1 mA程度までは計測できることになります．

● 精度を上げたいときにはトレードオフが必要

より精度を上げたいとき，例えば0.1 mAを計測する場合は，100Ω程度の電流検出用抵抗を挿入します．しかしこの抵抗により，**測定対象に影響を与える**ので注意が必要です．

このように，抵抗と差電圧アンプを使うと簡単に電流計測ができますが，誤差とのトレードオフが必要になってきます．また周波数が高くなるに従い*CMRR*も劣化してくるので，電流検出用抵抗両端の同相モード電圧が数Vを超える場合には注意が必要です．

● 精密な計測には市販の電流プローブを用いれば間違いない

写真7-1のような電流プローブが計測器メーカから発売されています．測定電流量や周波数特性などを最適化してあり，広い周波数範囲にわたって良好な特性を示

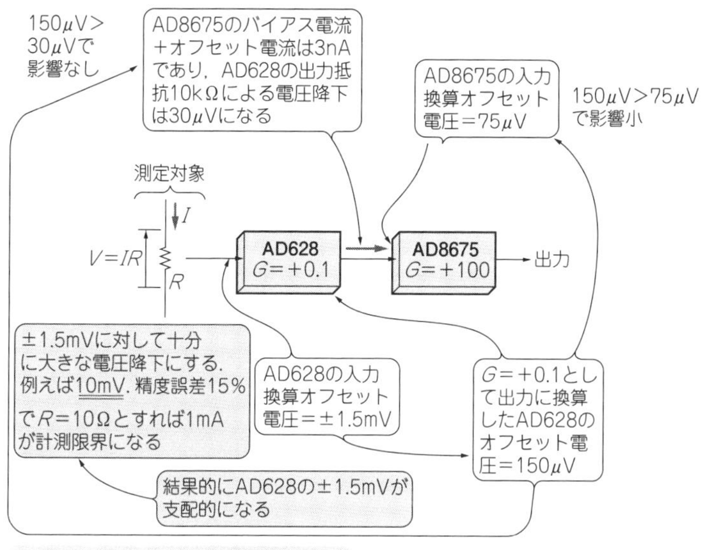

［図7-8］ AD628を用いた電流計測系の誤差量を解析する
温度25℃で検討

［写真7-1］ 電流プローブの例
TCP0030（テクトロニクス）

すものです．

実際の精密な計測には電流プローブを用いるべきでしょう．ただし電流プローブは価格が高めです．AD628などを使って代替計測できる場合には，適宜それぞれを用いるとよいでしょう．

Column 1

実際の大きさとdBで考えたときの大きさの違いをイメージする

アナログ量の計測結果として，実際の数値を表示する測定器と，dB(ものによってはdBmなど)で表示する測定器があります．ここでdB表示について考えてみましょう．

● dBの定義

dB(デシベル)は常用対数を用いて以下のように表します(電圧量，もしくは電流量として示している)．

$$\mathrm{dB} = 20\log_{10}\left(\frac{\text{測定電圧(電流)}}{\text{基準電圧(電流)}}\right) \quad \cdots\cdots (7\text{-A})$$

なお，この大きさが電力であれば，係数の20が10になります．この考え方は参考文献(2)のp.98以降でも説明しています．

● −80が1/10000！ dB表記は信号の大きさの「本質」を見逃してしまう可能性がある

このdB表記は便利でよいのですが，一方で信号の大きさの「本質」を見逃してしまうことがあります．この例を**図7-A**に示します．

例えば，1Vを0dB(基準)とします．表示が−80dBを示したとすると，さてこの大きさはいくつでしょうか．式(7-A)から計算すると，0.1mVという汎用のオシロスコープでは観測できないとても小さい電圧になっています．

dBで表すと「−80」という大きさであっても，実際は**思いもよらないほど小さくなっている場合があります．外部からの影響やノイズの影響もかなり受けやすい**ことになります．このイメージを十分に意識しながら計測をしてください．

7-4 電流を的確に計測する　その2：誤差要因を考慮した電流トランス活用法

● 電流トランス(CT)で電流量を計測できる

電流トランス(CT；Current Transformer)は，**図7-9**のような構成になっています．電流が流れるワイヤの周囲に発生する磁界変動をフェライト・コアなどの高透磁率材料で捉えて，電磁誘導によりその磁界変動を電流として出力するものです．構造上，**直流は計測できません．**

[図7-A] 1Vを0dB(基準)としたとき−80dBはどれほどの大きさになるかを考える

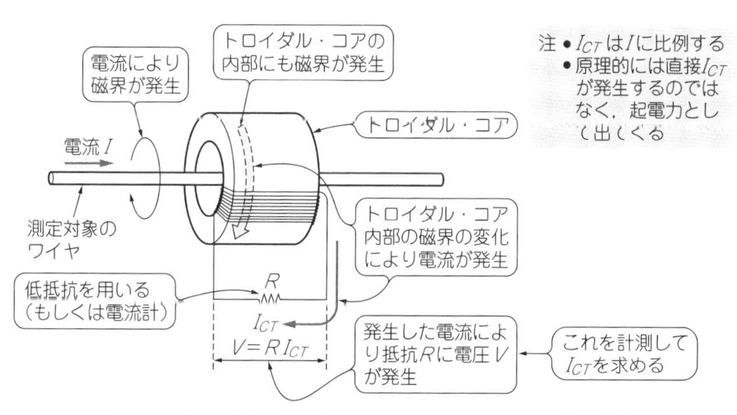

[図7-9] 電流トランス(CT；Current Transformer)の構成

Column 2

大電流の計測に使われるロゴスキー・コイル

電流トランス(CT)により電流は計測できますが，電力系統など，より大電流を計測したい場合にロゴスキー・コイル(Rogowski Coil)というものも用いられます．簡単に紹介しておきます．

ロゴスキー・コイルの構造を**図7-B**に示します．CTと異なり，図中のようにコイル自体が出力する電圧量を利用します．またコイル全体が「ワンターン・コイル」の構造となるので，余計な磁束を検出しないようにキャンセル用の「巻き戻し」と呼ぶ，折り返しをつけています．

コイルの出力として得られる電圧量V_Cは，コイルの中を通るケーブルに流れる電流量Iの微分値に比例します．そのためコイル出力の後段に，積分回路を接続します．

とはいえ，積分回路自体もやっかいなもので，そのまま作るとオフセット電圧などで回路出力が飽和してしまいます．そこで低域で有限の利得となるように，積分コンデンサに並列に抵抗を接続します(このため低域の周波数特性は劣化する)．

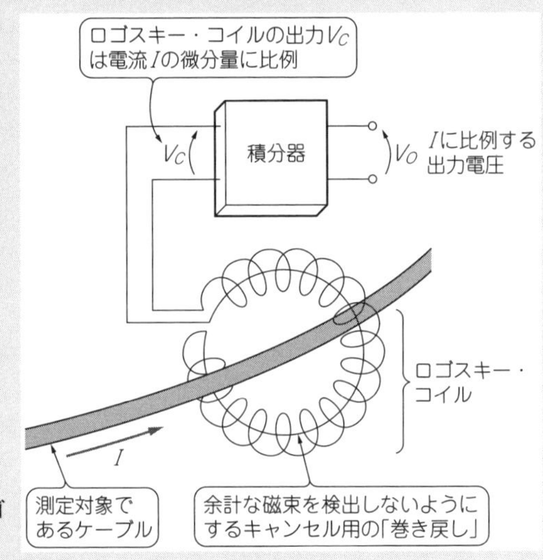

[図7-B] 大電流を計測できるロゴスキー・コイルの構造と検出原理

● CTもどきの電流プローブの製作と苦手な計測

市販の電流プローブの一部は，このCTを使っています．そこで**図7-9**の原理をもとに，**図7-10**の回路で実験的に作ってみました．手持ちの150μHのトロイダル・

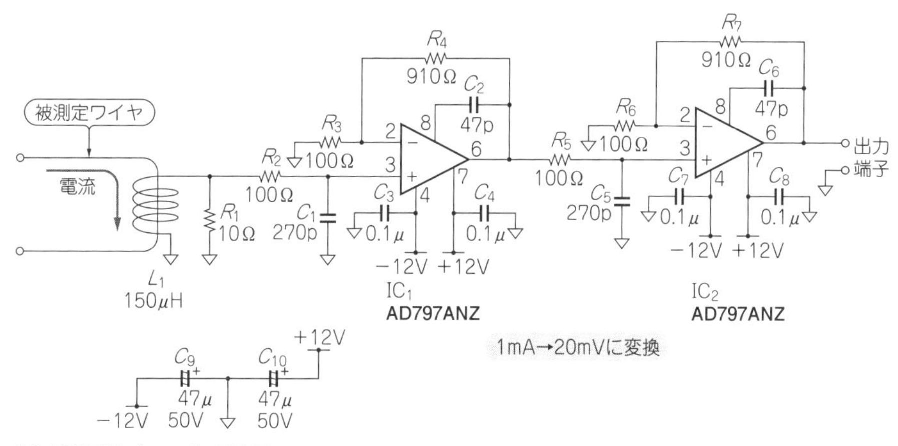

(a) 簡易電流プローブの回路図

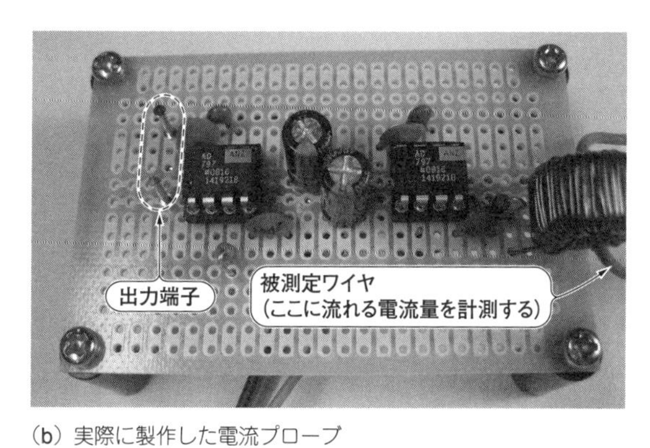

(b) 実際に製作した電流プローブ

［図7-10］ 電流トランスを使った簡易電流プローブ

コア状のコイル(インダクタ)を使用しました(コア材質は不明).

▶低周波ではリアクタンスが低下し出力が得られない

この電流プローブの周波数特性を**図7-11**に示します．低域の特性が低下しているのは，コイルのインダクタンスが十分な大きさではなく，そのリアクタンスも周波数に比例しているためです(十分なリアクタンス量が得られない)．抵抗R_1を小さくすると低域特性が伸びますが，検出感度が低下します．つまり低周波や**直流では利用できない**ことが分かります．

▶大電流だとCTの磁気飽和で精度が劣化する

また電流が大きくなると，磁束密度の増加によりコイルのトロイダル・コアに磁

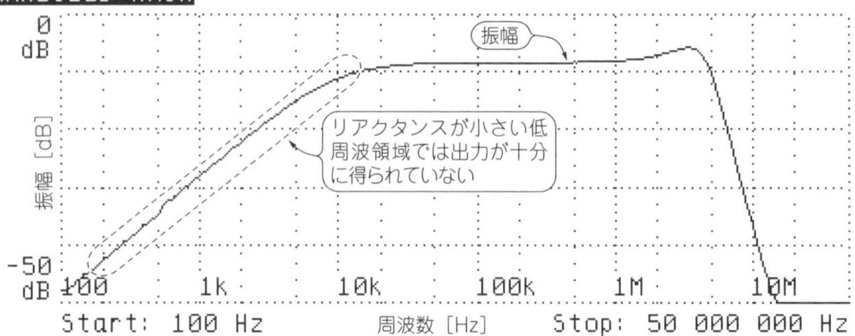

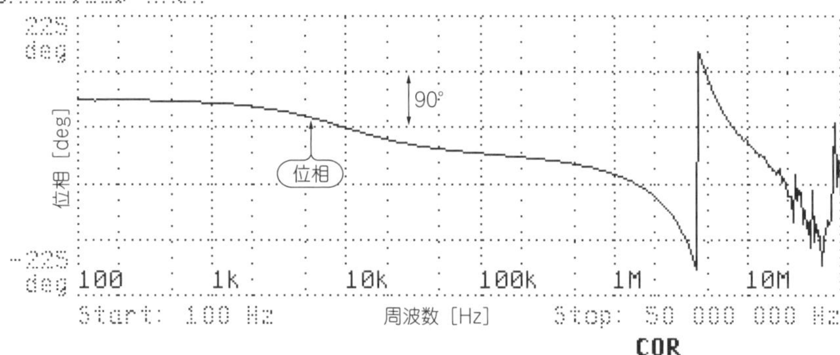

［図7-11］図7-10の簡易電流プローブの周波数特性

だいたい10 kHz～5 MHzまでが使用範囲と考えられる．1 mAが20 mVに変換される

［写真7-2］市販されている電流トランス(CT)

プリント基板に垂直に取り付けられるタイプ．CTL-6-V(ユー・アール・ディー)

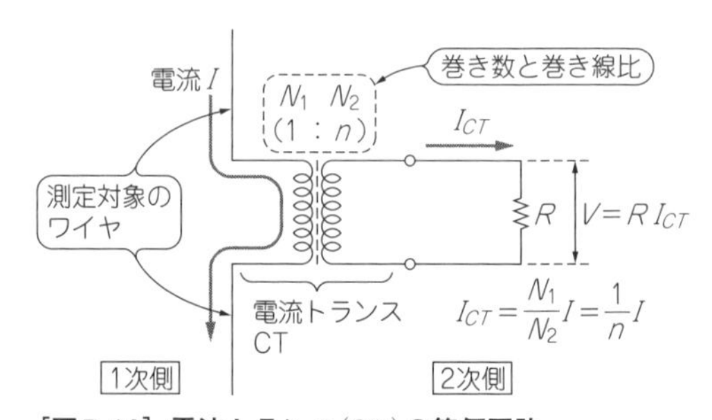

［図7-12］電流トランス(CT)の等価回路

気飽和が生じて特性が非線形となり，精度が劣化してしまうことがあります．一方で出力レベルが低いときは，トロイダル・コアに被測定ワイヤを2回通し，感度を倍にするということもできます．

いずれにしてもこのような簡単な回路で，電流プローブが実現できます．実際の計測で大切なことは，周波数特性とダイナミック・レンジを十分に評価し，その計測値をきちんと校正しておくことです．

● CTの等価回路から出力電流量を考える

市販されているCTを**写真7-2**に示します．また**図7-12**にCTの等価回路を示します(**表1-2**の「測定対象と計測系のモデル化」に相当)．

2次側には巻き線比の逆数$1/n$ $(n = N_2/N_1)$に比例した電流が生じます．抵抗Rが1次側に現れる影響は$1/n^2$になります．つまり$R = 10\ \Omega, n = 50$であれば，1次側(測定対象)には4 mΩの抵抗が仮想的につながっているように見えるだけです．一方で漏れインダクタンスによるリアクタンスも生じるので，こちらが1次側へ与える影響の方が大きくなる可能性も高く，注意が必要です．

Column 3

計測精度を向上させたり誤差を見積もったりするテクニック

● シミュレーションや理論検討と併用して裏をとる

何度も繰り返していますが，**表1-2**のように「測定対象と計測系のモデル化」，「測定対象と計測系を合わせた誤差要因の解析」はたいへん重要です．

そこで電子回路シミュレータを用いて，このような計測系で不確定になるような浮遊成分を「ある程度，分かる・気がついた範囲でも」シミュレーションの要素(素子)として組み込んで，実測の結果とつき合わせてみる，ということも一つのアプローチです．

● 平均化で*SN*比を向上させる

複数回計測して結果の平均をとり，ノイズなどの不確定性をフィルタリングして，*SN*比を向上させることができます．単純計算だと，n回計測すれば*SN*比を$10 \log(n)$だけ向上できます．

● 累積誤差は単純に足し算しない

複数回の計測値を足し合わせて累積合計値として求める場合，それぞれの計測に誤差が存在しています．基本的な考えになりますが，それぞれの誤差を$\delta(n)$とすると，計測回数N個のとき全体の累積誤差δ_{all}は，

$$\delta_{\mathrm{all}} = \sqrt{\delta(1)^2 + \delta(2)^2 + \cdots + \delta(N)^2} \quad \cdots\cdots (7\text{-B})$$

とRSS(Root Sum Square；二乗和平方根)で見積ることができます．この考え方は誤差予測に用いることができます．

● 複数の計測ポイントの誤差バラツキの標準偏差から回路全体の誤差バラツキを予測する

たとえば**図7-C**のようにそれぞれ相互に影響を与えない3カ所の計測ポイントでの誤差のバラツキの標準偏差がσ_1，σ_2，σ_3という場合を考えます．この各ポイントの誤差が足し合わさって，回路出力に誤差としてそれぞれ個別に影響を与えているとしましょう．各ポイントから出力への影響度をk_1，k_2，k_3とすると，この出力での誤差バラツキの標準偏差σは，

$$\sigma = \sqrt{\sigma^2_1 k^2_1 + \sigma^2_2 k^2_2 + \sigma^2_3 k^2_3} \quad \cdots\cdots (7\text{-C})$$

で表されます．個別の計測結果から出力での誤差バラツキを予測するときに便利です．品質管理でも使える技です．なお各ポイントごとが相互に誤差として影響を与えあう(相関がある)場合は，別の項がつくのでこうなりません．

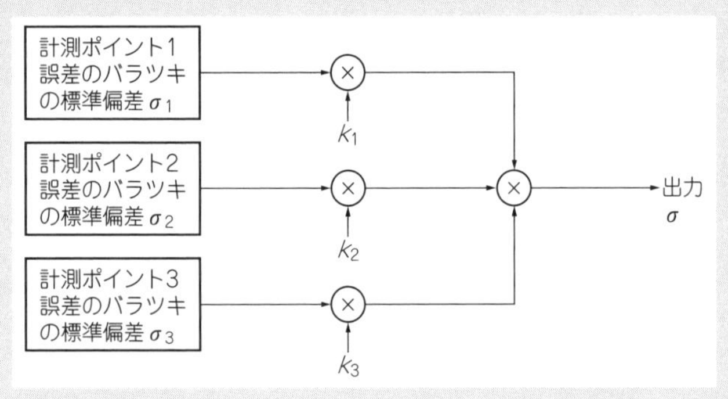

[図7-C] 相互に影響を与えあわない3ポイントの計測誤差のバラツキが出力に与える誤差バラツキ量を考える

第8章

【成功のかぎ8】

確実に動く回路を作るために…位相の計測

アナログ回路の安定度が分かる

電子回路では「位相(位相差)」を計測するケースが意外と多くあります．位相が分かれば，入出力の位相特性などが把握できるだけでなく，回路が確実に動くかどうかを示す「安定度」も分かります．本章では位相を計測する方法についていくつか紹介し，実際に計測も行ってみます．さらにOPアンプや電源回路などの負帰還系の安定度も評価してみます．

8-1 二つの信号の位相差を計測する

● オシロスコープを使ってカーソル機能で値を読む

信号の位相を計測するには，**図8-1**のように，単純にオシロスコープのカーソル機能を用いて2信号間の位相差を計測する方法があります．現実的にはこの方法でも精度的に十分な場合が多いです．

最初に**図8-1**(a)のように基準位相量(360°)に相当する1周期の時間t_p[s]を計測します．次に**図8-1**(b)のように位相差に相当する時間t_d[s]を計測し，以下の式で

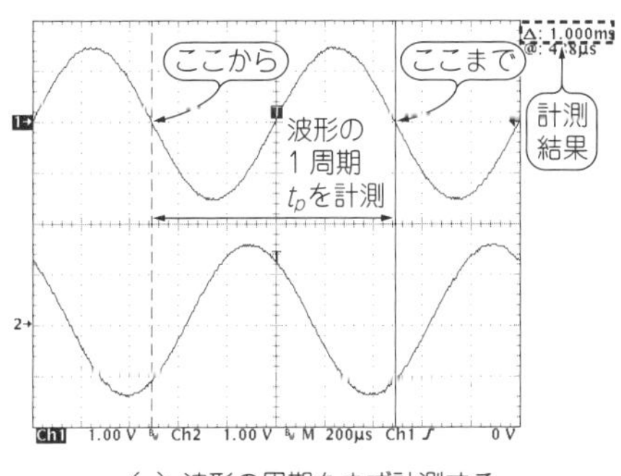

(a) 波形の周期をまず計測する

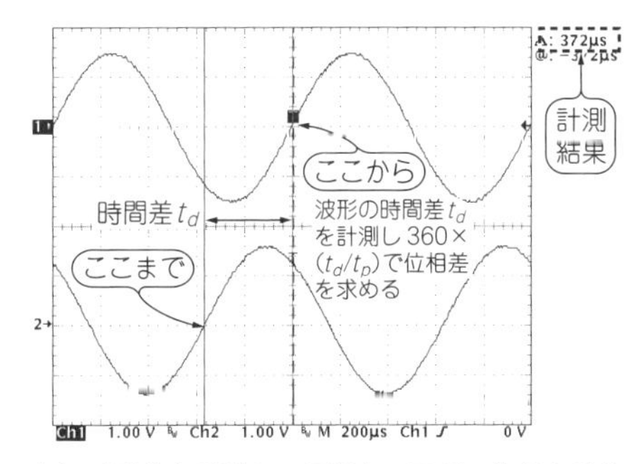

(b) 時間差を計測し，周期との関係で位相を計算する

[図8-1] オシロスコープのカーソル機能を活用して位相差を計測する

二つの波形の位相差を求めます.

$$位相差[°] = 360\frac{t_d}{t_p} \quad \cdots\cdots (8\text{-}1)$$

なおこのとき，進み位相と遅れ位相の関係をよく考えて計測してください．画面の左側が進み位相です．

オシロスコープによってはカーソル機能自体で位相を計測できる機種(1周期長を最初にプリセットする)があります．

● *XY*リサージュ表示機能を利用する

オシロスコープには二つの信号を*XY*表示できるものがあります．CH1を*X*軸，CH2を*Y*軸として，波形の表示モードを変えたのが**図8-2(a)**です．これを「リサージュ波形」と呼びます．二つの信号波形の位相が90°ずれていれば，このようにリサージュ波形は円になります．古くから位相計測に使われている方法です．

位相差がゼロであれば，**図8-2(b)**のように左下から右上に伸びる直線でリサージュが現れ，位相差が180°であれば，左上から右下に伸びる直線でリサージュが現れます．パッと見て直感的に位相差が分かり便利です．

リサージュは位相が異なる同じ周波数の信号以外にも，同期した整数倍周波数の信号同士をオシロスコープ上で観測する場合にも使えます．しかしリサージュを用いた計測は，0°や180°であれば精度よい計測も可能ですが，それ以外の位相(波形が直線にならない)だと，実際の位相量を得る計測は難しくなってしまいます．そ

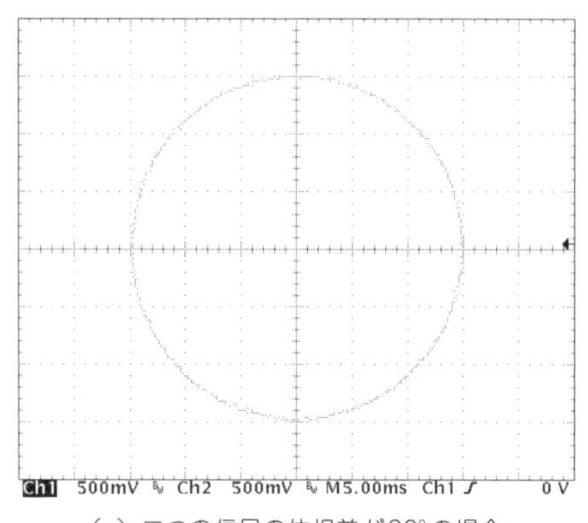

(a) 二つの信号の位相差が90°の場合

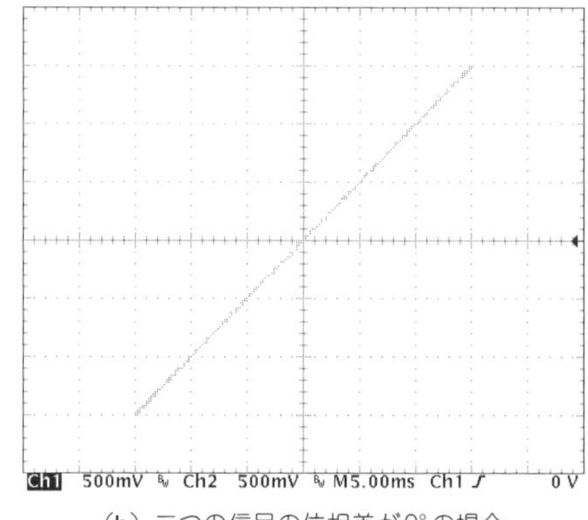

(b) 二つの信号の位相差が0°の場合

[図8-2] 輪の形で位相差が簡単に分かる「*XY*リサージュ表示」

のため最近の電子回路設計ではあまり使われません.

▶アナログ・オシロスコープはX軸とY軸の周波数特性が大きく違うものがある

旧式のアナログ方式のオシロスコープでは，X軸方向とY軸方向の周波数特性の違いが大きく，周波数が高くなってくると正しい位相が表示できないものもありますので，**かなりの注意**が必要です.

8-2 きちんと位相差を計測できる位相比較回路の製作

● 位相差を電圧値として計測できる回路

ディジタルIC(XOR)を応用した位相比較回路を**図8-3**に示します．この回路は位相差が電圧量として得られるので，ディジタル・マルチメータなどで直読できて便利です．重要なポイントは，信号の直流レベル(基準レベル)できちんとコンパレータAD8561ANZが応答することです(そのため本回路ではスレッショルド電圧を回路全体で共通にしてある).

入力信号レベルとしては，コンパレータのヒステリシス電圧や伝搬遅延時間の入力信号レベル依存性などを考えて，電圧ピーク値が1V以上になるようにするとよいでしょう.

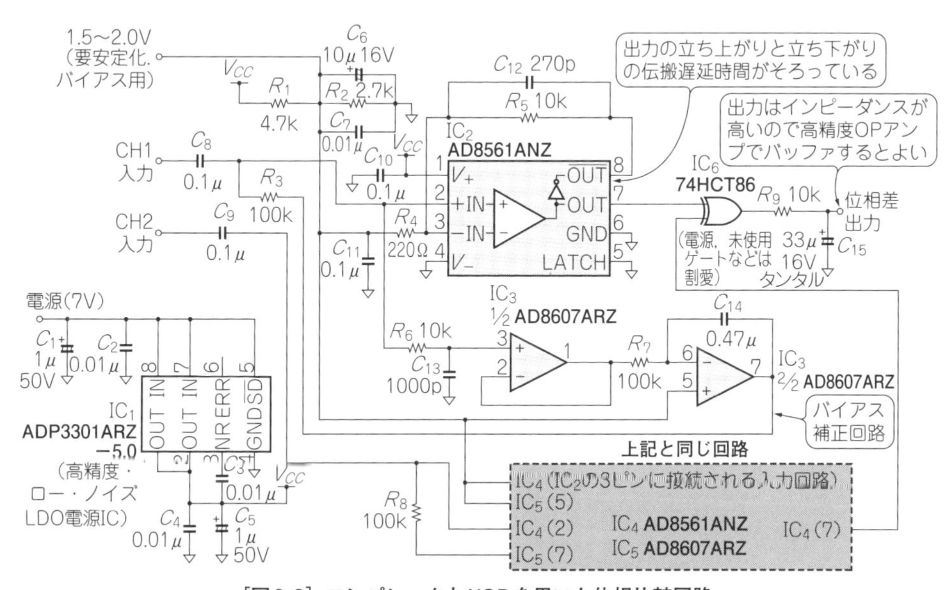

[図8-3] コンパレータとXORを用いた位相比較回路

またR_9とC_{15}の出力フィルタは，計測する周波数に合わせて適宜変更してください．この部分が電圧計など測定器を接続するところですが，このR_9により出力インピーダンスが高くなっています．そのため入力インピーダンスの高い測定器か，高精度OPアンプでバッファするなど，注意して使用して下さい．

● 製作した位相比較回路の位相精度を計測してみよう

図8-3の回路を実際に製作して精度を計測してみました．**図8-4**にこの回路の位相精度の計測結果を示します．

この回路への実験用入力信号は，信号発生器WF1974(エヌエフ回路設計ブロック)からの位相をずらした2チャネル正弦波としました．周波数は5 kHzで計測してみました．

図8-4からも，一般的な位相計測には十分な精度が得られていることが分かります．

● 周波数が高い信号の位相計測には限界がある

周波数が高い場合は，コンパレータ出力の立ち上がり/立ち下がりの遷移時間差や伝播遅延時間差を考慮しておくべきです(**図8-3**で使用しているICは，この点を考慮して採用した)．実用的な周波数範囲は50 Hz ～ 100 kHz程度です．

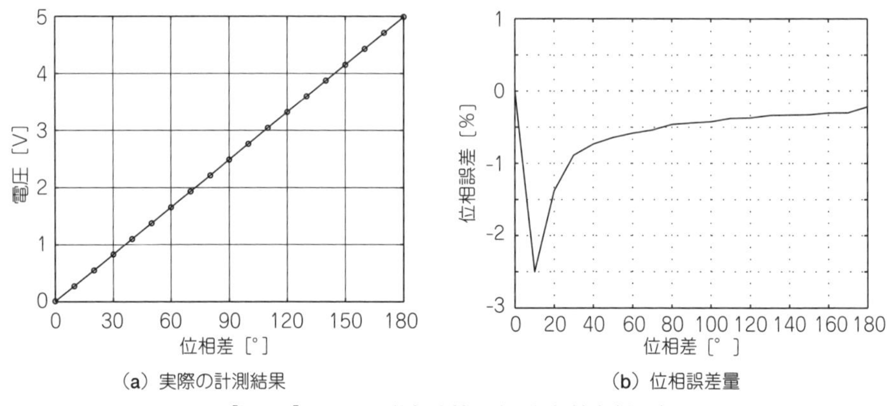

(a) 実際の計測結果　(b) 位相誤差量

［図8-4］図8-3の位相比較回路の位相精度(実測)

エヌエフ回路設計ブロックWF1974を基準位相発生器として使用．計測周波数は5 kHz

8-3	アンプと位相の深くて難しい関係

● 帰還ループに遅延要素があると安定動作が難しい

負帰還(フィードバック)技術がOPアンプや電源回路などで用いられており，動特性を向上させることができます．その一方で安定に動作させることが難しい側面があります．負帰還技術の意味合いと，安定に動作させることが難しい理由を**図8-5**に示してみます．

「負帰還」とはこの図のように，出力を取り出し，反転させて(位相を180°変えて)入力側に戻して足し算し，出力の誤差量を補正するという考え方です．図中のように振幅を小さくして(ある割合にして)入力側にフィードバックします．

負帰還は回路の特性向上にはなくてはならないものですが，フィードバックを含む一巡の経路に信号を遅延させる要素(遅れ要素)が存在しているため，それが回路の安定度を損ねる要因となってしまいます．

● 位相遅れとは回路内の信号遅延のようなもの

電子回路において，この遅延要素は**図8-6**にも示すように，コンデンサと抵抗がローパス・フィルタのように接続されたものとしてモデル化することが一般的で

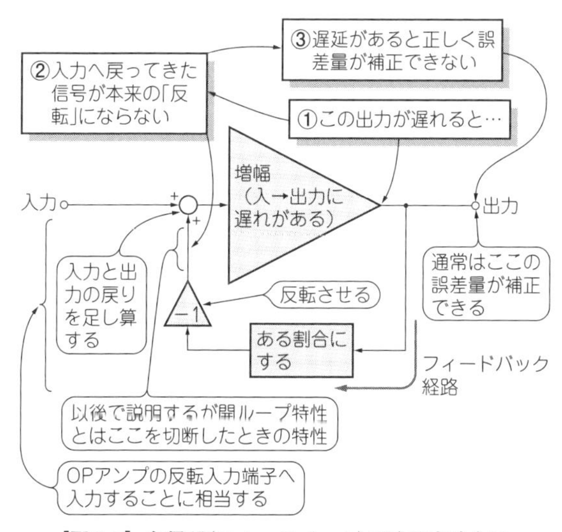

[図8-5] 負帰還(フィードバック)回路の意味合い

す．この図は**図8-5**の増幅部分をモデル化したものです．またこの図のように，**遅れ要素が二つの2次遅れ系でモデル化されることが多い**ものです．

このモデルでは，周波数が高くなると位相が遅れます．このモデルで**図8-5**のように負帰還回路を構成すると，周波数が高くなるに従ってこの遅延要素(遅れ要素)が目立ってきて，動作に大きく影響を与えることになります．

Column 1

「遅延要素により安定度が損なわれる」のイメージ

遅延要素(遅れ要素)が生じることで動作が不安定になるようすを，**図8-A**にイメージとして示してみましょう．

ここでは遠くにあるモノの位置(目標)に長いさおを合わせるようすを示しています．ここでは「目」がフィードバックの経路になります．

図8-A(a)のようにさおがフニャフニャでしなっていれば，手元でさおを操作しても，目標にぴったり合わせることは非常に難しいことが分かります．このフニャフニャさが「遅延要素(遅れ要素)」であるわけです(つまり動作が不安定ということ)．

一方で**図8-A(b)**のようにさおがきちんと筋が通っており曲がらないものであれば，安定に簡単にぴったり目標に合わせることができるわけです(つまり動作が安定ということ)．

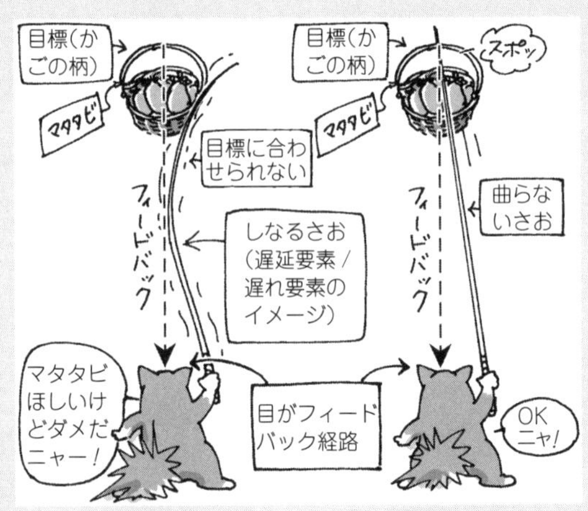

[図8-A] 遠くにあるモノの位置(目標)に合わせる長いさおで負帰還動作の安定性をイメージしてみる

● ゲインが1になったときの位相遅れの度合いが「位相余裕」

この負帰還回路が安定かどうかを判定するには，位相を計測すれば大体のところが分かります(もっと簡単なステップ応答を観測するという方法もある，実験例ではこちらを先に示す)．

この基本的な考え方を**図8-7**に説明します．これは回路のゲインと位相をグラフ化した**ボード**(Bode)**線図**と呼ばれるものです(2次遅れ系の例)．位相の軸は以後に示す**位相余裕**として目盛りを振っています．

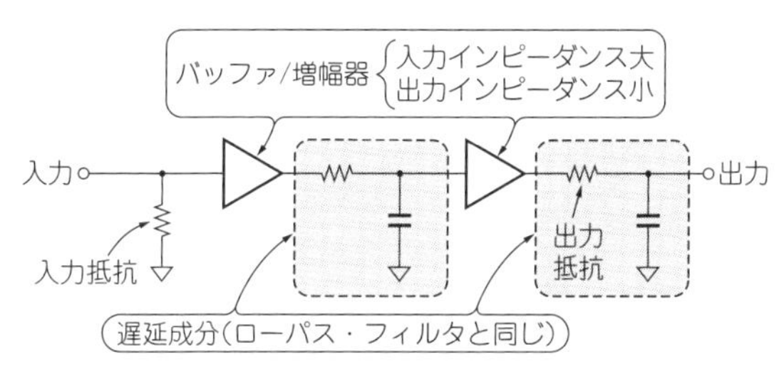

[図8-6] 電子回路で遅延要素のモデルはコンデンサと抵抗がローパス・フィルタのように接続されたもの(2次遅れ系の例)

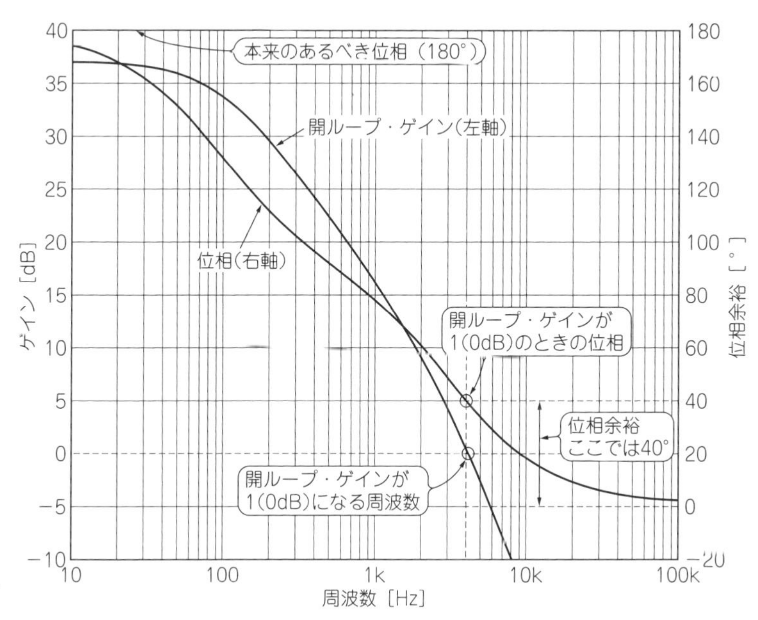

[図8-7] ゲイン/位相の周波数特性図(ボード線図)**と位相余裕の関係**

図8-6で示した遅延要素が「2次遅れ系」のモデルの場合

この図で示している「回路のゲインと位相」は，**図8-5のフィードバック経路を切断**したときの，入力と**切断点出力**(**図8-5**の－1倍アンプの出力のところという意味)の伝達特性の関係です．これを「開ループ特性」とか「一巡伝達特性」といいます．

ここで本来のあるべき位相180°から，周波数が高くなってくると，コンデンサと抵抗によるローパス・フィルタ特性で遅延要素(遅れ要素)が目立ってきて，位相が360°の方向に遅れます(**図8-7**では0°の方向．以後に説明)．特に2次遅れ系では位相遅れ量が多くなります．位相遅れが360°に近づくにしたがって，回路の動作が不安定になったり，最悪は発振してしまったりします．

開ループのゲインが1(0 dB)になったときに，この位相遅れが360°からどれだけ離れているか，余裕があるか，これが「位相余裕」です．**図8-7**の目盛りはこの360°から離れている度合いである位相余裕として目盛りを振ってあり，位相遅れが360°のところが0°(つまり位相余裕がゼロ)の位置になっています．

この「位相余裕」を計測することにより，負帰還回路の安定度を判定します．

● 位相余裕が低下してくるとアンプはどのように振る舞うか

位相余裕が減ってくる，またそれにより回路が不安定になる，とはどういう意味でしょうか．なお以降は**図8-5**において，**ここまでは切断したとして説明してきたフィードバックの経路をあらためて接続して**(これを「ループを閉じる」という)，こんどは**回路の入出力間の特性**を考えていきます．

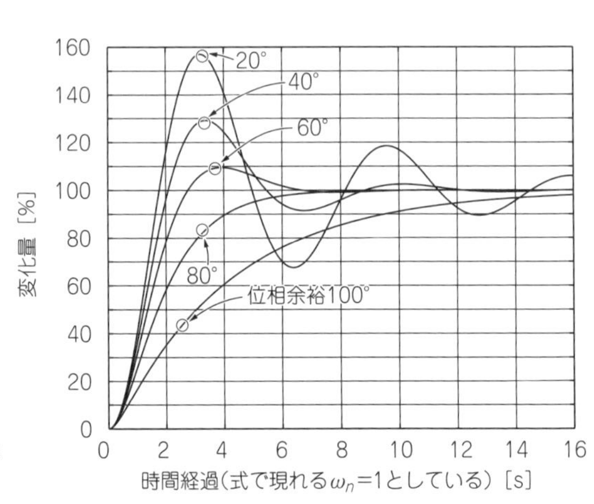

［図8-8］位相余裕とステップ応答
2次遅れ系．スタガ比は100で計算

▶回路の安定性が低下してくると入力変化に対する出力の応答が暴れる

ゼロからあるレベルまで階段状に急激に変化させた入力信号を「ステップ入力」と呼びます．**図8-8**は，**フィードバック経路を接続して(閉じて)**ステップ入力を加えたとき，2次遅れ系帰還回路のそれぞれの位相余裕の条件に対しての出力(ステップ応答と呼ぶ)をシミュレーションで示したものです．繰り返しますが**フィードバック経路は接続しています**．

ステップ入力信号が加わっても，本来なら単にその大きさを増幅率ぶん大きくした信号が出力されるだけのはずです．しかし**位相余裕が少ない**と，この図のようにオーバーシュートしたり，一定電圧に安定するまでに時間がかかったり…最悪，発振してしまうことになります．これが**回路の安定性が低下する**ということです．

● 位相余裕とステップ応答の関係は相互に推定できる

位相余裕から**図8-8**のステップ応答をほぼ推定できます．逆にステップ応答を計測することで，位相余裕をほぼ推定できます(「ほぼ」である理由はColumn3参照)．

実際の負帰還回路の位相余裕を得るには，以降に示すようにOPアンプなどであればステップ応答を計測して推定，それができない電源回路などの場合は位相余裕自体を計測することが現実的でしょう．

● 回路の安定性は周波数特性にも表れる

ここまでは横軸を時間，つまり「時間軸での計測」で考えてきました．位相余裕は周波数軸上でも回路動作に影響が出てきます．

図8-9はそれぞれの位相余裕の条件に対する，**フィードバック経路を接続した(閉じた)ときの入出力間**の振幅対周波数特性です．ここでも繰り返しますが，**フィードバック経路は接続しています**．**位相余裕が少ない**と，本来素直に減衰していくべき周波数領域で周波数特性にピークが出てしまうことが分かります．周波数特性を計測しても，位相余裕を推定できるわけです．

この位相余裕と回路の安定度や周波数特性，さらに詳しい位相余裕計測の考え方については，参考文献(7)～(9)，(15)に詳しく記載されています．

8-4 実際にOPアンプの位相余裕をステップ応答で計測してみる

● ステップ信号を入力して応答を見る方法は簡単

説明してきたように，ステップ入力を加えて出力に現れる波形を計測(ステップ応答を観測)すれば，位相余裕がほぼ推定できます．OPアンプ回路では位相余裕を直接計測するよりも，こちらのアプローチの方が簡単で現実的です．その例を示してみましょう．あとで位相余裕を直接計測してみた電源回路での例も示します．

● わざと位相遅れの回路をつけたもので実験する

ここではOPアンプOP07Dを使い，わざと位相遅れを生じさせた**図8-10**のような回路を作って，ステップ応答波形を観測してみます．

図8-11はステップ信号をこの回路に加えて，出力を観測してみたものです．オーバーシュートが45 %程度あることが分かります．オーバーシュートが大きめなので，実用上では注意が必要な位相余裕です．

次にこの応答波形を利用して，**図8-8**から45 %のオーバーシュートの条件での

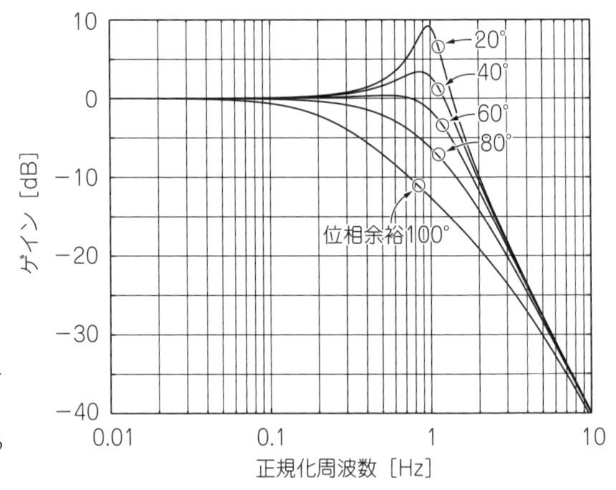

［図8-9］位相余裕と入出力間のゲイン対周波数特性
図8-8と同じ条件．なお横軸の周波数はある条件で正規化した．回路仕様も図8-8と同じ

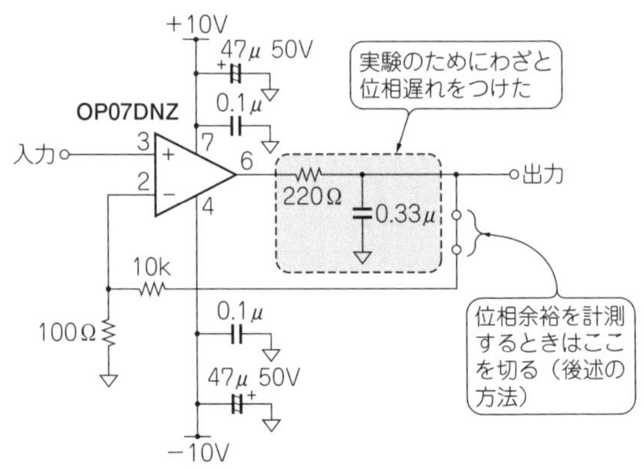

［図8-10］負帰還回路の例：OPアンプ増幅回路で実験
わざと位相遅れの回路をつけた

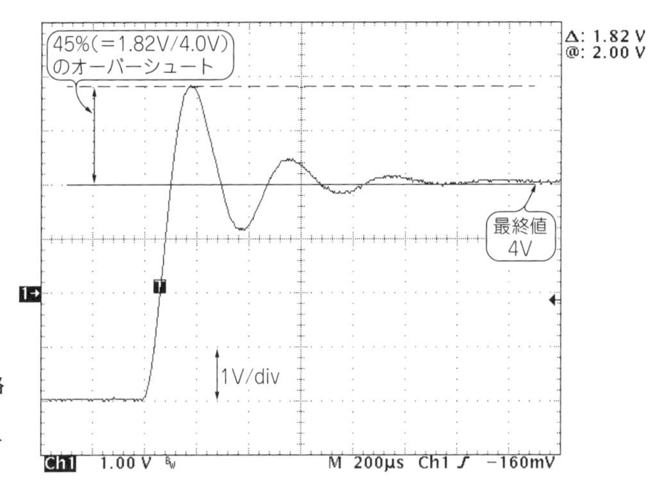

［図8-11］図8-10の回路でのステップ応答
45 %程度のオーバーシュートがある

位相余裕を読み取ってみると，30°程度だろうと分かります．

次に示す「直接位相余裕を計測する方法」で，実際に直接計測してみましたが，ほぼ同じ結果の25°になりました．実際の計測ではColumn2に示すような注意点がありますので，注意してください．

8-5 対応が難しい電源回路の位相余裕を計測する

8-3節で説明した開ループ特性を評価する方法を応用して，電源回路の位相余裕を直接計測してみます．

Column 2

OPアンプを計測するときにはスルー・レートに注意

OPアンプには信号出力の変化速度の制限「スルー・レート」があります．ここまで説明してきた方法で計測する場合，スルー・レートの制限により，オーバーシュートの大きさが見かけ上小さくなることがあります．

出力波形の変化が直線だと，スルー・レートで信号変化が制限されている状態になっています．出力波形の形状をしっかりと観察して，スルー・レート制限に影響されない，正しいオーバーシュートの大きさを計測するようにしてください．

● ゲインが高い回路の開ループ特性の計測は難しい

ここまで『**開ループ特性の位相余裕が重要だ**』と説明してきました．ところが実際には負帰還回路の開ループ・ゲインが高いため，フィードバック経路を切断して開ループ特性を**計測することは非常に困難**です(オフセット電圧などの誤差要因で出力が振り切れてしまう)．OPアンプを考えると，その開ループ・ゲインが非常に

Column 3

フィードバック部の遅れ成分がステップ応答と位相余裕に影響する

ここまでの説明では，**図8-B(a)**に示すような増幅部分A(入力⇒出力)にのみ遅れ要素がある2次系モデルとして説明してきました．こちらが説明としては一般的といえるでしょう．

ところが実際の電子回路では，フィードバック部分β(出力⇒入力)に遅れ要素がある場合が(位相補償として進み要素の場合も)結構あります［**図8-B(b)**］．

この場合は同じ開ループ特性の位相余裕量であっても，ステップ応答がいくぶん異なってきます．同じことが入出力間の周波数特性にもいえます．詳細は機会があれば稿をあらためて説明したいと思いますが，この点については注意してください．

実際の評価では位相余裕とステップ応答の両方を計測しておけば間違いないでしょう．

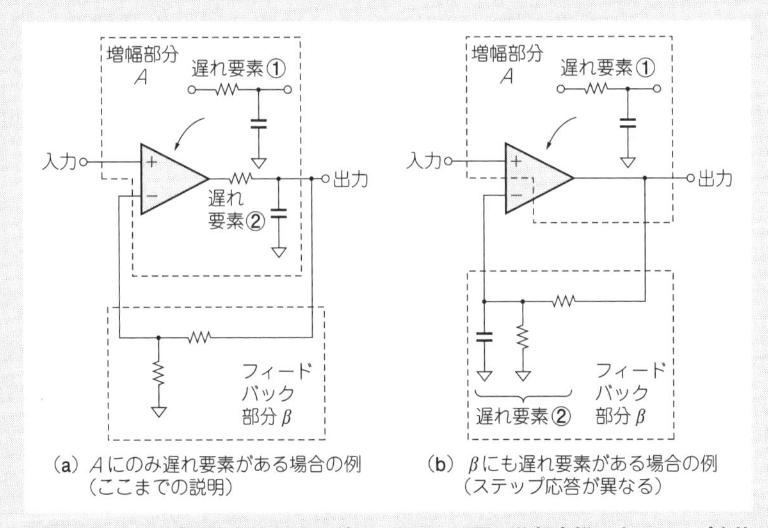

(a) Aにのみ遅れ要素がある場合の例(ここまでの説明)

(b) βにも遅れ要素がある場合の例(ステップ応答が異なる)

[図8-B] 遅れ要素が負帰還経路のどこにあるかで同じ位相余裕でもステップ応答が異なる(入出力間の周波数特性についても同じ)

高いことからもこれは理解できると思います．

そのため以下に説明するような，ループを閉じた(フィードバック経路を接続した)状態で行う開ループ特性の計測方法で，位相余裕を計測することが一般的です．以降，電源回路を例にして見ていきましょう．**OPアンプ増幅回路でも全く同じように計測できます．**

● 位相余裕計測の考え方：ループの経路ゲインが1になったときの位相を計測する

図8-12のスイッチング電源回路(ADP2504ACPZ－5.0の評価基板)の位相余裕の評価を考えてみましょう．図中の①点の部分を細工して，この①点から一周して，また①点に戻ってくるまでの経路のゲイン(開ループ特性/一巡伝達特性)が1(0 dB)になった周波数での，**フィードバック側と出力側の位相差**が「0°からどれだけ進んでいるか」という方法で調べます．

● 位相余裕計測のポイントその1：挿入する抵抗の大きさを十分小さく

スイッチング電源回路での位相余裕の計測は，**図8-13**のように計測系をセットアップします．ここでポイントは**図8-12**の①点に相当する経路に挿入される抵抗R_Mと信号トランスです．

この抵抗R_Mの大きさは，フィードバック(帰還)抵抗よりも十分に小さい(つまり抵抗R_Mに流れる電流による電圧降下が，フィードバック抵抗の分圧動作で無視できる)必要があります．なおこのスイッチング電源ICは，内部にフィードバック抵抗が入っています．

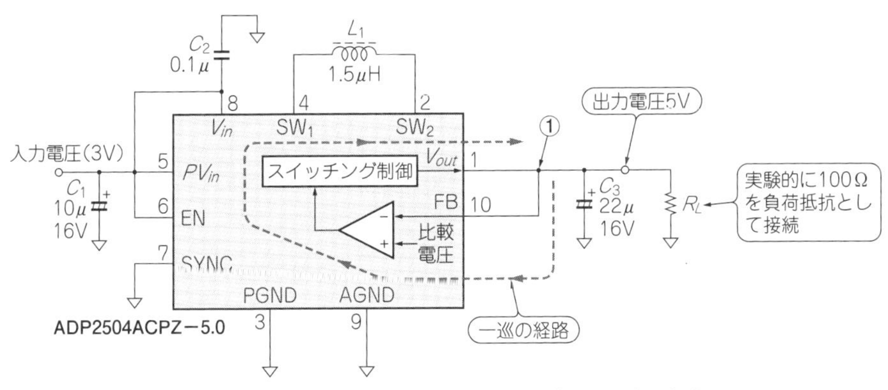

［図8-12］ 負帰還回路の例：スイッチング電源回路で実験

抵抗R_Mは本質的・理論的にはなくてもよいものですが，信号トランスの内部抵抗や発振器の信号源抵抗との関係で安定性を上げるために付加してあります．

● 位相余裕計測のポイントその2：トランスを使ってグラウンドを浮かす

信号トランスを用いる理由は，抵抗R_Mの両端に任意の電位を基準とする電圧を加えられるように，フローティングにする（浮かせる）ためです．「経路のゲインが1（0 dB）になったとき」を計測しますので，このトランスの1次側から入力するレ

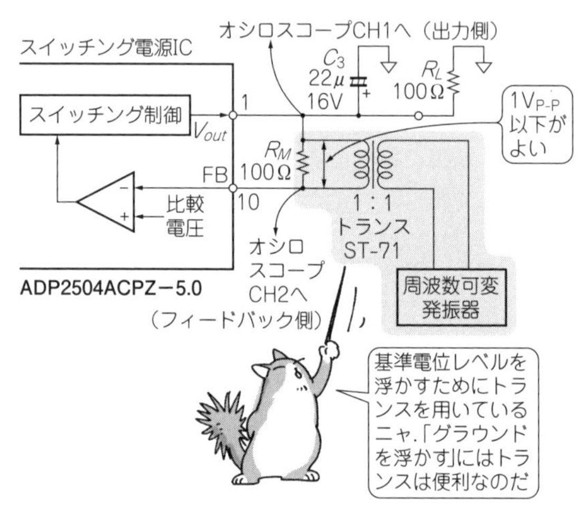

［図8-13］**電源回路の位相余裕計測のセットアップ**

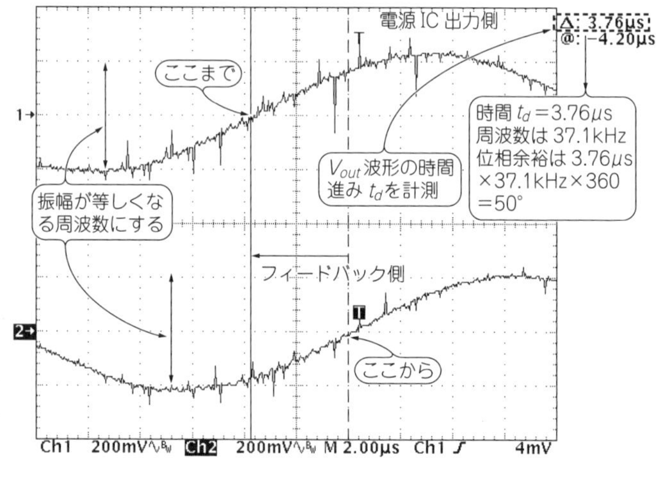

［図8-14］**「経路のゲインが1になったとき」の電源IC出力とフィードバック信号とで位相余裕の計測ができる**

ベルやトランス自体の内部抵抗，伝達特性は，回路がリニアに動作している状態になっていればあまり問題にはなりません．

● 実際に位相計測をしてみよう

計測の方法は簡単です．**図8-13**のように，付加した抵抗R_Mの電源IC出力側にオシロスコープのCH1を接続し，フィードバック側にCH2を接続します．R_Mの大きさが小さいのでR_Mに加える電圧は1 V_{P-P}以下がよいでしょう．

● ある周波数で電源IC出力とフィードバック信号の振幅が等しくなる

ここで発振器の周波数を変えていくと，ある周波数でCH1とCH2の振幅が等しくなります(実験では37.1 kHz)．ここが「経路のゲインが1(0 dB)になったとき」です．このときのようすを**図8-14**に示します．

この周波数が「ループが切れる周波数」と呼ばれているところで，ここの位相を計測します．CH2(フィードバック側)からCH1(電源IC出力側)の位相差が，この電源回路(負帰還回路)の**位相余裕**になります．ここでは50°になりました．

なお**写真6-2**でも紹介した周波数特性分析器FRAを用いても位相余裕を計測できます(同じ計測原理)．

● PLL回路やサーボ系(機械系)も同じように負帰還の動作を確認すべき

負帰還回路の特性計測の例としてOPアンプと電源回路を示しましたが，PLL回路やサーボ系(つまり機械系)でも同じく考えられるものです．ここまで紹介した計測方法を同じように適用して，負帰還がきちんと動作していることを確認するのはとても重要です．

● 「位相余裕」は「入出力間位相差」ではない

位相余裕はループを閉じた(本来の機能として動作している)状態での**回路の入出力間の位相差ではありません**．この点は注意してください．

第9章

【成功のかぎ9】
原因不明?…同相モード電圧ノイズを回避する計測テクニック
グラウンドの電位はどこでも同じだと思ったら大間違い

回路には，さまざまなノイズが発生しており，計測の妨げになっています．なかでも回路全体が揺さぶられて発生する「同相モード電圧」と呼ばれるノイズは，回路の2点間の電圧(電位差)や波形を正しく計測することを難しくしています．この話題は第6章でも簡単に紹介しました．

本章では，同相モード電圧の発生メカニズムとこの影響を回避する計測のテクニックを紹介します．ここではオシロスコープを例にした対策方法を紹介しますが，どんな計測器を使う場合にも有効な一般論です．

9-1 計測でノイズの原因になる同相(コモン)モード電圧とは？

● グラウンドの電位はどこでも同じだと思ったら大間違い

同相モード電圧とは，グラウンドの場所ごとに生じる電位差です．「グラウンド間電圧差」という意味だといえます．発生原因の例を**図9-1**に示します．

図9-1(a)の例は，左右二つのグラウンド間にループが形成されており，このループ内には周辺回路やAC電源(商用交流電源)の電流により発生する磁界が通り抜けています．同相モード電圧は，これらの**磁界によって生じる起電力**(もしくはその起電力により流れる電流での電圧降下)を主な原因として，二つのグラウンド間に発生した電位差です．

また**図9-1(b)**の例は，二つのグラウンド間に別回路の電流が流れており，この二つのグラウンド間の**抵抗/インダクタンス成分の電圧降下**により電位差が発生してしまう，というものです．これも同相モード電圧の原因になります．

いずれにしても計測系のグラウンドに想定外の電圧が発生しています．

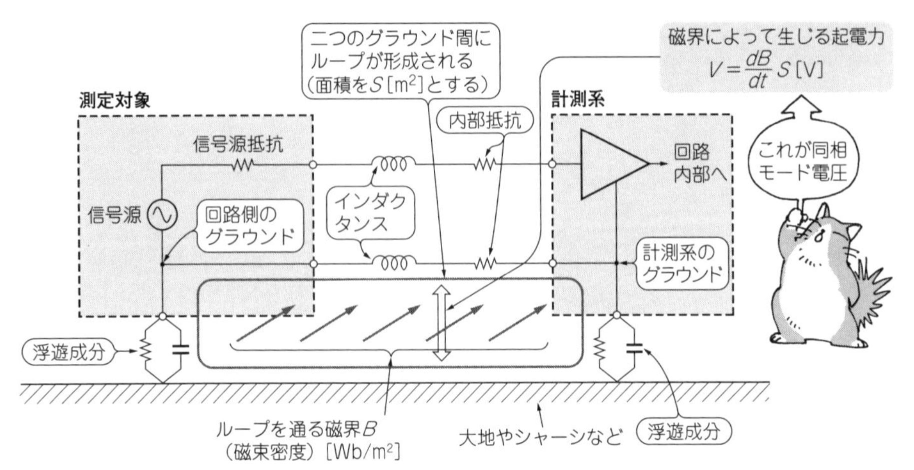

(a) ループになっている部分に周辺で生じた磁界が通り抜け，起電力が生じて電圧が同相で変化する

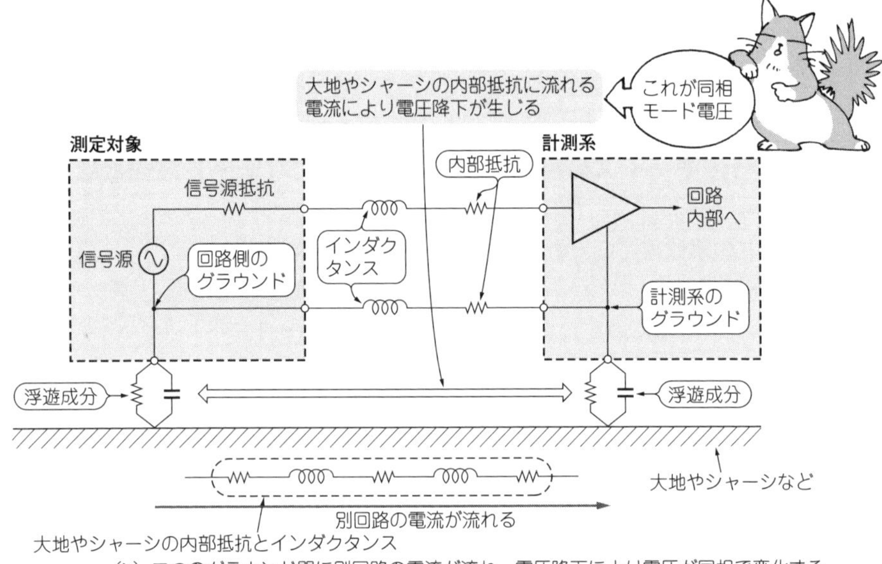

(b) 二つのグラウンド間に別回路の電流が流れ，電圧降下により電圧が同相で変化する

[図9-1] グラウンド間電位差(同相モード電圧)**の発生原因**

● グラウンド電位が変動すると，つながっている回路全体の電圧が同相で変動してしまう

図9-2でも分かるように，同相モード電圧は，本来のグラウンド電位が変動してしまい，応じてそのグラウンド位置につながっている回路全体の電圧がその変動分

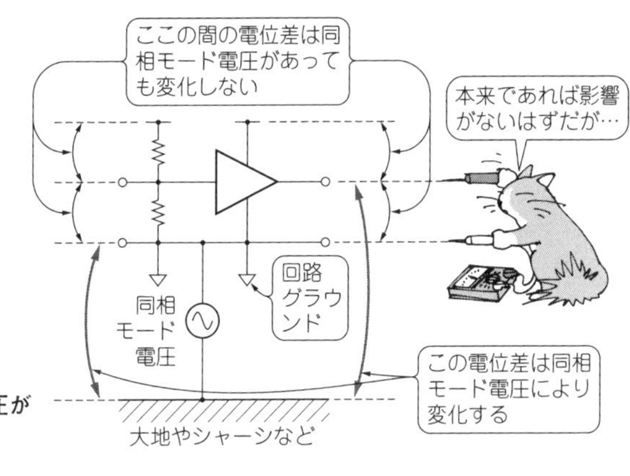

[図9-2]
同相モード電圧で回路内全体の電圧が同相で変動する

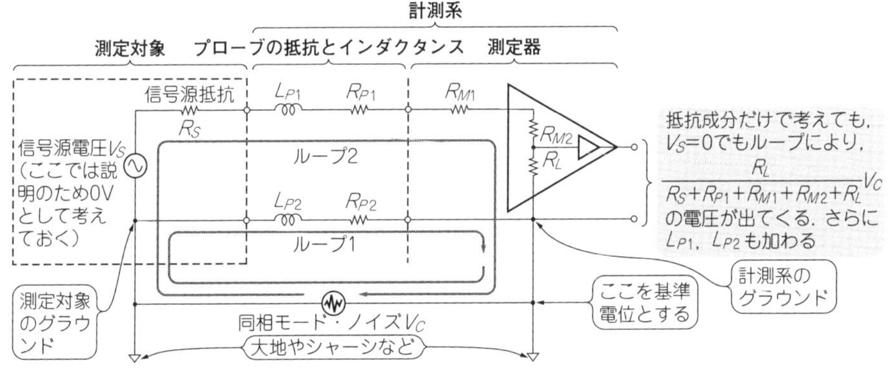

[図9-3] **同相モード電圧が計測系に影響を与えてしまうのは内部で差動モードに変換されてしまうため**
第6章の図6-5を修正して再掲．実際は大地やシャーシに対して直結ではなく，浮遊成分で結合している場合が多い

だけ同相(コモン・モード)で変動してしまう，というものです．特に数MHz程度を超える周波数をもつ同相モード電圧成分が(インダクタンスにより)回路に影響を与えやすくなります．

● グラウンドへのプロービングが適切でないと同相モード電圧が計測に影響する

図9-2の「しくみ」から考えてみれば，回路内の差電圧のみがプロービング点に現れるはずです．きちんとプロービングすれば，本来，同相モード電圧が計測結果に影響を与えることはないはずです．

しかし，**図9-3**のようにグラウンドにプローブを接続すると，同相モード電圧が計測系にノイズとして影響を与えてしまうのです．この**図9-3**はこの現象を理解しやすくするため，測定対象と計測系のグラウンドを大地やシャーシなどに直結したものとして説明しています．実際の場面では，ここは抵抗やコンデンサの浮遊成分で結合している場合が多いでしょう．

9-2　同相モード電圧が計測に影響を与えるメカニズム

● 同相モード電圧にとって計測系の信号入力やグラウンドは，それぞれ異なる入力インピーダンスをもつ入力端子に見える

計測系，つまり測定器やプローブの「信号入力」に加わる**同相モード電圧**にとってはその「信号入力」が，また「グラウンド」に加わる**同相モード電圧**にとってはその「グラウンド」が，それぞれ入力インピーダンスとして見えます．信号入力，グラウンドはそれぞれ同相モード電圧からは同じ入力インピーダンスとして見えません．

そのような状態で同相モード電圧が測定器やプローブ内部に入ってくると，**図9-3**のように，同相モード電圧は計測系内部の部分ごとで**異なる電圧量や位相に変換**されてしまいます．この**異なる電圧や位相の差分**が，本来は生じないはずの「オバケ電圧」として，計測器で観測されてしまいます．

このことを「差動モード(ノーマル・モード)電圧に変換されてしまう」といいます．これは結構厄介な問題です．

● 周波数が高くなると生じる電位差が大きくなる

同相モード電圧の周波数が高い場合は，**図9-3**で左右をつなぐ**インダクタンス L_{P1}，L_{P2} によるリアクタンス量が大きくなる**ため電位差が大きくなります．そのため同相モード電圧により生じる差動モード(ノーマル・モード)電圧がさらに大きくなってしまいます．

● 実験！ 同相モード電圧が計測結果として見えてしまうようす

オシロスコープを例にして，このようすを見てみましょう．**図9-4(a)**は測定対象(アンプ基板)に与える，疑似的に発生させた同相モード電圧(100 MHzの正弦波ノイズ)の影響を見てみるための試験構成です．プロービングには，通常のパッシブ・プローブを用います．

本来はきちんとした信号(100 kHzの正弦波)のみが得られるはずですが，**図9-4(b)**のように同相モード電圧(100 MHz)が混入し，ノイズの重畳(重なりあってい

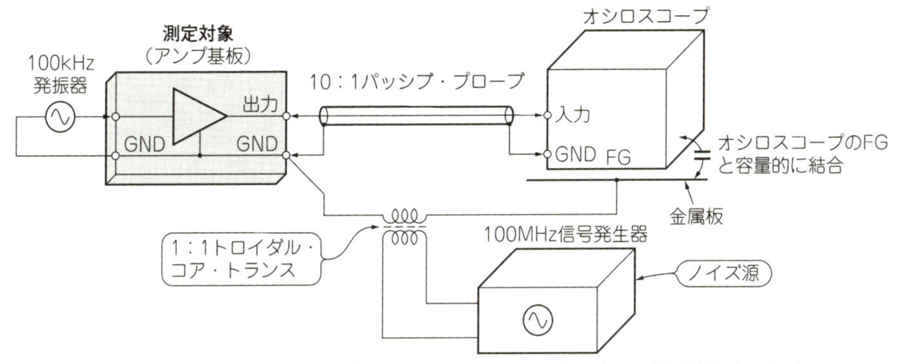

（a）同相モード電圧を疑似的に生じさせた回路にパッシブ・プローブを接続したようす

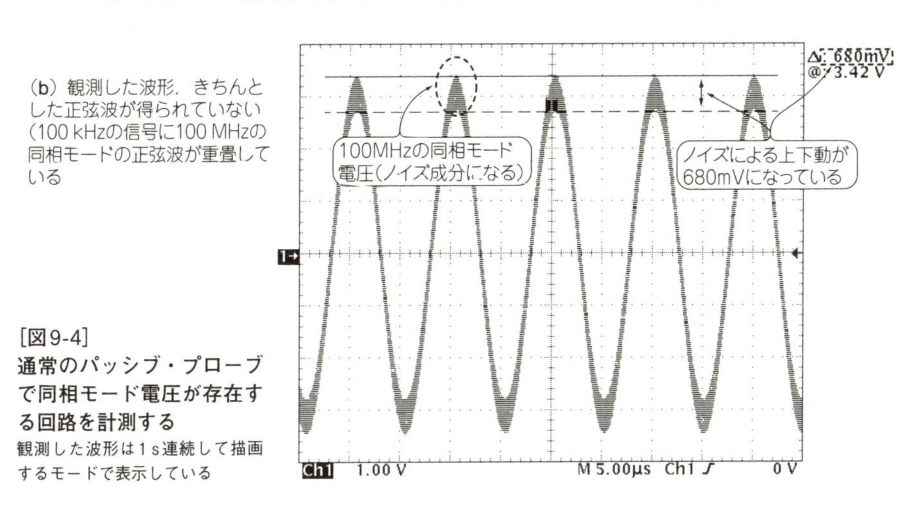

（b）観測した波形．きちんとした正弦波が得られていない（100 kHzの信号に100 MHzの同相モードの正弦波が重畳している

［図9-4］
通常のパッシブ・プローブで同相モード電圧が存在する回路を計測する
観測した波形は1 s連続して描画するモードで表示している

ること）した波形になっています．

9-3 同相モード電圧の影響を抑える計測方法

● その1：フェライト・コアを用いる

▶フェライト・コアの効き目を実験

同相モード電圧によるノイズを阻止するためには，**写真9-1**のようなフェライト・コアが活用できます．

プローブ・ケーブルをコア内部に通せば，同相モード電圧ノイズを阻止できます．プローブ・ケーブルを複数回コア内部に通せば，通した回数だけ同相モード電圧ノ

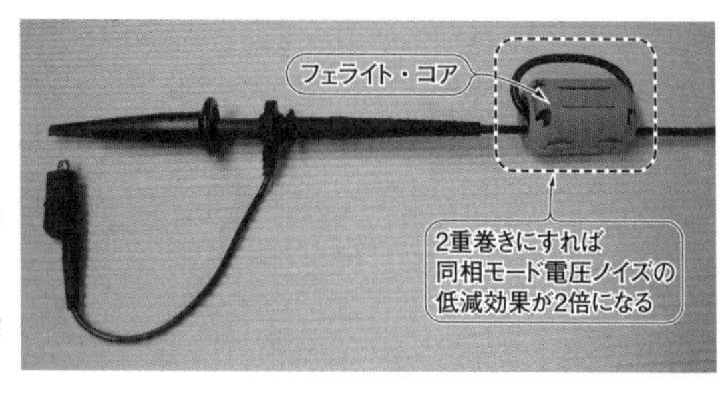

[写真9-1]
同相モード電圧ノイズを低減するためにプローブに取り付けたフェライト・コア
中を2回通しているので2回巻きに相当．使用したものはTDK ZCAT2436-1330

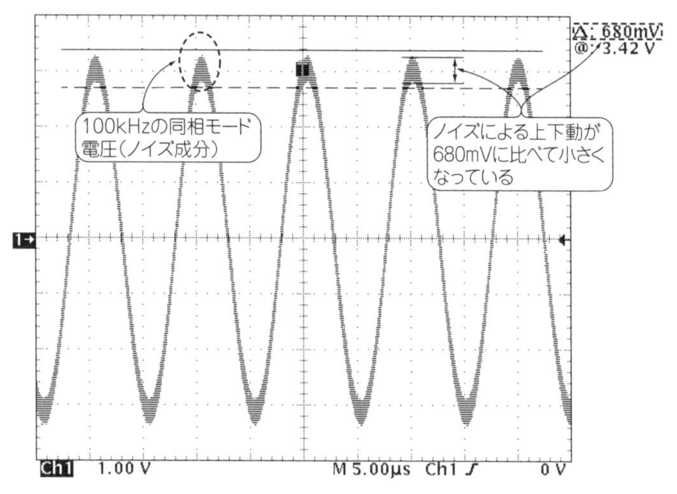

[図9-5] プローブのケーブルをオシロスコープ本体に近い方でフェライト・コアに3回巻きにした計測波形
同相モード電圧の対策をしないとき(図9-4)の1/2程度になっている．阻止能力には周波数特性(限界)がある

イズを阻止する性能が向上します．

図9-5に，プローブ・ケーブルをコアに3回巻きつけて(それもオシロスコープ本体に近い方に)，さきの**図9-4(b)**の状態で計測してみたものを示します．大きさとして1/2程度まで同相モード電圧によるノイズが低減していることが分かります．

▶フェライト・コアを使った対策には周波数依存性がある

なおこの方法は，フェライト・コアで形成されるインダクタンスを利用するものですから，この対策をしても阻止率は100%になりません(実験でも100 MHzで1/2程度，つまり6 dB程度しか減衰していない)．また周波数特性がありますので，低い周波数では阻止特性が劣化します．

同様に高い周波数でも，浮遊容量やコアの磁気周波数特性などにより性能が劣化します．

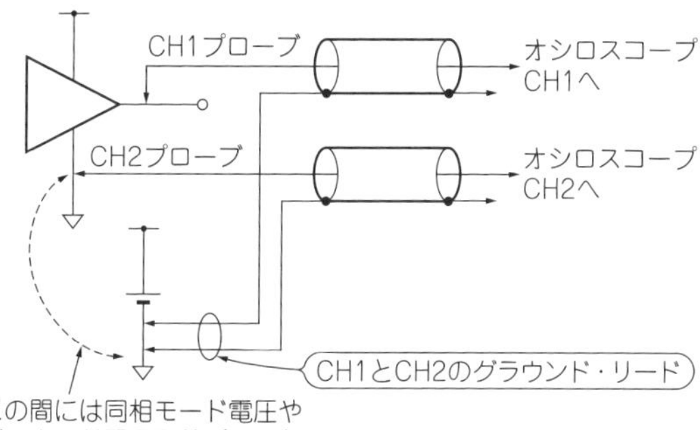

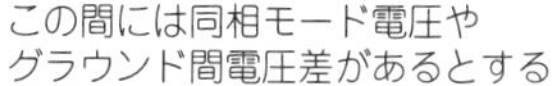

(a) 接続のようす．2本のグラウンド・リードは1点に，それぞれのプローブは信号とその基準電位のグラウンドに接続する

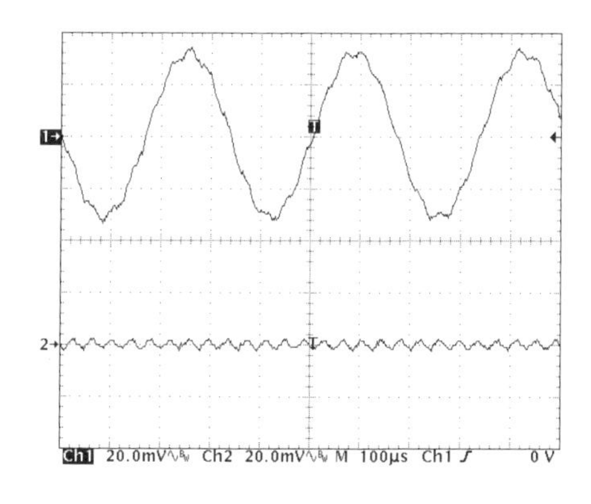

(b) 同相モード電圧が加わった状態でCH1とCH2を個別に表示したようす

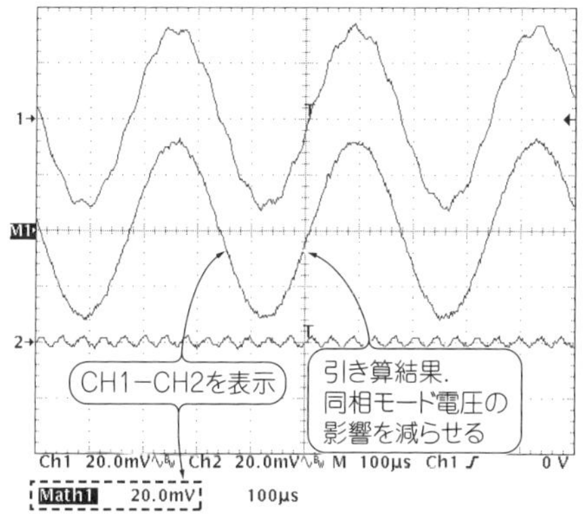

(c) 演算(MATH)機能で同相モード電圧をキャンセルしたようす

[図9-6] オシロスコープの引き算機能で同相モード電圧の影響を軽減させる

● その2：オシロスコープの引き算機能を使ってキャンセルする

▶オシロスコープの引き算機能を実験

オシロスコープの二つのチャネル間は，ほぼバランスが取れた設計になっています．およそ**10 MHz以下の低い周波数**では，以下のやり方でも同相モード電圧を十分にキャンセルできます．

図9-6(a)のように，2本のグラウンド・リードを，ある1点(基準となる1点．プローブごとを異なるグラウンド位置に接続しては意味がない)に接続し，目的の信号をCH1で，その信号の基準電位となるグラウンド部分をCH2で計測します．

この結果をオシロスコープ内の演算(MATH)機能を用いて引き算(CH1 − CH2)し，測定対象の回路に加わっている同相モード電圧の影響をキャンセルします．

実験のようすを**図9-6**(b)と**図9-6**(c)に示します．**図9-6**(b)はCH1とCH2を個

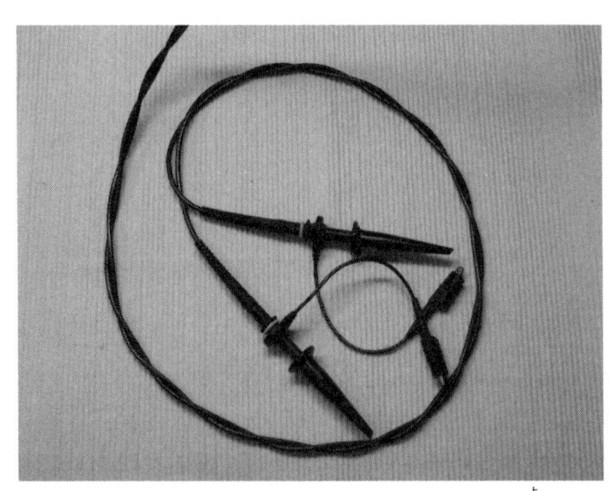

[写真9-2] 2本のプローブ間でアンバランスが生じないように「撚(よ)って」から計測する

別に表示させたようす，**図9-6(c)**は演算機能を用いて同相モード電圧を引き算でキャンセルしたようすです．

この図のように，演算機能を用いることで，同相モード電圧による影響を軽減することができます．

▶周波数が高くなるとチャネル間のアンバランスでキャンセルしきれなくなる

同相モード電圧の周波数が高くなってくると，プローブとオシロスコープの*CMRR*特性の劣化により，チャネル間のアンバランスが見えてくるため，同相モード電圧をキャンセルしきれなくなってきます．*CMRR*の値が大きい方が，同相モード電圧のキャンセル率が高くなります．

プローブやオシロスコープ内部で*CMRR*がチャネルごとにバラバラなら，この方式は威力を発揮しません．**チャネル間が高い精度でマッチングしている必要がある**わけです．周波数が高いときは要注意です．

対策の一つの方法ですが，同相モード電圧がチャネル間で等しくなる(バランスする)ように，**写真9-2**のようにプローブ2本同士を軽く撚(よ)ってから計測するとよいでしょう．

● その3：差動プローブを用いる

写真9-3のような差動プローブを活用する方法があります．差動プローブは「差動」の言葉どおり，2端子間の差電圧が出力で得られるものです．

本来差動プローブは，差動信号を観測するために用いるものですが，同相モード

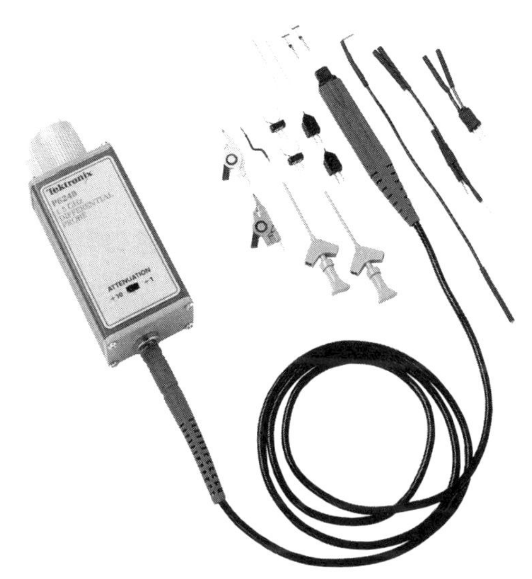

［写真9-3］ 同相モード電圧をキャンセルできる差動プローブ
日本テクトロニクスP6248

電圧をキャンセルするためにも用いることができます．

オシロスコープに差動プローブを接続して計測する使い方以外にも，スペクトラム・アナライザなどの測定器でも活用することができます（プローブの電源供給ユニットを接続する必要がある）．

▶差動プローブによる信号の引き算のようすを実験

図9-7(a)は，ここまで見てきた回路を差動プローブで計測する方法です．**図9-7**(b)のように**図9-4**(b)で見えていた100 MHzの同相モード電圧ノイズが低減し，本来の波形が得られています．**図9-7**(c)はノイズ源をオフにして計測したようすですが，**図9-7**(b)と同じ波形になっています．差動プローブがきちんとノイズをキャンセルしていることが分かります．

また差動プローブからオシロスコープまでのケーブルは50 Ωの特性インピーダンス（オシロスコープも50 Ω入力に設定する）で，計測された信号が低インピーダンスで伝送されています．そのためケーブルがピックアップする外来ノイズも，パッシブ・プローブと比較して少なくなるとも考えられます

▶*CMRR*の周波数特性を考慮しながら計測する

差動プローブの*CMRR*も，周波数に依存し，低い周波数の方が低減率が高く（良好に）なります．混入する同相モード電圧の周波数を想定・考慮し，差動プローブ

の仕様書に記載されている*CMRR*特性を確認してから計測を実施してください.

また通常のパッシブ・プローブと異なり，差動プローブは入力できる電圧振幅(差動電圧)，同相電圧の最大許容値も**かなり低く**なっています．こちらも**計測前に必ず確認**してください.

9-4　応用！ 絶縁計測回路の製作

● 同相モード電圧が数百Vなど高いときに必須

ここまでは，直流的に接続されているグラウンド間に電圧差が生じ，同相モード電圧が「ノイズ」として計測に影響を与えるメカニズムや，影響を回避する計測方法について示してきました.

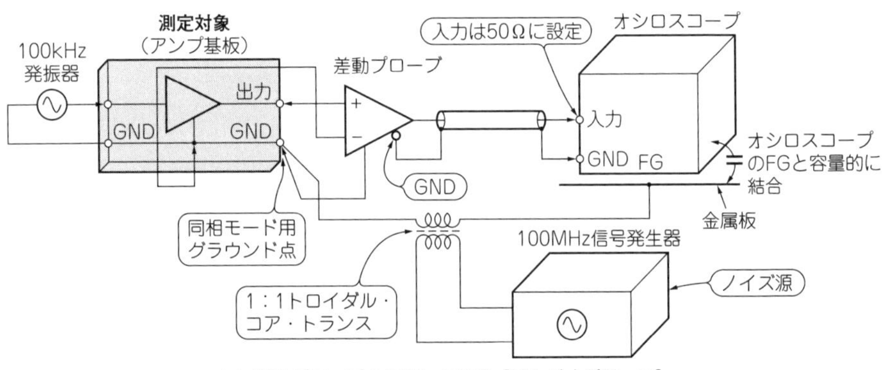

(a) 差動プローブを接続した回路［**図9-4**(a)がベース］

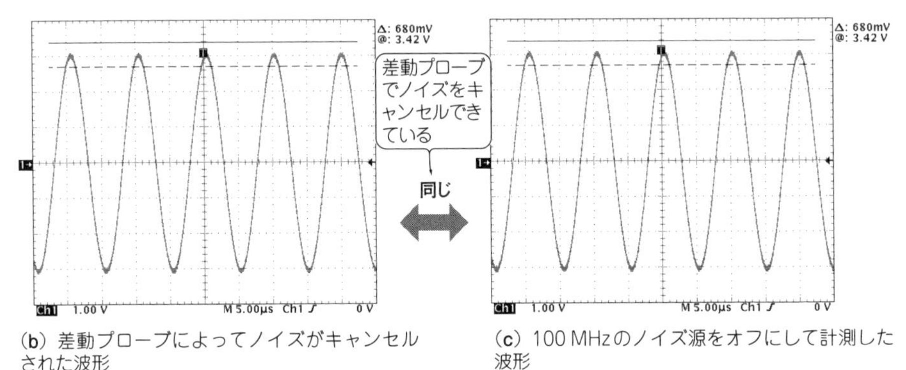

(b) 差動プローブによってノイズがキャンセルされた波形

(c) 100 MHzのノイズ源をオフにして計測した波形

［図9-7］差動プローブで同相モード電圧が存在する回路を計測する
図(c)は図(b)と同じ波形であり，図(b)で正しく計測できていることが確認できる

ここではさらに，測定対象と計測系のあいだに数百V～1000Vなどの非常に高い同相モード電圧(グラウンド間電圧差)がある場合について，どのように計測していけばよいかを示します．

● その1：1ビット出力の絶縁型A-Dコンバータを用いた絶縁計測回路

まずディジタル的に信号を絶縁伝送してみます．**図9-8**はAD7400Aを使った絶縁伝送回路です．AD7400Aは，高精度ΣΔ型A-Dコンバータの前段を構成する「ΣΔ変調器」の部分だけを取り出し，その1ビットA-D変換出力をマスタ・クロックとともにIC内部で絶縁された2次側に伝送するICです．

A-D変換する信号側(1次側)と，1ビット情報ディジタル値が得られる2次側の二つのグラウンド間を完全に分離(絶縁)できます．そのため，同相モード電圧(グラウンド間電圧差)の影響を受けることなく，絶縁計測が可能です．

▶通常はディジタル・フィルタを通してA-D変換結果を得る

この方式で目的の1ビットA-D変換結果であるディジタル値を得るためには，AD7400Aの出力で得られた1ビットからビット幅を広げ，**図9-8**右側のディジタル・フィルタにより，高域ノイズ成分を除去します．

ディジタル・フィルタについては，「sinc^3フィルタ」と呼ばれるものが結構簡単にRTLで実現できます．sinc^3フィルタのVerilog HDLのサンプル・ソースは参考文献(39)に記載されています．

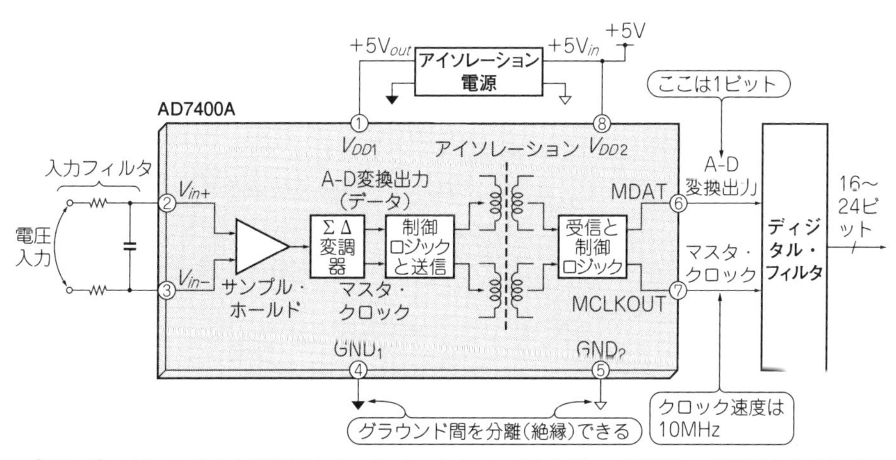

[図9-8] 1ビット出力の絶縁型A-DコンバータAD7400Aを用いて同相モード電圧から逃れる

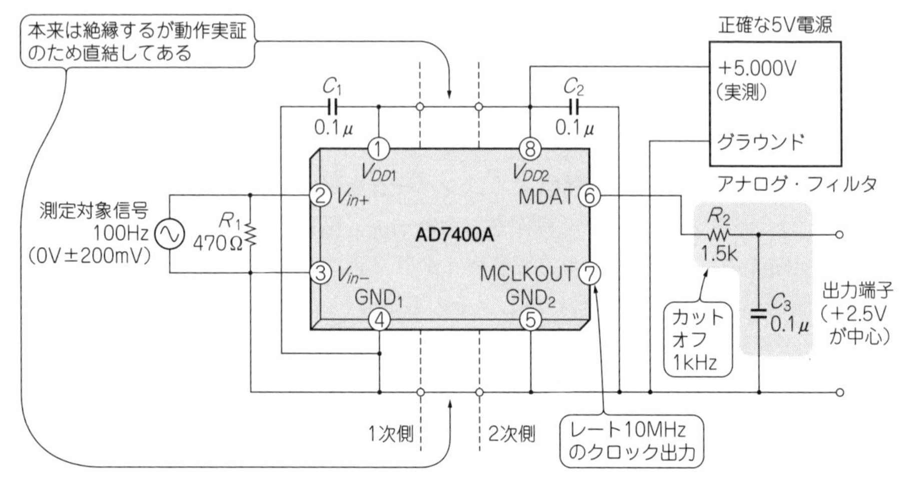

[図9-9] AD7400Aを使ってディジタル・フィルタを用意しなくてもアナログ電圧値を簡易的に絶縁伝送できる実験回路

AD7400Aの絶縁された1ビットA-D変換出力を，2次側でアナログ・フィルタを通し，アナログ電圧量として得る．動作実証実験のため1次側と2次側は直結してある．フィルタのカットオフ周波数は1kHz

● その1番外編：1ビット出力の絶縁型A-Dコンバータでアナログ伝送実験

本来のAD7400Aの目的は，1次側の電圧量をA-D変換したディジタル値を得ることです．しかしここでは，直流絶縁したうえで(同相モード電圧の影響を除去して)，**2次側でアナログ量を得る方式**を実験してみます．この方法だと，後述のAD202と同じようなイメージで使えます．

ΣΔ変調器のA-D変換出力は1ビットですが，そのビット列(ビット・ストリーム)を平均化したDC/低域成分が本来の測定値です．ですからこの1ビットA-D変換出力をアナログ的にフィルタリング(ここではカットオフ周波数1kHz)してみれば，1次側の電圧量が2次側でアナログ量として得られるわけです．

図9-9はこの実験回路です．動作実証のため，非常に簡単化してあり，また1次－2次間の電源とグラウンドは直結しています．

図9-10は実験結果です．**図(a)**は正弦波，**図(b)**は方形波，**図(c)**は信号レベルを下げたときのようすです．

図(c)は入力を5mV程度としたときの波形ですが，ΣΔ変調のノイズが見えています．この計測方法は，電源電圧が基準になるため，DCオフセット精度をあまりよくできません．実際に高精度にDCレベルを計測するのであれば，きちんとディジタル・フィルタを通して値を得るディジタル回路で実現してください．

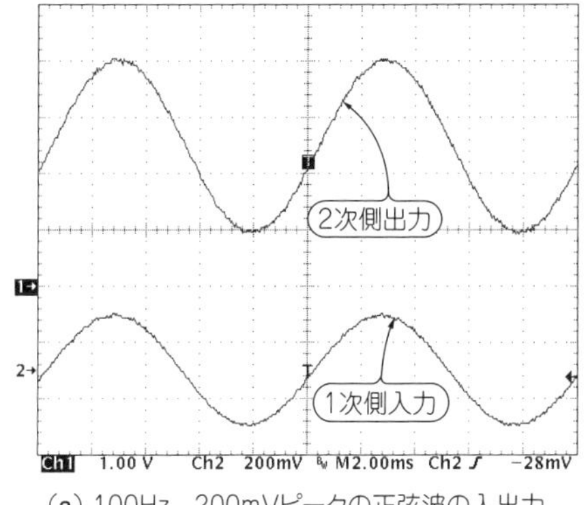

(a) 100Hz, 200mVピークの正弦波の入出力

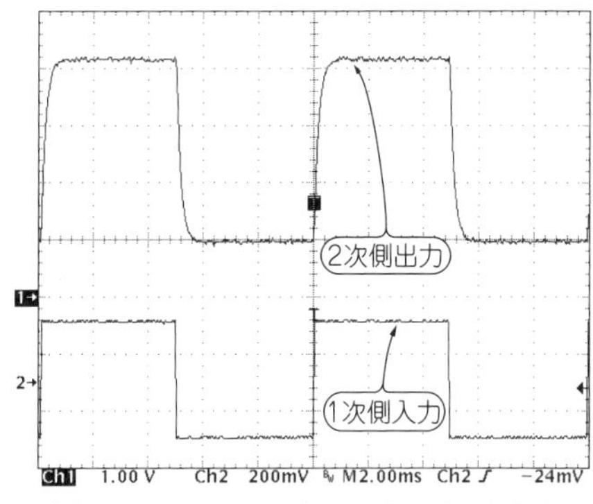

(b) 100Hz, 200mVピークの方形波の入出力

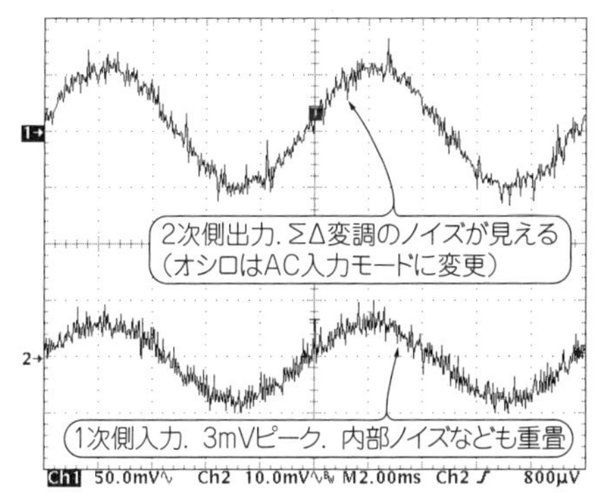

(c) 3mVピークにしてみた(ΣΔ変調のノイズが見えている. なお入力側の波形はオシロスコープの内部ノイズなども重畳している)

[図9-10] 図9-9の回路で得られた1次側と2次側のアナログ電圧

● その2:アイソレーション・アンプを用いた耐圧±2000 V絶縁計測回路

アイソレーション・アンプを用いても，二つのグラウンド間を分離(絶縁)してアナログ信号を伝送することができます．その結果として，同相モード電圧(グラウンド間電圧差)の影響を除去した絶縁計測が可能になります．考え方はAD7400Aと同じです．

図9-11(a)のアイソレーション・アンプAD202を用いた絶縁型計測回路を**図9-11**(b)に示します．

AD202は±2000 Vという非常に大きな同相モード電圧(グラウンド間電圧差)のある環境下でも信号をきちんと伝送できるため，工業用などの悪環境でも利用でき

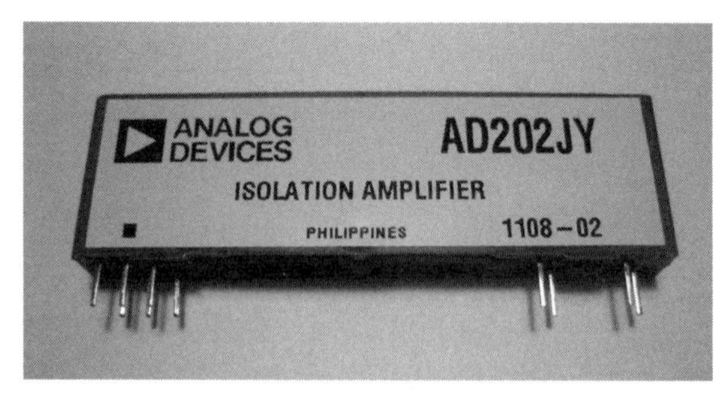

(a) アイソレーション・アンプAD202

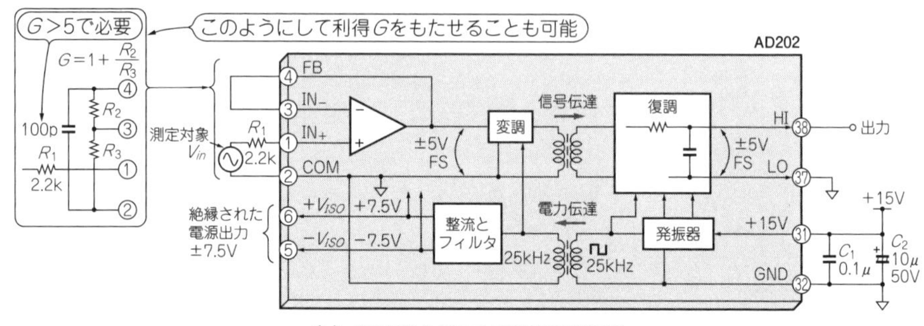

(b) AD202を用いた絶縁型計測回路

[図9-11] アイソレーション・アンプAD202を用いて同相モード電圧から逃れる

ます.

● その3：交流ならトランスも使える

測定対象の電気量(電圧)が交流であり，ある周波数範囲内で変動するといった限定された条件下では，**写真9-4**のようなトランスを用いて，**図9-12**のように絶縁計測する方法もあります.

しかしトランス自身のインダクタンスや測定対象/計測系側のインピーダンス(トランスからすれば信号源/負荷インピーダンスに相当する)の関係で，低域カットオフ周波数や測定対象への影響度が決まってしまうため，低域での信号伝達にロスが生じて，本来の信号レベルを計測できない場合もあります.

そのため,計測系としての周波数特性を確認しておくなどの事前準備が必要です.トランスの巻き線間の耐圧も確認しておくべきです.

＊

第3部(第6章～第9章)では，アナログ信号を精度よく計測するテクニックを紹

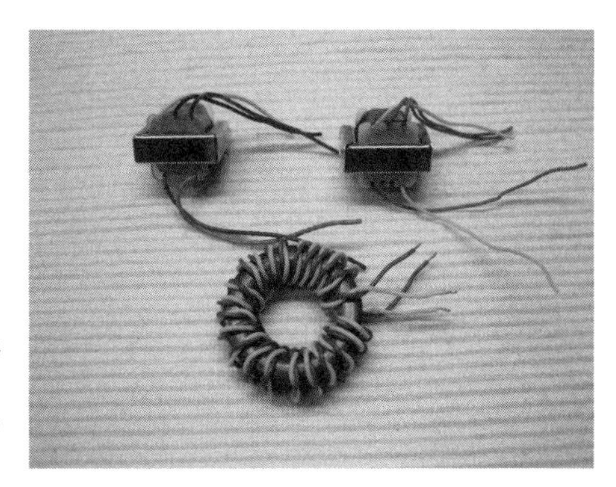

［写真9-4］限定条件下なら絶縁計測に活用できるトランス

手前：自作トロイダル・コア・トランス，奥：信号トランス1：1と10.8：1のもの

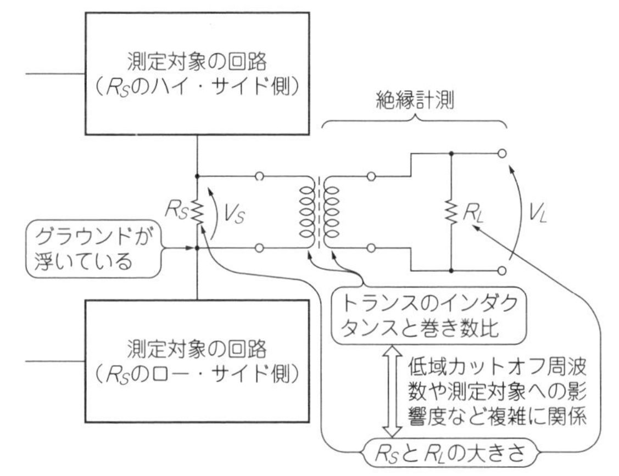

［図9-12］トランスを用いて絶縁計測する回路例

いろいろな制限要素があるので注意が必要

介してきました．繰り返しになりますが，アナログ信号計測では，適切に測定対象と計測系をモデル化し，測定対象と計測系を組み合わせて誤差要因を解析することで，計測の確からしさを高めることが重要です．特に寄生・浮遊インダクタンス成分や寄生・浮遊容量成分，そして*CMRR*は，周波数が高くなってきたときに問題となるため，十分に注意が必要です．

第4部

スペクトラム・アナライザによる計測技術

第**10**章

【成功のかぎ10】

スペクトラム・アナライザの原理と基本的な計測

高周波だけでなく高速・微小信号にも応用できる

電子回路は，高速化・高精度化してきていますが，一番身近な測定器「オシロスコープ」だけを使っていたのでは，これらの高速で微小な信号に潜むひずみや，大振幅の信号に紛れ込んだ振幅レベルの小さい信号を正しく観測することができません．電子回路を開発するときにも，行き詰まるケースが増えてきています．

高速化・高精度化した現代の電子回路の信号を分析するには，横軸を時間で表示するオシロスコープに加えて，横軸を周波数で表示してくれるスペクトラム・アナライザが欠かせません．第10章から12章では，そんなスペクトラム・アナライザのさまざまな使い方を解説します．

10-1 スペクトラム・アナライザでできること

● 横軸が時間のオシロでは分からないことが横軸が周波数のスペアナで分かる

たとえばオシロスコープで観測した**図10-1**(a)のような信号波形に，ノイズのようなものが見えていたとします．単に時間軸の波形を見ているだけでは，このノイズの素性を見極めることは困難です．

スペクトラム・アナライザ(以降，スペアナと呼ぶ)を用いてこの信号波形を周波数軸で計測してみると，**図10-1**(b)のような周波数スペクトルになっていることが分かりました．オシロスコープで見えていたノイズは，同図の4.3 MHzの成分であり，これが信号波形に重畳していることが確認できました．またスペアナは縦軸がdB(対数)表示なので，相対的に小さい信号レベルもきちんと表示してくれます．

スペアナを使うことで4.3 MHzの混入を見つけることができました．この4.3 MHzが回路のどこかに混入しているはずで，その混入経路を特定していく，というデバッグ手順になるわけです．

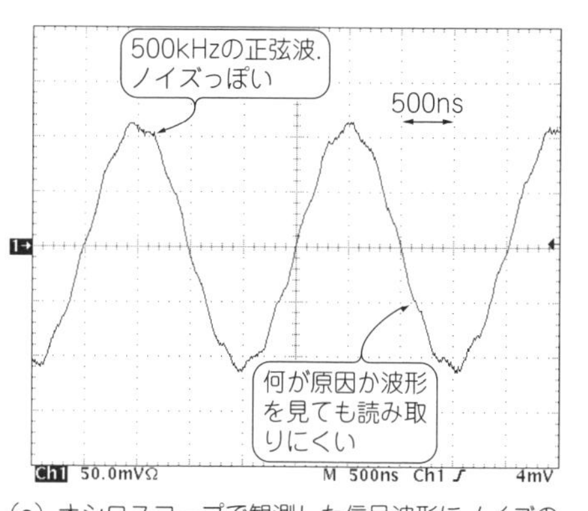

(a) オシロスコープで観測した信号波形にノイズのようなものが見える. この正体は?

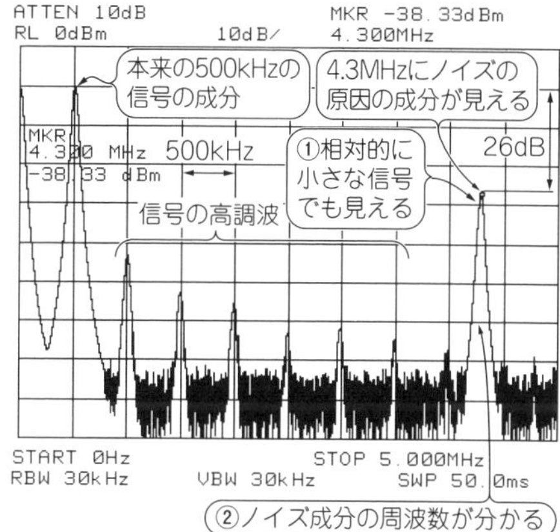

(b) スペクトラム・アナライザで計測するとノイズが姿を現す

[図10-1] スペクトラム・アナライザなら信号に乗ったノイズの素性を見極められる

● 高周波信号や微小信号などスペアナ計測の応用例

さらに, スペアナは以下のような計測にも応用できます.

- オシロスコープでは観測できないような低レベル信号の観測
- 基本的なスペクトル観測
- 不要波(アンプや無線機のスプリアスや副次発射)の計測
- EMI/EMC計測
- 変調特性の計測(AMの変調度, FMの変調指数など)
- 周波数変動特性の計測(変調波, PLL/VCOなど)
- バースト波計測
- 伝送特性(ただしトラッキング・ジェネレータというものが必要)
- アンテナの性能解析(高周波信号発生器などが必要)
- ノイズ・レベル, *NF*(Noise Figure ; 雑音指数)の計測
- 電波監視(違法電波の発見)

第10章から第12章では基本的なスペクトル観測例から, EMI/EMC対策などにも用いることができる計測方法, さらに高度な計測テクニック, そして高周波回路設計現場でも用いられているような本格的な計測方法について, 幅広く紹介していきます.

ここで計測に用いるスペアナは, **写真10-1**に示す, 私が保有する8560E(現キー

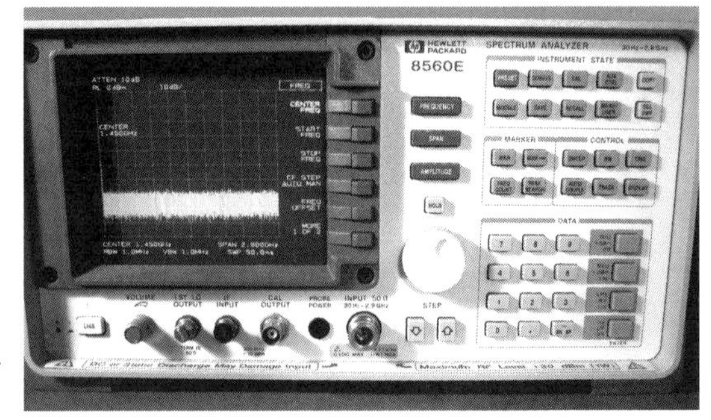

[写真10-1] 実験に使用したスペクトラム・アナライザの外観

サイト・テクノロジー)です．このスペアナは30 Hzから2.9 GHzまで計測できます．古いスペアナではありますが，最新のスペアナであっても基本的な考え方はなんら変わりません．

● スペアナの動作は周波数軸に変換する「フーリエ変換」と同じ

ところで，読者の皆さんも昔フーリエ変換を勉強したときに，フーリエ変換の数式を示されても実感が湧かなかったと思います．

フーリエ変換とは時間軸の波形を周波数軸の成分に変換するものなのです．**図10-2**に示すのは，3種類の時間波形をFFT(Fast Fourier Transform；高速フーリエ変換．ディジタル信号処理による離散フーリエ変換)したものです．時間軸の波形が周波数軸に変換されるようすが分かると思います．

計測対象信号をオシロスコープで計測する「タイム・ドメイン」[注1]での計測(簡単にいえば横軸が時間)に対して，このスペアナの「周波数ドメイン」での計測(簡単にいえば横軸が周波数)は，実は**測定対象信号をフーリエ変換したもの**なのです(リアルタイム/複素数ではないので厳密には異なるが)．

10-2　初めての方へ…使い方の三つのコモンセンス

スペアナ計測に限らず，**表1-2**のように「何を計測するのか」と「測定対象に接続したときの測定器との相互影響」をよく考えなくては，確からしい計測ができません．

注1：「ドメイン」という用語は「領域」という意味であるが，より電子回路的に身近に(測定器の視点で)考えると「軸」，「計測軸」という意味になる．

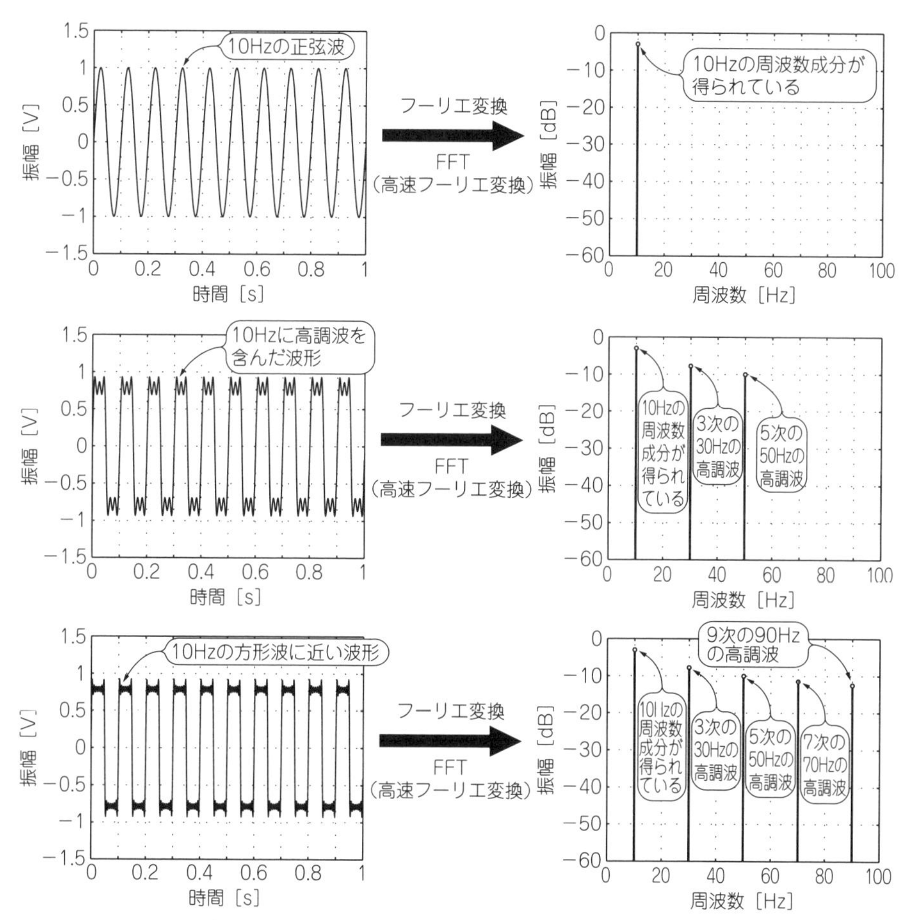

[図10-2] 時間波形をFFT(高速フーリエ変換)したもの
FFTはフーリエ変換の一種であり，時間軸の波形を周波数軸の成分に変換するように計算する．なお細かい話をすれば折り返しスペクトルもある

● その1：何を計測するかを整理して適切な方法を選ぶ

たとえばリストされた「計測項目」があって，計測作業は判っているとしても，スペアナには各種の設定がありますし，最適・適切な計測方法というものもあります．それらを理解して計測を開始することが大切です．

たとえば複数回の平均量を計測しなくてはならないのに，最大量(スペアナには最大値をホールドするマックス・ホールド機能というものがある)を計測してしまうなど，うっかり間違いとはいえない，**正しい計測方法の知識**が必要なことが多々あります．

また場合によると，別の測定器を使用した方が的確なケースがあることも考慮すべきことです．たとえば電力計測に使われるパワー・メータがよい例です(スペアナはマーカ読み出し電力量に誤差がある)．

● その2：スペアナ接続の影響を最小限にするか，計測結果に織りこむ

出力インピーダンス50 Ωの信号出力端子に，直接スペアナを接続して計測する場合は，50 Ω信号源に対して50 Ω終端ですから全く問題ありません．

しかし発振回路の出力など，接続された測定器が負荷になることで影響を受けやすい測定対象の回路の場合は，**図10-3**に示すように，その回路に対して計測による影響を与えないように配慮することが重要です．

同様にトランジスタの出力レベルを計測する場合などは，その出力インピーダンスは50 Ωでないことがほとんどです．ここにスペアナを直結して，そのままレベル計測すると「ミスマッチ・ロス」による計測誤差が発生してしまいます．ミスマッチ・ロスの詳細は割愛しますが，**計測したレベルはいつも正しいとは限らない**という点に注意し，回路の振る舞いを十分認識して計測を行うことが重要です．

● その3：表示単位「dB」と「dBm」の意味を理解する

スペアナではdB(デシベル／ディービー／デービー)，dBm(ディービーエム／デービーエム)という単位がよく使われます．オシロスコープでは画面上の縦軸は電圧で，(当然だが)0.1 Vの10倍のところが1 V，1 Vの10倍のところが10 Vです．

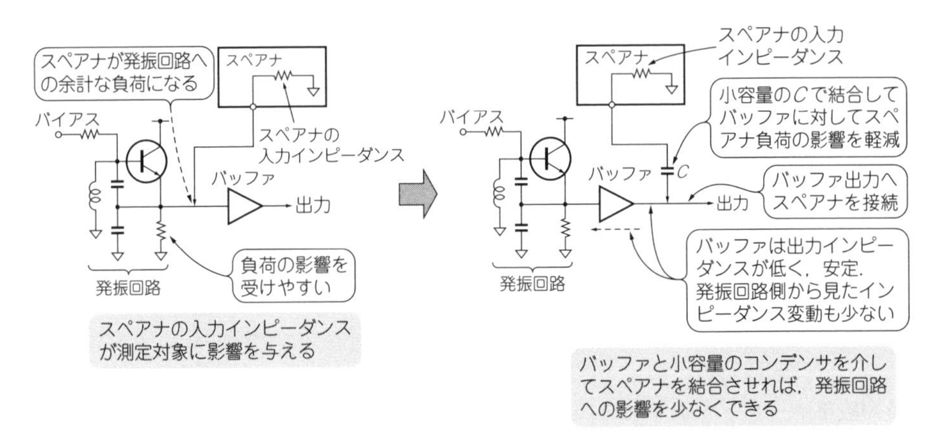

[図10-3] **スペアナをつなぐときは測定対象の動作に影響しないよう工夫する**

しかしdBはあるレベルを基準としたログ(常用対数)表記の「相対値」になっており，以下で表せます.

$$\left.\begin{aligned} \mathrm{dB} &= 10\log_{10}\frac{P_1}{P_0} \\ \mathrm{dB} &= 20\log_{10}\frac{V_1}{V_0} \end{aligned}\right\} \quad \cdots\cdots (10\text{-}1)$$

ここでP_0[W]，V_0[V]は基準となる電力・電圧，P_1[W]，V_1[V]は比較となる電力・電圧です．一般にスペアナでは電力で取り扱います．

dBmは電力量を表す大きさです．式(10-1)で分母をP_0 = 1 mWとしたもので，相対値ではなく絶対値になります．0 dBm = 1 mWです．

▶30，60，90…といえどもその差は大きい

dBm値と，その実際の値(真値)とはどれだけ違うかを考えてみます．たとえば−30 dBmは1 μW(1 mWに対して1/1000)，−60 dBmは1 nW(1 mWに対して1/1000,000)になります．スペアナの管面上[注2]では単に数目盛りしか違わないのですが，オシロスコープで見た場合は「**ほとんど/間違いなく見えない**」レベルの違いになります．

この違いはスペアナ計測の考え方も含め，最初にアタマに叩き込んでおく必要があります．0 dbmに対して−90 dBmは(電力比だと)地球から月までの距離と，肘から指先までの長さの差ほどあります．

10-3 より的確な計測を行うためにスペアナのしくみを知る

実際の計測のまえにスペアナのしくみを理解しておきましょう．この測定器の回路構成としくみを押さえてから実際の計測をすることが，的確な計測には重要といえるでしょう．**図10-4**にスペアナの回路構成を示します．

● アッテネータで信号を減衰させたあとミキサで周波数変換する

計測したい信号は，まず可変ステップのアッテネータによって，適切なレベルにまで減衰されます．この信号はミキサで周波数シンセサイザ(ローカル発振ともいう)からの信号と乗算され，一定周波数のIF(Intermediate Frequency；中間周波数)と呼ばれる周波数に変換されます．

注2：幾ばくかのこだわりをもって，本書では，スペアナの「画面」ではなく「管面」という用語を用いる．

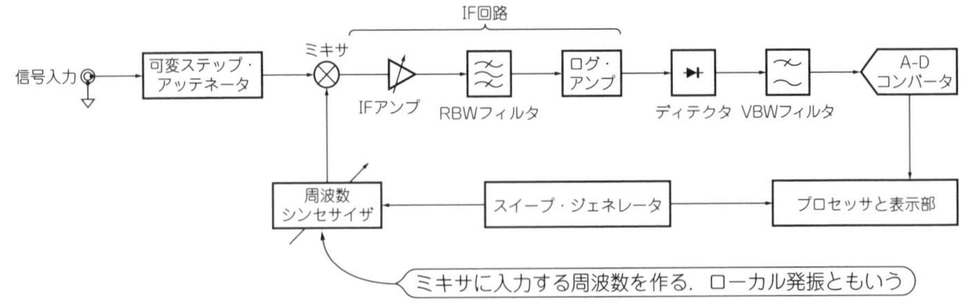

［図10-4］スペアナの単純化した回路構成

● 周波数シンセサイザ(ローカル発振)は指定した周波数で繰り返し変化している

スペアナとして動作するためには，計測したい広い周波数帯域をひとつのIFの周波数に変換する必要があります．また計測したい周波数帯域を連続して掃引(スイープとも呼ぶ)することが目的の動作です．

ミキサに加える信号(ローカル信号という)は周波数シンセサイザ(ローカル発振)で作られます．連続掃引を実現するために，周波数シンセサイザで一定のレートで変化する周波数を生成します．

指定した周波数範囲で一定のレートで周波数変化を繰り返すローカル信号と計測したい信号とを乗算することで，広い掃引周波数帯域を一つのIFに変換した信号が管面に表示されます．

ただし，最近は動作原理の異なる「リアルタイム・スペアナ」というものがあります(第12章のColumn1参照)．

● IF回路で増幅しRBWフィルタを経由する

IF回路では信号レベルが補正され(実際にはさらに数回の周波数変換が行われるが)，RBW[注3]フィルタというバンドパス・フィルタを通ります．

RBWはResolution Band Width(分解能帯域幅)の略です．RBWフィルタはスペアナの「キモ」の一つといえるフィルタで，信号を通過させる(表示される信号電力となる)帯域幅を決定します．IF回路の通過帯域幅，つまり計測される周波数帯域を設定するバンドパス・フィルタの帯域幅ということです．

注3：RBW，VBWは一般文中は立体文字，式中はイタリック文字に統一している．

● 以降ログ・アンプとディテクタを経由すると信号レベルが得られる

RBWフィルタ出力は，ログ・アンプを通り，次に信号レベルを検出する「ディテクタ」つまり検波回路部に入力されます．さらにこの後にVBWフィルタというローパス・フィルタを通ります．VBWもスペアナの動作原理上理解しておくとよいものです．

VBWはVideo Band Width(ビデオ帯域幅)の略で，ディテクタで検出したレベルを管面に表示するときの縦軸の反応速度を制限する，ローパス・フィルタです．表示の乱れを取る(オシロスコープでいえば周波数帯域の制限をする)ようなものです．RBWフィルタとVBWフィルタについてはColumn1でも解説しています．

10-4 上手にスペアナを設定して的確に計測する

● 周波数スパンを上手に設定して見たい信号を選り分ける

▶基準レベル，中心周波数，周波数スパンは自分で設定し，あとはお任せ

信号の周波数スペクトルを簡単に観測するには，基準レベル(リファレンス・レベル)，中心周波数と周波数スパン(掃引する周波数帯域幅)を設定すればOKです．

その他，VBWやRBWなど多くの設定はスペアナ自体で自動的に調整され，ある程度適切な管面表示が得られます．

図10-5はこのようにスペアナを設定し，DDS IC AD9834とOPアンプAD8051

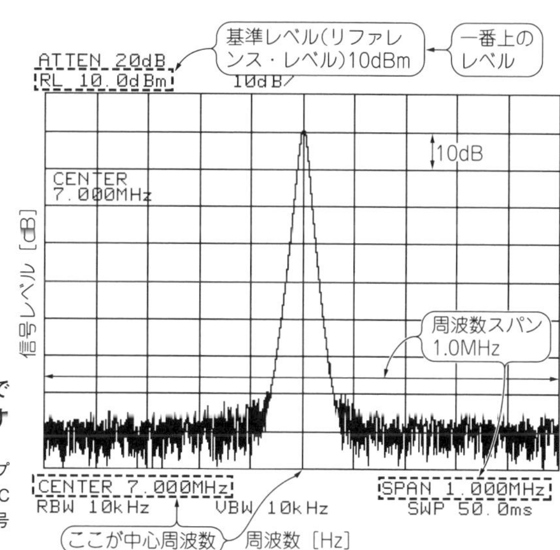

[図10-5] 基本的な設定をしただけで周波数スペクトルを表示させたようす
基準レベル(リファレンス・レベル)10 dBm，中心周波数7.0 MHz，周波数スパン(スイープする周波数帯域幅)1.0 MHzに設定しDDS IC AD9834とOPアンプAD8051を用いた信号発生回路の7 MHzの基本波を計測

Column 1

スペアナに装備された二つのフィルタRBWフィルタとVBWフィルタ

● RBWフィルタは信号検出する周波数帯域幅を決めるもの

図10-4に示したRBWフィルタは，スペアナのIF回路部分に配置されています．ある周波数ポイントで，エネルギとして信号レベルを検出するときの帯域幅を決定するフィルタとなります．このイメージを**図10-A**に示します．RBWを広くすれば，ある周波数ポイントの観測結果を得るとき，広い周波数帯域のエネルギを検出するようになります．

▶RBWを変えて実際の信号を観測してみる

図10-BにRBWを変えたときのようすを示します．3枚の図ともども，100 MHzのキャリアを10 kHzの周波数の正弦波でFM変調(周波数偏移20 kHz)した，同じ信号を観測しています．

図10-B(a)は$RBW = 300$ Hz，**図(b)**は$RBW = 1$ kHz(デフォルトのオート設定)，**図(c)**は$RBW = 3$ kHzとなっています．同じ信号を観測していても，スペクトルの幅が異なって見えることが分かります．RBWを広くすれば，ある周波数ポイントで広い帯域をカバーしていますから，そのぶんずれた周波数の信号のエネルギも検出してしまうからです．

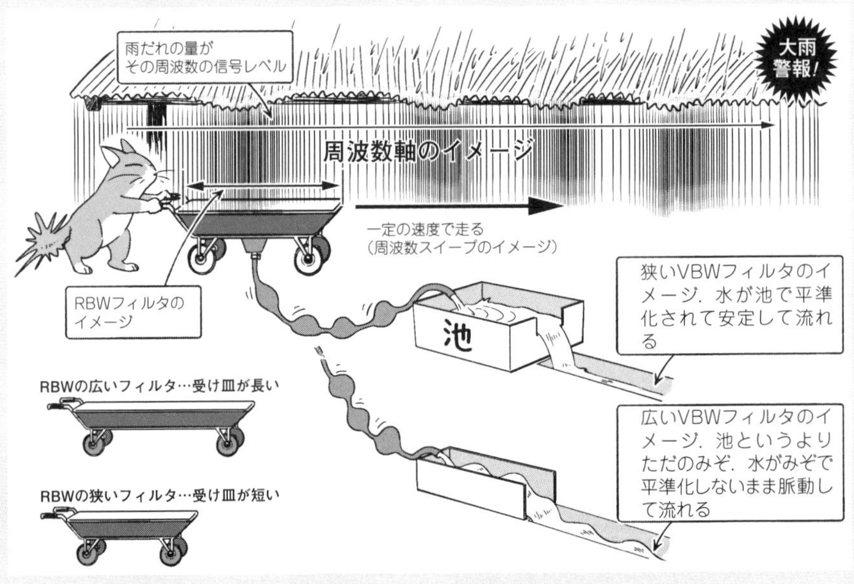

[図10-A] RBWフィルタとVBWフィルタのイメージ

● 管面に表示される輝線をスムージングするVBWフィルタ

図10-4に示したVBWフィルタはスペアナのディテクタ後段に配置されており，RBWフィルタで検出したエネルギを大きさ(実際は電圧)に変換したあとに，管面に表示させるためのスムージング・フィルタといえるものです．このイメージも**図10-A**に示してあります．VBWの帯域幅を広くすれば，表示させるための電圧の変動が大きくなり，狭くすればスムージングが働き，変動が小さくなります．

▶VBWを変えて実際の信号を観測してみる

図10-CにVBWを変えたときのようすを示します．3枚の図とも，100 MHzのキャリアを12.5 kbpsのランダム・データでBPSK変調した，同じ信号を観測しています．

図10-C(a)はVBW = 10 kHz，**図(b)**はVBW = 300 Hz(デフォルトのオート設定)，**図(c)**はVBW = 10 Hzとなっています．同じ信号を観測していても，スムージング・フィルタが異なることで表示される波形も異なって見えることが分かります．VBWを狭くすれば，波形がスムースになっています．なお**図(a)**と**図(b)**の差異が少ないのはRBW = 300 HzでVBWより帯域幅が狭いことが原因です．

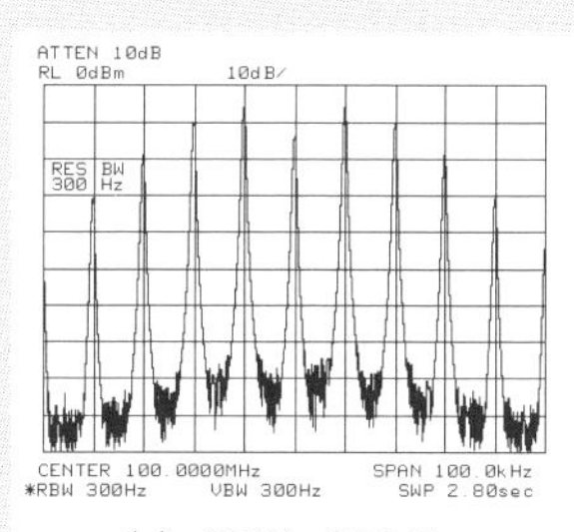

(a) RBW＝300 Hz

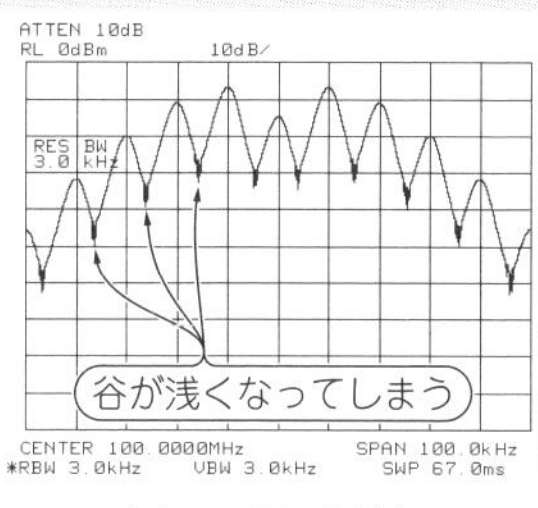

(b) RBW＝1 kHz(デフォルト・オート設定)

(c) RBW＝3 kHz

[図10-B] RBWフィルタの帯域幅を変えたときのスペアナの管面のようす

信号は100 MHzのキャリアを10 kHzの周波数でFM変調したもの

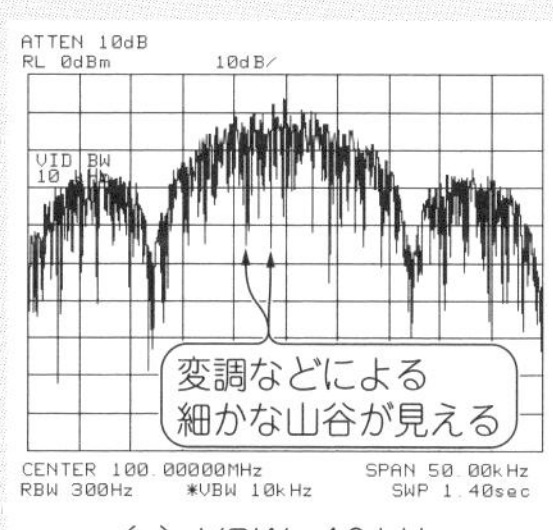

(a) VBW＝10 kHz

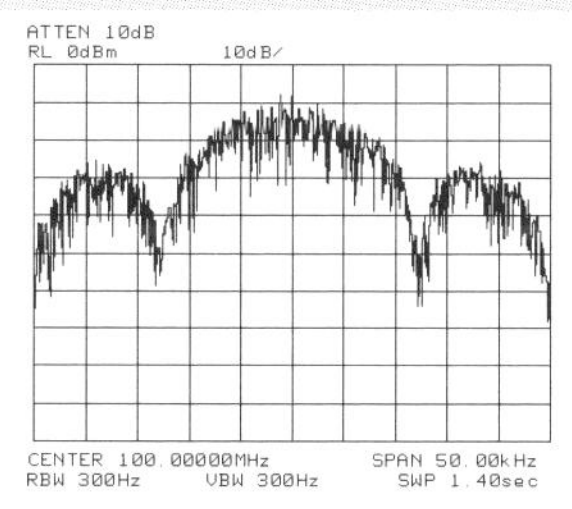

(b) VBW＝300 Hz(デフォルト・オート設定)

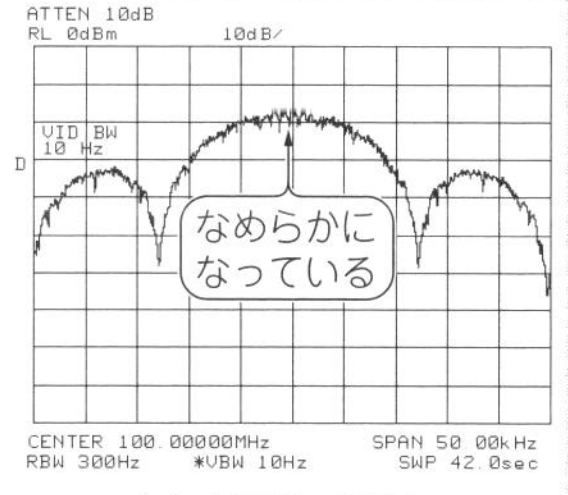

(c) VBW＝10 Hz

[図10-C] VBWフィルタの帯域幅を変えたときのスペアナの管面のようす

信号は100 MHzのキャリアを12.5 kbpsの速度でBPSK変調したもの

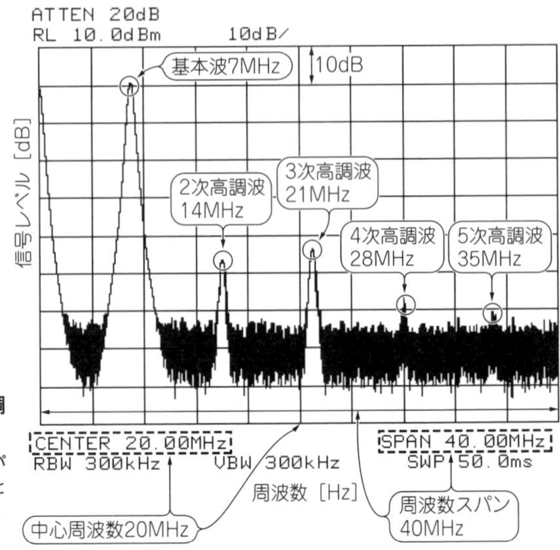

[図10-6] 周波数スパンを広げて高調波のようすも観測

図10-5と同じ信号を見ているが，周波数スパンの設定を広げてAD9834の基本波(7 MHz)と5次までの高調波を計測(*CENTER* = 20 MHz, *SPAN* = 40 MHz)

を用いた信号発生回路の7 MHz出力の基本波を計測したようすです．

▶周波数スパンを広げると高調波のようすが計測できる

図10-6で周波数スパンの設定を広げてみます．周波数設定の2要素を変更(中心周波数*CENTER* = 20 MHz，周波数スパン*SPAN* = 40 MHz)するだけで，AD9834の7 MHzの基本波と5次までの高調波をひとつの管面上に表示できます．AD9834と後段のAD8051の間にローパス・フィルタがあるので，高調波のレベルが低くなっています．

▶周波数スパンを狭めると変調信号のようすが計測できる

別の例を取り上げます．今度は周波数スパンの設定を50 kHzに狭くして表示させた例を**図10-7**に示します．この図は12.5 kbpsのランダム・データで100 MHzのキャリアを情報変調(BPSK変調)した信号スペクトルを表示させたものです．このように変調信号のようすも観測することができます．

● レベルと周波数を「差」で示してくれるデルタ・マーカを利用する

「マーカ」を用いるとマーカ指示点の周波数やレベルなどが直接読み取れます．また「デルタ・マーカ」(二つのマーカを管面に表示させ，その差分値を表示させる)を用いると，相対値を簡単に計測することができます．

図10-8はデルタ・マーカを用いて，PLL発振回路で発生する信号レベルとリファレンス・リーク(リファレンス周波数の漏れスプリアス)とのレベル差を，dBc

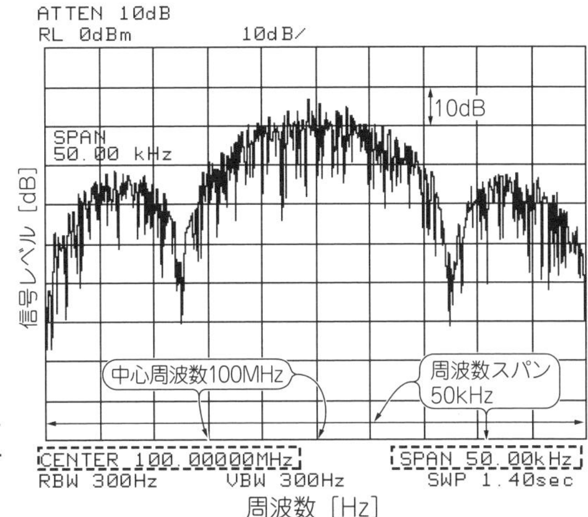

[図10-7] 12.5 kbpsのランダム・データで情報変調(BPSK変調)された信号のスペクトル

CENTER = 100 MHz, *SPAN* = 50 kHz

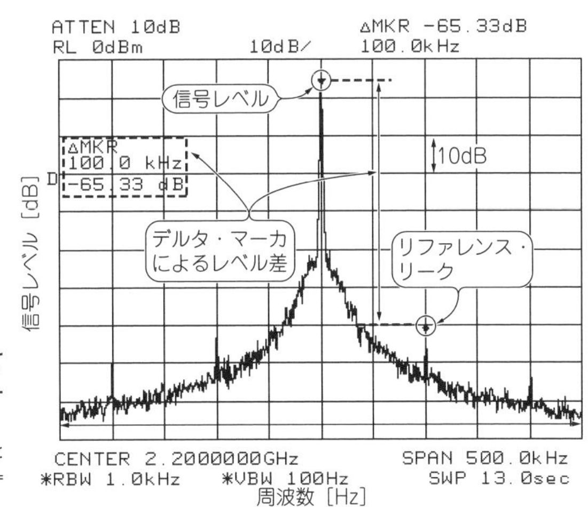

[図10-8] デルタ・マーカを用いてPLL発振回路のリファレンス・リークを計測

ADF4360-2の評価ボードを使用. RBWとVBWはマニュアルで変更. *CENTER* = 2200 MHz, *SPAN* = 500 kHz

(dB Carrier；キャリア信号を基準としたdB相対値)で表示させています.

無線通信機器としては大体目安として，このリークが−60 ～ 70 dBc以下になるように設計します.

● マーカ読み出し値のうのみは危険! かなりの「誤差がある」

マーカ機能は便利ですが，一方で値を読み出すときには注意があります.

マーカの電力レベルの**読み出し誤差は意外と大きく**，モノにもよりますが±2 dB

Column 2

アンテナを使った実使用環境でのマルチパスの観測

デモ用として伝搬特性やマルチパスの状態を視覚的に非常に分かりやすく見ることができる方法を紹介します．

ここで紹介するのは，高周波信号発生器(以下SGと呼ぶ)とアンテナを用いて，空間に電波を放射して計測する方法です．外部に電波が漏れて**電波法違反にならないように**，シールド・ルームなどに機器を設置して計測する必要があります．電波暗室は反射がないので駄目です．

● 広帯域FMで広く広がったスペクトルを作る

SGをFMモードにして出力周波数を数GHzに設定し，周波数は低速でかまいませんが正弦波で変調し，変調指数をできるだけ大きく設定し，広い帯域に出力周波数が偏移するようにします．

図10-Dは，SGの周波数を2.45 GHz，FM周波数偏移を±30 MHzの広帯域に設定し正弦波で変調し，スペアナに直結した場合です．広い帯域に舟形でスペクトルがきれいに広がっています．

● マルチパス・フェージングの観測

直結していたSG出力とスペアナ入力をそれぞれアンテナに換えて，それぞれの間を数m離してこの広帯域FM信号をスペアナで観測してみると，**図10-E**のよう

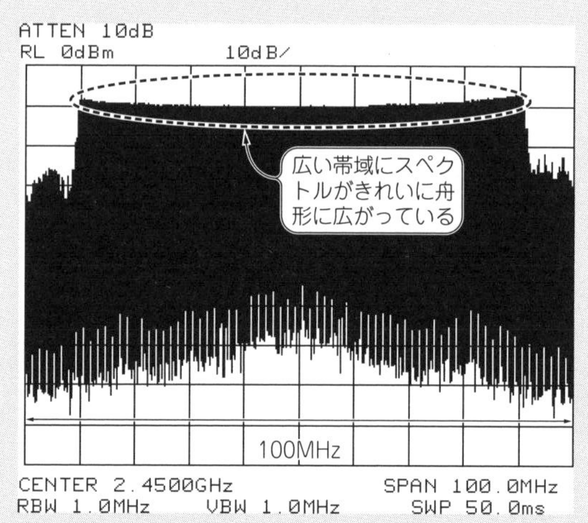

[図10-D] 広帯域FM信号のスペクトル(2.45 GHzのキャリアを±30 MHzの周波数偏移でFM変調)

に複雑な振幅変動になっていること，また30 dB程度変動していることが分かります．

これは「マルチパス・フェージング」（送信端から多数の経路を経て受信端に電波が到着することで信号が弱め合い，受信強度が弱まる）が原因で，周波数ごとで信号レベルが変動しているためです．無線通信チャンネルがいかに不安定であるかが一見で分かります．

なおマルチパスがないと，このような計測結果は得られません．反射物が必要ということです．マルチパスの生じる環境の例を**図10-F**に示します．

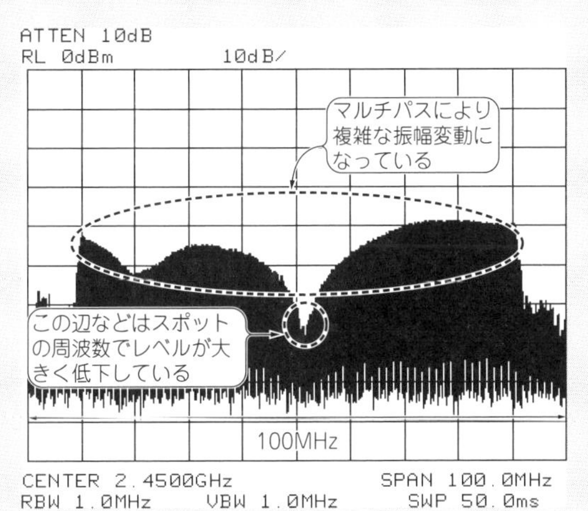

［図10-E］マルチパス・フェージングによる広帯域FMのレベル変動の観測（受信プリアンプを接続して計測）

［図10-F］マルチパスの生じる環境のイメージ

ほどの誤差がカタログ値です(実際は当然それよりよいが).

つまり補正や校正もせずにマーカ読み値を電力計測値とすることは大きな誤差が伴います．2 dBの誤差は電力比で1.6倍程度の差になります．

同じことが周波数計測にもいえます．普通の状態では**マーカの周波数読み出し値には誤差が含まれて**います.そのためスペアナの設定で,マーカの周波数カウンタ・モードをオンにして，周波数読み取り精度を向上させる必要があります．

こうすると8560Eの場合，100 MHzで±6 Hz程度，1 GHzで±15 Hz程度の精度が得られます．仕様書に記載は見つけられませんでしたが，カウンタ・モードがオフだと，条件にもよりますが，数kHz以上の誤差が生じることが考えられます．

本来これらを正確に計測するには，パワーメータや周波数カウンタを用いるか，もしくはスペアナの動作や特性を理解し，きちんと補正をかけることが重要です．

第11章

【成功のかぎ11】
ひずみや放射ノイズなどの微小信号計測
スペアナで低レベル信号を適確に計測するテクニック

周波数成分を計測できるスペアナは，高周波で微小な信号の観測や，微小な不要信号が発生しているようすを見つけ出すときに活用することができます．信号レベルに100 dB近い差があって，オシロスコープではまったく読み取れないような微小信号でも，周波数さえ違えば，スペアナで観測できます．

ただし，そのような微小信号を計測するには注意点があります．実例を挙げてスペアナの使い方のコツを解説します．

11-1 大信号に隠れた低レベルなひずみ成分の計測

● 入力信号が大きすぎるとスペアナ自体がひずむ

回路の出力端子に信号出力と一緒に現れる微小な信号，例えばアンプのひずみ成分や異常発振，外部からのノイズにより発生している不要信号などを見つけて，何が問題なのかを探り当てることは設計/開発段階で重要な仕事です．ここで微小な信号を検出できるスペクトラム・アナライザ(スペアナ)による計測が役立ちます．

ところがこのとき，前章の**図10-4**に示すスペアナ初段のミキサに加わる信号のレベルが大きすぎるとミキサがオーバー・レンジになり，ミキサの飽和や非線形性で**スペアナ内部でひずみが発生してしまい**，「隠れた微小信号なのかひずみなのか，何を計測しているのか分からなくなる」といった問題が生じることがあります．このような場合，ミキサに加わる信号レベルを低減させた状態で計測するテクニックが必要になってきます．

ここではスペアナの設定をわざとオーバー・レンジが起きるようにして，ひずみの発生するようすを見てみましょう．

● 大信号に隠れた微小な信号を見ようとするならスペアナの感度を上げるが…

図11-1に，スペアナへ入力する信号を示します．1900 MHzで発振している +12

dBmの大きな信号に対して，半分の950 MHzに−60 dBmの観測したい微小信号があります．

ここで，1900 MHzの大信号をスペアナの管面に表示させずに，周波数スパンを狭くして，測定対象の950 MHzの信号の付近だけを表示させたとします．

レベルが−60 dBmと低いので，レベルの調整も必要です．スペアナの内部ノイズはあまり小さくないので，検出レンジを下げて感度を上げないと，微小信号はスペアナの内部ノイズで決まるノイズ・フロア[注]に埋もれてしまうことが少なくありません．スペアナのリファレンス・レベル(最大レベル表示基準位置．一般的にはスペアナ管面上のグラフ格子の最上位に設定する)を低く，またノイズ・フロアができるだけ低く見えるように感度を上げた設定にしたとします．

このとき得られた管面のようすを**図11-2**(**a**)に示します．900 MHz付近に小さな信号が見えています．

● 大信号でスペアナが飽和すると予期しない「オバケ」スペクトルが現れる

1900 MHzの半分の周波数950 MHz以外に，894.7 MHzに「変な信号」が出ています．スペアナをフル・スパン(2900 MHz)にしたようすも**図11-2**(**b**)に示します．

これは，**スペアナ内部での飽和やひずみにより，予期しない周波数スペクトルが**管面に現れているものです．

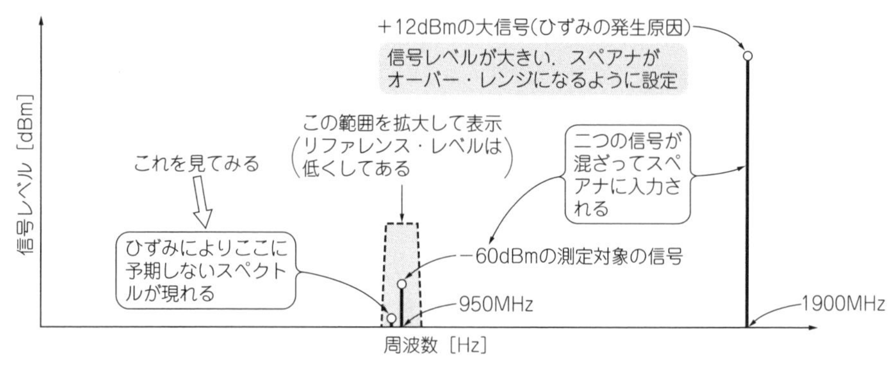

［図11-1］過大な信号をスペアナに入力してひずみを発生させてみる
レベルの大きい信号を入力し，スペアナ初段のミキサを飽和させ，
ひずみを発生させた状態でスペアナの表示を見てみる

注：ノイズ・フロアとは「ノイズの床」という意味で，測定器の内部ノイズなどにより生じる，消しきれない一定量のノイズのこと．このノイズ・フロアが測定器の計測限界になる．

スペアナの感度を高くしているので，1900 MHzの大信号(+12 dBm)は，スペアナ初段のミキサでオーバー・レンジになってしまっているのです．

● スペアナ自体のひずみかどうかはアッテネータを大きくしてみれば分かる

スペアナ内部で発生したひずみかどうかを簡単に判別するには，スペアナのアッテネータ(**図10-4**参照)の減衰量を1ステップ(10 dB)大きくしてみることです．こ

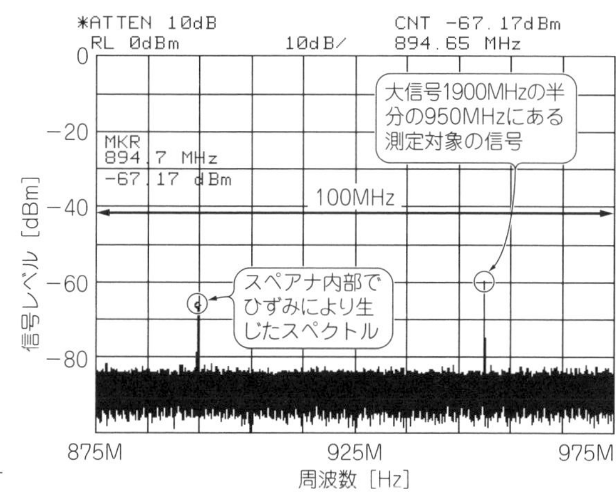

(a) 950 MHz周辺を拡大したようす(中心周波数*CENTER*＝925 MHz，スパン*SPAN*＝100 MHz)

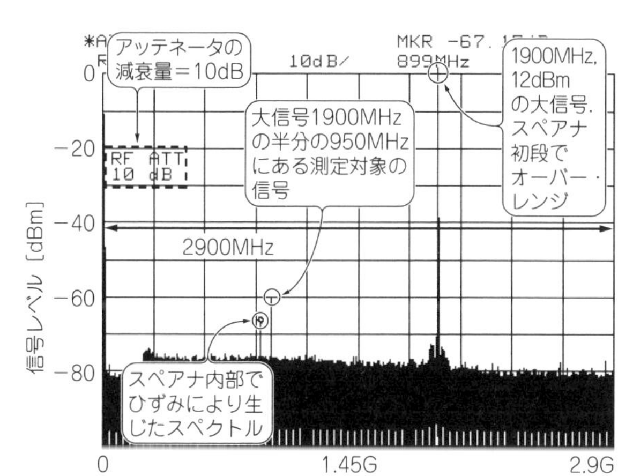

(b) 信号全体を表示させたようす(中心周波数*CENTER*＝1450 MHz，スパン*SPAN*＝2900 MHz)

[図11-2] スペアナ自体のひずみにより不要なスペクトルが発生する

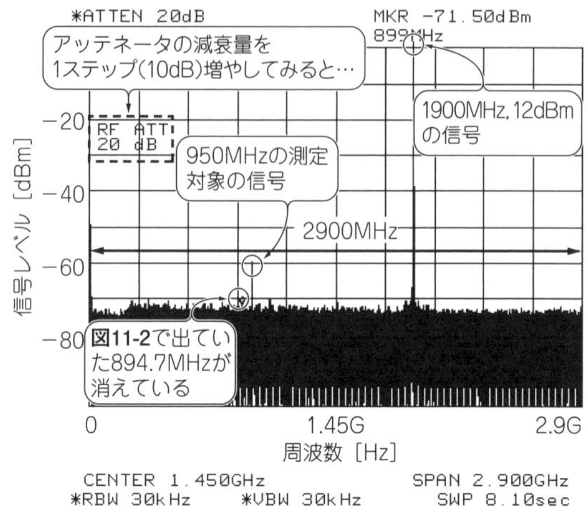

[図11-3] アッテネータを10 dBから20 dBに変えればスペアナ内部で発生したひずみかどうかを判別できる
外部からの信号であればレベルは変わらないが，内部で発生したひずみならば大きく減衰する

こでスペクトルが消えるか，大きな減衰が見られれば，それがスペアナ内部で発生したひずみだと判別できます．

図11-2(**b**)では，図中に「RF ATT 10 dB」とあるように，もともとアッテネータの設定は10 dBでした．**図11-3**のように「RF ATT 20 dB」として減衰量を1ステップぶんの10 dB増やしてみます．

すると，**図11-2**で出ていた894.7 MHzが消えています．950 MHzの信号のレベルは変化していません．

このことから，894.7 MHzの信号は測定対象の回路で発生しているものではなく，**スペアナの内部で生じたひずみ**であることが分かります．

▶入力信号に元からあるひずみはアッテネータの減衰量を上げても変化しない

管面上の信号レベルは，アッテネータの減衰量を含めて**スペアナ内部で補正され**表示されています．本来の信号なら，アッテネータ・レベルを変えても表示レベルは変わりません．

それに対して，スペアナ内部で発生するひずみの場合は，レベルが低下します．アッテネータを1ステップぶんの10 dB増やすと，ひずみなら−10 dBや−20 dBなどに変化します．

アッテネータを10 dB増やしたとき，**図10-4**のスペアナ初段のミキサから出力されるものが，本来の信号自体が−10 dB低下するところ，内部で発生しているひずみは−20 dBや−30 dBなどと，より小さくなるためです．−20 dBか−30 dBかはひずみの次数(発生のしくみ)によります．

● 不要信号「スプリアス」の発生原因

この不要信号(「**スプリアス**」と呼ぶ)の発生原因は，二つあります．

▶要因その1：スーパー・ヘテロダイン回路で行われる周波数変換

スペアナの回路構成(**図10-4**)でも示したように，スペアナは観測信号を周波数変換して信号処理する，受信機でいう「スーパー・ヘテロダイン」の構成になっています．

ここで**図11-4**(a)に示すような，回路の非線形性と周波数変換の関係により，観測する周波数帯域に思わぬ周波数の信号が落ちこんでくる(**スプリアス受信**と呼ぶ)ことがあります．**図10-4**は，説明を簡単にするため1回の周波数変換しか描いてありませんが，実際のスペアナでは数回の周波数変換を行うのが普通です．実験に使った8560Eの場合は，3回の周波数変換を行なっています．

ここに大入力信号とその高調波が加わり，それらがローカル周波数やローカル周波数の高調波とミキシングされ，複雑に周波数変換されることでスプリアスが生じ，これらの(高調波や複雑に周波数変換された)スプリアスが**スプリアス受信の周波数[図11-4(a)で灰色になっている帯域]に落ち込んでくる**ことになり，これが見かけ上の観測周波数帯域の信号(IF信号)となって，スペアナで観測されてしまいます．

周波数変換が何回も行われるので，どの周波数にどれくらいのレベルのスプリアスが見えるかは，簡単には予測できません．

▶要因その2：スペアナ初段の飽和や非線形性

スペアナで観測する測定対象の信号自体からもスプリアスが発生します．スペアナ初段のミキサの飽和や非線形性により，**図11-4**(b)のように複数の入力信号から2次ひずみや3次ひずみが生じ，本来存在しない信号がスプリアスとして観測されます．

このスプリアスが，さらにローカル周波数やその高調波とミキシングされ，別のスプリアスを生じさせることも多々あります．

● スペアナ内部で発生するスプリアスを減らすには

▶その1：ミキサへの最大入力レベルとダイナミック・レンジを考慮する

正しく計測するには，非線形性によるひずみ(スプリアス)が生じないレベルまで入力信号を減衰させてから，スペアナ初段のミキサに加える必要があります．しかし減衰させすぎると，信号がノイズ・フロアに埋もれてしまって観測できません．

スペアナの非線形性とダイナミック・レンジは深く関係しており，それらの関係

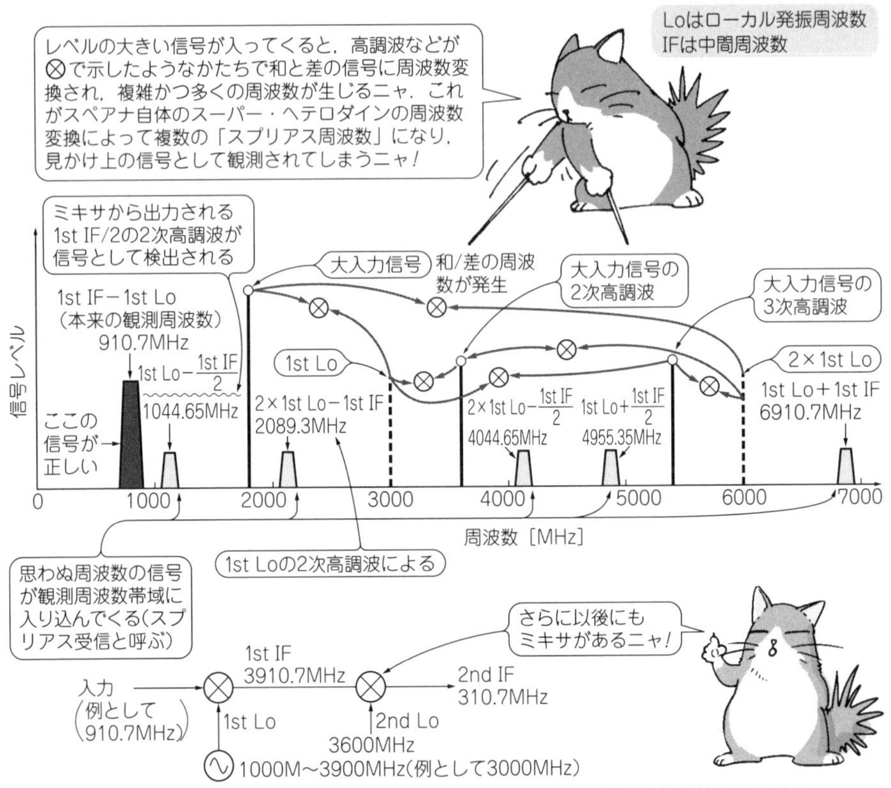

（a） 要因その1…高調波などの周波数変換結果がIFに入り込んでくる成分などが観測されてしまう（8650Eの周波数関係で説明）

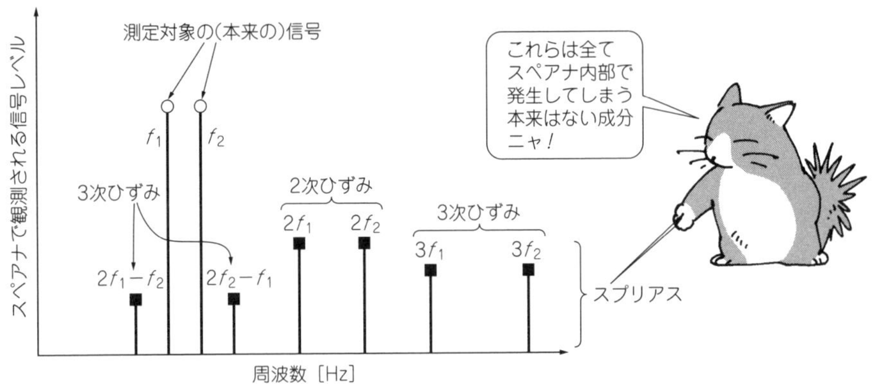

（b） 要因その2…ミキサの飽和や非線形動作により混変調ひずみの成分が見える

［図11-4］ スペアナ内部でスプリアスが発生する二つの要因

を規定する「スプリアス・フリー・ダイナミック・レンジ」*SFDR*(Spurious Free Dynamic Range)という数値があります(**図11-5**).

これはノイズ・フロアより高いレベルのスプリアスが管面の表示されずに，確からしい計測ができるレンジを示しています．スペアナ初段のミキサ最大入力レベル(アッテネータの減衰量)により「スプリアス・フリー・ダイナミック・レンジ」の幅が変化します．

▶その2：最大のダイナミック・レンジが得られる入力レベルでリミットをかける

8560Eの場合，最大のダイナミック・レンジが得られるミキサ入力レベルは−20～−45 dBmです［ひずみの次数や周波数によって違う．参考文献(37)参照］．

これに対して，ミキサ入力が−30 dBm以下になるようにリミットをかけられる，

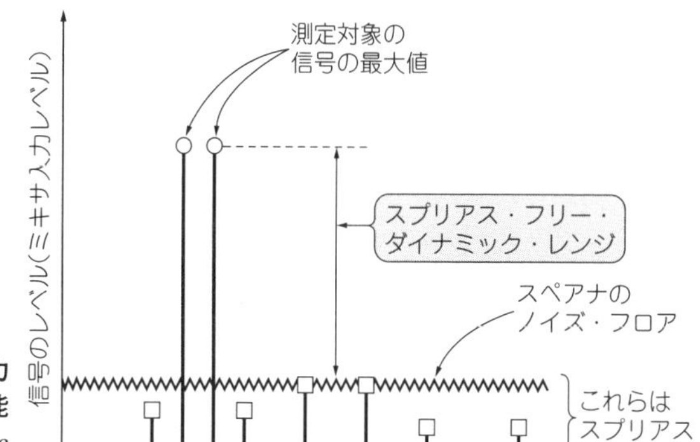

［図11-5］ひずみなく計測できる入力レベルの範囲を表すスペアナの性能指標「*SFDR*(Spurious Free Dynamic Range)」の定義

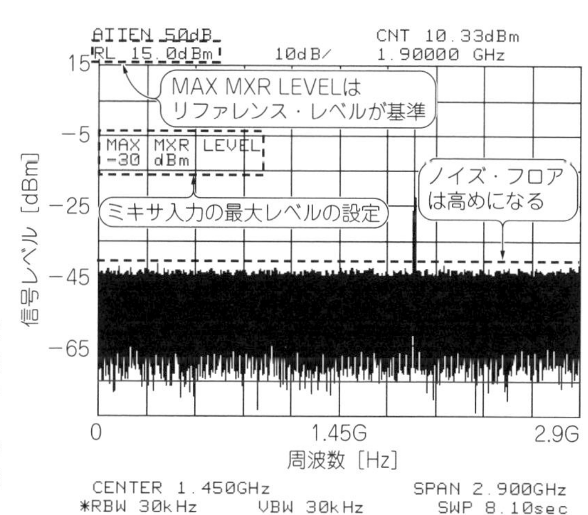

［図11-6］MAX MXR LEVELを設定するとミキサに入力される信号が大きくなりすぎないよう自動でアッテネータを設定してくれる
ただし自動設定の基準はリファレンス・レベルなので，信号がリファレンス・レベルを越えないようにする必要がある

MAX MXR LEVELという設定(**図11-6**参照)があります.

この設定は現在のリファレンス・レベルを基準にして，スペアナ内部を自動設定してくれます.

この機能を使うときは，信号スペクトルがリファレンス・レベルを超えないようにスペアナを設定しておくことが大前提です.

リファレンス・レベルを適切に設定すると，アッテネータの減衰量などをスペアナが自動的に調整してくれますので，最大のダイナミック・レンジの条件で計測が可能です.

ただしこの設定では，ノイズ・フロアは高めになります．具体的な動作はスペアナにより異なるので，取扱説明書で確認も必要です.

▶リファレンス・レベルとアッテネータの減衰量は本来は別モノ

この機能は，管面上の表示基準位置であるリファレンス・レベルを基準にした動作になっていますが，リファレンス・レベルとアッテネータの減衰量は本来全く別なので，その違いには注意してください.

*

アナログ/高周波回路設計において，回路のひずみや異常発振によるスプリアスなどの問題は，設計の後半なってから気がつくことが多く，精神的に余裕がないときに直面することになります．焦っているので，スペアナ内部のひずみであることに気がつかないこともあります.

一度気持ちを落ち着かせて全体を見直すことが，計測テクニック以上に大切です.

11-2 放射ノイズなど低レベル信号のスペクトル計測

● 放射ノイズなど低レベル信号を観測することは多い

電子機器の設計では，放射ノイズなど低レベル信号の計測が必要なことがよくあります.

図11-7は低レベル信号の例として，154 MHz帯の業務用無線機の受信時の内部信号の漏れ(副次発射という)を計測したものです．スペアナの各種設定はオート(スペアナ自体で自動的に設定)にしてあります.

無線機は受信時でもこのような信号の漏れが生じています(内部でスーパー・ヘテロダイン用の各種周波数を発生させているため)．漏れは信号レベルが非常に低いので，このようなスペクトル観測結果になっています.

この例は無線機なので「特殊なもの」だと感じるかもしれませんが，コンピュー

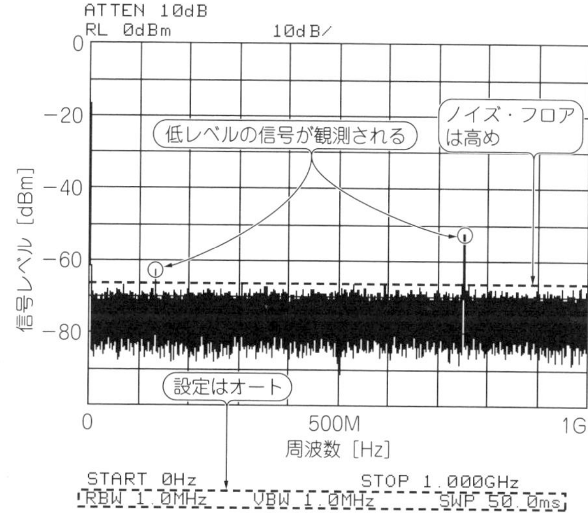

[図11-7] ノイズに埋もれたスペクトルを浮き上がらせる(調整前)
業務用無線機の受信時の漏れ(低レベル信号)を計測している．スペアナの各種設定はオート(スペアナ自体で自動的に設定)

タやディジタル機器などでも，このような低レベルの信号がかなり漏れ出して(放射して)いて，他の電子機器へのEMIの原因になります．この例をより汎用的な，ノイズのような微小信号計測の一例として考えてください．

● 設定をマニュアルで調整してノイズ・フロアに埋もれたスペクトルを浮き上がらせる

図11-7の計測では，十分な*SN*比が確保できていません．ほとんどのスペクトルがノイズ・フロア以下に埋もれています．

そこで，分解能帯域幅RBW，ビデオ帯域幅VBW，アッテネータの減衰量をマニュアル・モードにして変化させ(RBWやVBWを狭く，アッテネータの減衰量を小さくして)，ノイズ・フロアのレベルが低くなるように設定します．

そうすると**図11-8**のように，目的のスペクトルを浮き上がらせて観測できます．あらたに見えてくる受信時の漏れスペクトルもありますね．

なお，8560Eは電源投入状態ではアッテネータの減衰量は最低のATT = 10 dBになっています．これ以下にはできません．

▶UNCALと表示が出ないように設定する

RBWやVBWを変化させていくと，**図11-9**のようにUNCALと出ることがあります．これは**計測結果が正しくない状態，正しい値を表示していない**ことを意味しています．UNCALが消えるまで，スペアナの帯域幅の設定を戻してから，再計測しなくてはなりません．またスイープ時間を長くすると，同じようにUNCALを消

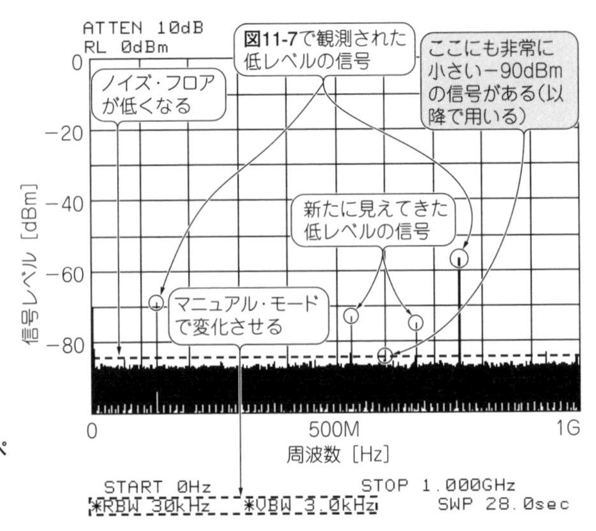

[図11-8] ノイズに埋もれたスペクトルを浮き上がらせる(RBW, VBW, アッテネータを調整)

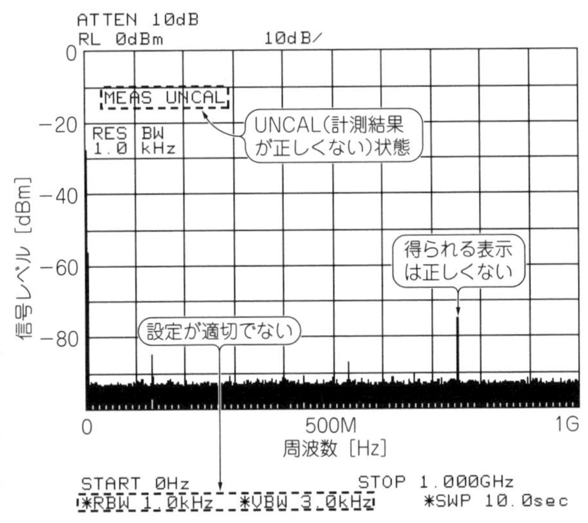

[図11-9] UNCALが出たら要注意!…計測結果が正しくないことを示している

設定を変えていくと, このような表示になることがある. UNCALの表示が出なくなる設定, または長いスイープ時間に変更する

すことができます.

● 信号が一定レベルならアベレージングも使える

RBWやVBWを変化させていくとUNCALが出やすくなります. これは計測上でも結構な制限かもしれません. 信号レベルが変化していない場合は, **アベレージング**するという方法もあります.

図11-10は，スペアナの設定を**図11-8**と同じにしたまま，スパンを20 MHzとし，600 MHz付近に見えた低いレベルの受信時の漏れスペクトル(596.77 MHz)を計測し，アベレージングした状態です．

このようにアベレージングでも，目的のスペクトルを浮き上がらせて計測できます．とはいえこの方法は「信号のレベルや周波数が一定」でないと正しい結果は得られません(最新のスペアナでは考慮されている)．

● 信号レベルが低いとマーカでのレベル読み出し精度が悪くなる

計測する信号がノイズ・フロアのレベルに近いとき，マーカで信号のレベルを読み出すと，正しい値が読み出せません．

この理由は，マーカ値が信号と内部ノイズを足し合わせた大きさを表示しているためです．例えば，計測したいスペクトルの電力と，分解能帯域幅RBW内に含まれるスペアナの内部ノイズの電力とが同じだった場合，マーカは本来の値より3 dB高い値を表示します．

● 問題点…スペアナは放射ノイズをそのまま計測できるほどロー・ノイズではない

スペアナ自体の*NF*(Noise Figure；雑音指数)はあまり良くありません．ここまで示した方法を用いたとしても，さらに低レベルの信号ではスペアナの内部ノイズによるノイズ・フロアに隠れて(埋もれて)検出できません．

そのような例は，電子機器筐(きょう)体から輻射されるEMIノイズを3 m法で計測する

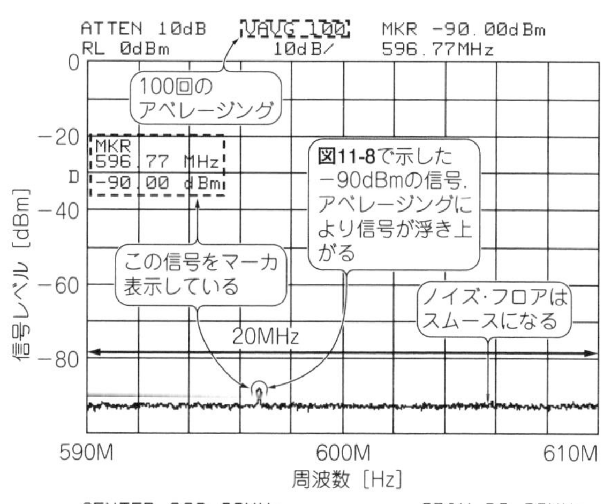

[図11 10] アベレージングを使うとスペクトルが浮き上がる
中心周波数*CENTER* = 600 MHz，スパン*SPAN* = 20 MHz．ただしレベルと周波数が一定の信号でないと，正しく計測できない

(3 m離れてアンテナで計測する)ような場合が挙げられるでしょう.

この場合,**写真11-1**のようなプリアンプをスペアナとアンテナの間に挿入します.

● 対策…プリアンプで増幅してからスペアナに入力するとスペクトルが浮き上がる

プリアンプのNFは,スペアナのNFより十分に低い,つまりロー・ノイズであることと,広帯域で十分なゲインを持っていることが必要です.NF(dBではなく真値)がF_{SA}のスペアナに,ゲインG_{PA}(真値)でNFがF_{PA}(真値)のプリアンプを挿入したとき,計測系全体のNF,F_T(dBではなく真値)は以下の式のように改善します.

$$F_T = F_{PA} + \frac{F_{SA}}{G_{PA}} \quad \cdots\cdots (11\text{-}1)$$

例えば,F_{PA}が2(3 dB),F_{SA}が100(20 dB),G_{PA}が316(25 dB)あったとすると(それぞれ必ずdBから真値に直して式に代入すること),

$$F_T = 2 + \frac{100}{316} = 2.32 \quad \cdots\cdots (11\text{-}2)$$

となり,もともと20 dBだったNFが,真値で2.32,dB値で3.7 dBにまで改善します.つまり16.3 dBも感度が上がります.

プリアンプの効果が分かる測定結果を**図11-11**に示します(**写真11-1**の機器を使用).**図11-7**,**図11-8**,**図11-9**でのスペアナ単体の場合と比べれば,低レベ

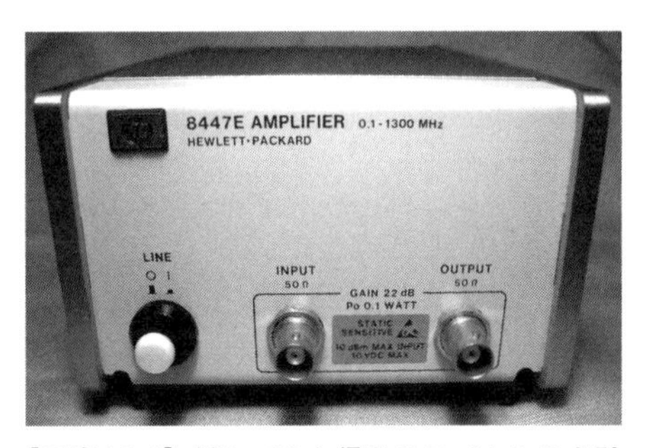

[写真11-1] 低レベルな信号のスペクトルを計測したいときに効果的なロー・ノイズ・プリアンプ(いったん増幅してからスペアナに入力する)
1300 MHzまでのもの.8447E(現キーサイト・テクノロジー)

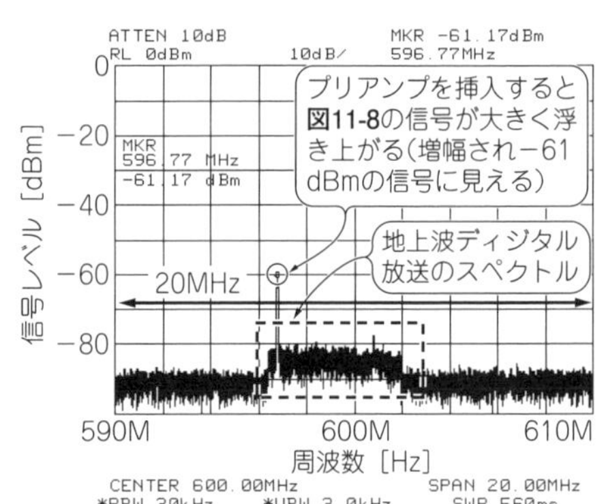

[図11-11] プリアンプを挿入して観測すると内部ノイズの影響を受けにくい
スペアナの設定は図11-10と同じ(ただしアベレージングはなし)だが写真11-1のプリアンプを挿入して観測した.広い周波数の低レベルのノイズは地上波ディジタル放送のスペクトル

ルの信号(596.77 MHz)の違いは一目瞭然でしょう.

ただし，前節で説明したように，他にレベルの大きい信号があった場合，プリアンプ挿入による**スペアナ本体およびプリアンプの飽和やスプリアス・フリー・ダイナミック・レンジの低下に注意**することが大切です.

11-3 スペアナでひずみ率の計測もできる

スペアナを使えばアンプなどのひずみ率を計測することもできます.

● ひずみ率計測の基本的なセットアップ

図11-12はスペアナでひずみ率を計測するセットアップです．この場合，測定対象(被測定システム)の負荷となる負荷抵抗をどれほどにするか(出力電流がどれだけ流れるか)が，ひずみ率計測のポイントとなります．負荷抵抗が重く(小さく)なると計測結果としてのひずみ率が悪くなる可能性があります．確からしい計測ができないわけですね．一方でスペアナの入力インピーダンスは50 Ωですから，負荷抵抗として重い(小さい)ケースになりかねず，単に測定対象をスペアナに直結するだけでは適切なひずみ率計測ができません.

▶外部アッテネータを挿入して負荷抵抗相当量を調節

ひずみ率(*THD*；Total Harmonic Distortion，全高調波ひずみという)は「信号成分とひずみ成分のレベルの比」が分かれば求めることができます．そのため信号の絶対値を知る必要がなく，信号成分(基本波/キャリア)と，高調波ごとのひずみ

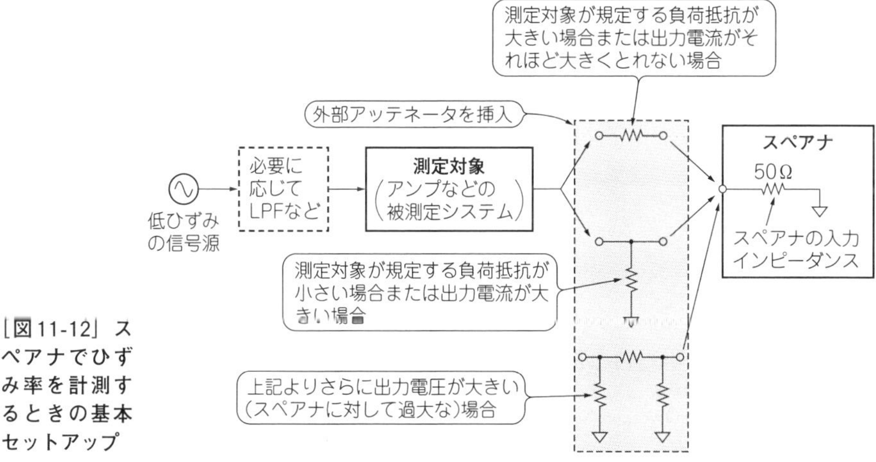

[図11-12] スペアナでひずみ率を計測するときの基本セットアップ

成分との比さえ分かれば十分です．

つまりアッテネータによる減衰量が幾らであってもよいため，**図11-12**のように外部アッテネータで信号を適切に減衰させてからスペアナに入力します．こうすることで測定対象から見える負荷抵抗相当量を軽く（大きく）することができます．これによりひずみ率が増大する可能性が排除されます．

● 管面に基本波と高調波を表示させデルタ・マーカ機能を活用して計測

デルタ・マーカを使って信号成分と高調波ごとのひずみ成分の差分量（dBc値）を各ひずみ成分それぞれで計測して，以後の式（11-4）で計算すれば，ひずみ率を求められます．

第10章の10-4節でも説明しましたが，dBcは信号成分（キャリア．以降では500 kHzを例としている）との比を明示的に示す「dB Carrier」という単位です．スペアナでよく用いるものです．

図11-13のように，信号（基本波/キャリア）を500 kHz，スペアナの設定はスタート周波数$START$ = 0 MHz，ストップ周波数$STOP$ = 2.5 MHzとして，5次の高調波成分まで計測してみます．実際の計測ではさらに高次まで表示させて，さらに高い高調波も計測したほうがよいでしょう．

まず信号の500 kHzをデルタ・マーカの基準として設定します．ノーマル・マーカで500 kHzに持っていき，そこでデルタ・マーカのボタンを押します．

次に，各高調波での差分量（dBc値になる）をそれぞれ計測します．

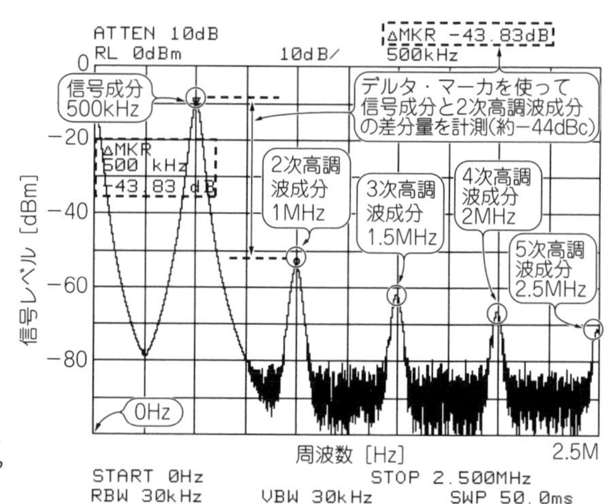

［図11-13］**ひずみ率を計測するときはデルタ・マーカ機能を活用する**
基本波0.5 MHz，$START$＝0 MHz，$STOP$＝2.5 MHz

図11-13は2次高調波にデルタ・マーカを合わせている状態です．−43.83 dBという差分量を表示していることが分かります．このようにして5次の高調波までをデルタ・マーカで計測した結果が**表11-1**です．

● 計測値からひずみ率を計算する

ひずみ率を求めるには，まずdBcをV^2の比（電圧の二乗値の比）に変換します．n次高調波の大きさが$h(n)$[dBc]と得られたとすると，これを

$$V^2(n) = 10^{\frac{h(n)}{10}} \quad \cdots\cdots (11\text{-}3)$$

として，n次高調波の電圧レベルの二乗値の比$V^2(n)$に変換します．次に高調波全体のひずみを合計して，RSS（Root Sum Square；二乗和平方根）の形で計算します．これによりひずみ率THD[%]は，

$$THD = 100\sqrt{V^2(2)+V^2(3)+\cdots+V^2(n)} \quad \cdots\cdots (11\text{-}4)$$

で求められます．

表11-1の結果を計算してみると，0.702 %という大きさが得られました．ここではdBc（基本波との比）で計算していますので，式(11-4)は基本波の大きさで割られた分数の形になっていません．

もし各ひずみ成分の大きさが実際の大きさであり，それで計算するのであれば，分数として分母を基本波成分の大きさにして，割り算する必要があります．

繰り返しますが，実際の計測ではさらに高次まで表示させ，高次の高調波成分のようすも確認しながら計測したほうがよいでしょう．またスペアナ内部でもひずみが発生するので，アッテネータを用いた切りわけ確認も必要です．

[表11-1] 図11-13で見えている高調波からひずみ率を算出

成分	比率 [dBc]	V^2の比
基本波	0	−
2次高調波	−44	3.98×10^{-5}
3次高調波	−52	6.31×10^{-6}
4次高調波	−56	2.51×10^{-6}
5次高調波	−62	6.31×10^{-7}
合　計		4.93×10^{-5}

$THD = 0.702\%$

Appendix 2

スペアナだけで実現する*NF*の計測

スペアナだけでも，受信機の感度やアンプのノイズ性能を決定する*NF*を簡易に計測できます．その方法を解説します．

本来なら，*NF*アナライザという専用測定器を用いるか，ノイズ・ソースを使い*Y*ファクタ法を用いることで，*NF*を正確に計測します．しかしスペアナだけでも簡易的であれば計測できる，というのがここでの趣旨です．

スペアナ単体による計測は，誤差が大きめになったり制限があったりしますので，正確な*NF*の値を得るためには上記に示した本来の方法を用いてください．

● *NF*計測のセットアップ

図11-Aはスペアナを用いた*NF*計測系のセットアップです．*NF*算出のため計測が必要な値としては，以下の2点です．

- アンテナ端から計測点までのトータル・ゲイン
- 1 Hzあたりのノイズ電力

● その1：アンテナ端から計測点までのトータル・ゲインを計測する

ここでは154 MHz帯の業務用無線機(受信機)の*NF*を計測してみましょう．2nd IF(第2中間周波数．この無線機の1st IFは21.4 MHz)と呼ばれる455 kHzにダウン・コンバート(周波数変換)した，受信ゲイン(トータル・ゲイン)が十分あるところを観測します(ここに接続する理由は以下であらためて説明する)．

まずトータル・ゲインを計測してみます．高周波信号発生器から受信中心周波数の無変調(CW)信号を無線機に加えます．レベルも低くしておきます．ここでは−115 dBmにしてあります．

これで2nd IF出力のようすを観測します．**図11-B**はこの計測結果です．2nd IF

が455 kHzなので，スペアナの中心周波数は$CENTER$ = 455 kHzになっています．高周波信号発生器から加えたCW信号の大きさをマーカで計測すると，−62.5 dBmとなっています．

これによりこの部分までのトータル・ゲインがG = 52.5 dB［−62.5 − (−115)］であることが分かりました．

▶スペアナの内部ノイズが計測誤差にならないような信号レベルにして取り扱う

この計測では，十分にシステムのトータル・ゲインが取れる個所にスペアナを接続することが重要です．

図11-Aのように測定対象が無線機や受信機の場合は，信号が大きく増幅されたIF出力段など，十分にゲインのあるところに計測系を接続してください．無線機などではない，アンプのような場合は，試験したい測定対象の後段に「ポストアンプ」として，大きく増幅できるゲイン段を接続してください．ただしその場合，ポストアンプの*NF*が測定対象のゲインより十分小さい必要があります．

トータル・ゲインが少ないと，計測時に測定対象から得られる(計測すべき)ノイズ電力レベルが低くなりますので，ノイズ電力計測時に**スペアナの内部ノイズが計**

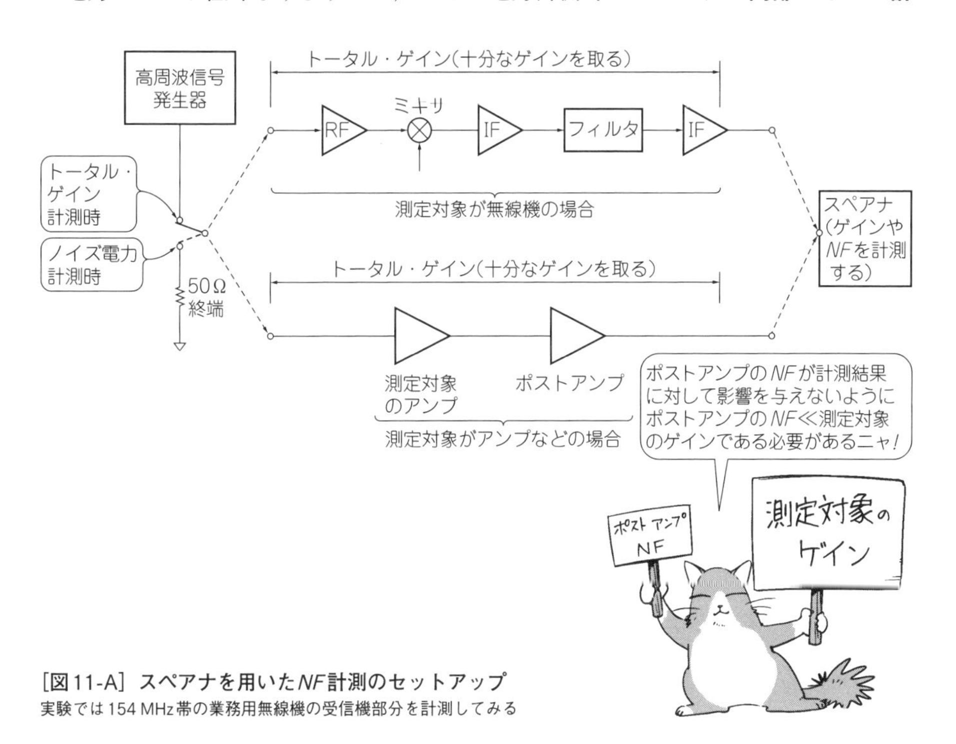

[図11-A] スペアナを用いた*NF*計測のセットアップ
実験では154 MHz帯の業務用無線機の受信機部分を計測してみる

測誤差として影響を与えてしまい，確からしい計測ができません．スペアナのノイズ・フロアから10 dB以上高いレベルに，測定対象のノイズ電力レベルが維持できるようにするとよいでしょう．

● その2：「ノイズ・マーカ」で1 Hzあたりのノイズ電力を計測する

この計測は無線機のアンテナ端子を50 Ωで終端して行います(高周波アンプなど他の測定対象でも同じ)．高周波信号発生器からの信号はオフにしておいた方がよいでしょう．

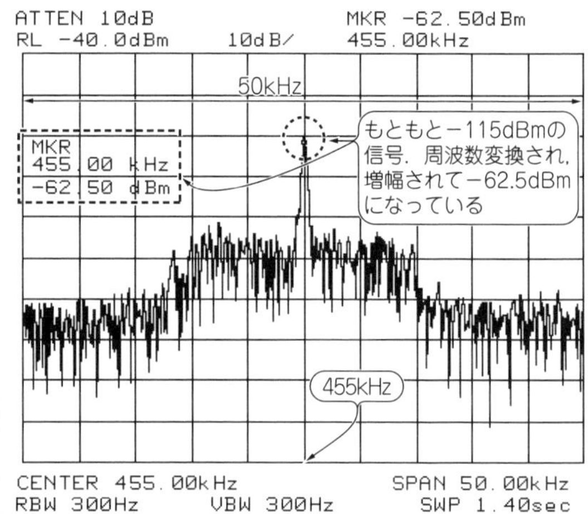

[図11-B] 測定対象のトータル・ゲインを計測する
高周波信号発生器から−115 dBmを供給すると2nd IFから−62.5 dBmが観測できた．これでトータル・ゲインG＝52.5 dBだと分かる(中心周波数$CENTER$＝455 kHz，スパン$SPAN$＝50 kHz)

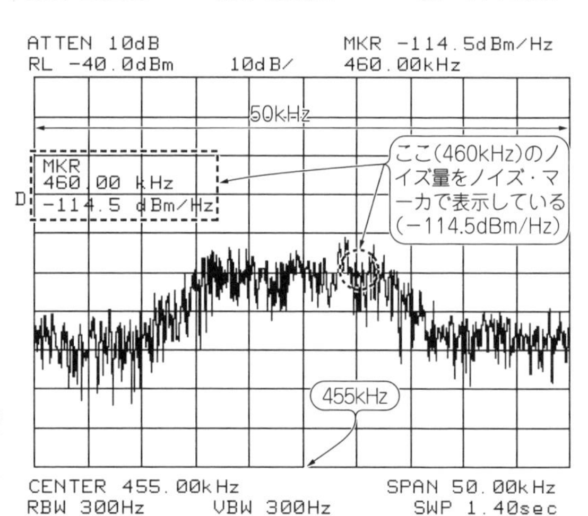

[図11-C]「ノイズ・マーカ」で1 Hzあたりのノイズ電力を計測する(高周波信号発生器からの信号はオフにした)

この計測はマーカを「ノイズ・マーカ」モードにして計測します．ノイズ・マーカは1 Hzあたりのノイズ電力に補正されたかたちで(帯域/時間も平均化，つまりアベレージングされて)簡単に計測できるものです．**図11-C**にノイズ・マーカ・モードでの計測結果を示します．

▶ノイズはレベルが変動するがノイズ・マーカは優れもの

図11-Cの管面のようすからも分かるように，1回のみの観測ではノイズ量は周波数ごと，計測ごとで変化します．そのためマーカ計測すると，この変動も読み取ってしまい，表示が安定しないのではないか，と思われるでしょう．

しかしノイズ・マーカは優れもので，(8560Eの場合)測定点を中心とした管面のトレースの32ポイントを平均した答えとして，「レベル変動の少ない安定した大きさで」1 Hzあたりのノイズ電力，ここでは−114.5 dBm/Hzを表示してくれます．

とはいえ，これでもまだマーカ読み値は±2 dB程度変動しています….

● ノイズ計測におけるマーカ読み値には誤差がある

スペアナでのノイズ計測においては，優れもののノイズ・マーカを用いたとしても，**マーカ読み値には依然として誤差**が付き物です．これについては参考文献(27)や(28)に，より詳しく説明されているので，ぜひ参照してください．

▶要注意！ アベレージングの落とし穴

図11-Dのようにアベレージングして，平均化したノイズ電力を表示させる方法もあるでしょう．さきほどの**図11-C**では，32ポイントの平均処理をしているノイ

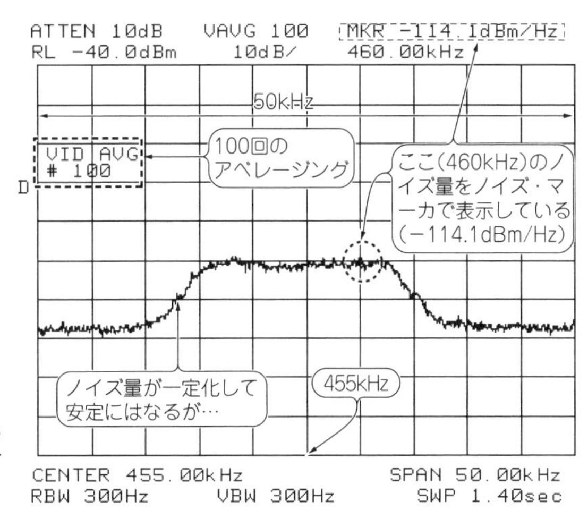

[図11-D] アベレージングをかけるのも良し悪し(ノイズ量が一定化して安定になるが注意も必要)

ズ・マーカであっても，マーカ読み値は±2 dB程度変動していましたが，アベレージングするととりあえずは安定したノイズ電力を表示してくれます．

ところがアベレージングでは，正しい数値を表示していない場合もあるのです．以下，理由を簡単に説明します．

なお，ここで「アベレージング」ではなく「ピーク・ホールド(マックス・ホールド)」モードにして，ノイズ電力のピーク・レベルを求めてしまうと，**完全に間違った結果**を得てしまいますので注意してください．

▶ログを平均するか平均をログするかで結果が変わってくる

スペアナはログ・スケールで通常表示します．これはもともとスペアナはログ・アンプで信号を検出するからです．

1 Hzあたりのノイズ・レベルは観測回ごとで変化します．これをログ・アンプで増幅した結果，

- ノイズ電力レベルが大きくなったところは(ログ圧縮されるため)変化に応じたログ・レベル変化が小さくなり
- ノイズ電力レベルが小さくなったところは(ログ伸張されるため)変化に応じたログ・レベル変化が大きくなる

ということになります．

さらにアベレージングは，観測回ごとの**ログ圧縮/伸張された大きさを平均化**するので，「ログしてから平均化」となります．

つまりログ圧縮/伸張されることにより，アベレージングした結果は，**確からしいノイズ電力レベルではない**ことになりかねません．低めに結果が得られてしまいます．

このことはノイズ・マーカをアベレージングして使ううえで知っておくべき知識といえるでしょう．当然使用するスペアナにもよりますので，計測の事前に取扱説明書などで確認しておくとよいでしょう．近年のインテリジェントなスペアナでは対策されているものも多いので，取扱説明書などを参照してみてください．

▶リニア・スケールにして比較してみるのもよい

図11-Eのように，ログ・スケールをリニア・スケール(真値)の表示にして，アベレージングしてノイズ・マーカで計測し，その結果とログ・スケールでのノイズ・マーカ読み値とを比較してみるのもひとつです．

リニア・スケールのときは，マーカは電圧レベル(nV/Hz．本来は$\sqrt{\mathrm{Hz}}$)で表示されますので，これをdBm/Hzに変換する必要があります．以下の式で変換できます．

$$N = 10\log\frac{V^2}{50} \quad\cdots\cdots (11\text{-A})$$

ここで，N[dBm/Hz]はノイズ電力レベル，Vはマーカ読みの1 Hzあたり(本来は$\sqrt{\text{Hz}}$)の電圧レベル，分母の50はスペアナの入力インピーダンス50 Ωです．

8560Eでのアベレージングした計測結果では，リニア・スケール時418 nV/$\sqrt{\text{Hz}}$ = −114.6 dBm/Hz，ログ・スケール時−114.1 dBm/Hzで，0.5 dB程度の差異となり，ほぼ問題ない誤差ということも分かりました．

● ノイズ・マーカの値から測定対象の*NF*を計算する

その1，その2の計測結果を用いて，以下の式から測定対象つまり無線機の*NF*(dB値)を求めることができます．

$$NF[\text{dB}] = 174\ \text{dBm/Hz} - G[\text{dB}] + N[\text{dBm/Hz}] \quad\cdots\cdots (11\text{-B})$$

ただし，Gはその1で計測したトータル・ゲインのdB値，Nはその2で計測した1 Hzあたりのノイズ電力のdB値(ノイズ・マーカ値)です．

174 dBm/Hzという値は，周囲温度が300 K(27℃)での熱ノイズ電力です．温度が大幅に変わるとこの値も変わりますが，常温での計測なら気にしなくてもよいでしょう．

今回の場合，G = 52.5 dB，N = −114.6 dBm/Hzという結果が得られましたので，この154 MHz帯の業務用無線機は「NF = 7 dB」と計算から求められます．

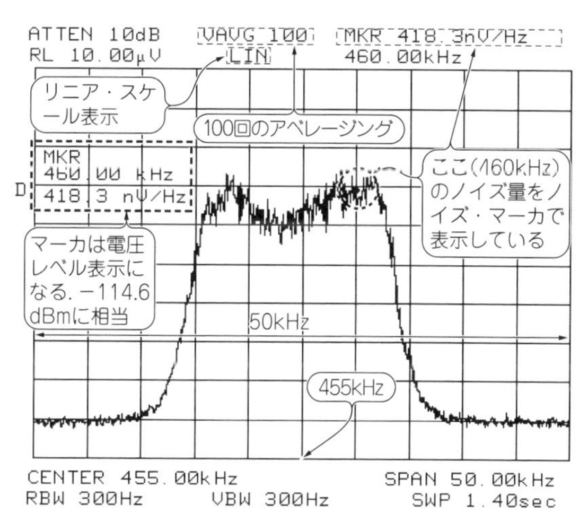

[図11-E] リニア・スケール表示にして，アベレージングしてログ・スケールのときと比較してみる

● ノイズの振る舞いは難しいがノイズ・マーカは補正して表示する優れもの

覚えておきたい知識としては，ノイズが「ランダム過程」であるため，受信信号を電力値に変換するディテクタ部やログ・アンプ部でアナログ的に誤差が発生することです．

ノイズ・マーカはこの誤差分も一部は補正して表示してくれます．便利ではありますが，繰り返しますが誤差問題も含んでいますので注意してください．またマーカ読み出し電力レベルについては依然誤差をもったままです．参考文献(27)や(28)をぜひ参考にしてください．

第12章

【成功のかぎ12】
ゼロ・スパンとオシロでキャリア変化を計測
玄人技を知り活用することで観測信号の本性を見きわめる

スペアナは，基本的には周波数ドメインの情報を表示する測定器です．しかし．ある特定の周波数の信号が「時間軸でどんな感じで振幅レベルが変化しているのか？」というのは，周波数ドメインでの計測方法では，うまく観測できません．

現実には，信号の時間軸での変化を観測したい場合が結構あります．一方，計測したい信号は非常に高い周波数のケースも多く，このときはオシロスコープでは観測できません．

そのような場合に，スペアナを使って，さらにそれを「タイム・ドメイン」で計測できるスペシャルな技(玄人技)が「ゼロ・スパン」です．

12-1　キャリアがON/OFFするバースト波形を表示させる

「ゼロ・スパン」はスペクトラム・アナライザ(スペアナ)を周波数固定として，管面は経過時間でスイープさせるだけですが，結構便利な使い方ができます．

● ゼロ・スパンに設定すると周波数固定のAM受信機(タイム・ドメイン)状態になる

図12-1はスペアナをゼロ・スパンに設定したときの表示です．観測しているのは1100 MHzの無変調(CW)信号です．SPAN 0 Hzという表示が見えます．このときスペアナ自体の周波数は，管面に表示されている1100 MHzで固定しています．つまりAM受信機になっている(タイム・ドメインで計測している)ということです．

● 計測例その1：2台の無線機器同士の通信タイミング

図12-2はゼロ・スパンを用いて，ノートPCと無線ルータ間で，IEEE 802.11bの無線LAN規格(2.4 GHz帯)で定常的にバースト波で無線通信しているところを観

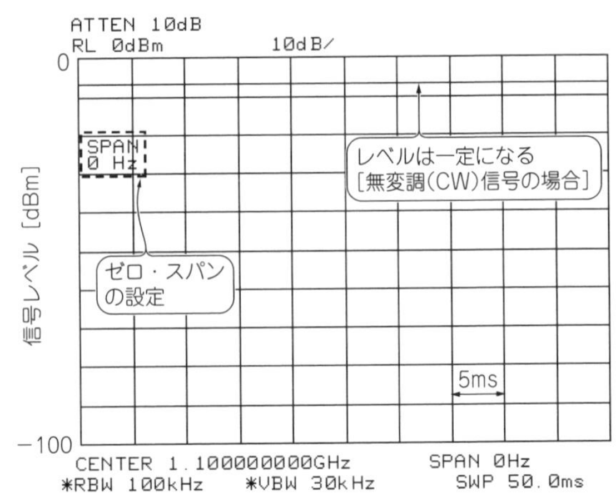

［図12-1］ スペアナのゼロ・スパンの設定例
1100 MHzの無変調(CW)信号を観測(*CENTER*＝1100 MHz, *SPAN*＝0 Hz)

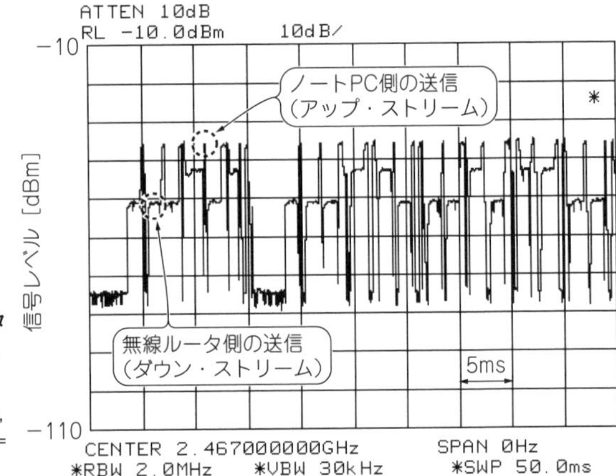

［図12-2］ ノートPCと無線ルータ間の無線LAN通信のようすをゼロ・スパンで計測
IEEE 802.11b規格. *CENTER*＝2467 MHz, *SPAN* ＝ 0 Hz, *RBW* ＝ 2 MHz, *VBW* ＝ 30 kHz

測したものです．2台がどういうタイミングで無線バースト送信を行っているかが一目で分かります．これからも「ゼロ・スパンはAM受信機である」という意味が分かると思います．

● ビデオ出力端子にオシロスコープを接続してゼロ・スパン計測をさらに効率アップ

図12-2に示すようなスペアナの管面だけでは，計測としては若干不便で「今ひとつ」でしょう．例えば，外部からのトリガ信号に同期させて，管面上で波形を表示させる，といったことができないからです(可能な場合もある)．

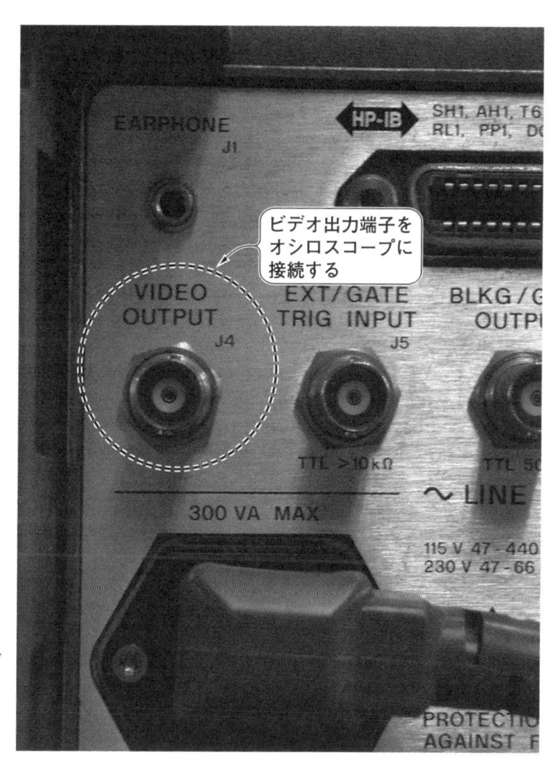

［写真12-1］スペアナ背面にあるビデオ出力端子
ゼロ・スパンでは，ここから出てくる信号をオシロスコープにつないで活用する

▶スペアナでは波形が流れて捉えられない…トリガ機能のあるオシロと組み合わせてみる

そこで，オシロスコープと組み合わせます．スペアナの背面には「ビデオ出力」という端子があります(**写真12-1**)．ここには管面の縦軸の大きさが電圧として出力されており，オシロスコープに接続すると**図12-2**で示したような通信や，バースト波のようすをうまく観測できます．**外部からのトリガ信号で波形を表示したり，流れる表示を止めたりできる**ので，非常に便利です．

この方法で，無線通信のようすを改めて計測してみます．

● 2台の無線機器同士の通信のようすをオシロスコープで計測してみる

図12-3(a)はスペアナのビデオ出力をオシロスコープに接続し，**図12-2**と同じ状態で，ノートPCと無線ルータ間の通信を計測してみたようすです(スペアナのスイープ時間を数秒程度とし，長めに設定している)．

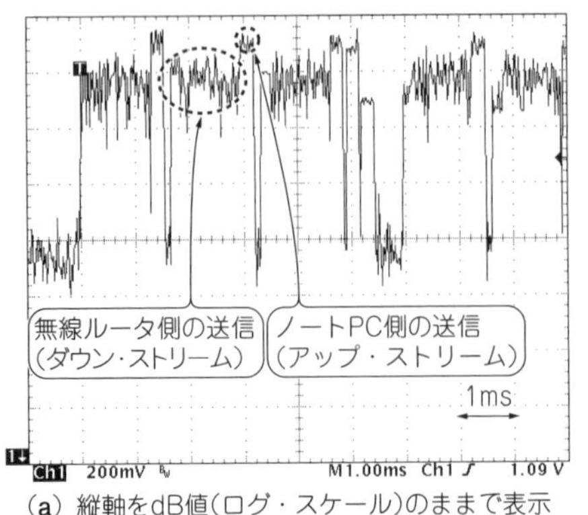

（a）縦軸をdB値（ログ・スケール）のままで表示

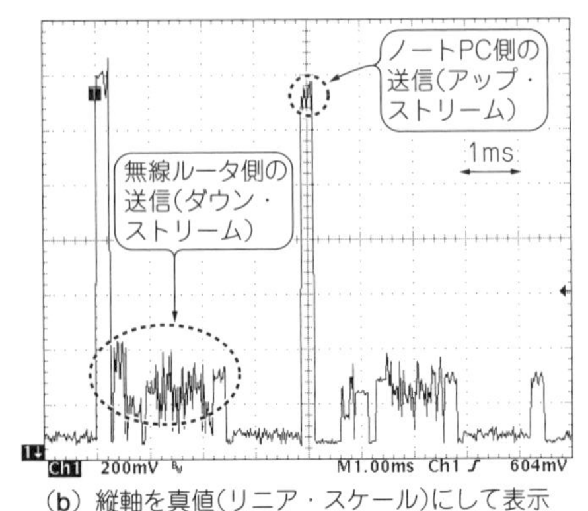

（b）縦軸を真値（リニア・スケール）にして表示

［図12-3］ゼロ・スパンとオシロで無線LAN通信のようすを計測
RBW＝2 MHz，VBW＝30 kHz

図12-2では，スペアナのスイープ時間の関係で，無線の高速な相互通信の観測は難しかったわけですが，オシロスコープなら時間軸をフレキシブルに可変できるので，波形が明瞭であることが分かります．

▶リニア・スケールにして計測すると明瞭だが無線通信状態の観測はちょっと難しい

図12-3（a）は縦軸がログ・スケール，つまりdBスケールですが，**図12-3**（b）は縦軸をリニア・スケール（真値）にしてみたものです．ノートPCと無線ルータ間の通信のようすがさらに明確に分かると思います．

とはいえ「マルチパス」（第10章のColumn2の**図10-F**を参照）によりレベルが変動する無線通信信号では，リニア・スケールだと管面表示のダイナミック・レンジに波形をうまく収めることが難しく，計測が非常に困難と思われます．そのため実際はログ・スケールで計測したほうがよいでしょう．

● 計測例その2：波形の立ち上がりなどはリニア・スケールで計測

スペアナはログ・スケール（dB値）での計測が多いのですが，**実際の波形自体は真値，つまりリニア・スケールで**動いています．リニア・スケールでの計測の方が本来の姿なわけです．波形の包絡線の細かな変動も分かるメリットがあります．

無線通信状態の観測例で挙げた「マルチパス」が起きている状態では，レベル変動の問題がありました．スペアナをコネクタで測定対象と直結しているなら，リニア・スケールでの計測を最大限に有効活用できます．

▶PLL ICの出力立ち上がりをリニア・スケールで計測してみる

無線機の送信開始時の動作だとか，発振回路の発振開始時などでは，波形の立ち

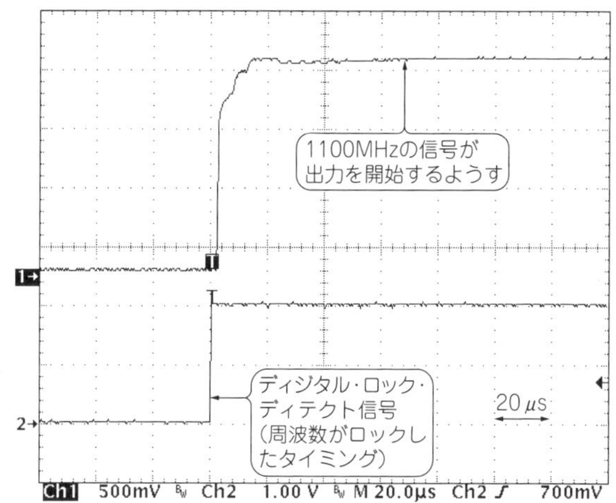

[図12-4] PLL IC ADF4360－2の動作．周波数ロック検出後に信号出力が自動的にオンするようす
CENTER ＝ 1100 MHz，*RBW* ＝ 1 MHz，*VBW*＝1 MHz

上がりの包絡線が鈍(なま)っています．ゼロ・スパンでは，このような回路の性能が一目瞭然になります．

図12-4はPLL ICのADF4360-2が持っている「周波数ロック検出後に信号出力が自動的にオンする」というIC自体の機能を，スペアナをリニア・スケールにして観測したものです．中心周波数は1100 MHzです．信号出力が開始するようすが一目瞭然です．

● 無線だけでなく広い用途に活用できる

ここでは無線LANとPLL ICの2例としましたが，たとえば超音波信号発生回路や，高周波信号発生装置の立ち上がり特性，バンドパス・フィルタを通過するバースト波の波形の包絡線の変化のようすもこの方法で計測できます．引き続きさらに多彩な例を見ていきましょう．

12-2 AM信号の復調波形の観測

変調信号[注]のようすもゼロ・スパンで計測できます．

この節と次の節では「無線通信」の変調信号を例に計測方法を説明しますが，一

注：以後，キャリアをAM/FMしたものを「変調信号」，変調するもとの情報を「変調情報波形」として示していく．変調情報波形はベースバンド信号とも呼ばれる．

般の信号波形の振幅変動，周波数変動も同じようなセットアップで計測できるので，いろいろな信号に応用できる便利な方法です．

● AM信号を復調してみる

振幅変調，つまりAM信号の振幅レベルが時間変動するようすをスペアナで計測(復調)できます．前節でゼロ・スパンでバースト立ち上がりの計測(**図12-3**)の例を示しましたが，考え方は同じものです．

ここではアナログ変調として説明しますが，他にも包絡線レベルが変動する波形の観測や，ディジタル変調などでも(制限も多いが)応用できます．

● ビデオ出力を活用して計測する

写真12-1で示したビデオ出力をオシロスコープに接続し，AM信号を復調するようすを見てみます．実験用AM信号は高周波信号発生器で生成します．この際，スペアナの設定では，以下のような注意点があります．

- スイープ時間を数秒程度とし，長めに設定する
- 縦軸をdB値(ログ・スケール)から真値(リニア・スケール)の表示設定にする
- FM変動が検出されないように分解能帯域幅RBWを広くする

リニア・スケールにする理由は，AM信号のレベル変動のようすを正しく計測するためです．

● AM変動だけ見たいのであればFM変動が見えないように設定する

測定対象のAM信号には，周波数が振動するFM変動も同時に含まれていることも考えられます．**FM変動が一緒に検出されないように**，前述のように分解能帯域幅RBWを広く設定して，計測することが大切です．

図12-5はオシロスコープで計測した，AM信号を復調したようすです．きれいな正弦波(変調情報波形)が復調できているようすが分かります．

12-3 FM信号の復調波形の観測

周波数変調信号，つまりFM(ディジタル変調の場合はFSK；Frequency Shift Keying)に含まれている音声やディジタル信号がどんな変調情報波形になっているかを目で見てみます．

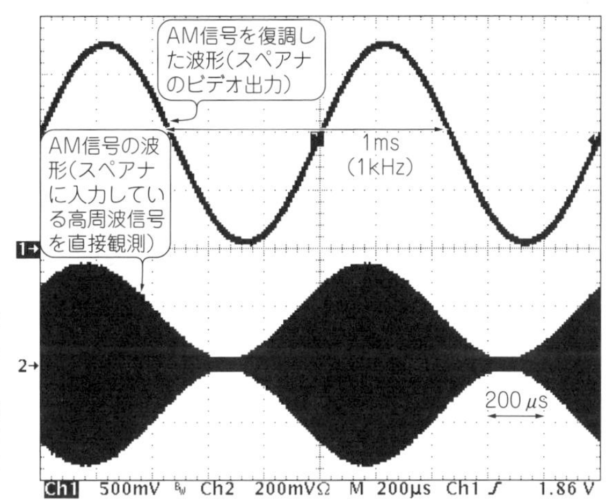

[図12-5] ビデオ出力をオシロスコープにつないでAM信号を復調したようすを計測(上側のCH1の波形)
オシロスコープでは，CH1/CH2間の観測周波数とサンプリング・レートの関係で，エンベロープ・モードという方法で表示している

FM(FSK)は振幅レベルが一定です．FM(FSK)信号の変調情報波形(ベースバンド信号)がどんな波形かを確認するには，オシロスコープを用いて時間ドメインで計測することを思いつくと思います．しかしFMやFSKは振幅が一定で，またキャリア周波数に対して周波数偏移量が小さいため，その変調信号をそのまま時間ドメインで計測しても，変調情報波形(ベースバンド信号)のようすをうまく捉えることができません．ましてやキャリアの周波数も高く，困難です．

● スペアナとオシロスコープを併用すればFM信号を捉えられる

本来，FM(FSK)信号の変調情報波形(ベースバンド信号)を捉えるには，直線検波器やベクトル・シグナル・アナライザなどの特殊な機器が必要です．

しかし，それらがなくてもスペアナとオシロスコープで，FM(FSK)で変調された変調情報波形(ベースバンド信号)を計測(復調)できます．

これは「**スロープ検波**」とも呼ばれ，**図12-6**に示すようにスペアナのIF回路のRBWフィルタの傾斜部分(スカートとも呼ぶ)を用いて，周波数→振幅変換させるようなイメージで，FM(FSK)信号を検波(復調)します．

復調波形の計測はビデオ出力をオシロスコープにつないでおこないます．これは**ゼロ・スパンの妙技**ともいえる計測方法です．

● FM(FSK)信号の復調のセットアップ

実験用FSK信号は高周波信号発生器で生成します．この実験用FSK信号をスペ

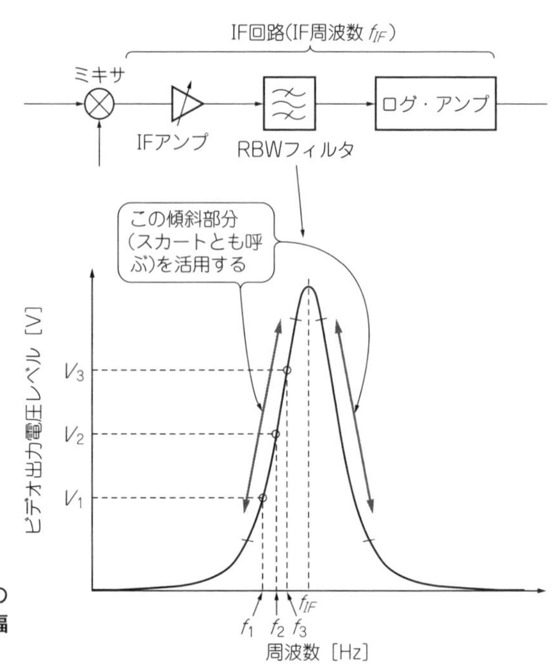

[図12-6] IF回路のRBWフィルタの傾斜部分を使って周波数変化を振幅変化に変える

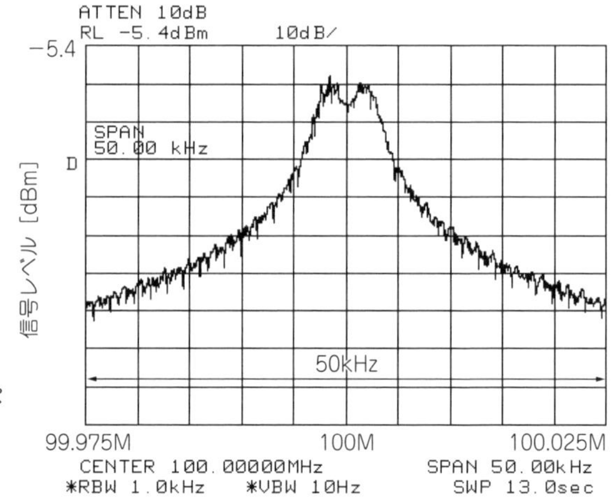

[図12-7] 計測するFSK信号をスペアナで普通に観測
キャリア周波数100 MHz，2500 bps．RBW，VBWは見やすい帯域幅に設定

アナで普通に観測すると，**図12-7**のようなスペクトルです．

FM(FSK)変調計測のセットアップは以下の手順で行います．

① 無線機や信号発生器から無変調(CW)信号を送出させる
② スペアナの中心周波数を①のCWに合わせ，計測したい周波数偏移量の数倍に周波数スパンを設定する［**図12-8**(a)］．ここでは，中心周波数*CENTER* = 100 MHz，周波数スパン*SPAN* = 20 kHzにセットする．縦軸はdB表示からリニア表示にする(直線性が向上する)．この図ではCWが管面に表示されている
③ RBWフィルタの傾斜の直線部分で周波数偏移をカバーできるよう広いRBWに設定する［**図12-8**(b)］．ここでは*RBW* = 10 kHzにセットしている
④ 計測中心周波数(キャリア周波数)が傾斜の直線部分の中央あたりになるようにスペアナの中心周波数をずらす［**図12-8**(c)］．ここではスペアナの中心周波数*CENTER* = 100.0074 MHzにセットしている
⑤ ゼロ・スパン*SPAN* = 0 Hzにして，スイープ時間を数秒などと長く設定する
⑥ スペアナのビデオ出力端子をオシロスコープに接続する
⑦ ビデオ帯域幅VBWは周波数偏移に十分反応できるように広めにセットする．ここでは*VBW* = 10 kHzにセットしている

● ランダム・データで変調されているようすが観測できる

以上のセットアップを行ったスペアナのビデオ端子出力をオシロスコープで計測します．**図12-9**が実際に計測したFSKの復調波形です．ランダム・データで変調されているようすがよく分かります．

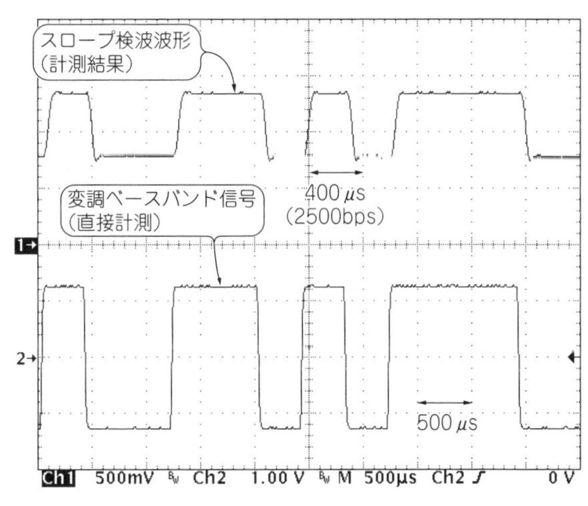

［図12-9］**スロープ検波で計測したFSKの変調情報波形**(上：スロープ検波波形，下：送信変調情報波形/ベースバンド信号をそのまま計測)

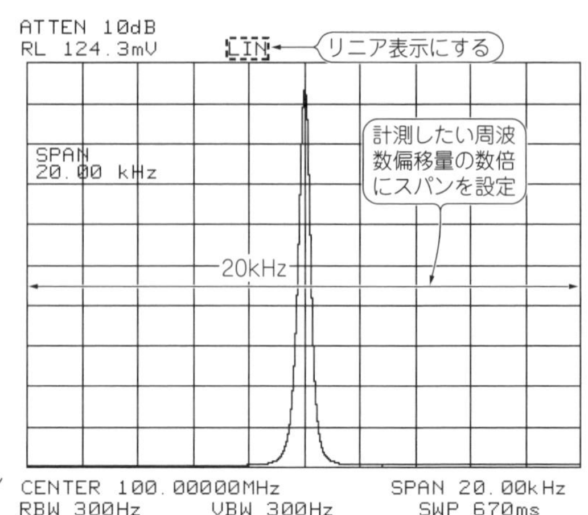

(a) 計測したい周波数偏移量の数倍にスパンを設定．縦軸はリニア表示にする

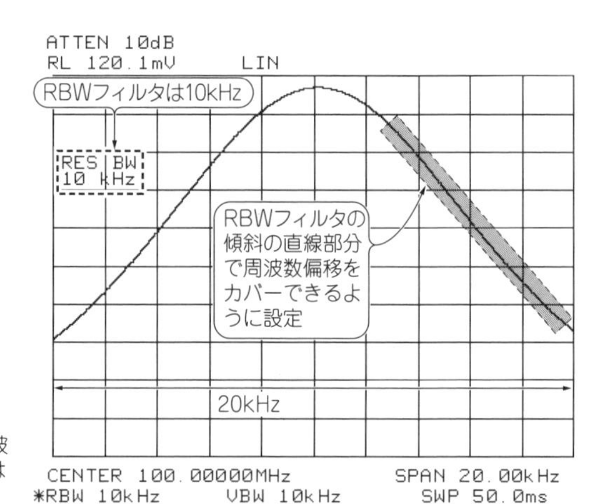

(b) RBWフィルタの傾斜の直線部分で周波数偏移をカバーできるように設定(ここでは*RBW* =10kHz)

[図12-8] FM(FSK)信号の変調情報波形を観測するためのスペアナのセットアップ
よく考えると分かるが，右側のスカートを表示させると周波数変化に対して電圧が正比例したビデオ出力が得られる．実際のスロープ検波動作では反対側のスカートのスロープを用いることになるため

この例でのFSK変調データ(ベースバンド信号)は，連続信号のランダム・データなので，オシロスコープで送信データ・ビットをトリガにして，そこから数ビットほど後の2ビット程度を連続して累積表示させると，**図12-10**のようにアイ・パターンをきれいに表示できます．

ただしこの計測方法の場合，分解能帯域幅RBWフィルタの傾斜部分を使ってスロープ検波するわけですから，**直線性には難**があります．またオシロ上の振幅から，

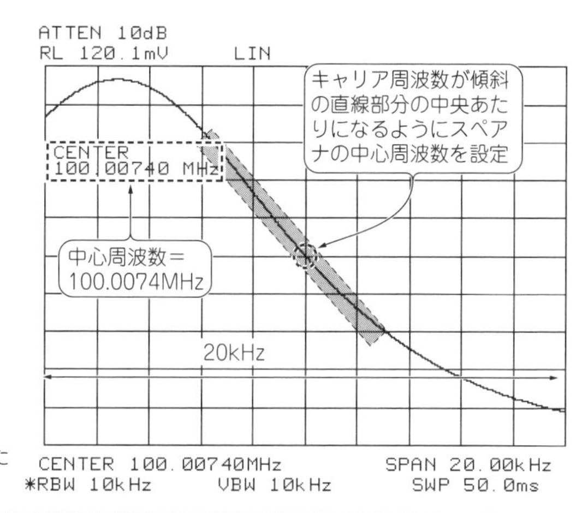

(c) 計測周波数が傾斜の直線部分の中央あたりになるように中心周波数を設定

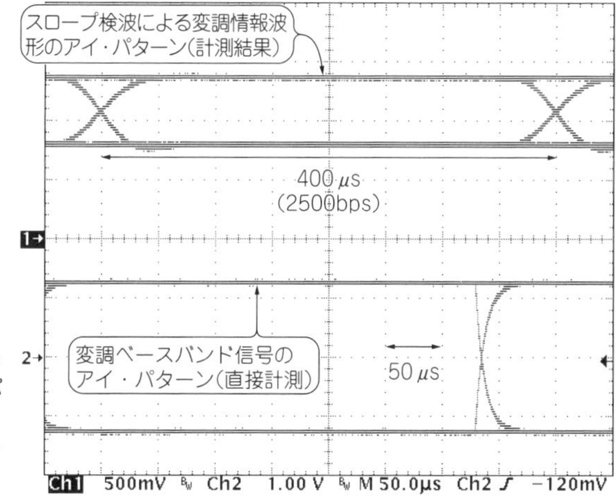

[図12-10] スロープ検波で計測したFSKの変調情報波形のアイ・パターン(上：スロープ検波波形，下：送信変調情報波形/ベースバンド信号をそのまま計測)

単純に周波数偏移量を割り出すことはできません(次の節でアイディアを示す).

12-4 PLL回路の出力周波数の時間変化を調べる

● 周波数切り替え直後から安定するまでの応答を詳しく見たい

高周波でよく使われる回路の一つに，正確な周波数の信号を作り出すPLL回路(**図12-11**)があります.

最近のPLL回路では，電源投入後や周波数設定の変更後に，安定した周波数が

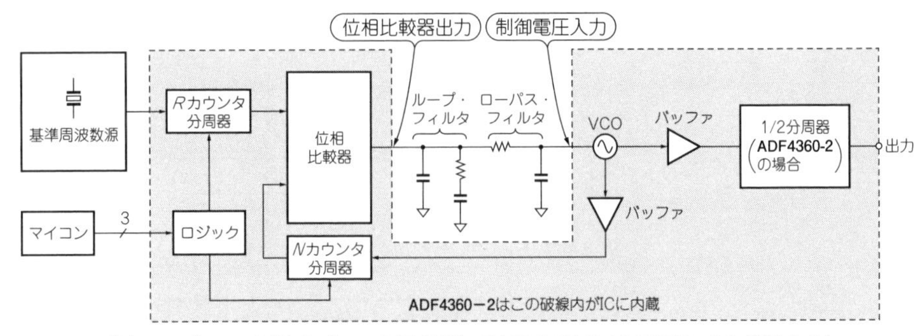

[図12-11] PLL回路のブロック図(実験ではPLL ICはADF4360−2を使用する)

いつから得られるかという過渡応答が重要視されています．PLL回路の周波数が定まっていないと，不要な電波を出してしまうためです．

信号を発生するVCO(Voltage Controlled Oscillator；電圧制御発振器)が，発振周波数が制御されないままのフリーランの状態からPLL ICにデータがセットされ，目的周波数に対してVCOがロック・インしていく，**パワーオン時の過渡特性**が重要です．同じく周波数を切り替える時に，VCOの周波数がf_1からf_2に変動していく過渡特性も重要です．

● ゼロ・スパンを活用すると特殊な測定器なしに出力信号のようすを計測できる

この計測には幾つか方法があります．

(1) PLL専用の測定器にて計測をする
(2) **図12-12**のようにVCOの制御電圧端子の電圧変化をオシロスコープで計測する
(3) FM直線検波器(もしくはFM受信機)のFM検波出力の変化をオシロスコープで計測する
(4) 以降で説明するようにスペアナをゼロ・スパンに設定して計測する

一番簡単なのは(2)なのですが，周波数が収束していく最後のそれこそ「一番」大事な(細かい)ところは計測できません．そこで，(4)のゼロ・スパンの出番です．

▶分解能帯域幅RBWフィルタの傾斜部分を利用する

ゼロ・スパンによるPLL回路の過渡応答計測も，先に説明したFM(FSK)信号の変調情報波形の計測と同様に，分解能帯域幅RBWフィルタの傾斜部分(スカート)を使って，PLL回路の周波数変動を計測します．そのため特殊な測定器が不要というメリットがあります．

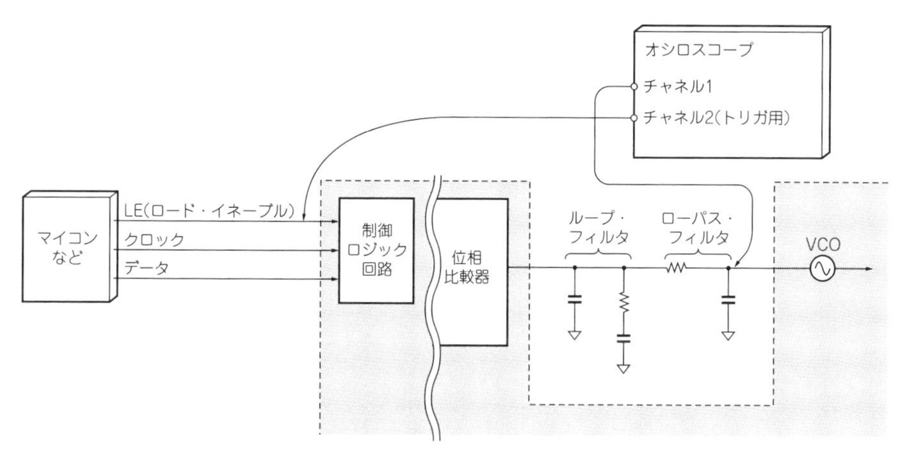

[図12-12] VCO制御電圧端子の電圧変化をオシロスコープで計測するのが一般的
しかしこれでは肝心の細かな周波数変化が見えない

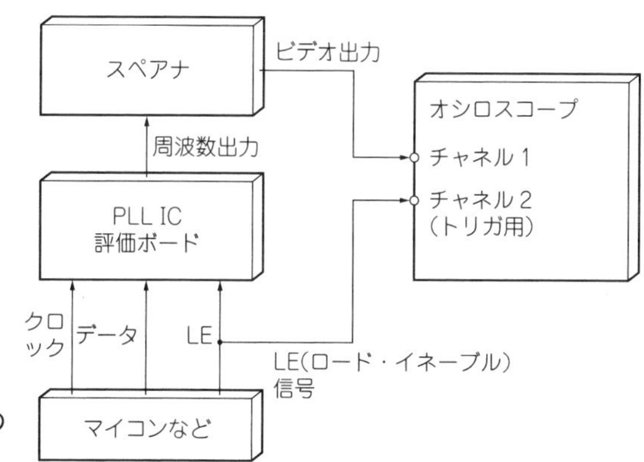

[図12-13] スペアナでPLL回路の過渡応答を計測する方法

● PLL回路の過渡応答計測のセットアップ

計測系のセットアップを説明します．**図12-13**はこの計測で必要な測定器と接続方法です．

計測自体はスペアナで行うのではなく，ここでもスペアナのビデオ出力(**写真12-1**)をオシロスコープに接続して行います．

図12-8でもスロープ検波のセットアップを説明しましたが，ここでもあらためて**図12-14**に示します．

測定対象はPLL IC ADF4360−2の評価ボードです．2200.0 MHzで発振させ，それを内部で1/2に分周した1100.0 MHzを観測します．周波数を+400 kHz変化

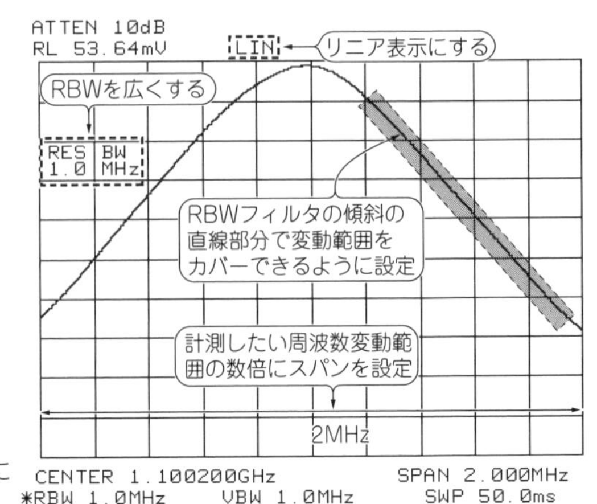

(a) STEP1…計測したい周波数範囲の数倍にスパンを設定．RBWを広くする

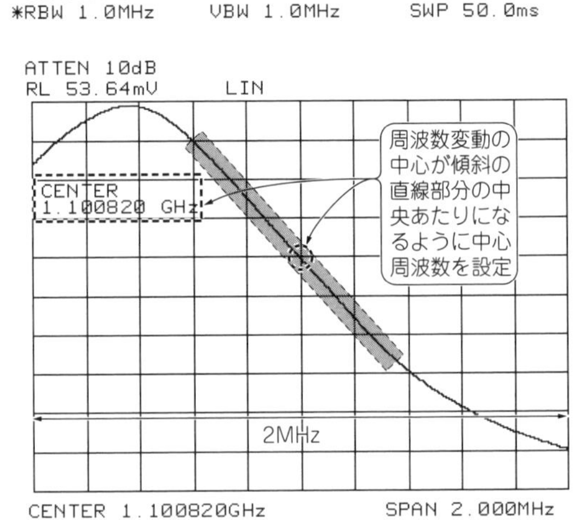

(b) STEP2…中心周波数を設定

[図12-14] **計測のセットアップ…ゼロ・スパンの設定のまえに周波数範囲と中心周波数を調節する**

(1100.4 MHz) させてみます．

① スペアナの中心周波数を1100.2 MHzにして，評価ボードからは1100.2 MHzを出力させる
② **図12-14**(a)のように，計測する周波数変動範囲の数倍にスパンを設定する．ここでは周波数スパン$SPAN = 2$ MHzにセットしている．縦軸はdB表示からリニア表示にする(直線性を向上させるため)
③ RBWの設定を広くし，**図12-14**(a)のように傾斜の直線部分が目的の周波数

変動範囲になるようにセットする(最大のRBW設定以上の範囲の変動は計測できない). ここではRBW = 1.0 MHzにセットしている

④ **図12-14(b)**のように周波数変動の中心が, RBWフィルタの傾斜の直線部分の中央になるように, スペアナの中心周波数をずらす. 周波数変動のオーバーシュートも含めて傾斜の直線部分全体に収まるようにする. ここでは中心周波数$CENTER$ = 1100.82 MHzにセットしている

⑤ ゼロ・スパン$SPAN$ = 0 Hzにして, スイープ時間を数秒などと長く設定する

⑥ スペアナのビデオ出力端子をオシロスコープに接続する

⑦ 評価ボードから1100.0 MHzを出力させ, ビデオ出力の電圧レベルをオシロスコープ上で読む. 次に評価ボードを1100.4 MHzにし同じく電圧レベルを読む. 電圧値と信号周波数変化量との関係を記録する

⑧ VBWは, PLLの周波数過渡応答に十分反応できるように広めにセットする. ここではVBW = 1 MHzにセットしている

⑨ オシロスコープをシングル・スイープにして, トリガ信号にはADF4360-2のLE(ロード・イネーブル, つまりADF4360-2にセットする周波数データを有効にさせる信号)を使う

この計測の場合も, 分解能帯域幅RBWフィルタの傾斜部分を使ってスロープ検波させるわけですから, 直線性に難があります. 必要に応じて, ⑦で行っている周波数と電圧のチェックを詳細に行います. それでもこれで周波数と電圧の関係をある程度割り出すことができます.

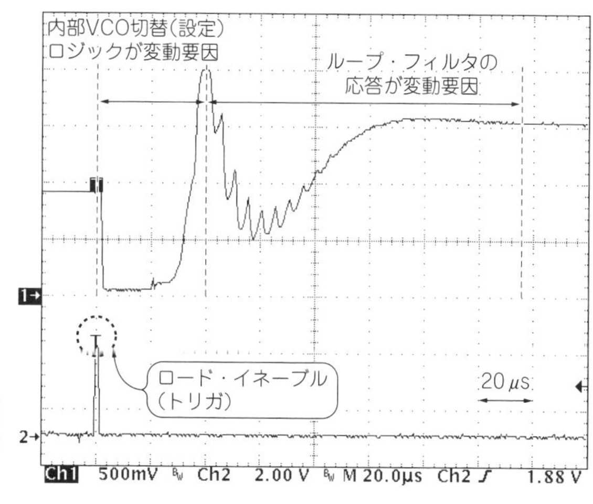

[図12-15] スペアナとオシロで計測したPLL IC ADF4360−2の周波数切り替え時の過渡応答

● PLL回路の出力周波数の過度応答変化を観測

この方法で計測したPLL IC ADF4360-2の周波数切り替え時の過渡応答(1100.0 MHzから1100.4 MHzへの400 kHz遷移)を**図12-15**に示します．PLLの応答のようすがきれいに計測されています．この応答の前半はADF4360-2の内部VCO切り替え(設定)ロジックの動作，後半はループ・フィルタの応答が支配的要因になります．

Column 1

ゼロ・スパンで広帯域信号を一気にディジタル処理! 今どきスペアナのテクノロジ

高速に周波数チャネルを切り換えるディジタル変調信号も逃がさない

スペアナの動作は，周波数シンセサイザが一定のレートで変化する周波数を生成し，それを指定した周波数範囲で繰り返すように動作する，と説明しました．これによって「ある一瞬ではひとつの周波数の部分しか見ていない」という制限が出てしまいます．

しかし最近では，その問題を解決する「リアルタイム・スペクトラム・アナライザ」というものが，多数販売されてきています．

図12-Aのように，IF部分の信号を高速(数十Msps～数百Msps．またはGspsオーダ)にA-D変換し，以降は全てディジタル信号処理で信号を解析します．A-D変換した時間ドメインのディジタル情報は，FFT(高速フーリエ変換．第10章で示した)を用いて周波数ドメイン，つまり管面の表示情報に変換されます．

リアルタイム動作のときには，周波数シンセサイザからのローカル信号の周波数は固定させ，A-D変換⇒FFTとして処理します．これはゼロ・スパンにかなり近いものともいえるでしょう．ただし，A-D変換の帯域幅にも限界があるので，周波数シンセ

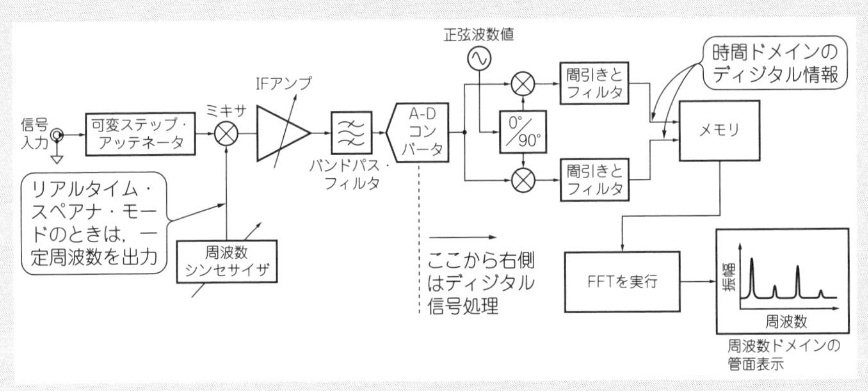

[図12-A] リアルタイム・スペクトラム・アナライザの原理

＊

第4部(第10章～第12章)では，スペクトラム・アナライザのさまざまな応用について紹介してきました．単純にスペクトルを計測するだけがスペアナの仕事ではありません．スペアナをうまく活用すればとても多彩な計測が可能です．オシロスコープと併用して，適切な回路設計や評価を実現していただければと思います．

サイザを掃引させる従来方式も併用する構成となっています．

● リアルタイム・スペアナはBluetooth機器などのスペクトル観測に良好

ヘッドセットなどによく使われているBluetoothは「周波数ホッピング」という方式が用いられています．79チャネル(1 MHzステップ)をホッピング速度1600 hop/sec(625 μsごと)でホッピング(チャネル切り替え)していくものです．同じ周波数には非常に短い時間(625 μs)しか留まりません．

これを従来のスペアナで正しく捉えることはできません［**図12-B(a)**］．そこでリアルタイム・スペアナが活用されます．Bluetoothがホッピングする全帯域の約80 MHzを一度に検出(A-D変換)してFFTすれば，この周波数ホッピングしているスペクトルをあますことなく捉えることができます［**図12-B(b)**］．

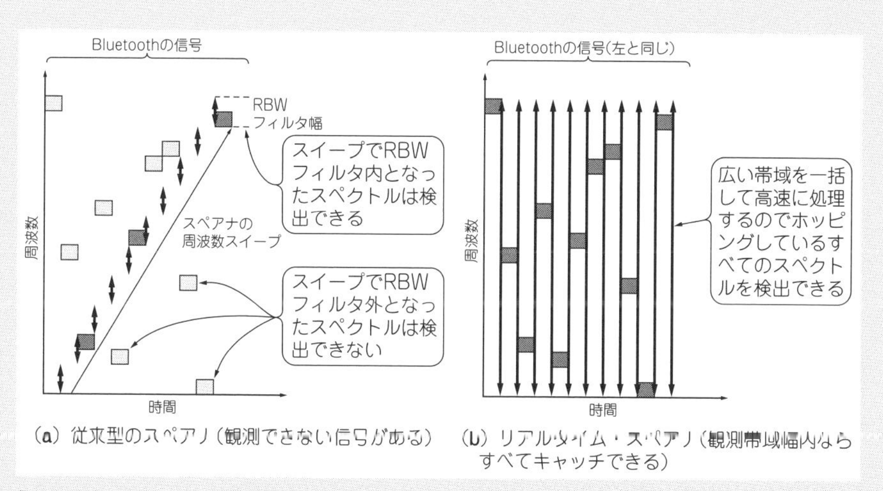

［図12-B］Bluetoothの周波数ホッピングしているスペクトルもリアルタイム・スペアナでは正しく捉えることができる

第5部

TDRを活用した伝送線路の計測技術

第13章

【成功のかぎ13】
TDR配線診断の準備…原理と波形発生器の製作
簡易的なステップ波形発生器とオシロで伝送線路のようすが診断できる

プリント基板の配線パターンや同軸ケーブルなどの伝送線路[注1]のようすを簡単に推定できる計測方法に，Time Domain Reflectometry計測法(以降，TDR計測)があります．伝送線路のインピーダンス特性やインピーダンス不整合，途中や出力端にある抵抗/容量/インダクタンス成分などを，完全に確からしくとはいえないまでも，計測(配線診断)することができます．

以後では，このTDRの原理や簡易的な測定器の製作，実際の計測方法などを紹介していきます．

本格的な超高速TDR計測を例としてはいませんが，ここで示す考え方は，高速ディジタル信号の伝送品質劣化問題の解決にもそのまま応用できます．

13-1 時間軸で計測する伝送線路の診断術「TDR」

● 配線パターンのようすをオシロスコープで調べられる

プリント基板上の配線パターン(伝送線路でもある)で，信号が正しく伝送しているかを確認するために，特性インピーダンスや電気的な不連続，負荷IC端の入力インピーダンスなどを調べたいことがあります(**図13-1**)．

通常このような計測を行うためには，ネットワーク・アナライザ(ネットアナ)が必要です．しかしこの計測器は高価であり，使う機会も少なく，かつ使い方も難しいなど，ハードルが低くありません．

とはいえ実際のところは「それほど精度よく計測できなくても，だいたいの特性が分かればよい」ということがほとんどでしょう．それをいつものオシロスコープを使って「時間軸で等価的に計測できる」としたら，とても便利なことですね．それを実現できるのがTDR計測なのです．

注1：第5章でも説明したが，「伝送線路」とは，電気信号を伝える，その物理的長さも考慮したほうがよい，ケーブルやプリント基板上の配線パターンのこと．本書ではその中でも特に，以降に示していく「特性インピーダンスが一定なもの」を伝送線路と定義する．

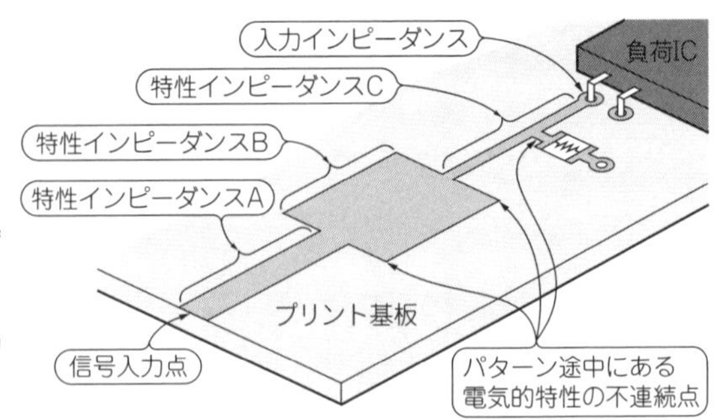

[図13-1] 配線パターン形状による特性インピーダンスの変化のようすを知りたいがどうすればいい？
配線パターンの特性インピーダンスや電気的な不連続，負荷ICの入力インピーダンスなどを計測したい

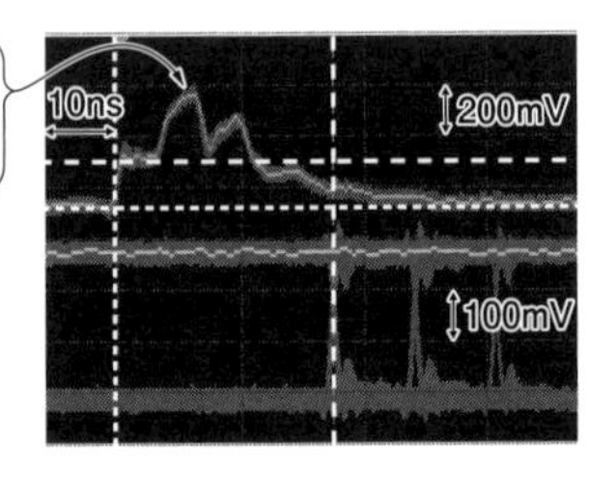

[図13-2] プリント基板上で起きている異常信号（信号の暴れ）**の原因を見つけ出す**
LVDS信号で生じた反射による信号の暴れのようす

● ディジタル信号伝送がうまくいかないときの原因が究明できる

ディジタル回路では，後述するような「やまびこ」や「エコー」現象がプリント基板上の信号で生じています．

例えば**図13-2**のような異常信号が発生することがあります．このときの信号伝送パターン上におけるディジタル信号の振る舞いとTDR計測は，実はどちらも同じ原理なのです．TDR計測の知識があれば，ディジタル信号伝送で問題が発生したときに，その原因を見極めることができます．

13-2　そこのポイントまで行かなくても先のことは調べられる

TDR（Time Domain Reflectometry）は，「タイム・ドメイン・リフレクトメトリ」，日本語だと「時間領域反射計測」という難しい言葉になります．たじろいでしまう人も多いかもしれません．

しかし理解してみれば，TDR計測は非常に単純な動作原理なのだと分かります．まずはそのイメージから示してみましょう．

● 「やまびこ」や「エコー」は反対側の反射物の有無や状態によって戻ってくるようすが異なる

山に登って開けた尾根で立ち止まり，静かな山中で「ヤッホー」と声を出してみることを考えてみましょう［**図13-3**(**a**)］．声を出す相手の山として，切り立った石壁の崖と，木が茂った森林の山麓という二つのケースを考えてみます．

また**図13-3**(**b**)のように，人の居ない静かな体育館の片側から，反対側の壁に向かって同じように「ヤッホー」と声を出してみることも考えてみましょう．ここでも壁の材質が木材とウレタンの二つのケースを考えてみます．

▶反射面までの距離で戻ってくる「時間」が違う

音速は330～350 m/s程度です(気温によって変わる)．**図13-3**のように，相手の山や壁から反射して戻ってくる「やまびこ」や「エコー」が耳に聞こえる時間は距離によりそれぞれ異なります．**図13-3**(**a**)と**図13-3**(**b**)では戻ってくる時間が違います．**図13-3**(**a**)の場合は1～数秒でしょうし，**図13-3**(**b**)の場合はコンマ数秒でしょう．

▶反射面の状態で戻ってくる「大きさ」が違う

また例えば**図13-3**(**a**)の場合では，石壁と森林でそれぞれ反射してくる音の大きさが違います．**図13-3**(**b**)の体育館の木材の壁とウレタンの壁の場合も同様で，ウレタンの壁からはあまり大きな音は返ってこなさそうです．

このように反射するものがあれば，自分の発した声は「やまびこ」や「エコー」として戻ってきます．そして反射するものまでの距離と反射物の材質により，「やまびこ」や「エコー」の時間と大きさが変わってきます．

(**a**) 尾根から相手の山に向かって「ヤッホー」と声を出すと数秒ほどで「やまびこ」が聞こえる

(**b**) 体育館の反対側の壁に向かって声を出すとコンマ数秒で「エコー」が聞こえる

［図13-3］ やまびこやエコーは反射して時間をかけて戻ってくる

▶反射するものが何もなければ戻ってこない

今度は**図13-4**のような大空に浮かんでいる状態で「ヤッホー」と声を出してみます．この状態は周りは何もない「空間」です．反射するものがないため，「やまびこ」や「エコー」はありません．

● TDR計測の考え方は「やまびこ」や「エコー」と全く同じ

この「やまびこ」や「エコー」とTDR計測の考え方は同じものなのです．

図13-3の例の場合，自分の耳に聞こえる音は，自分の発した声と「やまびこ」や「エコー」として聞こえる反射音とが，混ざり合っていっしょに聞こえます．

しかし自分の声と距離の異なる反射面からの反射音は「時間の違い」として，そして異なる材質の反射面からの反射音同士も「音の大きさの違い」として区別できます．この「反射の違い」から反射面の距離(位置)やようすを推測するのがTDR計測の基本原理なのです．

● TDR計測は反射波で反射物の位置とようすを推測

音の反射「やまびこ」や「エコー」とTDR計測を置き換えてみます．

① **壁などに向かって音を発する⇒ステップ電圧を測定対象に加える**

② **反射してきた音⇒反射してきた電圧信号**を区別する(後述するが分離するわけではない)

③ **音のようす⇒TDR計測では電圧信号**の遅延時間と大きさを観測し，

④ **距離⇒(TDR計測でも)距離**と，

⑤ **反射させる物体のようす⇒TDR計測では電子素子や特性インピーダンス**のようすを推測する

このようにTDR計測は，やまびこやエコーを電気信号の舞台に変えているだけなのです．なお参考までに，音響信号を使ったTDR計測もあります．

[図13-4] 反射するものが何もなければ「やまびこ」や「エコー」は聞こえない

13-3　信号波形が伝搬するようすからTDR計測を考える

● 測定対象にステップ波を加えることからスタート

TDR計測は**図13-5**のような構成で実現します．入力信号としてステップ波[注2]を測定対象に対して注入します．「単一のステップ波」を与えるだけですと，計測するオシロスコープ側として単一(シングル・トリガ)計測になってしまうので，実際は繰り返し方形波を注入信号とします．

オシロスコープは測定対象の信号入力端に接続します．加える方形波でトリガをかけるとよいでしょう．

● 加えられたステップ波は伝送線路内を時間をかけて伝搬していく

入力として加えられたステップ波(繰り返し方形波)は，**図13-5**の伝送線路(例えばプリント基板の配線パターンや，同軸ケーブル)を時間をかけて出力端の方向に伝わって(伝搬して)いきます．この波形は瞬時に出力端に伝わることはありません．光速に近い速度で伝送線路内部を「時間をかけて」伝搬していきます．

この伝搬速度は光速より遅い速度で，同軸ケーブルでは光速の66 %程度の速度です．1 mの長さを5 ns程度の時間をかけて伝搬します．

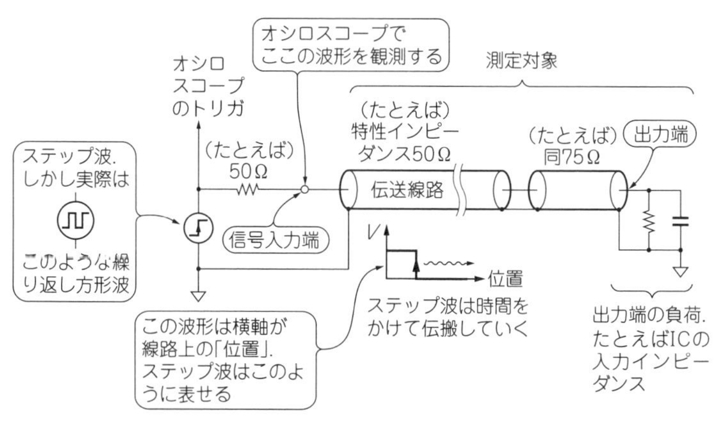

[図13-5] TDR計測の原理的説明図
ステップ波を測定対象に注入する

注2：本章以後では「ステップ関数」に相当するTDRとしての注入信号を「ステップ波」として表す．なお第8章では「ステップ入力」と表している．

信号が伝送線路内部を伝搬していくために，**表13-1**のような要素があります．**図13-6**に同表の要素の意味あいを示します．

● 反射波の時間と大きさから途中や出力端のようすを推測する…これがTDR計測

図13-5の測定対象の途中もしくは出力端から，やまびこやエコーの話と同じように，インピーダンスの不連続により信号が反射し，ここでも「時間をかけて」反

[表13-1] 信号の伝搬に影響のある要素と数値

詳しくはAppendix3参照

要　素	記号と単位	意　味	式の関係	実際の数値
特性インピーダンス	Z_0[Ω]	伝送線路内を伝搬する電圧の波と電流の波の比率	$Z_0=\sqrt{L/C}$	50 Ωや75 Ωが多い
位相速度（伝搬速度）	v_p[m/s]	伝送線路内を伝搬する電圧の波と電流の波の速度	$v_p=1/\sqrt{LC}$	真空中3×10^8 m/s，同軸ケーブル中2×10^8 m/s
1 mを伝搬する時間	t_1[s]	－	$t_1=1/v_p$	真空中3.3 ns，同軸ケーブル中5 ns
直列インダクタンス	L[H/m]	実際は短い長さごとで微小量ずつが分布しているが，単位長当たりで計算する	－	50 Ωの同軸ケーブルで250 nH/m
並列容量	C[F/m]	実際は短い長さごとで微小量ずつが分布しているが，単位長当たりで計算する	－	50 Ωの同軸ケーブルで100 pF/m

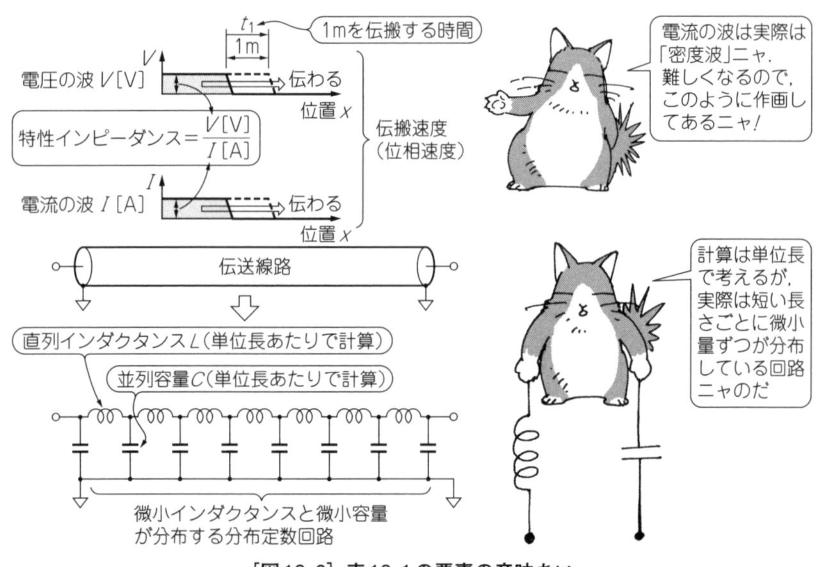

[図13-6] 表13-1の要素の意味あい

射した信号が入力端に戻ってきます.

図13-7のように，入力端での，加えられたステップ波と戻ってきた信号(反射波)との…

- 時間差により，インピーダンスが不連続な位置までの距離を検出し
- 戻ってきた信号(反射波)の大きさで，不連続のようすを推測する

というものがTDR計測なのです.

Column 1

TDR計測の原理を理解すれば実際の現場で計測する高速信号も怖くない

● 市販のTDR計測システムは超高速信号が対象

市販のTDR計測システム(高度なTDR計測)は，**写真13-A**のように超高速サンプリング・オシロスコープとTDR計測用治具(サンプリング・モジュールやTDRプローブ)を使います．**図13-A**に計測画面を示します．これらのTDR計測は「非常に高速な信号伝送」が対象で，近年では特に高速シリアル伝送やインピーダンス・コントロール・プリント基板の品質検査など，多岐にわたって利用されています.

● 低速でも高速でも基本的な考え方は変わらない

しかしこれらの超高速なTDR計測器と，本書で紹介する簡易回路を使ったTDR計測とでは，基本的な考え方はなんら変わりありません．実際の高速な測定器では計測にかかわる誤差要因を減らして，信号周波数や処理速度を高速化しているだけです．本書で原理を理解すれば，高速な測定器も適切に扱えるようになります.

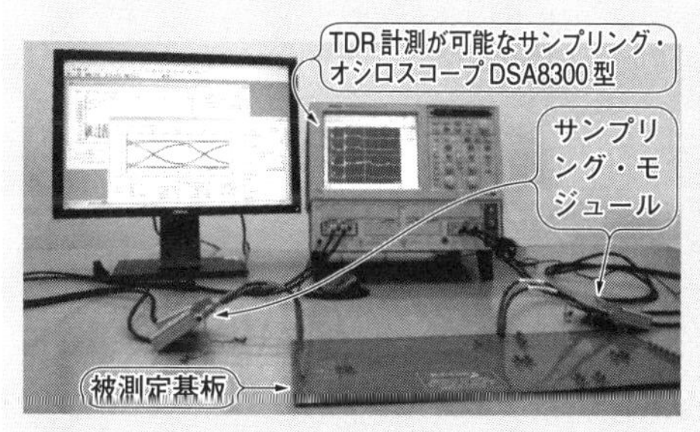

[写真13-A] 実際の高速TDR計測システムの接続のようす
テクトロニクス製

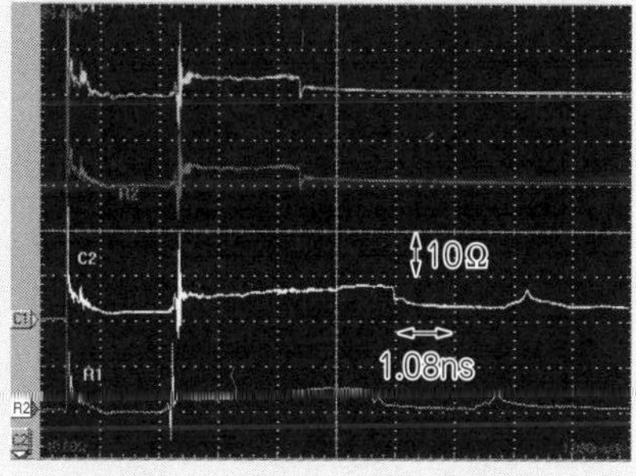

[図13-A] 実際の高速TDR計測波形
縦軸はインピーダンス量で表示している

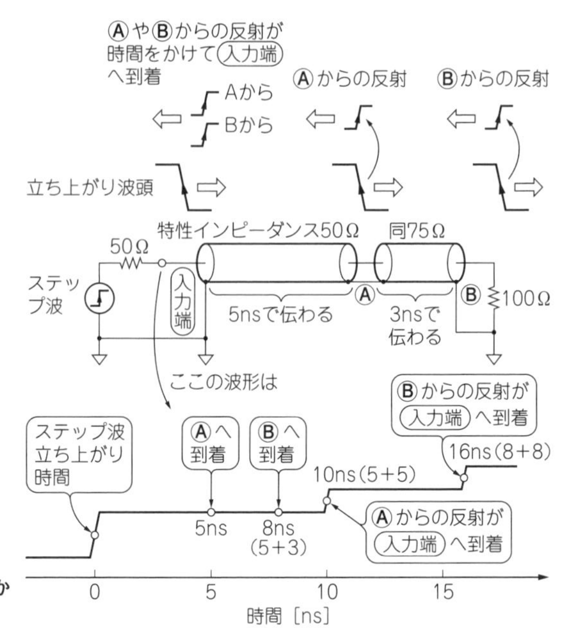

[図13-7] 反射波の時間と大きさから中身を推測するのがTDR計測

13-4 TDR計測用の簡易ステップ波形発生器を製作する

● 74LCX相当ICを使ったステップ波形発生器

以降で実験しながらTDR計測のしくみを理解するために，簡易的なステップ波形発生器を製作してみましょう．

図13-8に製作する波形発生器の回路図を，**表13-2**に部品表を示します．繰り返し方形波となる源クロック発生はタイマIC 555，ステップ波形ドライバとしてTC7WZ04FUを使います．このICは高速CMOSの74LCXシリーズと同等の性能を持っているので，高速なステップ波を生成できます．

また2出力から同極性(かつ同じタイミング)のステップ波を生成できます(以後で理由を示す)．

出力コネクタには特性インピーダンス50ΩのSMAコネクタを用いています．BNCコネクタなど他のコネクタに変換したい場合は，変換ケーブルを利用してください．

また基板自体は同軸ケーブルを直接はんだ付けできるようにも構成してあります．

● 出力は抵抗分圧されて50 Ωにマッチングしている

TC7WZ04FUの出力側は470 Ωと56 Ωの抵抗R_5, R_6(R_7, R_8)で分圧されています．これはこのICが直接50 Ωの負荷を駆動できないこと，IC自体の出力インピーダンスの影響を軽減させることなどが目的です．これらにより，この部分からの出力インピーダンスが50 Ωになります．

IC自体には18 Ω程度の出力インピーダンスがあります．回路全体の動作として軽減されており無視できる程度ですが，一応考慮しておきましょう．

● 配線パターン・レイアウトでインピーダンス暴れが起きないよう注意している

写真13-1に製作した基板を示します．パターン・レイアウトとして注意すべきことは，抵抗R_5，R_6(R_7，R_8)はIC直近に配置し，そこから基板端にあるSMAコネ

［表13-2］ステップ波形発生器の部品表

注3：C_2は目的の繰り返し周波数発生用であり任意．希望する周波数に応じて0.01 μ～1 μで変更可

部品記号	型名/定数	メーカ名	摘　要
J_1，J_2	142-0701-851	RSコンポーネンツ	RS品番3634690
J_3，J_4	NA	－	2 ch計測時に使用．J_1，J_2と同じ
CN_1	4ピン・ヘッダ	指定なし	2.54 mmピッチ
IC_1	ICM7555CD	NXP	他社品でも可
IC_2	TC7WZ04FU	東芝	
C_1	電解10 μF 50V	指定なし	5 mm足ピッチ
C_2	1 μ	指定なし	2012サイズ[注3]
C_3，C_4	0.1 μ	指定なし	1608サイズ
C_5	NA	－	未接続
R_1，R_2	1 k	指定なし	1608サイズ
R_3	100 Ω	指定なし	1608サイズ
R_4	2.2 k	指定なし	1608サイズ
R_5，R_7	470 Ω	指定なし	1608サイズ
R_6，R_8	56 Ω	指定なし	1608サイズ
R_9，R_{11}	51 Ω	指定なし	1608サイズ
R_{10}	0 Ω	指定なし	1608サイズ
R_{16}	51 Ω	指定なし	1608サイズ．2 ch計測時は未接続(NA)
R_{17}	10 Ω	指定なし	1608サイズ
R_{12}，R_{14}，R_{15}	NA	－	2 ch計測時は51 Ω
R_{13}	NA	－	2 ch計測時は0 Ω

クタに対しては特性インピーダンス50Ωのマイクロストリップ・ラインを形成させることです．これらの部分で余計なインピーダンスの暴れが生じないようにします．

このパターン幅はプリント基板の板厚と重要な関係があり，ここでは板厚

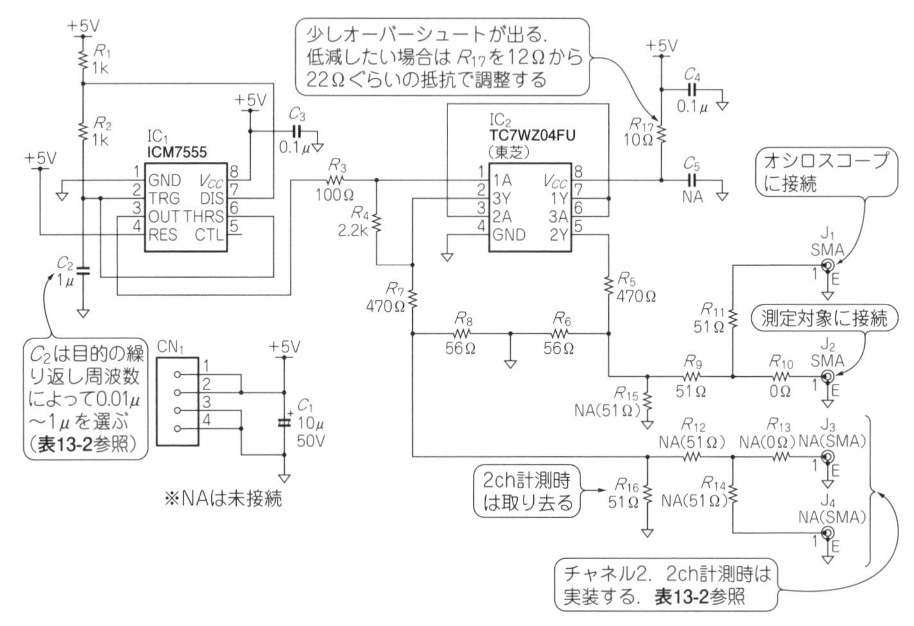

［図13-8］TDR計測用のステップ波形発生器の回路図

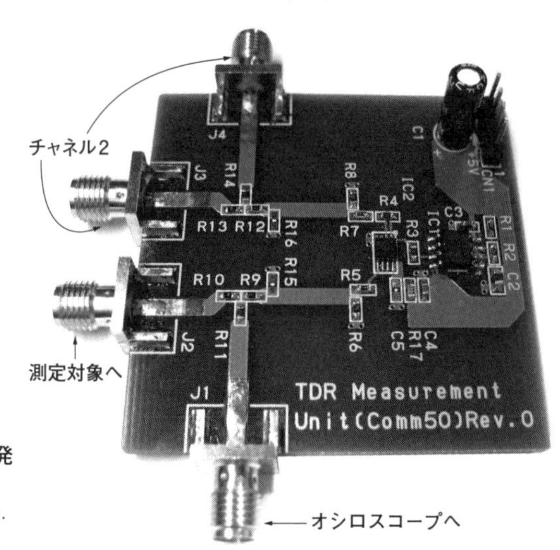

［写真13-1］製作したステップ波形発生器

配線パターン・レイアウトには注意事項がある．この基板はチャネル2も部品を実装してある

1.2 mmに合わせてあります．

● ステップ波形発生器の動作をモデル化して考えてみる

この波形発生器を，TDR計測システムとしての動作モデルで考えてみましょう．**図13-9**は**図13-8**を単純化したモデルです．この波形発生器は，振幅266 mVのステップ波電圧源に50 Ωの出力抵抗が接続されているものとしてモデル化する(目的の動作として考える)ことができます．なおオシロスコープ(J_1，J_4出力)では1/2だけ低く信号が観測されるようになります．

● ミスマッチしていそうでしていない！ 余計な反射が生じない設計コンセプト

高速アナログ回路に詳しい方は「この回路はミスマッチしているのでは？」と思われるかもしれません．しかし実際は**図13-10**のように各端子は，インピーダンスをマッチングすべきところはマッチングが取れており，基板内部で余計な信号の反射が生じません．

その結果として測定対象からの反射波のみをオシロスコープで観測できます．

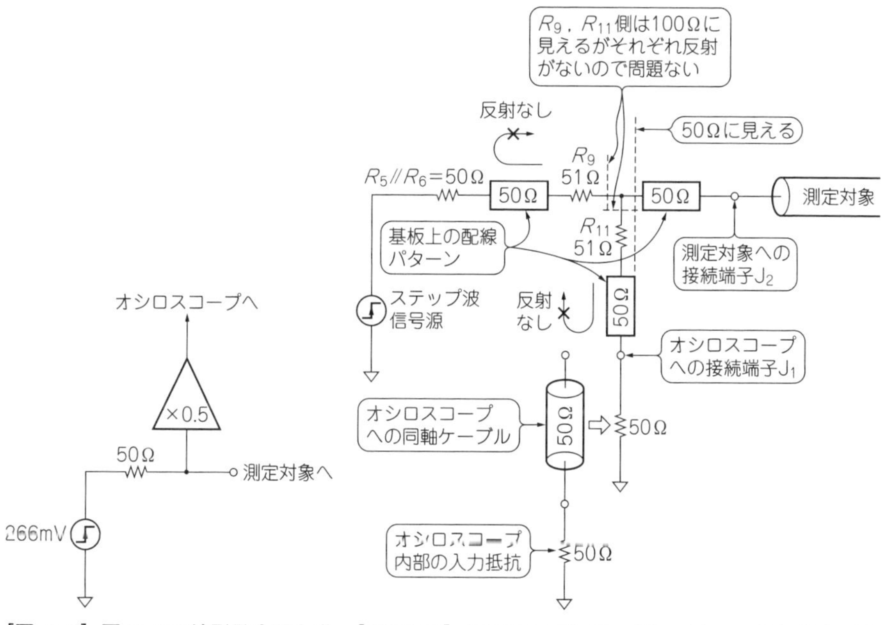

[図13-9] 図13-8の波形発生器を動作モデルで考えてみる

[図13-10] 各端子のインピーダンスをマッチングすべきところはマッチングが取れている

● なぜ製作した波形発生器は2出力があるか

本章ではTDR計測の測定対象を，同軸ケーブルなどシングルエンド伝送系として説明しています．それには片側だけ(例えばJ_1とJ_2)を使えば問題ありません．

一方で近年の高速ディジタル伝送は「差動(ディファレンシャル)伝送」がかなり増えてきています．詳しい話は第16章以後で説明しますが，この波形発生器のチャネル2のJ_3，J_4も用いることで，差動伝送システムでの同相モードTDR特性も計測できます．**図13-8**のように2回路あるのはそのためです．差動伝送システムでの同相モードTDR特性も，現実には注意すべきことなのです．

13-5　製作したステップ波形発生器の基本特性

● 1 ns程度の高速立ち上がり波形を実現できた

製作した波形発生器の基本特性を計測してみます．J_2の出力を50 Ωで終端[注4]し，J_1の観測用端子に1 GHz帯域のオシロスコープ(私の所有するTDS784D，テクトロニクス)を接続します．オシロスコープの入力も50 Ωに設定します．

図13-11のように信号の立ち上がり時間は1 ns程度です．オシロスコープの立ち上がり時間が約0.35 nsと計算できますので［計算方法は第3章の式(3-2)で$t_r = 0$として求める］，ほぼ本来の波形を観測できていることも分かります．

なお1チャネルのみで表示させているのは，このオシロスコープを最大サンプリング・レートの4 GSps(サンプル/秒)で動作させるためです．

また**図13-12**に2出力(J_2，J_3)の波形のようすも示します．

● このステップ波形発生器でできること

この波形発生器で以下のようなシステムの計測が可能です．

- 同軸ケーブルなど伝送線路の特性インピーダンス
- 伝送線路の先端に接続される負荷のインピーダンス
- プリント基板上のパターンの特性インピーダンス
- プリント基板上のパターンの先端にあるIC入力端子のインピーダンス
- 差動伝送線路の同相モード特性計測も可能(本章では詳しく説明しない)

注4：第4章でも説明したが，「終端」とは，同軸ケーブルなど伝送線路の出力端とグラウンド間に特性インピーダンスに等しい抵抗を接続し，反射波が発生しないようにすることをいう．

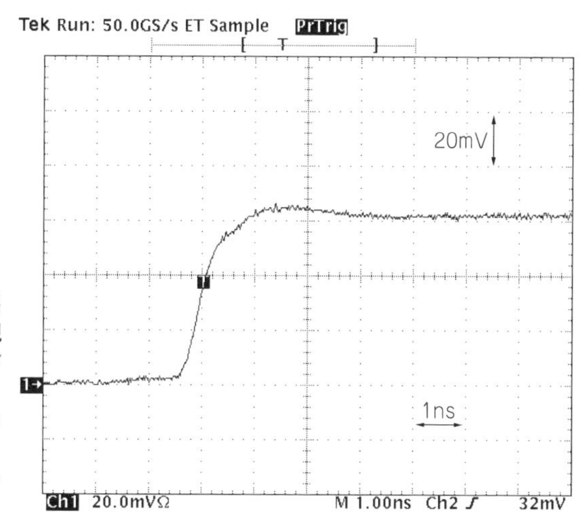

［図13-11］製作した波形発生器が出力するステップ波の立ち上がりを観測用端子J_1から観測したようす（1 ns/div．J_2を50 Ω終端したことにより，266 mVの1/4の67 mVになっている）
1チャネル表示により4 GSpsで動作しており，等価繰り返しサンプリングが50 GS/sになっている

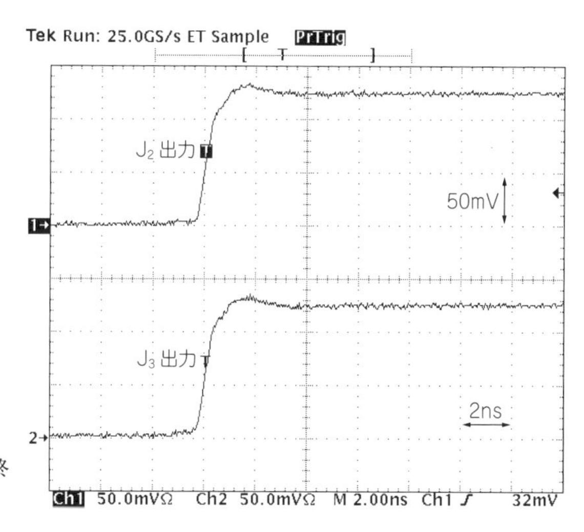

［図13-12］波形発生器の2出力（J_2, J_3）**の波形のようす**（2 ns/div．50 Ω終端で135 mV）

特に大きなメリットとしては，回路内の伝送線路のようすを高価なネットアナではなく，いつも使っているオシロスコープで「時間軸で等価的に計測できる」ということでしょう．まさに「配線診断」ですね．

次章ではより詳しいTDR計測の考え方，そして実際にいろいろ計測してみて，どのような波形が得られるかを見ていきましょう．

Appendix3

TDR計測で重要な要素「特性インピーダンス」と「位相速度」

表13-1で示した，TDR計測において重要な，特性インピーダンスと位相速度(伝搬速度)について説明します.以後,伝送線路としていますが「同軸ケーブル」や「プリント基板のパターン」と読み替えもできます．より具体的な話は，参考文献(2)，(3)，(23)でも説明されているので，興味のある方はぜひ読んでみてください.

● 特性インピーダンスは電圧の波と電流の波の比

特性インピーダンスZ_0[Ω]は，**図13-6**の上側に示したように，伝送線路内部を信号の「電圧の波」と「電流の波」が伝搬していくときの相互関係(比)です．このことは第5章の5-4節でも触れています．信号はこの図のように，電圧と電流が一定の比率をもったままで伝搬していきます.

伝送線路の単位長あたりのインダクタンスをL[H/m]，容量をC[F/m]とすると，特性インピーダンスZ_0は［式(5-1)再掲］

$$Z_0 = \sqrt{\frac{L}{C}} \quad \cdots\cdots (13\text{-A})$$

● 特性インピーダンスは入力に「見かけ上の抵抗がある」ようなもの

伝送線路では電圧の波と電流の波が，特性インピーダンスZ_0の関係を維持して伝搬していきます．ここで「電圧÷電流」の計算の答えはオームの法則で表される抵抗量です.

つまり**図13-B**(a)のように伝送線路の入力端は，まるでそこに特性インピーダンスの大きさの抵抗Z_0が接続されたように見えます(ただし出力端をZ_0で終端した場合，もしくは入力端に加えたステップ波が出力端で反射して入力端に戻ってくるまでの時間)．このことは第4章で「50Ω系計測」として示しています.

ここで重要な点として，伝送線路の途中の部分それ自体はZ_0の抵抗素子ではあ

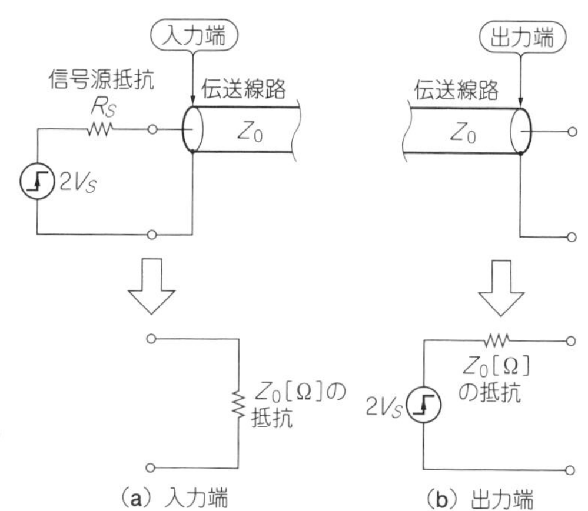

[図13-B] 伝送線路の入力端と出力端での見かけ上の電圧と抵抗の関係
$R_S = Z_O$のとき端子電圧はV_Sになる

りません．この部分が抵抗素子では信号は伝搬しないのです．

あくまで「入力側から見て，見かけ上Z_0の抵抗があるようなもの」ということ(イメージ)なので，誤解しないようにしてください．

● 伝送線路出力端も信号電圧源と出力抵抗に見える

一方，**図13-B(b)**のように伝送線路の出力端も，大きさ$2V_S$[V]の信号電圧源に特性インピーダンスの大きさに相当する抵抗素子Z_0が接続されたように見えます(ただし信号源抵抗R_SがZ_0であるなど，いくつか条件がある)．

これら**図13-B**の入力側，出力側の見かけ上の関係は次章でも用いていきますので，覚えておいて下さい．

● 位相速度(伝搬速度)は波が伝送線路内を伝わる速度

TDRのステップ波は伝送線路内を光速に近い速度で伝搬していきます．この速度は光速より遅く，同軸ケーブルでは光速の66％程度です(1 mを5 ns程度で伝わる)．この速度のことを「位相速度」とか「伝搬速度」v_p[m/s]といいます．この速度もTDR計測で観測できます．

伝送線路の単位長あたりのインダクタンスをL，容量をCとすると，位相速度v_p(伝搬速度)は

$$v_p = \frac{1}{\sqrt{LC}} \quad \cdots\cdots (13\text{-B})$$

第**14**章

【成功のかぎ14】

波形発生器ではじめてのTDR伝送線路診断

伝送線路の長さ，特性インピーダンスと負荷抵抗の大きさで波形が変わる

第13章では，TDR計測で注入用信号の生成に使うステップ波形発生器を製作しました．本章では，このTDR用ステップ波形発生器を用いて，実際にTDR計測を行ってみます．

ステップ波が「入力端⇒出力端⇒入力端に戻ってくる」ようすから，伝送線路の電気的形状によるインピーダンスの変化が分かります．そして，入力端だけを観測して伝送線路内のインピーダンスの変化を調べられるという，TDR計測の本質を理解できます．

プリント基板上では伝送線路はマイクロストリップ・ライン(より簡単にいえば配線パターン)で実現されますが，本章ではTDRのしくみを示すために，安定な伝送線路である「同軸ケーブル」で実験を行います．

14-1 実験その1：テスト信号を加えて出力端のようすを見てみる

● 伝送線路にインピーダンスの変化点があると必ず反射が起きる

図14-1のように，伝送線路の途中または末端(出力端)にインピーダンスの不連続があると，信号がそこで反射します．TDR計測はその反射のようすを計測することで不連続を検出するものです．

製作したステップ波形発生器と，同軸ケーブルを伝送線路として使って，**図14-2**のような**時間をかけて信号が伝搬していくようすを確認できる**テスト系を作り，各部の波形を観測してみます．この実験では出力端②側も観測しますが，**入力端①側だけで観測**するのがTDR計測です(①，②は図中の番号)．

● 出力端②に信号が時間をかけて伝搬していき反射して戻ってくる

信号は同軸ケーブル内部を**時間をかけて**伝搬していきます．入力端①に加わったステップ波は，1 mの同軸ケーブルを5 ns(第13章の**表13-1**の「位相速度」を参照)

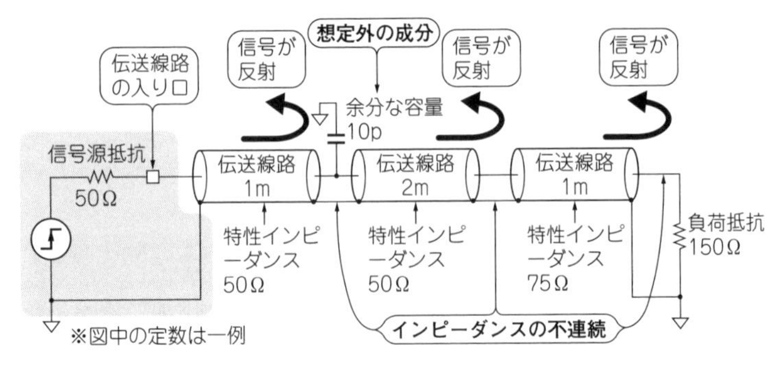

[図14-1] 入り口から注入した信号はインピーダンスの不連続点で反射して戻ってくる．この現象を応用するのがTDR計測

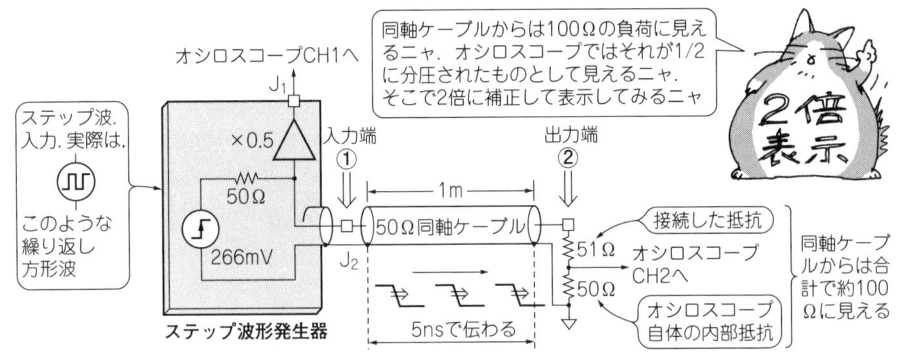

[図14-2] TDR計測のしくみを理解するための同軸ケーブルを用いたテスト系
本文中でも「入力端①，出力端②」として明示している

かけて伝搬していきます．そして出力端②で信号が反射して戻ってきます．

出力端②では**図14-2**のように「51Ωの負荷抵抗と，オシロスコープの入力インピーダンスぶん50Ω」の直列接続になります(オシロスコープは50Ω入力に設定)．つまり出力端②からは約100Ωの負荷抵抗が接続されているように見えます．

▶実験の準備…オシロスコープの振幅値は表示読みを2倍に補正

出力端②にオシロスコープのCH2を接続します．そこで観測される波形は，51Ω(負荷抵抗)＋50Ω(オシロスコープの入力インピーダンス)により，出力端②の電圧の1/2になっています．

またCH1を接続する，入力端①に相当する観測端子(ステップ波形発生器の)J_1でも同じように，本来の振幅の1/2が観測されます．**図14-3**に計測結果を示しますが，これらの理由により，それぞれオシロスコープ内部で2倍に補正して表示し

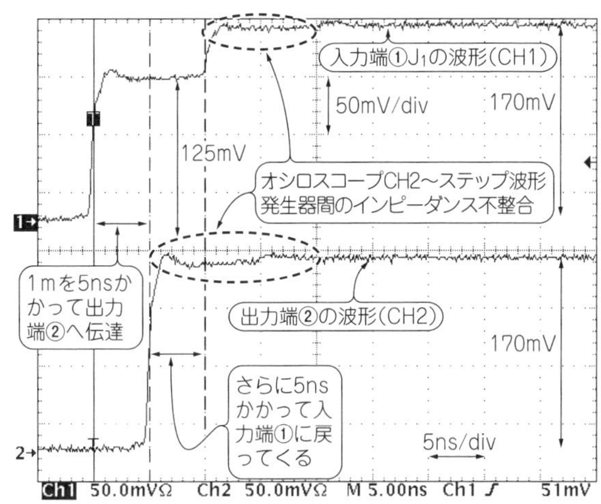

［図14-3］ 図14-2のテスト系で入力端①(上：CH1)と出力端②(下：CH2)のようすを計測した
5 ns/div，50 mV/div．ここまでの説明や計測結果では133 mVだったのが125 mVになっている．これは個体のバラツキによるもの

ています．CH1(観測端子J_1)はこれ以降も2倍にしたままで計測します．

図14-3の上が入力端①の波形(J_1から観測したもの．CH1)，下が出力端②(CH2)の波形です．

▶同軸ケーブルの入力端①の電圧

入力端①では**図14-2**や第13章の**図13-9**に示したように，出力インピーダンス(信号源抵抗)50 Ωをもつ振幅266 mVのステップ波電圧源が，同軸ケーブルの特性インピーダンス50 Ωに加わります．これにより入力端①には**図14-3**のように

$$133\ \mathrm{mV} = 266\ \mathrm{mV} \times \frac{50\ \Omega}{50\ \Omega + 50\ \Omega} \quad \cdots\cdots (14\text{-}1)$$

の電圧が最初に現れます(実測では個体バラツキで125 mV程度)．

▶同軸ケーブルの出力端②の電圧

上記の信号が1 mの同軸ケーブルを出力端②に向かって伝搬していきます．5 ns経過すると，**図14-3**の下側のように出力端②に信号が現れます．

約100 Ωの抵抗が接続されている出力端②では

$$177\ \mathrm{mV} = 266\ \mathrm{mV} \times \frac{100\ \Omega}{50\ \Omega + 100\ \Omega} \quad \cdots\cdots (14\text{-}2)$$

の電圧が生じます．実測では170 mV程度です．波形形状の詳細は後述します．

● 出力端の戻り電圧量はどのくらい？

次の節で詳しく「反射係数」について説明しますが，このケースでの反射係数Γは

$$\Gamma = \frac{100\ \Omega - 50\ \Omega}{100\ \Omega + 50\ \Omega} = 0.333 \quad \cdots\cdots (14\text{-}3)$$

になります．本来の50 Ωの負荷抵抗が接続された場合に出力端②に現れる電圧［式(14-1)と同じ計算になる］である

$$133\ \mathrm{mV} = 266\ \mathrm{mV} \times \frac{50\ \Omega}{50\ \Omega + 50\ \Omega} = 266\ \mathrm{mV} \times \frac{1}{2} \quad \cdots\cdots (14\text{-}4)$$

に対して，Γ倍した信号(ただし$|\Gamma| \leq 1$)

$$44\ \mathrm{mV} = 133\ \mathrm{mV} \times \Gamma = 133\ \mathrm{mV} \times 0.333 \quad \cdots\cdots (14\text{-}5)$$

が入力端①に向かって反射します．この反射する信号の大きさは式(14-2)と式(14-4)の大きさの差分になっています(**図14-3**では170 mV − 125 mV = 45 mV)．

● 出力端の波形を調べるのは現実無理…そこでTDR計測が生きてくる

この結果として，信号が同軸ケーブルを往復する時間(5 ns × 2 = 10 ns)経過後に，反射してきた信号が，入力端①で式(14-1)の入力信号電圧とともに観測されます．

図14-3でも10 ns後の入力端①のようすが観測されています(上側の波形)．

ここまで同軸ケーブルの出力端②も観測してきました．しかし現実の条件では出力端②の負荷状態(測定対象)はICだったりして，ここを直接観測することが難しい場合が多いでしょう．

そこで**入力端①だけで測定対象のようすを観測できればベスト**なわけです．ここにTDR計測が活用できるのです．

14-2　信号が伝わって戻ってくるうごきを理解する

● インピーダンスの変化点では反射が起きることをまず頭に入れる

ここまでの説明をあらためて式で(「反射係数」の意味もふまえて)詳しく考えてみましょう．ただしケーブル内では抵抗性ロスがないものとしています．

TDR計測は信号の反射を観測します．説明してきたように信号の反射は**インピーダンスの不連続点**で生じます．

この「不連続点」は，**図14-1**のように同軸ケーブルの特性インピーダンスZ_0が変わる部分(例えば50 Ωのケーブルに75 Ωのケーブルをつなぐ)や，負荷抵抗R_Lが同軸ケーブルの特性インピーダンスZ_0と同じでない場合などに生じるものです．

● **うごきのアクションその1…ステップ波が入力端から出力端に伝わり戻ってくる最中**

▶入力端①にステップ波が加わった瞬間の電圧

図14-4の等価回路のように，ステップ波電圧$2V_S$[V]が入力端①に加わった瞬間，入力端①で観測される電圧の大きさV_1[V]は

$$V_1(0) = 2V_S \frac{Z_0}{R_S + Z_0} \quad \cdots\cdots (14\text{-}6)$$

となります［式(14-1)も同じ］．オームの法則と全く同じで非常に単純な話です．これは第13章のAppendix3でも示したものです．ここで(0)は$t = 0$ secということを表しています．$R_S = Z_0$なら$V_1(0)$はV_S[V]になります．この大きさ$V_1(0)$が出力端②へ伝わっていきます．

▶出力端②で反射する電圧の大きさはレベル差のぶん

出力端②では**図14-5**のように，**ケーブルの長さぶんを伝わる時間τ**[s]**だけ遅延して**ステップ波が現れます．ここでは，大きさ$2V_1(0)$[V]の信号電圧源($R_S = Z_0$なら$2V_S$[V]になる)プラス信号源抵抗Z_0[Ω](特性インピーダンスに相当)となる等価回路に，負荷抵抗R_Lがつながったかたちになります(これは**図14-4**と同じ回路である)．

ここで生じる電圧V_2は

$$V_2(\tau) = 2V_1(0) \frac{R_L}{R_L + Z_0} \quad \cdots\cdots (14\text{-}7)$$

となります．$R_L = Z_0$の場合は伝わってくる電圧［式(14-6)で表される］の大きさ$V_1(0)$とV_2とは同じですが，$R_L \neq Z_0$の場合は二つの電圧$V_1(0)$とV_2の間に**レベル差**が生じます．そしてレベル差のぶんが出力端②から入力端①に向かって**反射**します．この反射比率が「反射係数」Γです．

▶「反射係数」はケーブル出力端②からレベル差のぶんで反射する比率

この**レベル差**のぶんの電圧…つまり反射する量V_R[V]は

$$V_R = V_1(0) \frac{R_L - Z_0}{R_L + Z_0} \quad \cdots\cdots (14\text{-}8)$$

となります．このうち比の部分が反射係数(Γ)で

$$\Gamma = \frac{R_L - Z_0}{R_L + Z_0} \quad \cdots\cdots (14\text{-}9)$$

と表します．式(14-3)でも示したものです．反射係数はTDR計測だけでなく，ハイスピード回路や高周波回路で重要な概念なのでよく理解しておきましょう［詳細

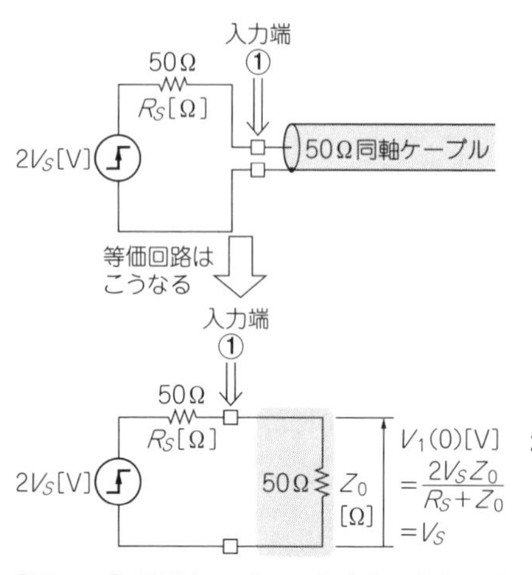

[図14-4] 同軸ケーブル入力端①の等価回路とそこに生じる電圧V_1
オームの法則と全く同じで，実は非常に単純な話

出力端
②
50Ω同軸ケーブル
R_L[Ω]
時間τ[s]で出力端②に表れる信号
等価回路は
こうなる
50Ω
Z_0[Ω]
$2V_1(0)$[V]
R_L
$V_2(\tau)$[V]
伝わる信号$V_1(0)$
引き算
（レベル差）
反射する量V_R[V]
$V_R=V_2(\tau)-V_1(0)$
$V_R=V_1(0)\frac{R_L-Z_0}{R_L+Z_0}$
レベル差が
反射する

[図14-5] 同軸ケーブル出力端②の等価回路とそこに生じる電圧V_2と反射波の電圧V_R

な式展開は参考文献(2)のp.173以降，(3)のp.289以降を，関連の記述としては第5章の5-4節以降を参照].

● うごきのアクションその2…入力端①に反射波が返ってきたら動作終了

出力端②から**反射**する電圧V_R[V]も，（出力端②から）τ[s]だけ遅延して入力端①に現れます.

図14-6のように入力端①では，式(14-8)で示した大きさV_Rが戻ってきて，ケーブルの往復分2τ[s]時間経過後に現れます．その結果として式(14-6)の入力信号波形$V_1(0)$との足し算である

$$V_1(2\tau)[\mathrm{V}] = V_1(0) + V_R \quad \cdots\cdots (14\text{-}10)$$

が得られます．繰り返しますが，**このようすを観測するのが「TDR計測」**です.

入力端①から出力端②の負荷抵抗R_Lまですべてが50Ωという関係を維持していれば(これを「マッチングしている」という)，信号が反射しないので，入力端①に信号は戻ってきません．このときのTDR計測結果は入力端①に抵抗50Ω「のみ」が接続された場合と全く同じになります.

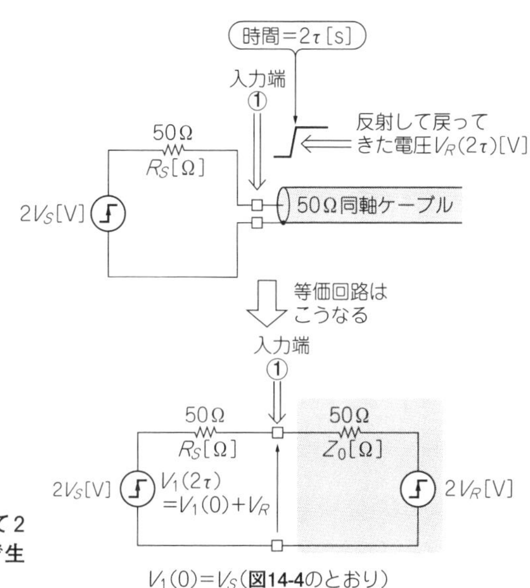

[図14-6] 反射した信号V_Rが戻ってきて2τ[s]時間経過後にケーブル入力端①で生じる電圧V_1のようす

14-3 戻ってきた信号を再反射させず確実に観測する

● 入力端側がマッチングしていれば信号はもう反射しない

反射して戻ってきた信号についてもう少し考えます．**図14-7**のように同軸ケーブルの特性インピーダンスは$Z_0 = 50\ \Omega$です．ステップ波形発生器に同軸ケーブルが接続された入力端①において，戻ってきた信号にとっては，ステップ波形発生器の出力抵抗R_Sが負荷抵抗になります(戻ってきた信号が同軸ケーブルからの信号出力側，波形発生器が負荷抵抗側だとここでは考える)．

戻ってきた信号にとって負荷抵抗に相当するR_Sが50Ωであれば，入力端①では反射係数は$\Gamma = 0$となります．そのためここで信号は再反射しません．

● 入力端①で再反射しないからこそ正しいTDR計測結果が得られる

もし入力端①で再反射してしまうなら，再反射した信号が再度出力端②でも「再・再反射」し，よけいな反射が繰り返されるようす(多重反射)がTDR計測結果として見えてしまうため，好ましくありません．

入力端①で再反射しないことで，TDR計測結果として，きちんと出力端②での反射だけを得ることができるわけです．

● 想定外の場所で反射しないように接続はインピーダンスが規定されたコネクタ，また配線はできるだけ短く！

想定外の個所(例えば計測系との接続個所)で「インピーダンスの不連続性」があると，そこでも信号が反射し，想定外のTDR計測結果になってしまいます．これでは確からしい計測になりません．

TDR計測用ステップ波形発生器は，基板サイズの兼ね合いから出力コネクタには特性インピーダンス50 ΩのSMAコネクタ(**写真14-1**)を用いています．これは系の特性インピーダンスを考慮しているためです．そのためSMAコネクタ(もしくは変換ケーブル)を用いて測定対象と接続してください．

「SMAコネクタでは不便」という場合のために，基板自体は同軸ケーブルが直接はんだ付けできるようにもなっています．利便性に応じて接続方法を選択できますが，できるだけ短い配線で接続してください．

写真14-2は，計測系と測定対象とのはんだ付け接続が不適切な例です．同軸ケーブルの外皮がむかれた部分は特性インピーダンスが変化し，前後と特性インピーダンスが不連続になります．

この写真のように外皮の部分を長くした状態で(不適切に)基板と接続してしまう

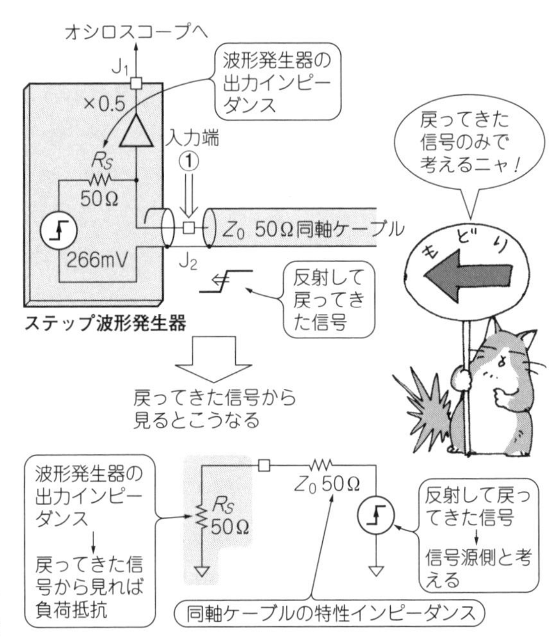

[図14-7] 入力端①では反射係数Γ＝0なので戻ってきた信号は再反射しない

と，特性インピーダンスの不連続的な変化により，想定外の反射が発生してしまいます．「できるだけ短く接続する」ことが基本です．他の接続部分も同様です．

14-4 実験その2：負荷抵抗が変わると波形の階段状態が変わるようすを見てみる

ここでのテスト系を**図14-8**に示します．特性インピーダンスZ_0 = 50 Ω，長さ2 mの同軸ケーブル(先ほどの倍の長さ)を用いて，負荷抵抗R_Lを変化させることを考えます．このケーブルの長さだと，入力端①から出力端②まで信号が伝達するのに10 nsかかります．なおJ_2からJ_1の間で20 mm程度相当の遅延が生じるので，以降に示すTDR計測結果は少し長めに(0.2 ～ 0.3 ns程度)出ているので注意してください．

● 条件① $R_L > Z_0$：反射波は上り階段状

図14-9にR_L = 100 ΩでのTDR計測結果を示します．これは**図14-3**と同じ負荷抵抗の条件ですが，ケーブルの長さは2 mになっています．

［写真14-1］出力コネクタは特性インピーダンスを考えて50 Ω SMAコネクタを使用

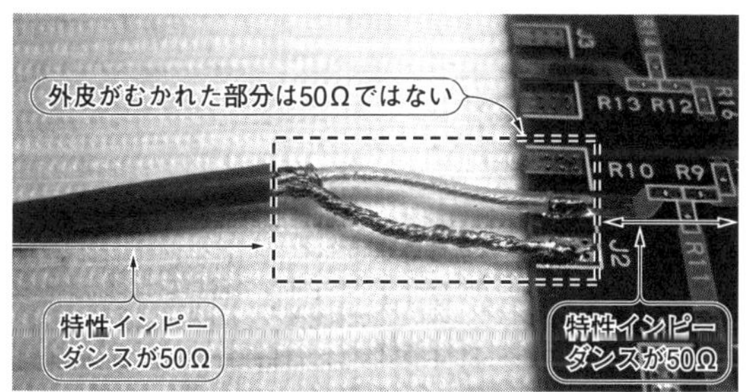

［写真14-2］不適切な接続例：同軸ケーブルの外皮がむかれた部分は特性インピーダンスが不連続になるので「できるだけ短く接続」

特性インピーダンスZ_0 = 50 Ω，$R_L > Z_0$の場合，2 mのケーブルを往復してくる時間(5 ns/m × 2 m × 2 = 20 ns)経過後に，反射してきた信号が入力端①に現れ(オシロスコープで観測され)，それが**上り階段状**になっていることが分かります．

図14-3と波形形状は同じですが，反射波形が現れるまでが10 nsだったところが，倍の20 nsになっていることも分かります(**図14-9**の掃引時間は5 ns/divで，**図14-3**と同じにしてある)．

● 条件② $R_L < Z_0$：反射波は下り階段状

次にR_L = 25 ΩでのTDR計測結果を見てみましょう．結果を**図14-10**に示します．ここでもZ_0 = 50 Ωですが，$R_L < Z_0$の条件になっています．

この場合も，2 mのケーブルを往復してくる時間(20 ns)経過後に，反射してきた信号が入力端①に現れます(オシロスコープで観測される)．

しかし，それが今度は**下り階段状**になっていることが分かります．先ほどとは違いますね．

● これがTDR計測の妙技

$R_L > Z_0$の関係であれば上り階段状の結果，$R_L < Z_0$の関係であれば下り階段状の結果が得られます．

「$R_L > Z_0$だと上り階段，$R_L < Z_0$だと下り階段」．この差異がTDR計測の妙技なのです．これでR_Lの大きさを概略推測できるのです．引き続き説明していきましょう．

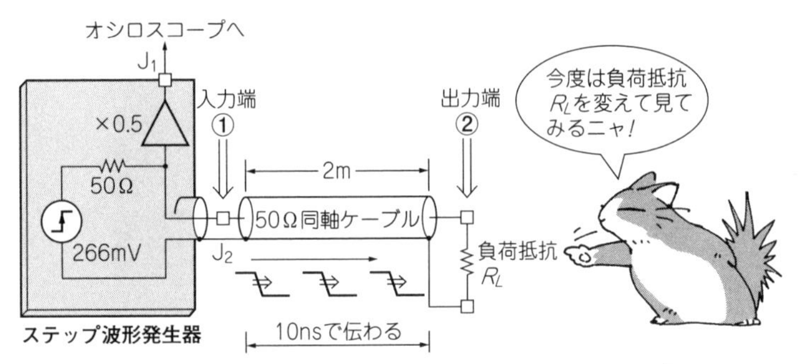

[図14-8] **特性インピーダンスZ_0＝50 Ω，長さ2 mの同軸ケーブルを用いたTDR計測のテスト系**(ケーブル長は2倍，また負荷抵抗R_Lを変えてみる)

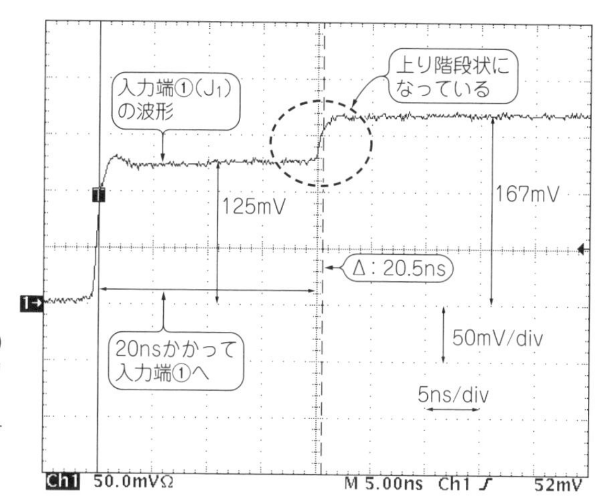

[図14-9]条件① R_L＝100Ω($R_L > Z_0$)でのTDR計測結果．反射波が上り階段状で観測される

5 ns/div，50 mV/div．図14-3と同じくオシロスコープ内部で2倍に補正して表示．125 mVなのは個体バラツキ

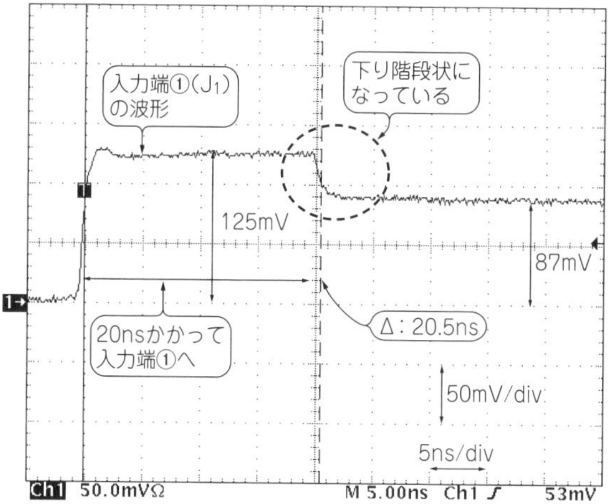

[図14-10]条件② R_L＝25Ω($R_L < Z_0$)でのTDR計測結果．反射波が下り階段状で観測される

5 ns/div，50 mV/div．図14-3，図14-9と同じくオシロスコープ内部で2倍に補正して表示．125 mVなのは個体バラツキ

14-5 波形の階段状態が変わるのを計算で確認

● $R_L > Z_0$だと「上り階段」なのは$\Gamma > 0$だから

反射係数の式(14-9)に先ほどの**図14-9**の条件①R_L = 100 Ωを代入してみます．

$$\Gamma = \frac{100\ \Omega - 50\ \Omega}{100\ \Omega + 50\ \Omega} = 0.333$$

反射係数Γ = 0.333(**プラス極性**)ということは，例えば1 Vのステップ波が出力端②に伝搬していく場合に，出力端②から0.333 Vの**プラス極性**の反射波が跳ね返ってくるということです．このようすを**図14-11**に示します．

この結果，同図のように入力端①では，加えられたステップ波電圧に0.333 Vの反射波が**足し算**されることになります．これが**図14-9**で「上り階段状の波形が得られるしくみ」なわけです．

● $R_L < Z_0$だと「下り階段」なのは$\Gamma < 0$だから

次に**図14-10**の条件②R_L = 25 Ωを代入してみます．

$$\Gamma = \frac{25\,\Omega - 50\,\Omega}{25\,\Omega + 50\,\Omega} = -0.333$$

今度は反射係数Γの**符号がマイナス**です．これは例えば，1 Vのステップ波が出力端②に伝搬していく場合に，出力端②から－0.333 Vの**マイナス極性**の反射波が跳ね返ってくるということです．このようすを**図14-12**に示します．

これが入力端①に戻ってきて，加えられたステップ波電圧に対して，今度は**引き算**されるように(実際は引き算ではない．マイナス極性が足し算される．「電圧が低下する方向で」という意味)加わります．その結果として「下り階段状の波形」が

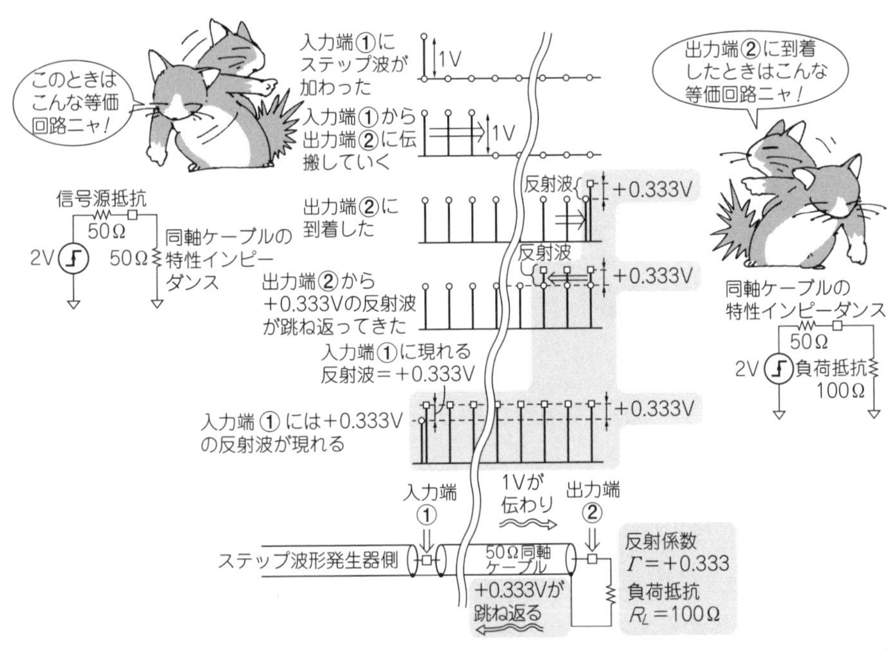

[図14-11] R_Lが100 Ωだと+0.333 Vの反射波が跳ね返って，入力端①では加えられたステップ波と反射波が足し算される

観測されることになります.

● 階段の段差で反射係数Γが分かる

図14-9と**図14-10**の階段状波形の「段差」について見てみましょう. あらためて**図14-13**にこれらの二つの波形を(電圧カーソルを表示させて再計測し)並べてみました.

ここでそれぞれの波形の段差を電圧カーソルで計測してみると, $R_L = 100\,\Omega$ [**図14-13(a)**] で42 mV, $R_L = 25\,\Omega$ [**図14-13(b)**] で38 mVになっています. $R_L = 100\,\Omega$と$R_L = 25\,\Omega$とで「階段の上り/下り」は逆ですが, 興味深いこととして, **波形の段差はほぼ同じ**なのです(理論的にはちょうど同じになる).

▶反射係数の絶対値が同じなら, 反射波の大きさ(絶対値)は同じ

$R_L = 100\,\Omega$ [**図14-13(a)**] でも$R_L = 25\,\Omega$ [**図14-13(b)**] でも, **反射係数の大きさの絶対値は同じ**で$|\Gamma| = 0.333$です. 反射波の極性は逆ですが, 反射係数の絶対値が同じなので**反射波の大きさは同じ**, つまり**波形の段差が同じ**になります.

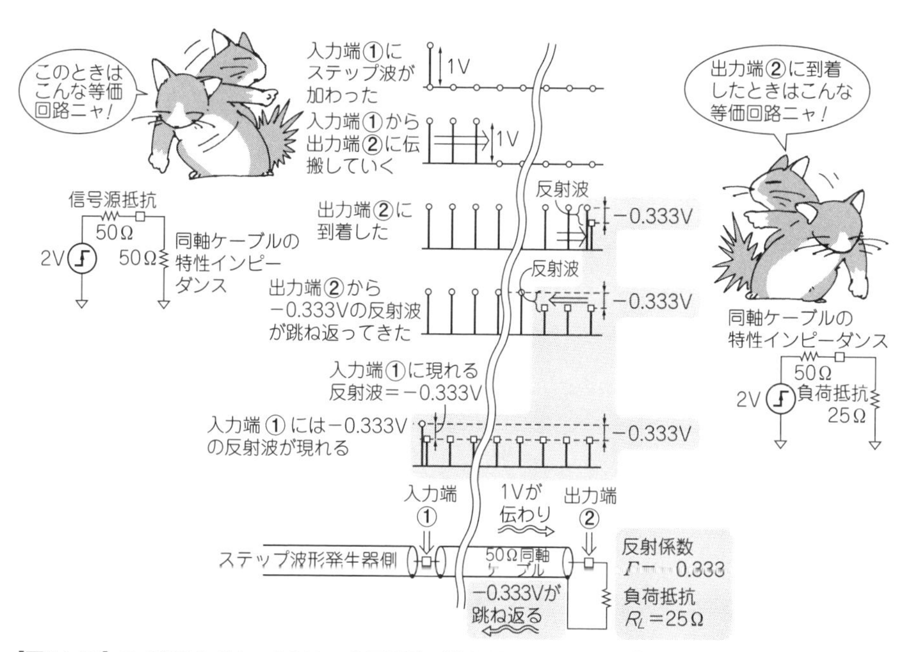

[図14-12] R_Lが25 Ωだと−0.333 Vの反射波が跳ね返って, 入力端①では加えられたステップ波と反射波が引き算(マイナス極性が足し算)される

● TDRで出力端の抵抗の大小が類推できる

このように反射係数Γの符号により反射波の極性が変わり，TDR計測で観測される波形の階段方向が変わります．負荷抵抗R_Lが概略「$R_L > Z_0$なのか$R_L < Z_0$なのか」をTDR計測で調べるときには，非常に重要な関係です．

さらに段差量の差異から，反射係数の大きさ(さらには負荷抵抗R_L)も推定できます．

▶プリント基板上でも同様な現象が生じている

ここでは同軸ケーブルを用いて「TDR計測」として説明していますが，同様な

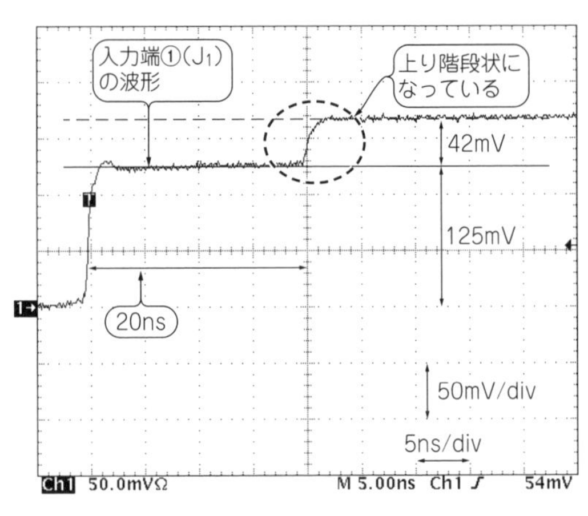

(a) R_L = 100 Ωの場合．上り階段状の波形

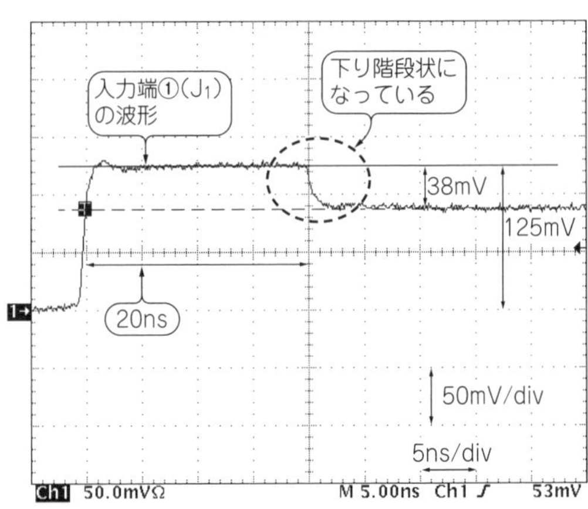

(b) R_L = 25 Ωの場合．下り階段状の波形

[図14-13] R_L = 100 Ω(図14-9)とR_L = 25 Ω(図14-10)の計測結果を階段状波形の「段差」という視点で見直してみる

5 ns/div，50 mV/div．これまでの波形と同じくオシロスコープ内部で2倍に補正して表示．125 mVなのは個体バラツキ

現象がプリント基板上で生じていますし，TDRで計測することもできます．次章で実測してみます．

14-6 実験その3：伝送線路の途中でインピーダンスが変わったときの波形

ここまでは同軸ケーブル（伝送線路）は特性インピーダンス$Z_0 = 50\,\Omega$で**一定**にしていました．

ここでは**図14-14**のように，特性インピーダンスZ_0の異なる同軸ケーブルが直列に接続された場合に，TDR計測で得られる波形がどうなるかを示してみましょう．

図14-14のように，長さ1 mの$Z_0 = 50\,\Omega$の同軸ケーブルの先に，長さ2 mの**$Z_0 = 75\,\Omega$の同軸ケーブル**を接続し，さらにこの先端に負荷抵抗$R_L = 75\,\Omega$または$R_L = 50\,\Omega$が接続された場合で，TDR波形がどう違うかを見てみます．

● 伝送線路の途中で特性インピーダンスが変化する場合はそこでも反射する

最初は$R_L = 75\,\Omega$の場合です．**図14-15(a)**に示すTDR計測波形は，10 nsのところで「階段が1段」だけあります．そして全体長3 m（50 Ωが1 m + 75 Ωが2 m）のケーブルを往復してくる時間（5 ns/m × 3 m × 2 = 30 ns）経過後には，段差は見えません．

▶ 3 mケーブルの往復時間後に段差がないのはそこで反射がないから

これはこれまでの説明のとおり，**図14-14**の右側にある$Z_0 = 75\,\Omega$の同軸ケーブルの入力端②から先はすべて75 Ωだからです．出力端③でも$R_L = 75\,\Omega$なので反射係数$\Gamma = 0$であり信号が反射してこないのです．

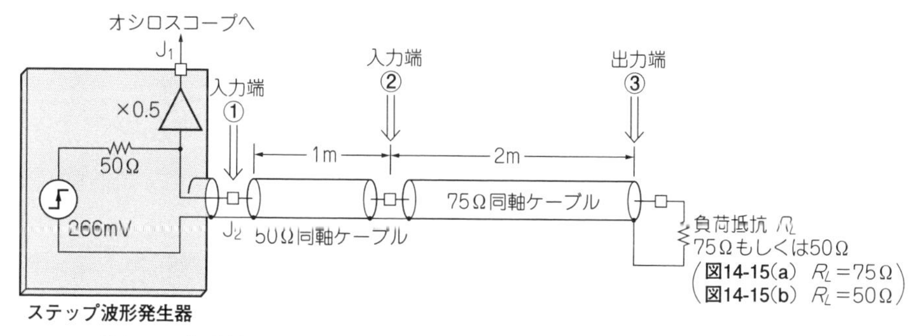

［図14-14］特性インピーダンスZ_0の異なる伝送線路を直列に接続したテスト系

▶入力側の50 Ω，1 mの同軸ケーブルからは75 Ωの負荷抵抗R_Lに見える

このためZ_0 = 50 Ω，1 mの同軸ケーブルからすれば，等価的にその出力端に「75 Ωの負荷抵抗がつながっているだけ」のように見えます．

その結果，入力端①から，Z_0 = 50 Ωの同軸ケーブルの長さ1 mの点(入力端②)を往復してくる時間(5 ns/m × 1 m × 2 = 10 ns)で，R_L = 75 Ωに相当する反射だけが観測されることになります．

これが「階段が1段」で観測されるわけです．

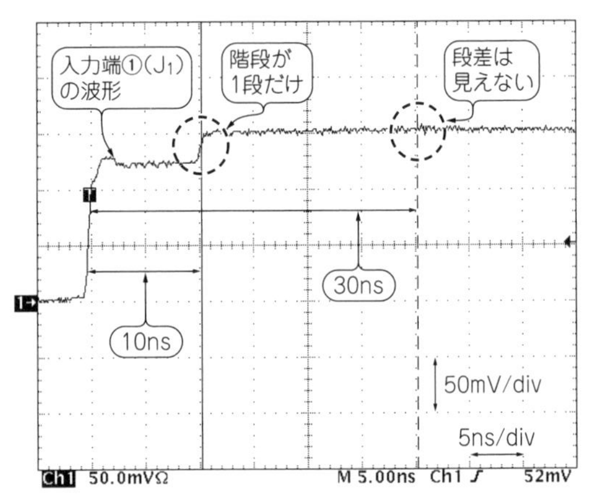

(a) 出力端の負荷抵抗がR_L = 75 Ωの場合

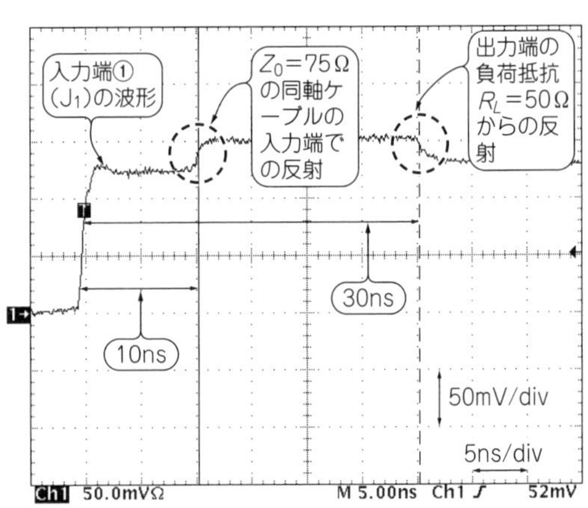

(b) 出力端の負荷抵抗がR_L = 50 Ωの場合

［図14-15］図14-14のテスト系でのTDR計測結果

5ns/div，50mV/div．これまでの波形と同じくオシロスコープ内部で2倍に補正して表示

● さらに負荷抵抗の大きさも異なるとそこからも反射する

次にR_L = 50 Ωの場合です．**図14-15(b)**にこのTDR計測波形を示します．今度の波形は「階段が上下して複数ある」状態になっています．これはZ_0 = 75 Ω，2 mの同軸ケーブルの出力端③の負荷抵抗R_L = 50 Ωから信号が反射し，そのぶんが観測されるからです．

右側の2 mの同軸ケーブルの特性インピーダンスZ_0 = 75 Ωに対し，負荷抵抗R_L = 50 Ωであり，反射係数$\Gamma = -0.2$［式(14-9)より］になり，出力端③から信号が反射し，それが観測されるためです．

＊

本章ではTDRで伝送線路を計測し診断する基本的な例として，同軸ケーブルを使って実験をしてみました．この実験で「インピーダンスの不連続点で信号が反射してくる」ようすが分かりました．

次章では複雑にインピーダンスが変化する実際のプリント基板上の配線パターンを計測・診断してみます．

第**15**章

【成功のかぎ15】

TDR計測によるプリント基板診断

複雑なインピーダンス不連続のようすをかいまみる

本章では，13章で製作したTDR計測用ステップ波形発生器を使って，現実のプリント基板のようすを把握するのにTDR計測が有効なことを実験で示してみます．TDR計測の応用である「伝送線路のインピーダンス変化の計測方法」の基本や，基板上で特性インピーダンスが不連続になるようすを把握でき，信号伝送のトラブルも解決できます．さらに実験で使用した機器の測定限界も理解できます．

また出力端，つまり負荷がどのような回路構成のときに，どのようなTDR計測波形になるかも理解していきましょう．

15-1 実際のプリント基板でTDR計測を試運転

● 実験に使うプリント基板

図15-1(a)に示すプリント基板の配線パターンのインピーダンスの不連続点をTDR計測で調べてみましょう．パターン部分の寸法を**図15-1**(b)に示します．スルーホールを介して，4層基板の部品面(L1)とはんだ面(L4)にパターンが配線されており，表面層と内層のベタ・パターン(グラウンド・プレーン)でマイクロストリップ・ラインを形成しています．**図15-1**(c)に計測するパターン周辺の回路も示します．

● 確からしい計測のためセミリジッド・ケーブルを直付けする

計測には，1 GHz帯域のオシロスコープ(TDS784D)と，第13章で製作したステップ波形発生器を用います.ステップ波形発生器の立ち上がり時間は1 ns程度です.オシロスコープは50 Ω入力にします.

写真15-1は，ステップ波形発生器とプリント基板の接続部です．ここの接続がいいかげんだとインピーダンスが暴れるので，確からしい計測を実現するため，こ

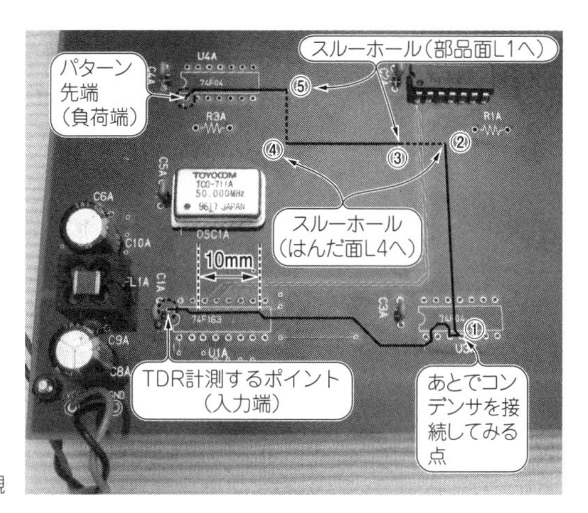

(a) 基板の外観

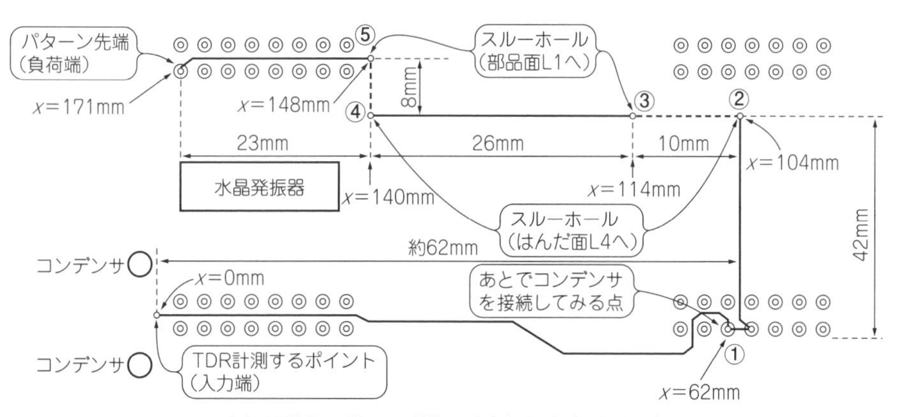

(b) 計測するパターン部分の寸法(図は実寸ではない)

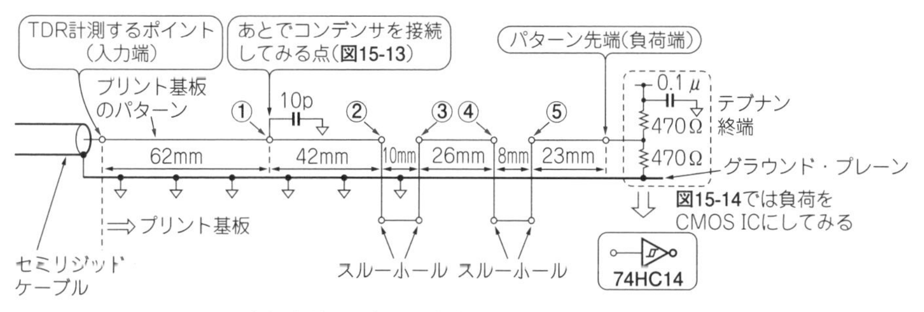

(c) 計測するプリント基板上のパターン周辺の回路

[図15-1] TDR計測の実験に使ったプリント基板のパターン形状
基板提供:甲斐エレクトロニクス株式会社

のようにSMAコネクタ付きのセミリジッド・ケーブルできちんと接続します．

● インピーダンスの不連続が実験から確認できる

ここで，**図15-1**(c)のパターン(伝送線路)先端の負荷条件は，470Ω2個をそれぞれ電源とグラウンドに接続したテブナン終端です．この負荷条件でTDR計測した結果を**図15-2**に示します．計測結果は個体バラツキで(266/2 = 133 mVでなく) 250/2 = 125 mVになっていますので注意して下さい(以下の計測も同じ)．

横軸は2 ns/divとかなり高速で観測しています．時間マーカは立ち上がり開始点(インピーダンス不連続が検出される入力端)にセットしています．

インピーダンスのそれぞれの不連続点で，反射が起きていることが分かります．後ほど，テブナン終端以外の負荷条件でも計測してみながら，詳しく解析します．

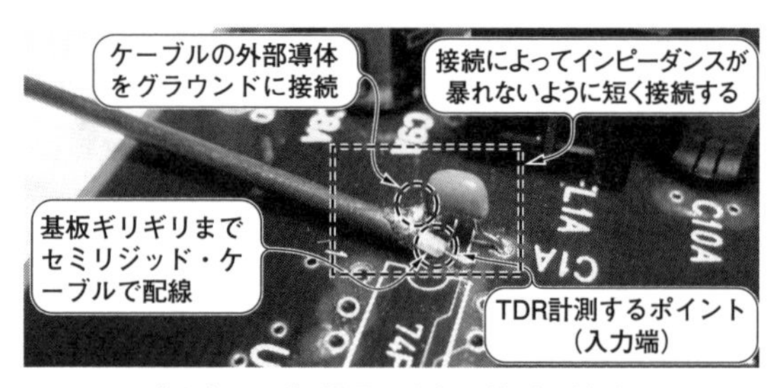

[写真15-1] 信号入力部は慎重に接続
プリント基板ギリギリまでインピーダンスを一定にするためにSMAコネクタ付きのセミリジッド・ケーブルで配線して直付け

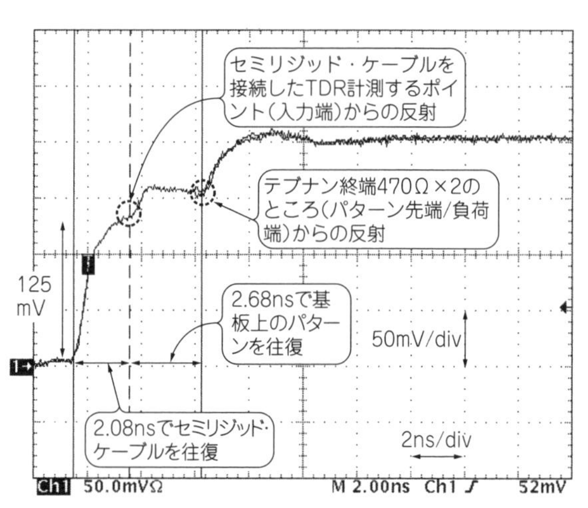

[図15-2] テブナン終端されたプリント基板の配線パターンをTDR計測してみた
2 ns/div, 50 mV/div. ステップ波は125 mV. ここまでの説明では133 mVであるが，125 mVなのは個体バラツキ．以下同じ．オシロスコープは50Ω，内部で2倍に補正して表示．時間マーカを表示し2画面を合成

● 2 ns以下の変化を捉えるにはより高速なステップ波形発生器やオシロが必要

使用した計測系は通常の計測では十分に高速ですが，**図15-2**のとおり，2 ns/divでは波形がだいぶ「鈍(なま)って」しまいます．これが計測限界です．

このような，プリント基板上の短い伝送線路(パターン)，小さい容量やインダクタンスの場合には，TDR計測では計測限界以下になりがちです．より高速なオシロスコープやステップ波形発生器(高速TDR計測システム)が必要です．本章の後半の説明やColumn3のように，周波数ドメインで計測した結果を計算によりTDR波形として表示する測定器もあります．

15-2 基礎実験その1：コンデンサ＆抵抗負荷のTDR波形

● CMOS ICの入力端子を想定してTDR波形を考える

プリント基板の配線パターンなど伝送線路の出力端に接続されるのは，抵抗だったり，容量成分(コンデンサ)やインダクタンス成分(インダクタ)だったりするケースもよくあります．特にCMOS ICの入力端子はほぼ容量性です．

ここではプリント基板診断の基礎的な実験として，容量性負荷の場合のTDR波形のふるまいを示してみます．次節ではインダクタンス性負荷の場合を示します．

負荷抵抗Rも含めて解析していますが，コンデンサ単独の場合であれば，$R = \infty$ Ω(Rが並列の場合)とか$R = 0$ Ω(Rが直列の場合)と考えれば，そのTDR波形形状が得られます．

この基礎実験その1とその2(ケース1～ケース4)では実際のプリント基板ではなく，再現性のある安定な伝送線路を実現するために同軸ケーブルを使用します．

● ケース1：コンデンサと抵抗の並列接続

図15-3のように$Z_0 = 50$ Ω，長さ1 mの同軸ケーブルの先端に，$C = 100$ pFのコンデンサと$R = 200$ Ωの抵抗が並列に接続された状態を計測してみます．C，Rの定数は見やすい波形になるように選んであります．

▶いったんゼロに落ちてから，負荷が抵抗のみの電圧に向かう

まず**図15-3**の定数を用いてシミュレーションした結果を**図15-4(a)**に示します．理論的にはこのような波形が得られます(Column1参照)．

このようにいったん電圧レベルがゼロまで変化し，その後に徐々に時定数τ[s]で抵抗のみの反射状態に相当する電圧レベルに変化していきます．

この波形から求められるR，Cの大きさは

$$
\left.\begin{aligned}
R[\Omega] &= Z_0 \frac{1+\Gamma}{1-\Gamma} \\
C[\mathrm{F}] &= \frac{2\tau}{Z_0(1+\Gamma)}
\end{aligned}\right\} \quad \cdots\cdots (15\text{-}1)
$$

ここで，

$$
\Gamma = \frac{R_L - Z_0}{R_L + Z_0} \quad \cdots\cdots (15\text{-}2.\ 式14\text{-}9\ 再掲)
$$

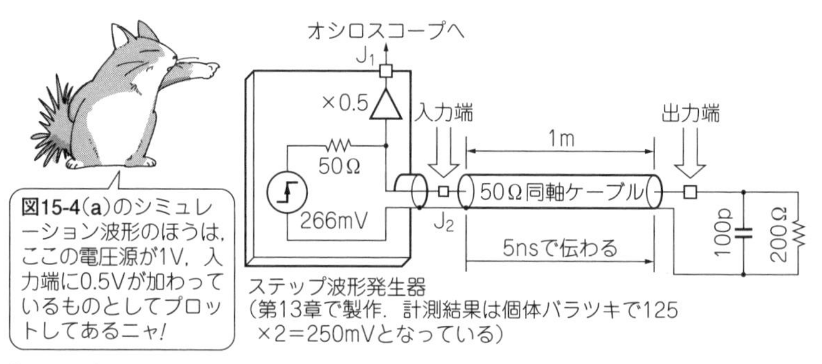

［図15-3］ケース1：50 Ω，長さ1 mの同軸ケーブルの出力端にコンデンサと抵抗が並列に接続

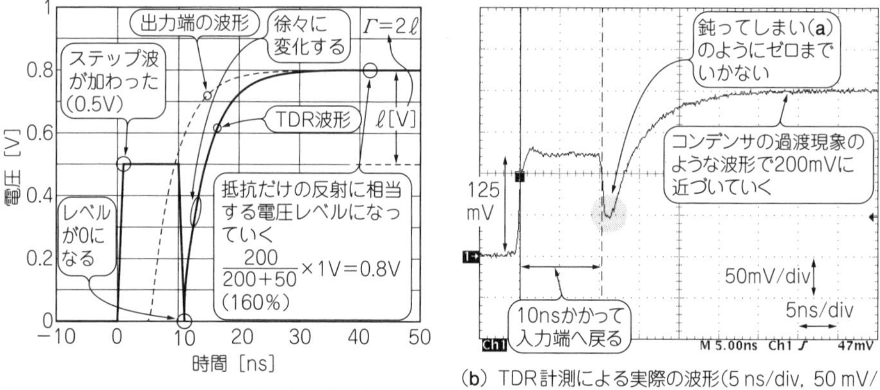

(**a**) シミュレーションでの波形(入力信号は0.5 V．1 nsの立ち上がりはシミュレータ設定が理由)

(**b**) TDR計測による実際の波形(5 ns/div，50 mV/div．ステップ波は125 mV．オシロスコープ内部で2倍に補正して表示)

［図15-4］出力端にコンデンサ100 pFと抵抗200 Ωが並列に接続されているとき(ケース1)のTDR計測結果

ですが，

$$\Gamma = \frac{V_{反射}}{V_{進み}} \quad \cdots\cdots (15\text{-}3)$$

です．$V_{反射}$は変化終了後の最終値です．**図15-4**(**a**)ではステップ波を$V_{進み} = 0.5$ V，反射波を$V_{反射} = \ell$ [V]としていますので，$\Gamma = \ell/0.5 = 2\ell$と計算できます．

また時定数τ[s]は

$$\tau = C\frac{Z_0 R_L}{Z_0 + R_L} \quad \cdots\cdots (15\text{-}4)$$

で，この条件では$\tau = 4$ nsになります．

▶実測するときは波形が鈍(なま)る

次にTDR計測結果を**図15-4**(**b**)に示します．**図15-4**(**a**)とほぼ同じようすが観測できます．しかし10 nsのところの波形は**図**(**a**)と**図**(**b**)では同じになっていません．

詳しくはColumn1にも示しますが，いかに高速なオシロスコープであっても，この急しゅんな波形変化は「鈍(なま)って」観測されてしまいます．

Column 1

本計測系では数pF以下の浮遊成分を正しく捉えるのは難しい

本章のTDR計測実験では，TDR応答波形の変化が大きく出るようにコンデンサやインダクタは定数の大きめなものを使っています．

図15-4，**図15-6**，**図15-8**，**図15-10**で示した波形は，それぞれの**図**(**a**)のシミュレーション結果のように，出力端から反射してきた信号がTDR計測点(入力端)に戻ってきた瞬間，信号のレベルが急しゅんに変化しています．

実際にはこのようなコンデンサやインダクタはとても微小な浮遊的成分なこともあるため，TDR波形に現れる変化はとても小さく急しゅんになります．

● オシロスコープで正しく捉えるのは難しい

この急しゅんな信号レベルの変動は，オシロスコープで捉えることは**簡単ではありません**．この部分の波形は，オシロスコープの帯域幅の限界や，入力端周辺での測定対象や計測系の浮遊容量成分などの影響により，さらに「鈍(なま)った」状態で観測されたり，もしくはその急しゅんな変動が消え去ったりすることも多くなります．

インピーダンスのちょっとした変化まで確からしい計測結果として知りたければ，高速なTDR計測システムが必要です．

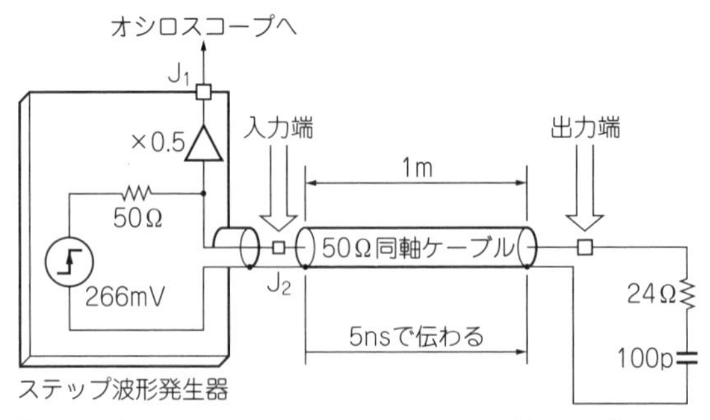

[図15-5] ケース2：50Ω，長さ1mの同軸ケーブルの出力端にコンデンサと抵抗が直列に接続

図15-3の図中注意も参照

● ケース2：コンデンサと抵抗の直列接続

図15-5のように$Z_0 = 50\,\Omega$，長さ1mの同軸ケーブルの先端に，$C = 100$ pFのコンデンサと$R = 24\,\Omega$の抵抗が直列に接続された状態を計測してみます．C，Rの定数選定理由はケース1と同じです．

▶いったん負荷が抵抗のみの電圧になってから，ステップ波電圧レベルの2倍の大きさに向かう

まず**図15-5**の定数を用いてシミュレーションした結果を**図15-6(a)**に示します．いったん抵抗のみの反射状態に相当する電圧レベルに変化し，その後徐々に時定数τ[s]でステップ波電圧レベルの倍の大きさに変化していきます．

この波形から求められるR，Cの大きさは

$$\left.\begin{aligned} R[\Omega] &= Z_0\frac{1+\Gamma}{1-\Gamma} \\ C[\mathrm{F}] &= \frac{\tau\,(1-\Gamma)}{2Z_0} \end{aligned}\right\} \qquad (15\text{-}5)$$

ただしΓは式(15-2)，式(15-3)で示される反射係数です．$V_{反射}$は**図15-6(a)**のℓ [V]の部分です．この図では$V_{進み} = 0.5$ Vなので，Γはℓ [V]を2倍にしたものになります［式(15-3)での説明のとおり］．

また時定数τ[s]は

$$\tau = C(Z_0 + R_L) \qquad (15\text{-}6)$$

で，この条件では7.4 nsになります．

▶実測するときは波形が鈍(なま)る

次にTDR計測結果を**図15-6(b)**に示します．**図15-6(a)**とほぼ同じようすが観

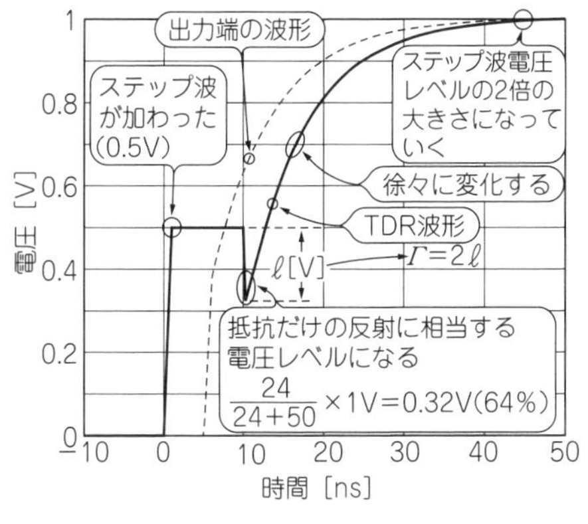

(a) シミュレーションでの波形(入力信号は0.5 V. 1 nsの立ち上がりはシミュレータ設定が理由)

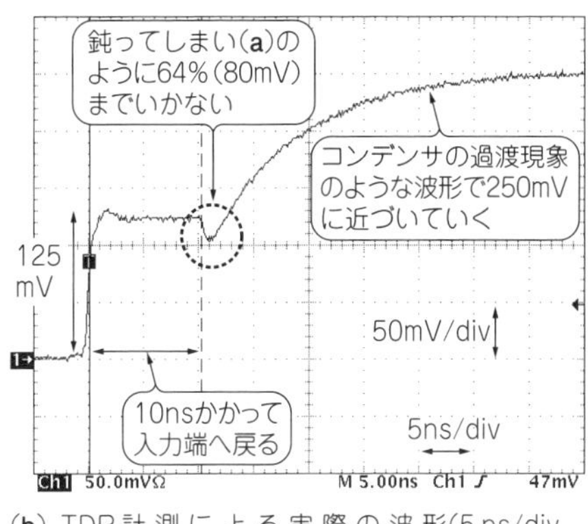

(b) TDR計測による実際の波形(5 ns/div, 50 mV/div. ステップ波は125 mV. オシロスコープ内部で2倍に補正して表示)

[図15-6] 出力端にコンデンサ100 pFと抵抗24 Ωが直列に接続されているとき(ケース2)**のTDR計測結果**

測できます．しかし10 nsのところの波形は**図15-6**(a)と**図15-6**(b)では同じになっていません．

これもColumn1に示すような限界があるためです．**正しいΓの大きさを計測することは非常に難しい**ということも分かります．波形の変化を基にして，どの時点から反射による波形変化が始まっているかを推測し，それによりΓを推定することもできるでしょうが難しいことです．

15-3 基礎実験その2：インダクタ＆抵抗負荷のTDR波形

続いてインダクタンス成分(インダクタ)の例を示してみます．負荷抵抗Rも含めて解析していますが，インダクタ単独の場合であれば，$R = \infty\ \Omega$(Rが並列の場合)とか$R = 0\ \Omega$(Rが直列の場合)と考えれば，そのTDR波形形状が得られます．

● ケース3：インダクタと抵抗の並列接続

図15-7のように$Z_0 = 50\ \Omega$，長さ1 mの同軸ケーブルの先端に，$L = 150$ nHのインダクタと$R = 200\ \Omega$の抵抗が並列に接続された状態を計測してみます．L，Rの定数選定理由はケース1と同じです．

▶いったん負荷が抵抗のみの電圧になってからゼロに向かう

まず**図15-7**の定数を用いてシミュレーションした結果を**図15-8**(a)に示します．

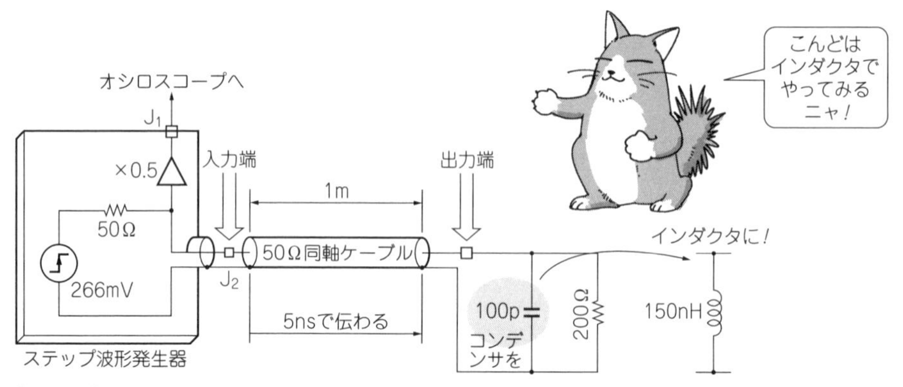

［図15-7］ケース3：50Ω，長さ1mの同軸ケーブル出力端にインダクタと抵抗が並列に接続
図15-3の図中注意も参照

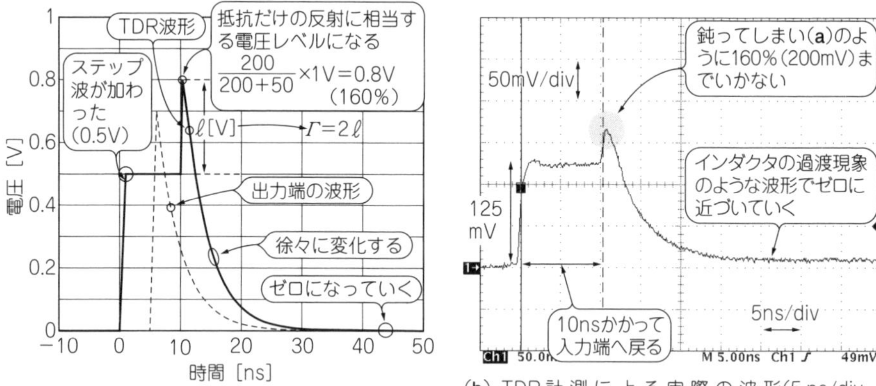

(a) シミュレーションでの波形(入力信号は0.5 V，1 nsの立ち上がりはシミュレータ設定が理由)

(b) TDR計測による実際の波形(5 ns/div，50 mV/div．ステップ波は125 mV．オシロスコープ内部で2倍に補正して表示)

［図15-8］出力端にインダクタ150 nHと抵抗200 Ωが並列に接続されているとき(ケース3)のTDR計測結果

いったん抵抗のみの反射状態に相当する電圧レベルに変化し，その後に徐々に時定数τ[s]でゼロに変化していきます．コンデンサの波形とは区別できますね．

この波形から求められるR，Lの大きさは

$$\left.\begin{aligned} R[\Omega] &= Z_0 \frac{1+\Gamma}{1-\Gamma} \\ L[\mathrm{H}] &= Z_0 \frac{\tau(1+\Gamma)}{2} \end{aligned}\right\} \quad \cdots\cdots (15\text{-}7)$$

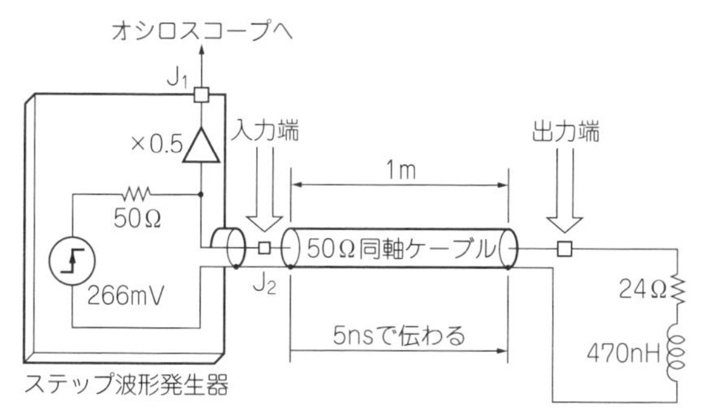

[図15-9] ケース4：50Ω，長さ1mの同軸ケーブルの出力端にインダクタと抵抗が直列に接続

図15-3の図中注意も参照

ただしΓは式(15-2)，式(15-3)で示される反射係数です．$V_{反射}$は**図15-8**(a)のℓ[V]の部分です．この図では$V_{進み}=0.5$ Vなので，Γはℓ[V]を2倍にしたものになります［式(15-3)での説明のとおり］．また時定数τ[s]は

$$\tau = L\frac{Z_0 + R_L}{Z_0 R_L} \quad \cdots\cdots (15\text{-}8)$$

で，この条件では3.75 nsになります．

▶実測するときは波形が鈍(なま)る

次にTDR計測結果を**図15-8**(b)に示します．**図15-8**(a)とほぼ同じようすが観測できます．しかし10 nsのところの波形は**図15-8**(a)と**図15-8**(b)では同じになっていません．これもColumn1に示すような限界があるためです．

● ケース4：インダクタと抵抗の直列接続

図15-9のように$Z_0=50\ \Omega$，長さ1 mの同軸ケーブルの先端に，$L=470$ nHのインダクタと$R=24\ \Omega$の抵抗が直列に接続された状態を計測してみます．L，Rの定数選定理由はケース1と同じです．

▶いったんステップ波電圧レベルの2倍になってから，負荷が抵抗のみの電圧に向かう

まず**図15-9**の定数を用いてシミュレーションした結果を**図15-10**(a)に示します．いったん電圧レベルがステップ波電圧レベルの倍の大きさまで変化し，その後に徐々に時定数τ[s]で抵抗のみの反射状態に相当するレベルに変化していきます．ここでもコンデンサの波形とは区別できます．

この波形から求められるR, Lの大きさは

$$\left.\begin{aligned} R[\Omega] &= Z_0\frac{1+\Gamma}{1-\Gamma} \\ L[\mathrm{H}] &= \frac{2Z_0\ \tau}{1-\Gamma} \end{aligned}\right\} \quad \cdots\cdots (15\text{-}9)$$

ただしΓは式(15-2), 式(15-3)で示される反射係数です. $V_{反射}$は**図15-10(a)**の変化終了後の最終値ℓ[V]です. この図では$V_{進み}=0.5$ Vなので, Γはℓ[V]を2倍にしたものになります［式(15-3)での説明のとおり］. また時定数τ[s]は

$$\tau = \frac{L}{Z_0+R_L} \quad \cdots\cdots (15\text{-}10)$$

で, この条件では6.4 nsになります.

▶実測するときは波形が鈍(なま)る

次にTDR計測結果を**図15-10(b)**に示します. **図15-10(a)**とほぼ同じようすが観測できます. しかし10 nsのところの波形は**図15-10(a)**と**図15-10(b)**では同じになっていません. これもColumn1に示すような限界があるためです.

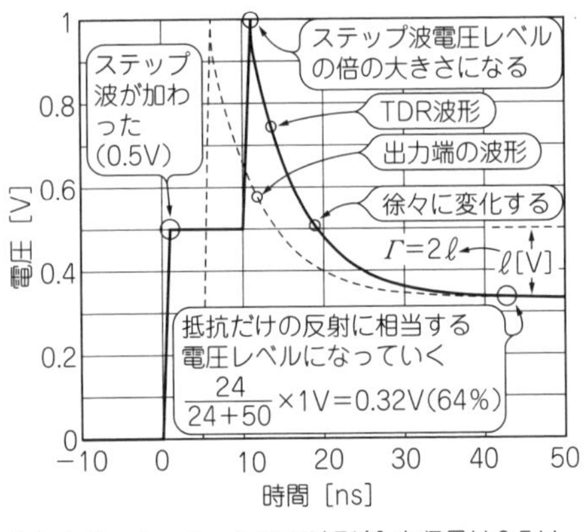

(a) シミュレーションでの波形(入力信号は0.5 V. 1 nsの立ち上がりはシミュレータ設定が理由)

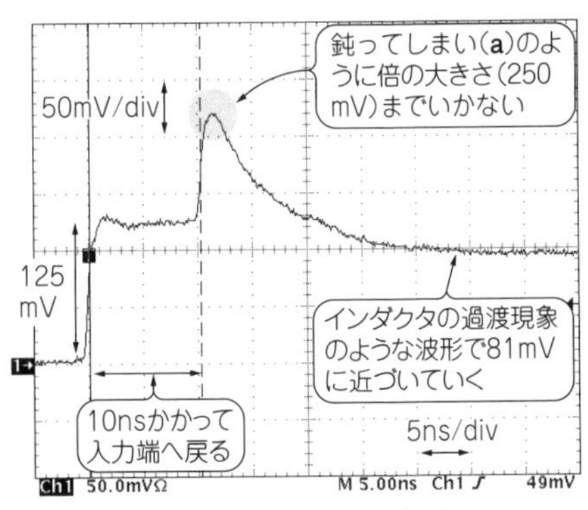

(b) TDR計測による実際の波形(5 ns/div, 50 mV/div. ステップ波は125 mV. オシロスコープ内部で2倍に補正して表示)

[図15-10] 出力端にインダクタ470 nHと抵抗24 Ωが直列に接続されているとき(ケース4)**のTDR計測結果**

15-4　あらためて実際のプリント基板をTDR計測で診断

同軸ケーブルを使った基礎実験その1とその2をふまえて，あらためて**図15-1**の基板をTDR計測で診断してみます．**図15-1(c)**と**図15-2**で示したテブナン終端，途中の不連続，そしてCMOS IC入力それぞれについて検証します．

テブナン終端は高速ディジタル回路や高速シリアル伝送で使われる手法です．プルアップ/プルダウンの抵抗値を終端抵抗値の2倍にできるのでドライバICの負荷を軽減できます．

なお，計測系の性能に対してパターン長が短いため，以後についてはこの計測系では「ほぼ計測の限界」という点を踏まえて読み進めてください．

● 負荷条件その1：テブナン終端470Ω×2

図15-2で示した470Ωの2個の抵抗で構成したテブナン終端の条件を検証してみましょう．まず**図15-2**のようすを**図15-11**にあらためて示します．ここではマーカ表示を電圧マーカにしてあります．

▶セミリジッド・ケーブル長は計測結果と実際とがほぼ合致

写真15-1でも示しましたが，TDRを計測するポイント(入力端)まではセミリジッド・ケーブルで接続しています．このぶんが2.08 nsかかっています．位相速度を2×10^8 m/sとすると，2.08 ns = 416 mmになります．これが往復長ですから，

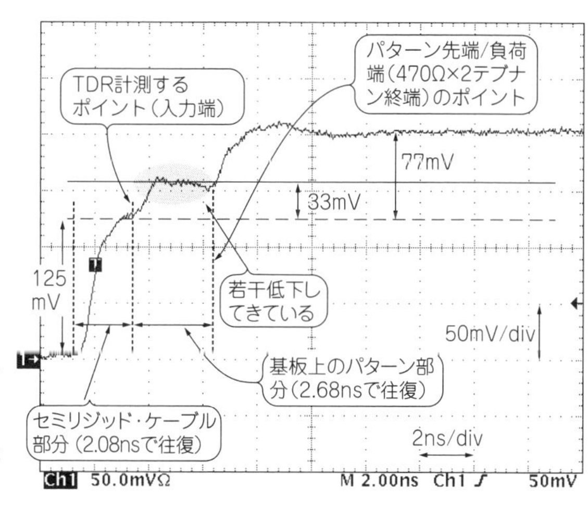

[図15-11] 図15-2のマーカ表示を電圧マーカとして再掲した
2 ns/div，50 mV/div．ステップ波は125 mV．オシロスコープは50Ω，また内部で2倍に補正して表示

ケーブル長は1/2の208 mmと計算できます．

実際のセミリジッド・ケーブル長は160 mm，ステップ波形発生器との接続コネクタが15 mm，波形発生器のJ_2とJ_1の間で往復20 mm程度相当の遅延が生じます（前章に示した）．全体で約195 mmとなり，ほぼ計測結果と計算が合致しています．

▶プリント基板のパターンの特性インピーダンスが分かる

図15-11の「TDR計測するポイント（入力端）」（**図15-1**の同個所も参照）では差分＋33 mVの上り階段状になっています．この点から見えるパターンの特性インピーダンスZ_Pを求めてみましょう．差分の＋33 mVから式(15-3)を用いて，反射係

Column 2

出力端の過渡現象が時間をかけて戻ってくる

コンデンサやインダクタが接続されたときの波形は「複雑」と感じたかもしれません．

しかしここまで示してきた波形は，実はそれほど難しい動きではありません．ここでは伝送線路は同軸ケーブルとして説明しています．

● 出力端での等価回路で，出力端の電圧が決まる

同軸ケーブルを**伝わる時間τ[s]を経て**，出力端に信号が現れます．**図15-A**のように，このときケーブル出力端では信号源抵抗Z_0[Ω]をもつ信号源$2V_S$[V]があるように見えます．この出力等価回路に対して負荷回路がつながるわけですが，それ

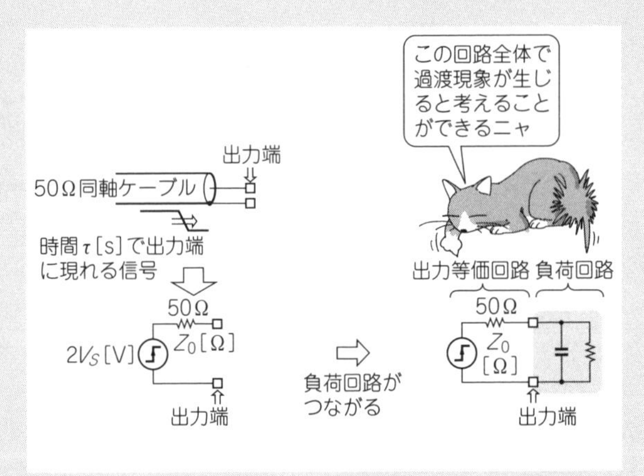

[図15-A] 出力端に信号が現れ負荷回路とで出力端の電圧が決まる

数$\Gamma = 33/125 = 0.264$が得られます．反射係数の式(15-2)を変形して，

$$Z_P = \frac{1+\Gamma}{1-\Gamma} Z_0 \quad \cdots\cdots (15\text{-}11)$$

これからパターンの特性インピーダンスは$Z_P = 86\,\Omega$と求めることができます．このように伝送線路の特性インピーダンスをTDRで計測できます．

▶プリント基板のパターンの長さが分かる

次に基板上のパターン部分として2.68 nsかかっています．プリント基板上でのマイクロストリップ・ラインの有効比誘電率をε_{eff}とすると，信号の伝搬する位相

らにより出力端の電圧が決まります．負荷回路にコンデンサやインダクタが含まれていれば，出力等価回路とで過渡現象が生じます．

● **出力端での過渡現象が逆方向に戻ってくる**

この過渡現象が**図15-B**のように，ケーブルの出力端から入力端に向かって**同軸ケーブルを伝わる時間τ[s]を経て**逆方向に進み，これが入力端にTDR波形として現れます．

「出力端で生じた過渡現象波形が時間をかけて入力端で見えているだけ」とも言い換えることもできます．これはしごく自然な信号のふるまいではないでしょうか．

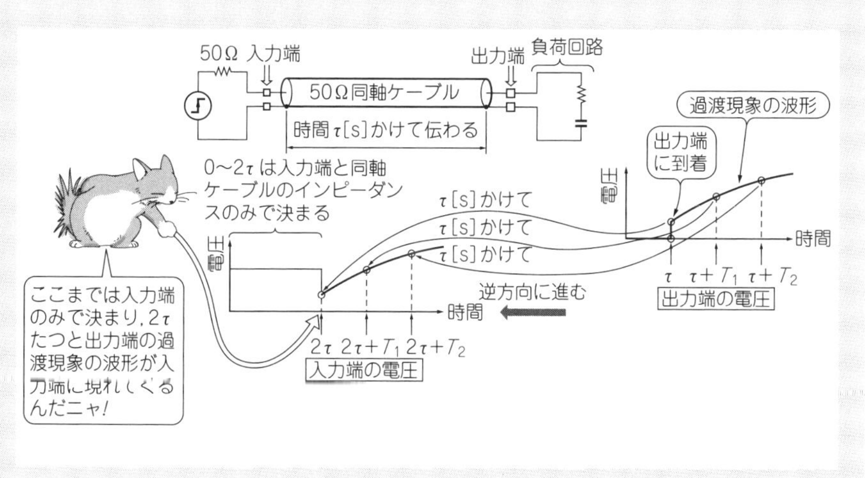

[図15-B] 出力端で決まった電圧が時間をかけて逆方向に進み入力端に電圧が現れる

速度は$1/\sqrt{\varepsilon_{eff}}$に比例します．参考文献(24)に示すツールで位相速度を概算してみると，1.7×10^8 m/s程度になり，2.68 nsは456 mmになります．これが往復時間になりますから，パターン全長は半分の228 mmと計算できます．

図15-1(**b**)では実際の物理長は全長で171 mmになっています．1.3倍ほど差があるのは，さらに位相速度が遅い(さらに有効比誘電率が大きい)か，インダクタンスなどの影響と考えられます．またこの部分でTDR波形が若干傾斜しているのは，パターン導体の抵抗損失です．

このようにプリント基板上の特性インピーダンスの変化は複雑です．

▶470 Ωの2個の抵抗によるテブナン終端は235 Ωだが210 Ωとして計測できた

図15-11で信号が最終的に落ち着く大きさが，ステップ波電圧125 mVから+77 mVになっています．式(15-3)から$\Gamma = 77/125 = 0.616$になり，これを式(15-11)で計算してみると終端抵抗$Z_L = 210\ \Omega$となります．

ここには**図15-1**(**c**)で示したように470 Ωの抵抗が2個，テブナン終端で接続されています．これは**図15-12**のように，パターン側からは470 Ωの抵抗の並列接続に見えますので，235 Ωとなります．近い計測結果が得られていることが分かります．抵抗値が低く得られたのは，パターン導体の抵抗損失の影響もあります．

● 負荷条件その2：テブナン終端＋途中に10 pF

▶10 pFのコンデンサも過渡現象として見える

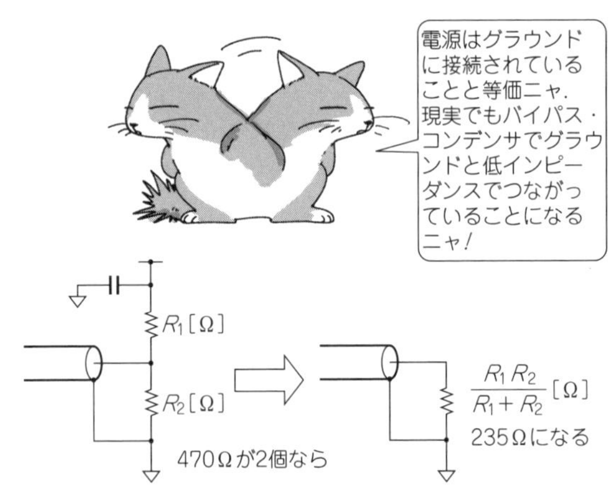

［図15-12］テブナン終端は2個の抵抗の並列接続として見える

図15-13は，**図15-1(c)**の回路でテブナン終端したまま,「あとでコンデンサを接続してみる点」部分に10 pFのコンデンサをグラウンドに対して接続してTDR計測したようすです.

この波形は**図15-4**に近い形になりますが，コンデンサが途中に接続されているというさらに高度な例です.

コンデンサを接続したのはパターン全長の1/3の部分です．追加した10 pFによる過渡現象でいったん信号が低下し,それが充電されていくようすが観測できます. 10 pFの接続も「インピーダンスの不連続」として観測できます.

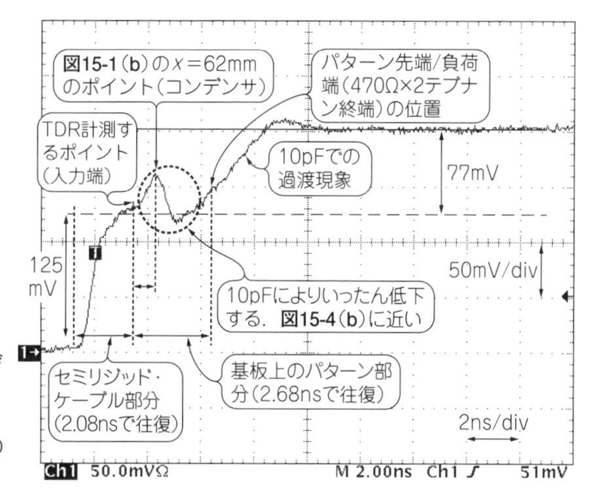

[図15-13] 途中に10 pFのコンデンサを接続してTDR計測してみた
2 ns/div, 50 mV/div．ステップ波は125 mV．回路側の電源はオフ．オシロスコープは50 Ω入力．また内部で2倍に補正して表示

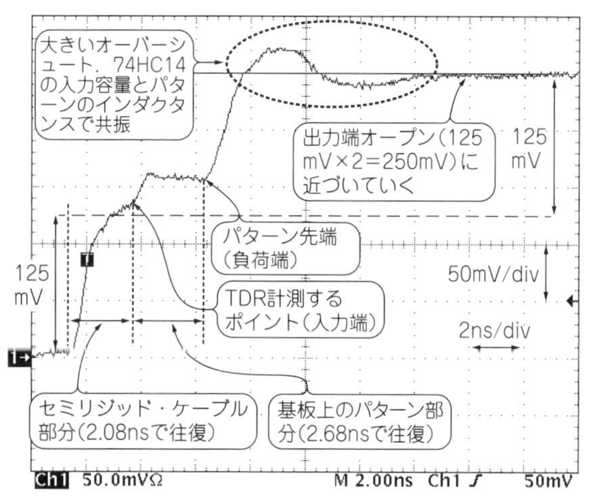

[図15-14] テブナン終端もコンデンサも外して出力端に74HC14を接続してTDR計測してみた
2 ns/div, 50 mV/div．ステップ波は125 mV．回路の電源はオン．オシロスコープは50 ΩでAC入力，内部で2倍に補正して表示

このような複雑な回路の場合にTDR波形を予測するときは，SPICEシミュレータとその伝送線路モデルを利用するのもよいでしょう．

● 負荷条件その3：コンデンサとテブナン終端を取り外してCMOS IC 74HC14を接続

▶配線パターンの分布インダクタンスが見える

今度は10 pFのコンデンサを取り外し，**図15-1(c)**の470 Ωが2個のテブナン終端も取り外して，出力端に74HC14を接続してみました．このICの入力容量は数

C o l u m n 3

Sパラメータ計測とTDR計測は表裏一体

周波数ドメイン(周波数軸)での計測，特に「Sパラメータ」が，どのようにタイム・ドメイン(時間軸)のTDR計測と対応しているか，どのように理論的に考えていけばよいかを示してみましょう．

周波数ドメインの測定器，ネットワーク・アナライザは「Sパラメータ」というものを計測します．**図15-C**のようにS_{11}というのは，実は反射係数Γをそのまま

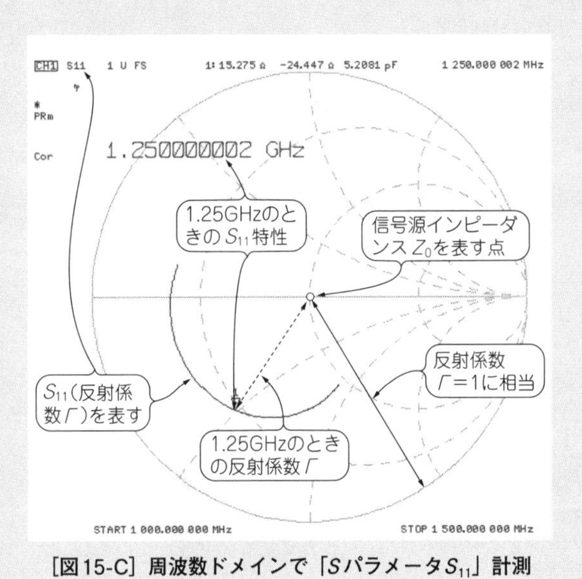

[図15-C] 周波数ドメインで「SパラメータS_{11}」計測

pFです．

これをTDR計測したようすを**図15-14**に示します．この波形はたいへん興味深いものです．出力端がオープンですので，波形は最終的に$V_{進み}$の2倍($\Gamma = 1$)に近づいていきますが，大きいオーバーシュートができています．これまでの説明にはない複雑な波形ですね．

このオーバーシュートは，74HC14の入力容量とパターンの分布インダクタンスが共振したことにより，発生したと考えられます．**図15-1**で示したプリント基板の配線パターンは，部品面(L1)とはんだ面(L4)の間をスルーホールでつないでい

計測しています(これ以外にもS_{21}，S_{12}，S_{22}がある)．またここまで本文での説明で，TDR計測波形が反射係数Γと密接に関係していることも分かりました．

周波数ドメインで計測したこのS_{11}「Sパラメータ周波数特性」(つまりΓ)から，**表15-A**の手順で計算によりタイム・ドメインのTDR計測波形を得ることができます．市販の高性能ネットワーク・アナライザでは，この手法によりTDR波形を表示できるものがあります．

［表15-A］周波数ドメインのS_{11}からタイム・ドメインのTDR波形を計算で得られる
ステップ波形信号源は大きさ$2U(t)$，信号源インピーダンスZ_0とする

方法1	①周波数ドメインでS_{11}を計測．これが反射係数Γに相当
	②ここに信号源インピーダンスZ_0のステップ波［$U(t) \Rightarrow 1/s$，$1/j\omega$］が加わったと仮定する
	③ステップ波形をラプラス変換した$1/s$，またはフーリエ変換した$1/j\omega$の周波数ドメインの情報で考える(以後はフーリエ変換で説明)
	③$S_{11} \times 1/j\omega$でステップ応答(の周波数ドメインの情報)が得られる
	④TDRは③と入力ステップ波形が重畳されたものなので，$1/j\omega + S_{11} \times 1/j\omega$がTDR波形(の周波数ドメインの情報)
	⑤上記④を逆フーリエ変換するとタイム・ドメインのTDR波形が求められる
方法2	①周波数ドメインでS_{11}を計測
	②S_{11}を逆FFTして，反射係数Γのインパルス応答(タイム・ドメインの情報)として求める
	③ステップ時間波形(タイム・ドメイン)と②のインパルス応答とを畳み込み計算
	④上記③で得られた答え(タイム・ドメインの情報)にステップ波形$U(t)$を足し合わせるとTDR波形が得られる

ます．これらのスルーホールによる接続点は4カ所あり，伝送線路としての不連続ができています．そのためパターンが完全に実数値の特性インピーダンスをもつ伝送線路になっていません．いくらかの分布インダクタンスをもつことにより，ICの入力容量と共振したと考えられます．この現象はSPICEの伝送線路モデルでは表現できません．

▶1 GHz帯域のオシロスコープでもTDR計測の限界に達している

同様にこの4個のスルーホール部分での伝送線路の不連続により，その部分の特性インピーダンスも変化しています．しかしここまで示してきた波形では，その不連続は計測することができていません．

計測には1 GHz帯域のオシロスコープと立ち上がり時間1 ns程度の波形発生器を用いましたが，それでも計測できないほどのちょっとした変化ということです．短いパターンなどを計測する場合と同様に，このようすを計測するのは簡単ではありません．

そのためプリント基板上で本格的なTDR計測をしたい場合は，市販のTDR計測システムや，TDR波形を表示できるネットワーク・アナライザなどを用いる必要があります．ネットワーク・アナライザは，伝送線路の入力端から見たインピーダンスの周波数特性を計測し，TDR波形として時間軸波形に変換します(Column3)．

*

第5部(第13章～第15章)では，インピーダンスの不連続による反射を計測して，その伝送線路のようすを探ることができる…配線診断ができる「TDR計測」について示してきました．「計測」テクニックとして紹介しましたが，原理を理解すれば，ディジタル信号伝送のトラブル・シュートなどにも応用できます．

第13章で製作したTDR計測用ステップ波形発生器は2チャネルあり，差動伝送線路の同相モード特性なども計測できるようになっています．差動伝送でのTDR計測の考え方，そして差動モード・ステップ波形発生器の製作や，これらをどのように応用すればよいかについては，次章から解説していきます．

第6部

差動伝送の理解と計測技術

第16章

【成功のかぎ16】
差動信号の伝わり方と波形の確認
差動モードと同相モードに分けて考える

近年は，アナログ信号，ディジタル信号を問わず，信号伝送[注1]の手法として「差動伝送」が多用されています．差動伝送は高速な信号を安定に伝送できるからです．USBやイーサネットなど，高速化・シリアル化が進む近年の信号伝送のコモンセンスといえるのではないでしょうか．古くからある高信頼性シリアル伝送のRS−422やRS−485などでも差動伝送が活用されています．

本章から第19章までは，シングルエンド伝送との違いや，差動伝送での信号の伝わり方，差動伝送線路のようす，正しい計測方法などを説明していきます．どのように差動伝送を考え，取り扱えばよいかが分かります．

ちょっと難しそうな差動伝送も，実は単純な回路計算から考え方を延長したもの，そしていくつかの考え方を足し合わせたもの，ということが分かります．

16-1　差動伝送はすごい！ 信号をノイズ少なく良好に伝送できる

● シングルエンド伝送と差動伝送の違い

▶シングルエンド伝送：信号は1本の電線，リターンはグラウンドを経由

図16-1(a)に，よく用いられている信号伝送方式である，シングルエンド伝送方式を示します．これは電子回路とすれば当然ともいえるような回路で，信号は1本の電線(もしくはプリント基板上のパターン)を伝わり負荷側に伝送されます．一方でリターン電流は，グラウンドを経由して出力側(信号源側)に戻っていきます．

▶差動伝送：振幅が逆方向の2信号を使って2本の電線で伝送

図16-1(b)に差動伝送方式を示します．差動伝送方式では信号を伝送するための電線(もしくはプリント基板のパターン)が2本になっています．この2本の電線それぞれに，**振幅量が同じで，かつ振幅が逆方向**(逆極性)**の信号**が加わり，この2本がペアとなって「差の信号量」として伝送します．

注1：「伝送」という用語を用いて説明していくが，IC出力から別のIC入力に信号を伝えるようなケース(インターコネクト)もこの一つとしている．

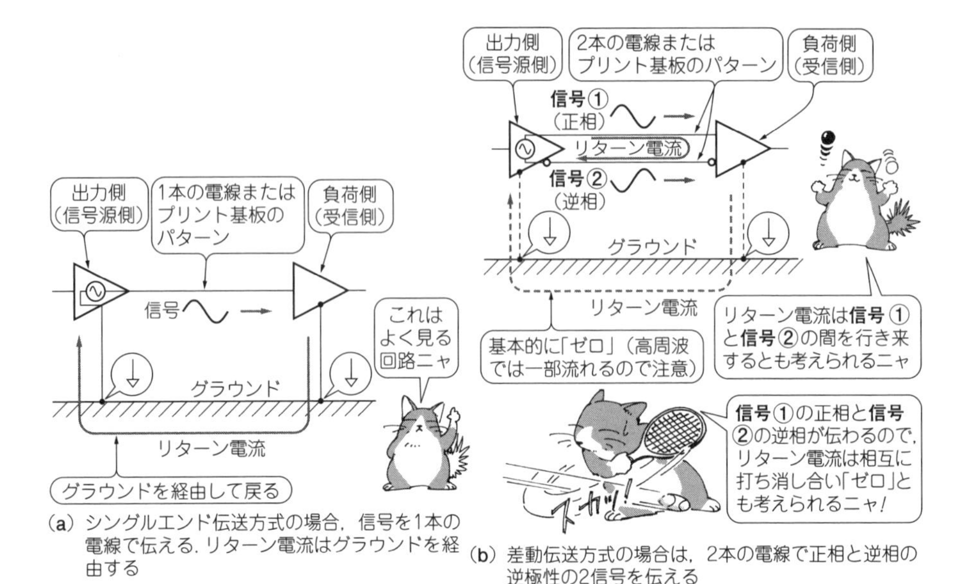

(a) シングルエンド伝送方式の場合，信号を1本の電線で伝える．リターン電流はグラウンドを経由する

(b) 差動伝送方式の場合は，2本の電線で正相と逆相の逆極性の2信号を伝える

[図16-1] 差動伝送はシングルエンド伝送と違って電流の帰り道をグラウンド以外に確保している

シングルエンド伝送と異なり，リターン電流は反対側の電線(パターン)に流れるようになります．

● 差動伝送ならノイズの中でも信号が確実に伝わる

具体例を見てみましょう．**図16-2**上側の2チャネル(CH1，CH2)は同振幅かつ逆極性の2信号で差動伝送し，それを受信したようすです．受信信号には形状が同じようなノイズ(以降で詳しく示すが「同相モード・ノイズ」)が重畳しています．

2信号を差動受信として引き算したようすを**図16-2**の下側CH3に示します．差動伝送の受信回路では「差の信号量」，つまり逆極性の2信号を**差分量として引き算して**受信します．重畳していた大きなノイズはキャンセルされ，信号の純度が大幅に向上していることが分かります．これが**差動伝送のメリット**です．

● 高速・高精度な信号伝送も可能

差動伝送方式を用いると，以下のようなメリットがあります．

- 低信号レベルでも高い*SN*比で安定した伝送が可能
- 同相モード・ノイズなど同相モード成分のレベル変動の影響を受けにくい

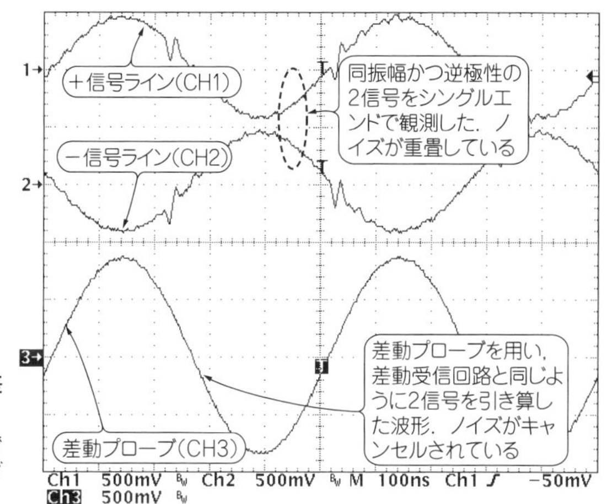

[図16-2] ノイズが重畳していても差動伝送ならキャンセルされる
CH1，CH2はパッシブ・プローブP6139Aでシングルエンド計測．CH3は差動プローブP6247(同)で差動計測

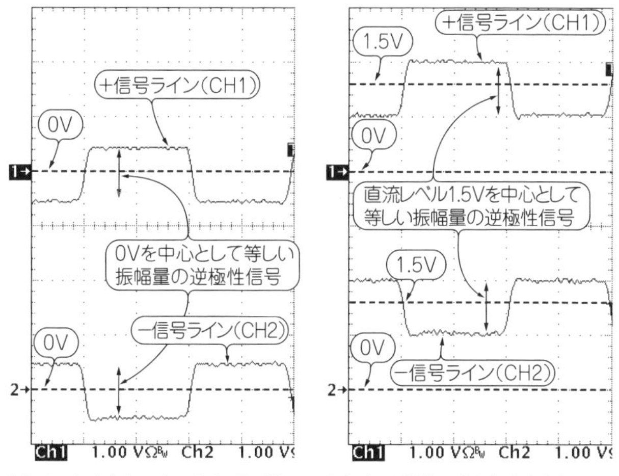

[図16-3] 差動伝送方式は「差の信号量」として伝送されるが，ある直流レベルをもつ場合がある

(a) 0Vを中心とした，振幅量が等しい逆極性の2信号を伝送する方式

(b) ある直流レベルを中心として，逆極性の2信号を伝送する方式

● 外部に余計な電磁界を放出しにくい，逆に外部電磁界からの影響も受けにくい

差動伝送方式は，アナログ・ディジタルを問わず，現代の高速・高精度信号伝送に最適な伝送方式といえるでしょう．

▶知っておくべき注意点や要点がある

差動伝送は実際はそれほど単純なものではありません．この理想的な伝送方式を実現したり，動作上で生じた問題を解決したりするには，差動伝送の「くせ」ともいえる注意点や要点を知っておくべきです．これらをきっちり押さえたうえで，差動伝送回路を実現しなければなりません．

● 直流レベルをもつ差動伝送が多い

差動伝送は「差の信号量」として伝送されますが，**図16-3(a)**のように，**0Vを中心**として，等しい振幅量の逆極性の信号が伝送される「だけのもの」ではありません．

図16-3(b)のように，**ある直流レベルを中心**として，そこから等しい振幅量の

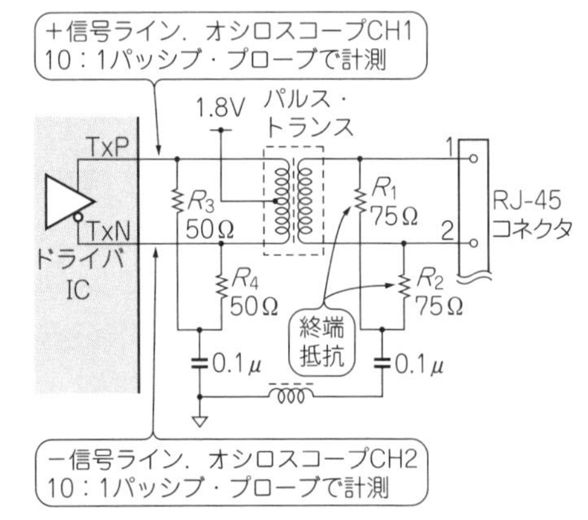

(a) 100base−TX差動信号伝送のようすを観測する回路

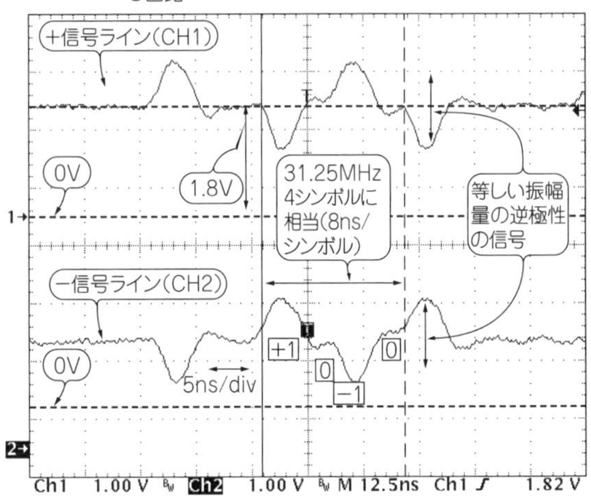

(b) 観測した波形のようす(10：1のパッシブ・プローブを使い，オシロスコープを125 MHzに帯域制限してあるため波形のインテグリティはよくない)

[図16-4] 実測例その1：100base−TXイーサネット信号での差動伝送を計測してみる

逆極性の信号を伝送に使う方式があります．この**図16-3(b)**の方が現実的/一般的な差動伝送方式といえます．例えばRS-485やUSB，LVDSなどがそうです．このことはあらためて説明します．

16-2　差動信号をホントに計測してみた

詳細な理論を説明する前に，身近な電子回路で用いられている差動伝送インターフェースの波形をいくつか計測してみます．**図16-3(b)**で示した「ある直流レベルを中心として」動作しているものが多いこと，そして多くの場面で実際に差動伝送が活用されていることが分かります．

● 実測例その1：100base-TXイーサネット

非常に身近な例として，LAN(Local Area Network)で用いられるイーサネット信号の例を示します．イーサネット・ケーブルは差動伝送線路です．

図16-4(a)は観測した100base-TXイーサネット・スイッチング・ハブ機器の送信回路(パルス・トランスの回路側．ドライバICの端子を観測する)です．

図16-4(b)の上側(CH1)が+信号ライン，下側(CH2)が-信号ラインの波形で，波形の中心電圧は1.8Vで，同振幅で逆極性の波形がCH1，CH2で観測できます．以降の章でも詳しく示しますが，終端抵抗を用いて「きちんと終端」しているため，波形の暴れなく伝送できています．

▶よく見ると伝送周波数が違う？…100base-TXは符号変換により伝送周波数は31.25MHzになっている

100base-TXは，物理層では100Mbpsではありません．4B5B変換という符号変換で125Mbpsにレート変換しています．またMLT-3符号化という3値化処理を行っています．**図16-4(b)**の波形で，見かけ上31.25MHz相当の物理層伝送周波数になっているのはそのためです．

● 実測例その2：差動アンプAD8351出力

次はアナログ差動信号の例を示します．**図16-5**はRF/IF(中間周波数)用差動アンプであるAD8351に，1MHz程度の任意波形を入力し増幅させたようすです．回路を**図16-5(a)**に，観測した差動出力端子の波形を**図16-5(b)**に示します．

実験はAD8351-EVALZ評価ボードを用い，**図16-5(a)**のように差動出力回路部分(トランス)を改造してあります．中点がグラウンドに接続されたトランスにより，出力はDCレベルがバイアスされ，0Vを中心として動くようになります．

上側(CH1)が＋信号ライン，下側(CH2)が－信号ラインの波形です．波形の中心電圧が0V，振幅が同じで逆極性の波形がCH1，CH2で観測できます．

● 実測例その3：クロック・ドライバAD9514出力のLVDS信号

図16-6はクロック分配・信号ドライバであるAD9514/PCBZ評価ボードでLVDS信号を発生させ，それを観測したようすです．ビット・レートは200 Mbpsです．

接続を**図16-6**(**a**)に示します．このように差動信号成分のみをR_Lで終端し，DCレベルが低下しないようにして波形を観測します．オシロスコープの50Ω入力に直接(オシロの入力抵抗を終端抵抗の代わりにして)接続してしまうと，DCレベルが低下してしまうためこのようにしています．これも**差動信号の計測上のテクニッ**

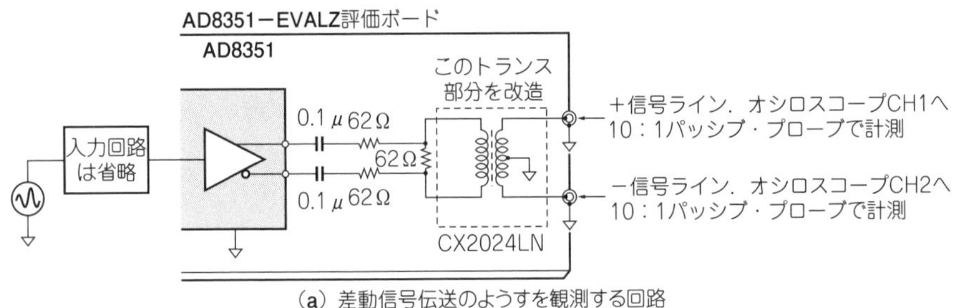

(a) 差動信号伝送のようすを観測する回路

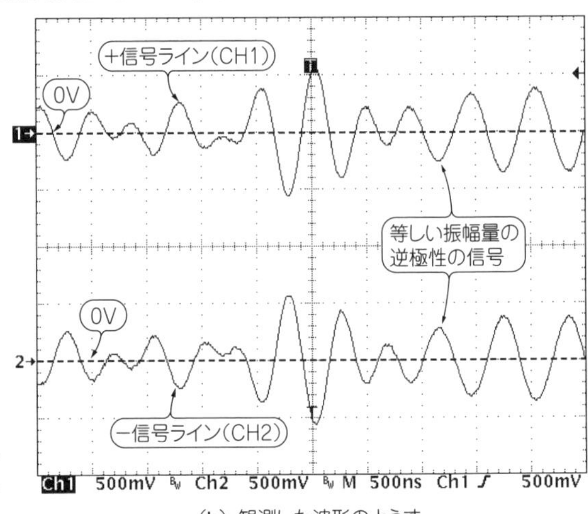

(b) 観測した波形のようす

[図16-5] 実測例その2：差動アンプAD8351出力のアナログ差動信号を計測してみる

クといえます．この詳しい話は次章で説明します．

観測した波形を**図16-6**(**b**)に示します．上側(CH1)が＋信号ライン，下側(CH2)が－信号ラインの波形です．中心電圧が1.18 Vで，振幅が同じで逆極性の波形がCH1，CH2それぞれで観測されています．

▶きちんと適切に終端抵抗を接続しているからこの波形が得られている

図16-6(**a**)を再確認すると，終端抵抗R_LにはLVDSの規格として適切なかたちで100 Ωが接続されています．その結果この**図16-6**(**b**)の「きちんとした/きれいな」波形が得られているのです．

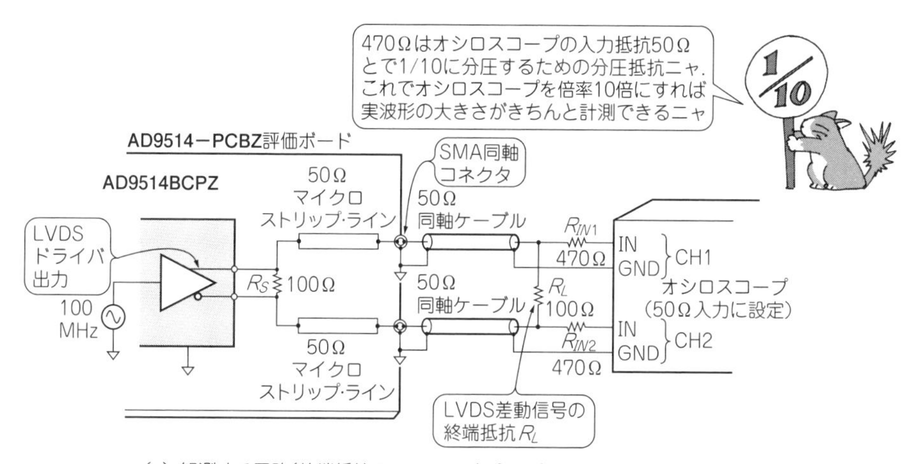

(**a**) 観測する回路（終端抵抗R_L＝100 Ωと分圧抵抗470 Ωが接続されている）

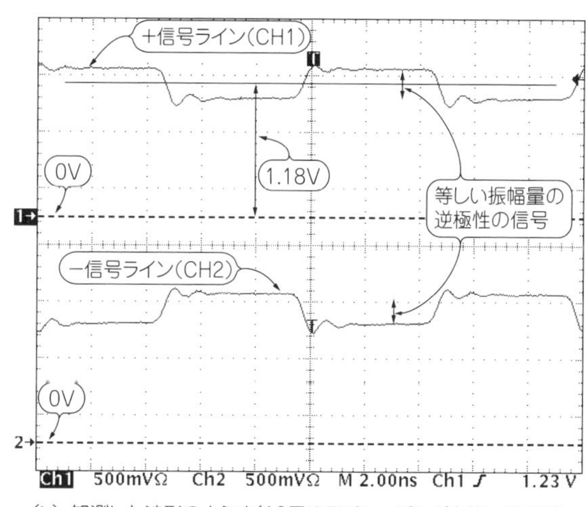

(**b**) 観測した波形のようす（10回のアベレージングを施してある）

[図16-6] 実測例その3：200 Mbps のLVDS差動信号伝送を計測してみる

16-3　重要な考え方「差動モードと同相モードに分解する」

● 基本は逆極性の信号成分だけを考える

ここまで示してきたように，差動伝送は2本の信号ラインを用いて，**図16-3(a)**のように，それぞれに逆極性の信号を伝送させることで，一つの信号情報を伝送します．基本的には**図16-3(a)**の「逆極性の信号」つまり**差動の信号成分**だけを考えればよいといえます．

以降本書では，**図16-2**のCH3のような**「逆極性の2信号を引き算したもの」**を**「差動信号 V_D」**，**図16-3(a)**の**「0Vを中心とした振幅量が等しい逆極性」の2信号のことを「差動モード信号成分 V_{d1}，V_{d2}」**と表現することにします．

● 差動信号には同相モード成分が乗っている

図16-3(b)や**図16-6(b)**では，信号はある直流電圧レベルが中心になっています．この電圧成分(直流電圧)は2本の信号ライン間で同じレベルです．これは「逆極性の信号成分」ではありません．差動伝送は2本の信号ライン間の差分だけを(基本的には)考えるので，基準電位はグラウンドでなくてもよいのです．

この**図16-3(b)**や**図16-6(b)**の2本の信号ラインに加わっている**同じ極性・大きさの電圧**(つまり同相の信号)**成分**，これを本書ではこれ以後**「同相モード成分 V_C」**と表現することにします(ノイズとなる成分については**「同相モード・ノイズ」**と

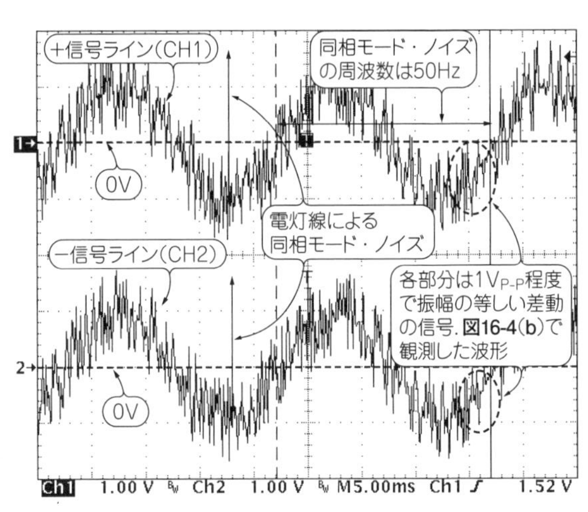

[図16-7] 同相モード成分のレベルがノイズとして変動しているケースも多い
100base−TXスイッチング・ハブ機器の受信端子．パルス・トランスのLANケーブル側を観測

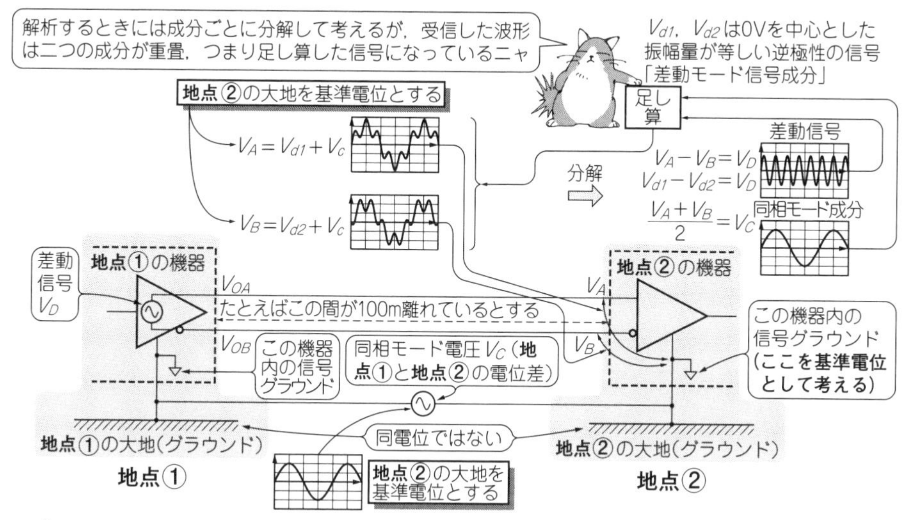

[図16-8] 伝送される信号は差動の信号成分V_D(V_{d1}，V_{d2})と同相モード成分V_Cの足し合わせ

表現する)．

一般的には信号を0V ～ V_{CC}(ICの電源電圧)の間で振らせる必要があります．そのため$V_C = V_{CC}/2$[V]程度の同相モード成分を**直流の中心電圧として**加えなければなりません．これは「一般的な差動伝送には同相モード成分が必要」ということです．

▶同相モード・ノイズが乗っていることもある

図16-7は**図16-4**のスイッチング・ハブ機器の受信端子，それもパルス・トランスのLANケーブル側を観測したものです．1 V_{P-P}の差動モード信号成分に2 V_{P-P}の50 Hz電灯線の同相モード・ノイズが乗っている，重畳していることが分かります(これでも機器はちゃんと動く)．**図16-3**(**b**)では同相モード成分は直流電圧ですが，**図16-7**のように同相モード成分のレベルが変動している(ノイズになっている)ことも現実にはよくあります．

● 現実の差動伝送は差動モードと同相モードとの足し算

これらのことから，差動伝送で伝送される信号は，差動モード信号成分と，同相モード成分や同相モード・ノイズ成分が**足し合わされた**(重畳した)合成信号だということが分かります．

これまで説明した信号の種類をまとめてみると，

- 差動信号 V_D：逆極性の2信号を引き算したもの
- 差動モード信号成分 V_{d1}，V_{d2}：逆極性の2信号のそれぞれ
- 同相モード成分(同相モード・ノイズ)V_C：V_{d1}，V_{d2}に加わる同相の成分

▶信号を差動・同相モード成分に分解すると見通しがよい

差動信号回路や差動伝送の振る舞いを解析するときには，**図16-8**のように差動信号V_Dもしくは差動モード信号成分V_{d1}，V_{d2}と，同相モード成分V_Cに**分解して**(それぞれの成分に分類して)検討することで，非常に見通しよいものにすることができます．この考え方は，差動伝送の重要な基本ポイントです．

Appendix4

高精度伝送やEMI/EMCで問題となる…モード変換の恐怖

図16-7の100base−TXの波形では同相モード・ノイズ[注2]が観測されていますし，RS−485伝送ラインでも，同様なノイズがよく生じます．これらは本章の最初に説明したように，差動伝送のメリットとして，差動受信方式により本来は引き算でキャンセルされます．またそのしくみから，差動モード信号成分と同相モード成分に分解できると，本章の最後でも説明しました．

しかしこの同相モード・ノイズは，差動伝送において厄介な問題(アナログ信号のノイズやEMI/EMC問題)を生じさせることがあります．そのトラブルは以下のようなものです．詳しく見ていきましょう．

- 誘導結合により生じた同相モード・ノイズが**差動信号へ「モード変換」**し，差動信号にノイズが重畳する(アナログ差動信号伝送で問題になりやすい)
- 差動伝送線路や回路のアンバランスにより，差動信号が**同相モード成分へ「モード変換」**しEMI問題が生じる(ディジタル差動信号伝送で問題になりやすい)

● 同相→差動モード変換：取り除けない厄介モノのノイズに化ける

▶キャンセルされるはずの同相モード・ノイズがトラブルの原因になる

差動回路や差動伝送はノイズやEMC問題に強いといわれます．しかしきちんと同相モード成分についても考慮したうえで，差動回路や差動伝送を考える必要があります．

図16-Aは同相モード・ノイズが厄介なトラブルになるようすです．信号周波数より高い高周波の同相モード・ノイズが，本来の差動信号成分に重畳している例です．

注2：「不用な成分」という意図をこめて「同相モード成分」ではなく「同相モード・ノイズ」の表現も多用した．

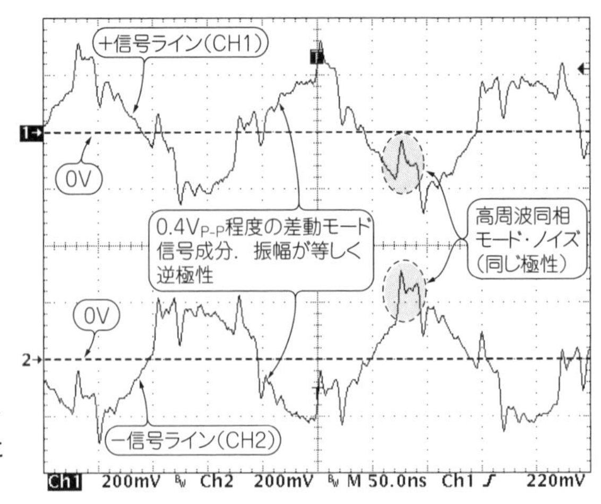

[図16-A] **高周波の同相モード・ノイズが本来の差動モード信号成分に重畳している例**

受信側では差動信号成分のみを検出するわけですが，特にこのような高周波の場合は，以下に示すように*CMRR*の限界により，同相モード・ノイズを除去しきれず，受信回路出力に差動信号としてのノイズが生じてしまいます．高精度なアナログ回路では大きな問題です．

▶同相モード成分は検出されることはないはずだが…

差動伝送の受信素子側では，（アナログ回路であってもディジタル回路であっても）本来2本の信号ラインの「差分量」だけを検出します．同相モード成分(同相モード・ノイズ)は差分量がゼロなので，**論理的に考えれば**受信素子側では検出されることはありません．差動信号の受信に影響を与えないはずです．

● 同相→差動モード変換が起こるメカニズム

▶伝送線路や負荷のアンバランスなどにより「モード変換」が生じる

実際には**図16-B**(a)に示すように，伝送線路や負荷，送信回路，受信回路など，いろいろな個所の特性のアンバランスにより，混入した同相モード成分が差動信号に変化してしまいます．これを「**モード変換**」といいます．同相モード成分からモード変換が生じない程度を表すのが*CMRR*です．

*CMRR*の劣化により「同相モード成分から差動モードに変化した余計な成分」が，本来の信号成分である差動モード信号成分に加わり，差動信号に**除去しきれない厄介モノのノイズ**として影響を与えてしまいます．**周波数が高い領域の場合は*CMRR*が劣化しやすく，この同相モード・ノイズによる問題が生じやすい**といえます．

「モード変換」が生じた差動信号波形のようすを**図16-B**(b)に示します．同相モ

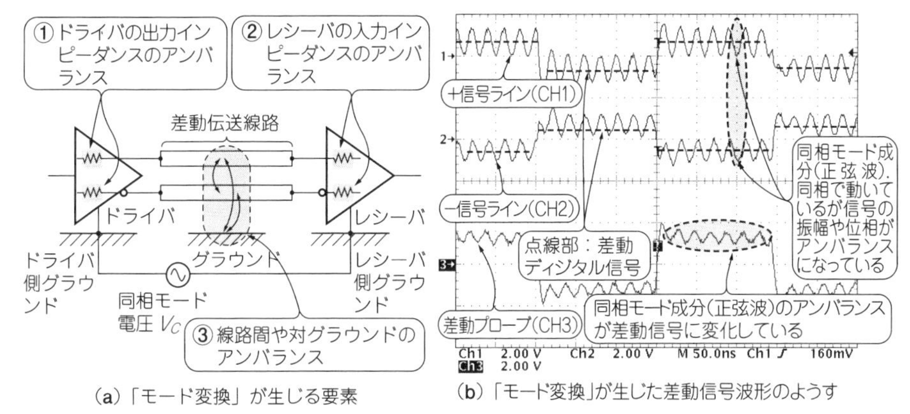

(a)「モード変換」が生じる要素　(b)「モード変換」が生じた差動信号波形のようす

[図16-B] いろいろな個所で生じるアンバランスにより，同相モード成分が差動信号に変化する「モード変換」

ード成分のアンバランスが差動成分に変化しているようすが分かります．

● 差動→同相モード変換：EMI性能が悪くなる

図16-C(a)のように，差動モード信号成分が同相モード成分に変化する(モード変換する)ことがあります．これもアンバランスが原因です．信号のスキューもモ

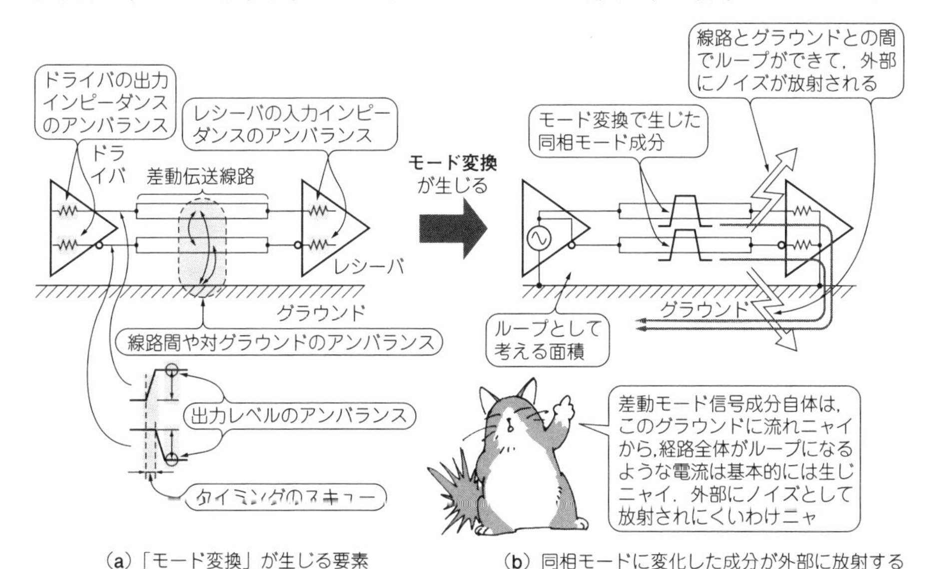

(a)「モード変換」が生じる要素　(b) 同相モードに変化した成分が外部に放射する

[図16-C] モード変換によって生じた同相モード成分がノイズとして外部に放射されるしくみ(差動モード信号成分自体は外部に放射されにくい)

ード変換の原因になります.

差動モード信号成分自体はそのしくみから外部に電磁波として放出されにくい(逆に外部の影響も受けにくい)ものです. しかし, 近年の信号の高速化により, この同相モードに変化した成分が**図16-C(b)**のように高周波ノイズとして外部に放射され, システムのEMI特性を悪化させる原因になりかねません.

● 余計な同相モード成分は差動伝送でのトラブルの原因

「差動伝送は差動モード信号成分を考える」ということが基本です. しかしトラブルが発生したときや, より最適な設計を行うときには「差動伝送での同相モード成分」もきちんと考慮する必要が出てきます.

余計な同相モード成分, **図16-B**や**図16-C**に示したような伝送線路/回路でのアンバランスは, 差動伝送でのノイズの原因(受けるも出すも)になることは肝に銘じておいたほうがよいでしょう.

第17章

【成功のかぎ17】

差動伝送線路のモデル化

相互に結合していても二つのシングルエンド伝送線路として表せる

差動伝送線路を作り，確からしさの高い計測をするためには，差動伝送線路がどういったものなのかを理解している必要があります．

本章では，差動伝送線路を単純な基本モデルから考えていきます．正しく作られた差動伝送線路を計測すると何がどう見えるのかを把握し，実際の差動伝送線路を計測してみましょう．

理想から外れる要素を含む差動伝送線路を計測するとどうなるのかは，次章で解説します．

17-1 原理的な動作からモデル化…差動の成分のみの場合

まず当面ここでは，**差動の信号成分についてのみ考え**，同相モード成分はないものとして説明していきます．

図17-1に非常に単純な回路を示します．これは差動伝送の基本モデルです．**図17-1(a)**は，単一の信号源V_D[V]と負荷抵抗R_L[Ω]であり，グラウンドとはどことも接続されていません．単にV_DによりR_Lが駆動されています．

実際の差動回路や差動伝送は，以後に示すように，二つの信号源から駆動されるのがほとんどですが，この**図17-1(a)**のように信号源と差動伝送線路をモデル化することもあります．

さて，この**図17-1(a)**の信号源V_Dを，**図17-1(b)**のように，二つの信号源$V_{d1} = V_D/2$[V]，$V_{d2} = V_D/2$[V]が二つ直列に接続されたものとして考えてみます．

● 逆極性の二つのシングルエンド信号源を「差動モード信号成分」と表現する

図17-1(b)で二つに分解された信号源V_{d1}，V_{d2}は，**図17-2(a)**のようにそれぞれ(グラウンドには接続されていないが)グラウンドに対して，二つの逆極性の信号源になっています．これを本書では，第16章同様，**「差動モード信号成分」**と表現

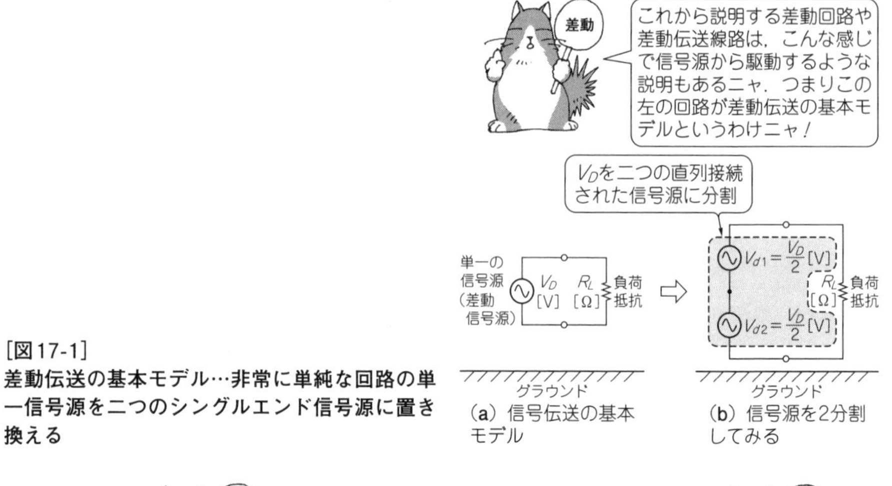

[図17-1]
差動伝送の基本モデル…非常に単純な回路の単一信号源を二つのシングルエンド信号源に置き換える

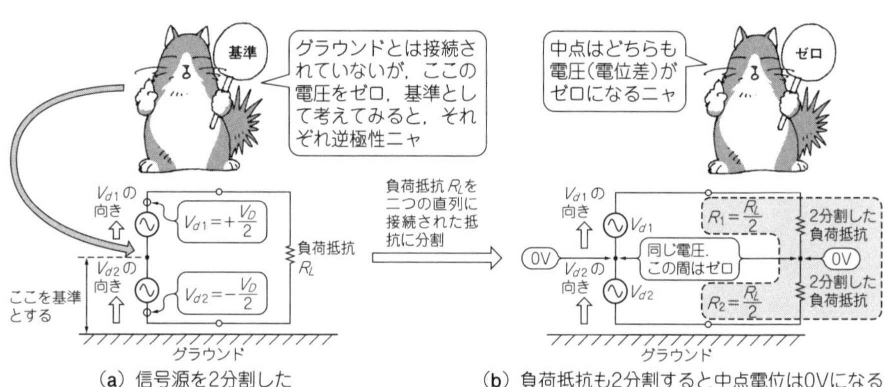

[図17-2] **負荷抵抗も二つの直列抵抗に分けて考える**

することにします．

これから出てくる信号の種類について，あらためて示しておくと，

- 差動信号V_D：逆極性の2信号を引き算したもの．単一の信号源
- 差動モード信号成分V_{d1}，V_{d2}：逆極性の2信号のそれぞれ．二つの信号源
- $V_D = V_{d1} - V_{d2}$となる
- 同相モード成分(同相モード・ノイズ)V_C：V_{d1}，V_{d2}に加わる同相の成分

このように明確に用語を区別して記述していくので注意してください．

グラウンドから見ればV_{d2}はV_{d1}と向きが逆ですから，$V_{d1} = +V_D/2$, $V_{d2} = -V_D/2$

(V_{d2}側はマイナス符号の逆極性)となります．V_Dを分解し，「0Vを中心とした振幅量が等しい逆極性の2信号V_{d1}，V_{d2}」だと考えます(繰り返すが，ここではまだ同相モード成分は考えない)．

● 差動回路の負荷抵抗も二つの直列抵抗としてモデル化できる

さらに**図17-2(a)**の負荷抵抗R_Lを，**図17-2(b)**右側のように，二つの直列接続された抵抗R_1，R_2($R_1 = R_2 = R_L/2[\Omega]$)だとしてみましょう．

二つの抵抗の大きさは同じです．二つに分解した信号源V_{d1}，V_{d2}は(差動モード信号成分なので)振幅が同じで逆極性の信号です．これらがR_1，R_2に加われば，二つの抵抗R_1，R_2の接続中点での，V_{d1}とV_{d2}の**接続中点との電位差**は，いつも一定の0Vになります［$(+V_D/2 - V_D/2)/2 = 0$Vということ］．

● 中点間は常に0Vなので，開放でも接続しても同じ

図17-2(b)の負荷抵抗R_1，R_2の接続中点は，V_{d1}とV_{d2}の接続中点と同電位(いつも一定)なのですから，この中点同士は**開放のままでも**，**接続しても**，回路の動きとしては「全く関係ない(影響を受けない)」ことが分かります．そこで**図17-3(a)**のように，中点同士(V_{d1}とV_{d2}の接続中点と，負荷抵抗R_1とR_2の接続中点)を接続してみます．

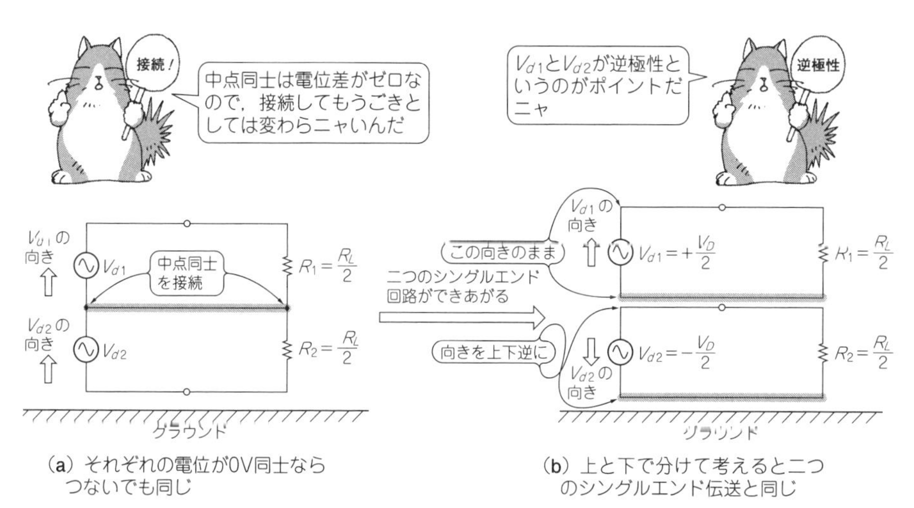

(a) それぞれの電位が0V同士ならつないでも同じ

(b) 上と下で分けて考えると二つのシングルエンド伝送と同じ

[図17-3] 図17-2の信号源側と負荷側の中点同士を接続すればシングルエンド回路が二つと同じ
ここではまだ同相モード成分は考えていない

こうすると**図17-3(b)**のように，グラウンドから浮いている，信号源の大きさが$V_D/2$で，負荷抵抗$R_L/2$のシングルエンド回路が二つできることになります．ここで二つの信号源V_{d1}，V_{d2}は逆極性というところもポイントです．

● 上下に分割したら単純な二つのシングルエンド回路と同じこと

図17-3(b)のように，ここまでの説明で，逆極性の二つのシングルエンド回路のモデルができあがりました．これは逆に戻っていけば，もともとは**図17-1(a)**の非常に単純な回路だったわけです．

差動伝送は単一の信号源V_Dに負荷抵抗R_Lが接続され，2本の信号ラインで駆動します．それが**図17-1(a)**の単純な回路だったのです．そしてそれは**図17-3(b)**のように，「逆極性の二つのシングルエンド回路のモデルに変換できる」ということなんですね．

なお，繰り返しになりますが，現実の差動伝送としては，逆極性の二つの信号源から駆動することが一般的です．

● 差動伝送の基本パラメータたち

さて，**図17-1(a)**の差動伝送基本モデルだけを見てみれば，$I_D = V_D/R_L$という電流I_D[A]が流れる回路です．そして以下がこの差動伝送の基本パラメータになります(まだ同相モード成分は考えない)．

- 差動信号源(単一の信号源)の大きさV_D[V]
- 差動信号源(単一の信号源)に接続される負荷抵抗R_L[Ω]
- 回路に流れる電流I_D[A] = V_D/R_L

差動伝送の動きを解析するには，差動伝送基本モデルの**図17-1(a)**を上下半分に分割して，それぞれの中央部を仮想的に接続し，二つの差動モード信号成分V_{d1}，V_{d2}がそれぞれ個々に(グラウンドから浮いている)**シングルエンド回路**を駆動しているように変換し，モデル化します［**図17-3(b)**］．このときそれぞれの**シングルエンド回路**では，以下が基本パラメータになります．

- 信号源の大きさ$V_D/2$[V](V_{d1}，V_{d2})
- 信号源に接続される負荷抵抗$R_L/2$[Ω]
- 回路に流れる電流I_D[A] = $(V_D/2)/(R_L/2) = V_D/R_L$

このシングルエンド回路に流れる電流はI_Dで，差動伝送基本モデルと同じになることも興味深いことです(当然の話なのだが).

このように二つのシングルエンド回路のモデルで考えることで，差動回路や**差動伝送線路での**解析が簡単にできるようになります.

17-2　原理的な動作からモデル化…同相モード成分を加える

基本的な考え方からすれば，差動伝送では差動信号(差動モード信号成分)のみを考えればかまいません．しかし差動信号には，同相モード成分も重畳しています(前章**図16-8**)．この同相モード成分もモデル化しておけば，差動回路や差動伝送線路の設計や計測をきちんと行うことができます.

● 同相モード信号源を差動モード信号源の中点につなぎ差動モード信号成分はゼロだとして考えていく

ここまで差動信号源V_Dを逆極性の二つのシングルエンド信号源V_{d1}，V_{d2}(差動モード信号成分，その大きさは$V_D/2$)にモデル化しました．このV_{d1}，V_{d2}に**図17-4**のように同相モード信号源V_C[V][注1]を追加してみます.

● 同相モード成分にとって差動回路の負荷抵抗の接続中点がグラウンドとどう接続されているかは重要

図17-4のように同相モード信号源V_Cは，V_{d1}，V_{d2}の中点に接続されたものです．V_Cからは，V_{d1}，V_{d2}を通して二つの負荷抵抗R_1，R_2が並列に($=R_L/2$)見えることになります.

また差動モード信号成分と異なり，**図17-4**や**図17-5**に示しますが，同相モード成分にとっては，同相モード成分の電流がグラウンドを経由して流れるため，負荷抵抗とグラウンドがどのように接続されているかが重要です.

差動モード信号成分はグラウンドがあってもなくても(接続されていても，いなくても)動作は成立しますが，同相モード成分の場合はそれ自体の動きが「シングルエンド回路と同じ」なので，**グラウンドとの接続は重要な問題**なわけです.

▶説明を簡単にするために①…負荷抵抗の接続中点はグラウンドに接続しておく

現実問題として，負荷抵抗R_1，R_2の接続中点とグラウンドとの接続はいろいろ

注1：ここでV_Cを「同相モード信号源」と表記したが，差動信号源V_Dと差動モード信号成分V_{d1}，V_{d2}との定義が異なることと違い，これはこれまでの「同相モード成分V_C」と同義.

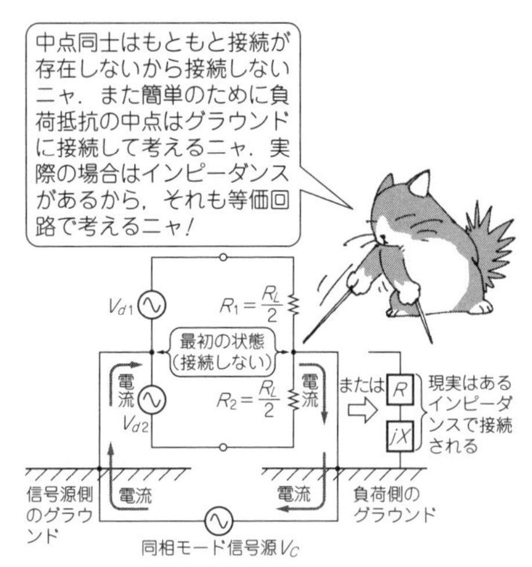

[図17-4] 差動伝送の基本モデルに同相モード成分を加えるために同相モード信号源を追加する

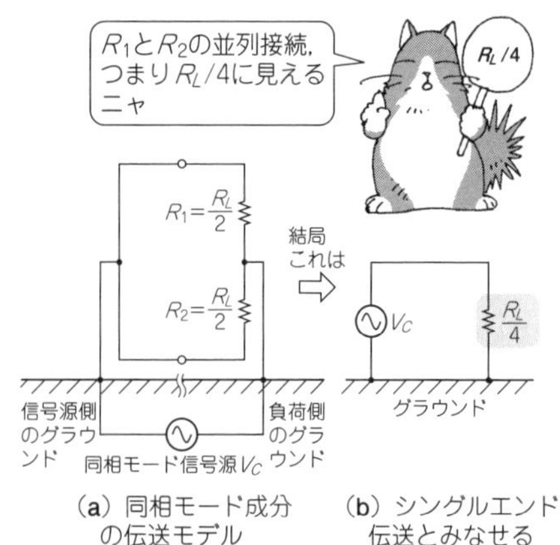

[図17-5] 図17-4で差動モード信号成分をゼロにして同相モード信号源だけで考える
簡単のため0Ωの抵抗でグラウンドに接続している

な状態(インピーダンス)が考えられると思います．ここではとりあえず説明を簡単にするために，負荷抵抗の接続中点とグラウンドとは，**図17-4**や**図17-5**のように**直結しているものとして，0Ωの抵抗として**説明します．あるインピーダンスをもって接続されている場合でも，そのぶんを等価回路として表して考えれば済みます．

▶説明を簡単にするために②…差動モード信号成分はゼロだとして同相モード成分のみに着目する

ここでは差動モード信号成分$V_{d1}=V_{d2}=0$ Vとします．回路理論によると電圧源は「内部抵抗がゼロ」なので，**図17-5**のように同相モード信号源V_Cだけに着目するのであればV_{d1}，V_{d2}は取り去れます．

その結果，得られた回路は同相モード信号源V_Cに対して，(負荷抵抗の接続中点が**グラウンドに直結されているとき**)二つの負荷抵抗R_1，R_2($=R_L/2$)が並列に接続されたもの($=R_L/4$)としてモデル化できます．

● 差動伝送の同相モード成分での基本パラメータ

結局これだけを見てみれば，差動回路や差動伝送線路の同相モード信号源は(負荷抵抗の接続中点がグラウンドに接続されているとき)，$I_C=V_C/(R_1/\!/R_2)=V_C/$

$(R_L/4)$という電流I_Cが流れる回路になっています(「//」の記号は並列接続の意味).

これで差動伝送基本モデルに追加された同相モード信号源V_C(同相モード成分)での基本パラメータが以下のように得られることになります.

- 同相モード信号源(成分)の大きさV_C[V]
- 同相モード信号源に接続される負荷抵抗$R_L/4$[Ω]
- 同相モード信号源から回路に流れる電流$I_C[A] = V_C/(R_L/4)$
- R_1, R_2の各負荷抵抗に流れる電流$I_C/2[A] = V_C/(R_L/2)$

もともと単なる負荷抵抗R_Lの回路ですが, 差動信号源V_Dに対する負荷抵抗の大きさR_Lに対して, 同相モード成分V_Cに対する負荷抵抗$R_L/4$はだいぶ異なる大きさです. なお, ここでは簡単のため中点がグラウンドに直結されたものとして示してきましたが, 実際はあるインピーダンスで接続されますので, そのぶんとの直列として考える必要があります. 繰り返しになりますが, この点は注意してください.

17-3 差動伝送線路のモデル化ステップ1…結合していない2本の伝送線路

● 現実の差動伝送は信号源が二つ

差動信号源の基本モデルは一つの信号源V_Dです. しかし現実の電子回路での差動信号源は, 等しい振幅で逆極性の二つの信号源V_{d1}, V_{d2}(差動モード信号成分に相応する)で構成するのが一般的です. V_{d1}, V_{d2}で2本の差動伝送線路のそれぞれを駆動することになります.

● シングルエンド伝送線路の入力端はZ_0[Ω]の抵抗でモデル化できる

まずシングルエンド伝送線路の例として, 1本の同軸ケーブルを考えてみます. 第13章のAppendix3のとおり, 同軸ケーブルは単位長インダクタンスL[H/m]と, 芯線〜外皮間の単位長容量C[F/m]の分布定数から, 特性インピーダンスZ_0[Ω]が以下のように決まります [式(5-1), 式(13-A)再掲].

$$Z_0[\Omega] = \sqrt{\frac{L}{C}} \quad \cdots\cdots (17\text{-}1)$$

実際の同軸ケーブルの例として$L = 250$ nH/m, $C = 100$ pF/mを代入してみれば, $Z_0 = 50\ \Omega$になります. また以降では同軸ケーブル出力側は, 特性インピーダンスと同じ負荷抵抗で終端されているものとします.

一番単純化して考えると, 同軸ケーブル(伝送線路)の入力端は, (上記の条件だと)

図17-6のように信号源に抵抗Z_0を負荷とした**入力モデル**で考えることができます注2.

このシングルエンド伝送線路の入力モデルを使って，差動伝送線路について考えていきましょう．なおこの図では信号源抵抗は割愛しているので注意してください．

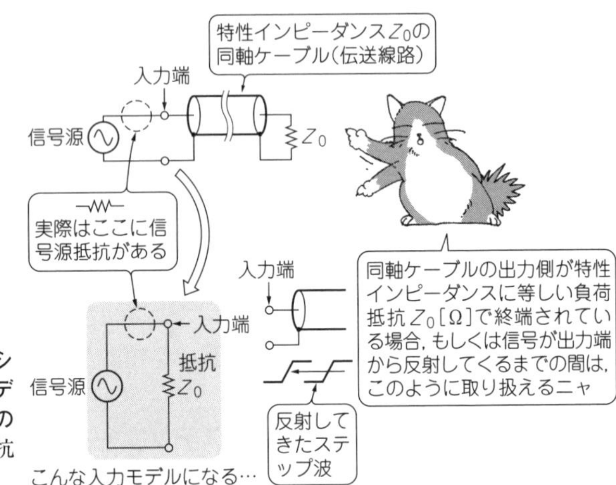

[図17-6]
特性インピーダンスZ_0[Ω]のシングルエンド伝送線路入力モデルは，信号源に対してZ_0[Ω]の抵抗のように見える(信号源抵抗は割愛してある)

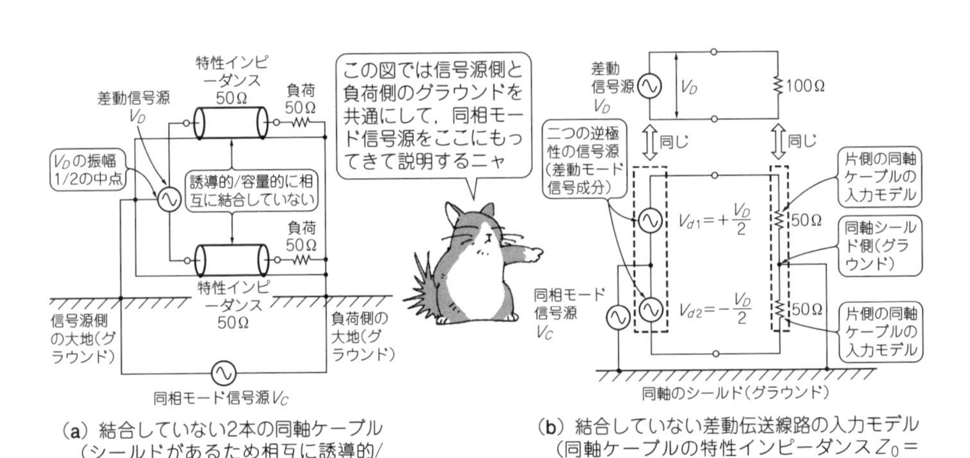

(a) 結合していない2本の同軸ケーブル(シールドがあるため相互に誘導的/容量的に結合していない)

(b) 結合していない差動伝送線路の入力モデル(同軸ケーブルの特性インピーダンスZ_0＝50Ωで説明)

[図17-7] 2本の結合していない差動伝送線路の入力モデルは，それぞれの信号源にZ_0[Ω]の抵抗が接続されたように見える(信号源抵抗は割愛してある)

注2：実際の伝送線路自体はZ_0[Ω]の**抵抗成分ではない**．抵抗成分では線路を信号が伝搬していかない．あくまで「入力側から見て，見かけ上Z_0[Ω]の抵抗がある**ようなもの**」というイメージなので，誤解しないこと．第13章のAppendix3参照．

● 誘導的/容量的に相互に結合していない差動伝送線路のモデル化

例えば**図17-7**(a)のように，特性インピーダンスZ_0 = 50 Ωの2本の同軸ケーブルを差動伝送に使用したことを考えてみます(この図も信号源抵抗は割愛)．

差動伝送の2本の信号ラインに対して，2本の同軸ケーブルをそれぞれ同図のように割り当てます．この場合シールドがあるため，2本の信号ライン間は誘導的/容量的に結合していません．**線路間は相互に影響を与え合わない**ことになります．

これを差動伝送線路の入力モデルで表してみると，二つの差動モード信号成分V_{d1}，V_{d2}それぞれに，グラウンドに対して50 Ωが(**図17-6**のように同軸ケーブルの特性インピーダンスZ_0 = 50 Ωが)接続された単純な入力モデルになります．

● 差動モード信号成分と同相モード成分に分解して考える

ここまで示してきたように，**伝送される信号自体は「差動モード信号成分V_{d1}，V_{d2}と同相モード成分V_C」に分解**する(分けて考える)ことができます．

図17-7で分かることは，これは**図17-3**(b)や**図17-4**のモデルと「全く同じ」ということです．つまりこの**図17-7**(b)の入力モデルから以下が得られます．**図17-8**にも全体のまとめとして示しておきました．

- 差動信号源V_Dに接続される入力モデルの抵抗 $2Z_0$ = 100 Ω
- 同相モード信号源V_Cに接続される入力モデルの抵抗 $Z_0/2$ = 25 Ω

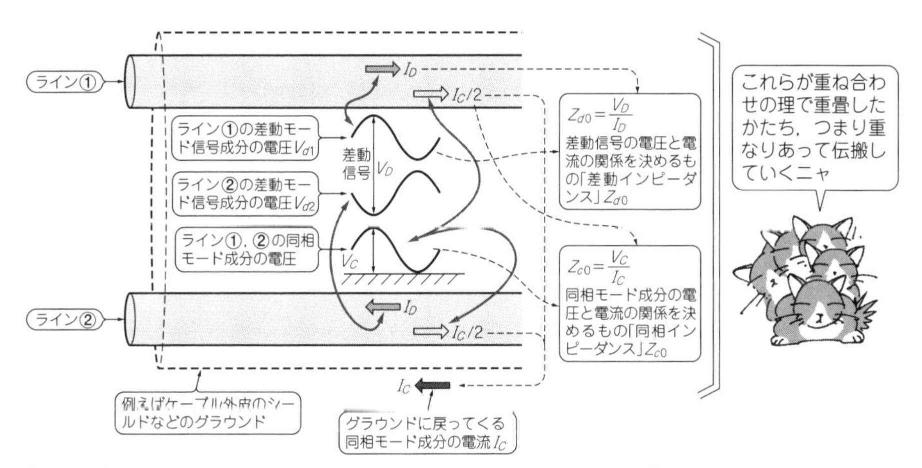

[図17-8] **差動伝送は，差動/同相の信号成分と差動/同相インピーダンスによって電圧と電流が決まり，信号が伝搬する**
2本の線路はライン①，ライン②と表記した

ところで同軸ケーブルの入力モデルの抵抗値Z_0というものは，もともとは同軸ケーブルの「特性インピーダンス」でありました….

● 特性インピーダンスも「差動モード」と「同相モード」がある

特性インピーダンスZ_0とは，伝送線路内を伝わる電圧V[V]と電流I[A]の大きさの比($Z_0 = V/I$)です．差動伝送線路では差動モード信号成分V_{d1}，V_{d2}と同相モード成分V_Cの両方が重畳して伝搬していきます．つまり**図17-7**や**図17-8**と同様に，それぞれを次のように定義できます[注3]．

- 差動モード信号成分V_{d1}，V_{d2}には，それらの差電圧V_D[V]と電流I_D[A]の大きさの比……「差動インピーダンス」Z_{d0}[Ω]
- 同相モード成分には，その電圧V_C[V]と電流I_C[A]の大きさの比……「同相インピーダンス」Z_{c0}[Ω]

差動伝送線路上では，差動/同相の成分それぞれが，差動/同相インピーダンスにより電圧と電流との関係が決まり，それらが重なり合って…つまり「重ね合わせの理」により重畳して…伝わっているのです．**図17-8**にも示していますが，**図17-7**の場合はそれぞれ以下が得られることになります．

- 「差動インピーダンス」$Z_{d0} = 2Z_0 = 100\,\Omega$
- 「同相インピーダンス」$Z_{c0} = Z_0/2 = 25\,\Omega$

図17-3(b)，**図17-4**や**図17-5**で説明した「負荷抵抗」と全く同じですね．

二つの同軸ケーブルを使った結合していない差動伝送線路のインピーダンスは，特性インピーダンス$Z_0 = 50\,\Omega$の同軸ケーブルでも，$Z_{d0} = Z_{c0}$**では「ない」**のです．以降では信号ライン同士が結合した，さらに複雑な例を示していきます．

17-4 差動伝送線路のモデル化ステップ2…線路間の影響を加える

先ほどは線路間が相互に影響を与え合わない(結合していない)，2本の同軸ケーブルを用いた，差動信号伝送を示してきました．

次は**線路間が相互に(誘導的/容量的に)結合した**差動伝送線路を考えてみます．

注3：説明上V_D，V_Cを用いたが，信号源抵抗を考慮する場合は，第14章の式(14-6)と同じように伝送線路に加わる電圧は分圧されるので注意．

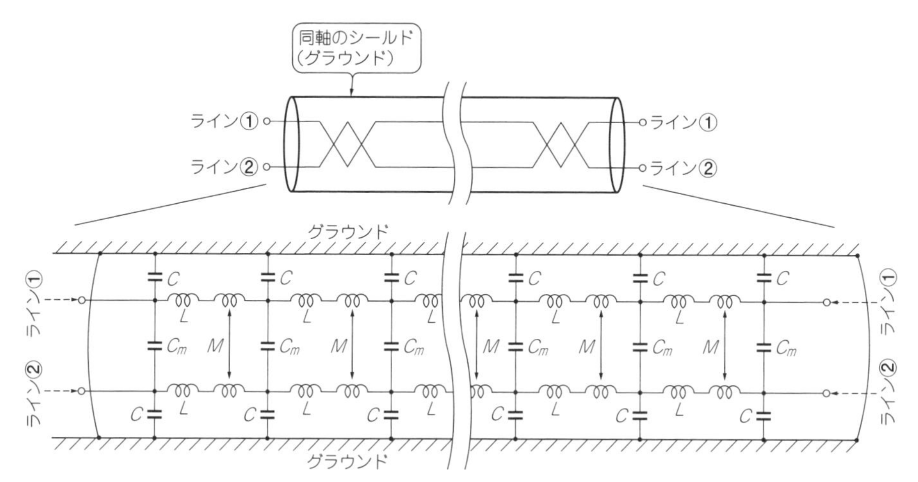

[図17-9] 差動伝送線路間が相互に「誘導的/容量的に」結合したようすを等価回路でモデル化する
図17-8と同じく，2本の線路はライン①，ライン②と表記

実際の差動伝送では**こちらの方が現実的**です．プリント基板上の差動伝送パターンもこのひとつです．

まずは同相モード信号源$V_C = 0$ Vとして，差動信号源V_D(差動モード信号成分)だけがある状態，つまり「差動インピーダンス」をどう考えるかを示します．

● 相互に結合した差動伝送線路で生じるインダクタンス/容量成分

差動伝送線路間が相互に(誘導的/容量的に)結合した差動伝送線路(後述の**写真17-2**のような)では，線路間に分布定数として相互インダクタンスと容量が生じます．このようす(等価回路)を**図17-9**に示します．

▶線路間が相互に結合したようすをモデル化する

図17-9では線路間(ライン①と②)が相互に誘導的/容量的に結合したようすを，単位長あたりの相互インダクタンスM[H/m]，単位長あたりの線路間結合容量C_m [F/m]として，「分布定数」で追加しています．

図17-7の2本の同軸ケーブルを使った差動伝送線路は，$M = 0$ H/m，$C_m = 0$ F/mに相当します．この理由はケーブル間がシールドされているため，相互に(容量的/誘導的に)影響を与え合うことがない，結合していないからです．

● 誘導的に「差動モード」で結合するようす

図17-9のように，結合により相互インダクタンスM，容量C_mが生じます．ま

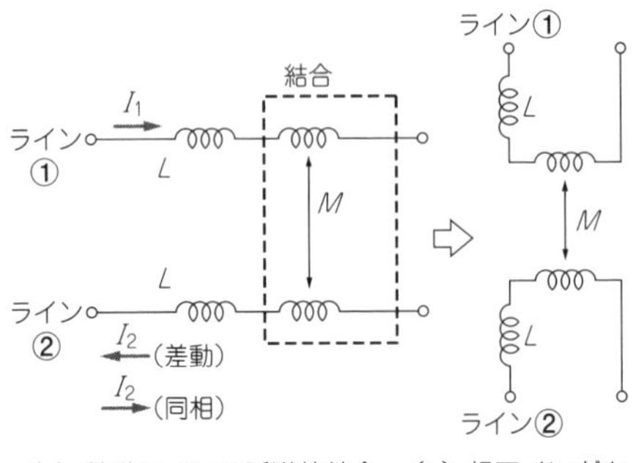

(a) 差動ラインの誘導的結合　(b) 相互インダクタンスMのトランスと考える

[図17-10] 2本の差動伝送線路の誘導的な結合はトランスと考えられる

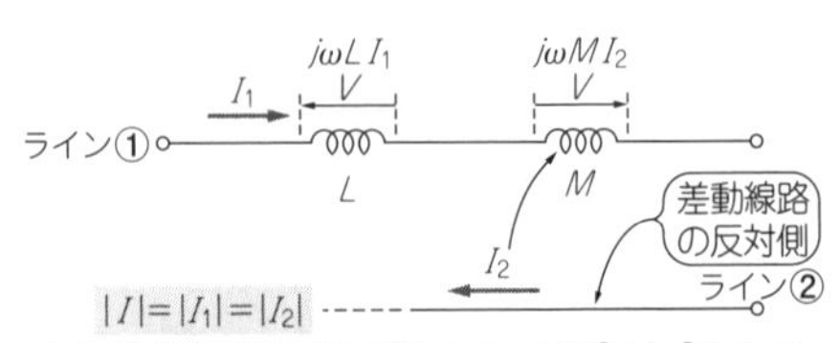

(a) 単位長相互インダクタンスM [H/m]をもつライン①とライン②に同じ量で逆方向の電流が流れる

(b) 分解してみると(L−M) [H/m]のインダクタンスをもつラインになっている

[図17-11] 誘導的に結合した差動伝送線路を「差動モード成分」の視点で分解してみると(L−M) [H/m]のインダクタンスをもつラインになっている

ずは相互インダクタンスMの影響だけを考えてみましょう(容量C_mはここでは考えない).

図17-10(a)は差動伝送線路のライン①，②の**単位長あたりのインダクタンス**成分のみを取り出してみたようすです．片側のラインの単位長あたりのインダクタンスLと相互インダクタンスMそれぞれを表記しています．線路はライン①とライン②の2本で構成されますので，これが同図のようにMを介して相互に影響を与え合う(結合している)ことになります．

▶Mで結合しているトランスに逆方向に同じ電流量が流れるモデルになる

この**図17-10(a)**は**図17-10(b)**のように「Mで結合しているトランス」だと考えることができます．図中のように差動伝送では，このトランス・モデルのライン①とライン②には，逆方向に同じ電流量 $|I_1| = |I_2| = I$が流れます(差動なので)．これにより片側1本のライン①に生じる電圧は**図17-11**のように，

$$V[\mathrm{V}] = j\omega L I_1 - j\omega M I_2 \quad \cdots\cdots (17\text{-}2)$$

となります．第1項は自身のライン①に流れる電流I_1によるもの，第2項は反対側のライン②に流れる電流I_2によるものです(差動モードのため符号がマイナス)．相互のラインが同じ電流量($|I_1| = |I_2| = I$)なので，

$$V = j\omega(L - M)I \quad \cdots\cdots (17\text{-}3)$$

として，**図17-11**のような$(L - M)$[H/m]のインダクタンスをもつ単独のラインとして考える，**あらためてモデル化**することができます(なお繰り返すが，相互の

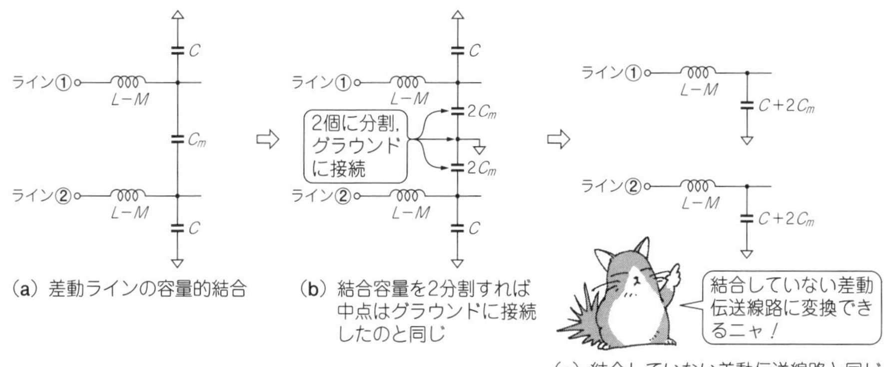

(a) 差動ラインの容量的結合

(b) 結合容量を2分割すれば中点はグラウンドに接続したのと同じ

(c) 結合していない差動伝送線路と同じだと考えられる

[図17-12] 図17-11に結合容量C_mも加えて相互に「結合していない」差動伝送線路が2本だとモデル化しなおす

ラインが同じ電流量なのでこのように取り扱える．また以降の**同相モードの場合とは符号が逆**なので注意)．

つまり相互に結合した差動伝送線路における差動モード信号成分では，片側1本のラインは**インダクタンスが小さく**なるのです．

● 結合容量C_mも加えて相互に結合した差動伝送線路を結合していない差動伝送線路として簡単にする

ここまで，**図17-9**で相互に(誘導的/容量的に)結合した差動伝送線路のモデルを示しました．そしてそれを**図17-11**のように差動モードの誘導成分(インダクタンス)のみを，結合していない形に分解してみました．

この**図17-11**に，さらに対グラウンドの単位長容量Cと線路間の単位長結合容量C_mを含めたものを**図17-12**(a)に示します．結合容量C_mは，大きさが$2C_m$の2個のコンデンサに分け，その接続中点をグラウンド(ここでは外部シールド)に接続したモデルとします［**図17-12**(b)］．全体で$C+2C_m$になります．

こうすれば，線路間が相互に(誘導的/容量的ともども)**結合していない**差動伝送線路として取り扱うことができます．これを**図17-12**(c)に示します．

● 信号源V_{d1}，V_{d2}で駆動される二つのシングルエンド回路になる

ここでも**図17-4**や**図17-7**と見比べながら読んでください．ここまでの結果として**図17-12**(c)のように，二つの差動モード信号成分$V_{d1}(=+V_D/2)$，$V_{d2}(=-V_D/2)$

から駆動されるシングルエンド回路が二つできあがることになります．

▶奇モード(odd mode)特性インピーダンスが求められる

この条件でそれぞれを，単一のシングルエンド回路として見た(差動モード信号成分V_{d1}，V_{d2}に対する)特性インピーダンスを「奇モード(odd mode)特性インピーダンス」Z_{odd}と呼びます．それぞれのシングルエンド回路には逆極性の信号(差動モード信号成分)が加わっている条件だという点はポイントです．また**図17-4**でいえば二つの負荷抵抗R_1，R_2それぞれに相当するものです．式(17-1)と同じく，以下のようになります．

$$Z_{odd}[\Omega] = \sqrt{\frac{L - M}{C + 2C_m}} \quad \cdots\cdots (17\text{-}4)$$

「奇モード」とはライン①と②の電圧と電流の**極性(符号)が逆**という意味です．単一のシングルエンド回路として考えますが，もう一つの信号ラインから逆極性の(差動の)信号の**結合を受けた状態での**単一シングルエンド回路として考えていますので，注意してください．

▶奇モード特性インピーダンスはシングルエンドの特性インピーダンスより低くなる

式(17-4)の分子は$(L - M)$，分母は$2C_m$が足されていることから，奇モード特性インピーダンスZ_{odd}が単独のシングルエンド伝送線路の特性インピーダンスZ_0よりも**低くなること**は興味深いですね．

● 奇モード(odd mode)特性インピーダンスから差動インピーダンスが得られる

これまでの解説から，**図17-8**のように差動インピーダンスZ_{d0}は

$$Z_{d0}[\Omega] = 2Z_{odd} \quad \cdots\cdots (17\text{-}5)$$

また線路それぞれに流れる差動モード電流I_Dは

$$I_D[\mathrm{A}] = \frac{V_D}{Z_{d0}} = \frac{V_D}{2Z_{odd}} \quad \cdots\cdots (17\text{-}6)$$

ここで**図17-12(a)**の結合した差動伝送線路に戻ってみます．これらから差動信号源V_Dからの差動インピーダンスZ_{d0}が次のように決まります．

$$Z_{d0} = \frac{V_D}{I_D} = 2\,Z_{odd} = 2\sqrt{\frac{L - M}{C + 2C_m}} \quad \cdots\cdots (17\text{-}7)$$

17-5 差動伝送線路のモデル化ステップ3…同相インピーダンスも加える

今度は差動モード信号成分$V_{d1} = V_{d2} = 0\,\mathrm{V}$として，同相モード信号源$V_C$だけが

ある状態，つまり差動伝送線路での「同相インピーダンス」をどう考えるかを示してみます.

● 誘導的に「同相モード」で結合するようすは差動モード信号成分の場合とは符号が逆

ここでも**図17-9**の「結合した差動伝送線路のモデル」を活用して，2本のシングルエンド伝送線路に変換してみます(**図17-10**も参照).

図17-13(a)のように，同相モード成分の場合でも，単位長あたりに相互インダクタンスMが存在することは**図17-10**と同じですが，今度はライン①とライン②には**同じ方向に同じ電流量**$I_1 = I_2 = I$が流れます(同相な同じ極性．絶対値記号 || も取り去っている)．これにより片側1本のライン①に生じる電圧は，式(17-2)の差

$j\omega L I_1$ [V]　$j\omega M I_2$ [V]

ライン①　I_1　M[H/m]　I_2

ライン②　$I = I_1 = I_2$

(a) 単位長相互インダクタンスM[H/m]をもつライン①とライン②に同じ向きの電流が流れる

$j\omega(L+M)I$ [V]

ライン①　I　$L+M$

(b) 分解してみると$(L+M)$[H/m]のインダクタンスをもつラインになっている

[図17-13] 差動伝送線路間の「同相モード成分」が誘導的に結合したようすをモデル化し，単独のラインに分解してみる

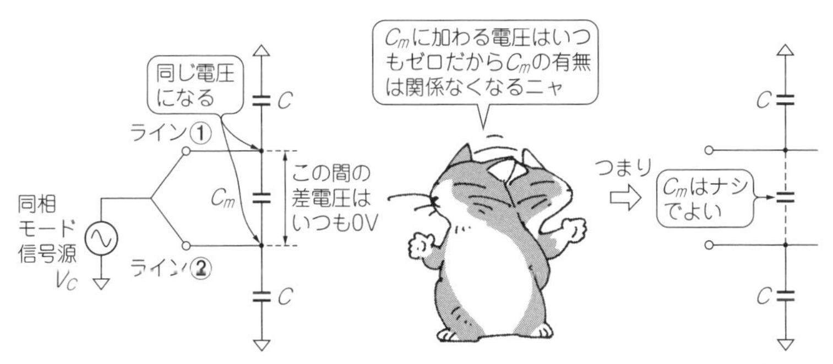

[図17-14] 同相モード信号源V_Cの場合は線路間の単位長結合容量C_m[F/m]に同じ電圧が加わるのでC_mの有無は関係ない

動モード信号成分の場合とはMにかかる符号が逆になり，

$$V = j\omega LI_1 + j\omega MI_2 \quad \cdots\cdots (17\text{-}8)$$

相互のラインが同じ電流量($I_1 = I_2 = I$)なので，

$$V = j\omega(L + M)I \quad \cdots\cdots (17\text{-}9)$$

として，**図17-13(b)**のような$(L + M)$のインダクタンスをもつ単独のラインとして考えることができます(繰り返すが，相互のラインが同じ電流量なのでこのように取り扱うことができる)．

つまり相互に結合した差動伝送線路での同相モード成分に対して，片側1本のラインは**インダクタンスが大きく**なるのです．

▶線路間の結合容量C_mの影響はなくなってしまう

図17-14のように同相モード信号源V_Cは，線路間の単位長結合容量C_mに対して同じ電圧が加わりますから，C_mの有無は関係なくなります．つまり$C_m = 0$ F/mと全く同じ，ないものとして取り扱うことができます．

● 差動伝送線路の同相モード信号源V_Cから見た同相インピーダンスZ_{c0}

図17-13や**図17-14**のように考えることで，**図17-15**に示すように，線路間が相互に(誘導的/容量的ともども)**結合していない**差動伝送線路に同相モード成分が加わったモデル(**図17-15**)として取り扱うことができます．

▶偶モード(even mode)特性インピーダンスが求められる

この条件でそれぞれを単一のシングルエンド回路として見た**同相モード成分**V_Cに対する特性インピーダンスを「偶モード(even mode)特性インピーダンス」Z_{even}(**図17-4**でいえば二つの負荷抵抗R_1，R_2それぞれに相当)と呼びます．式(17-1)や式(17-4)と同様に，

$$Z_{even}\,[\Omega] = \sqrt{\frac{L + M}{C}} \quad \cdots\cdots (17\text{-}10)$$

「偶モード」とはライン①と②の電圧と電流の**極性(符号)が同じ**という意味です．

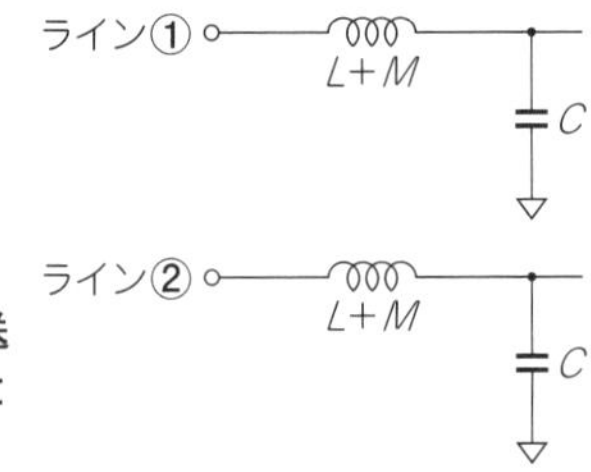

[図17-15]
相互に「結合していない」差動伝送線路に同相モード成分が加わったとしてモデル化しなおしたもの

単一のシングルエンド回路として考えますが，もう一つの信号ラインから同じ極性の(同相の)信号の**結合を受けた状態での**単一シングルエンド回路として考えていますので，注意してください．

▶偶モード特性インピーダンスはシングルエンドの特性インピーダンスより高くなる

式(17-10)から分かるように，偶モード特性インピーダンスZ_{even}が単独のシングルエンド伝送線路の特性インピーダンスZ_0よりも**高くなること**は興味深いですね．

これから**図17-8**のように同相インピーダンスZ_{c0}は，Z_{even}それぞれが並列接続されたようになり，

$$Z_{c0}\,[\Omega] = \frac{Z_{even}}{2} = \frac{1}{2}\sqrt{\frac{L+M}{C}} \quad \cdots\cdots (17\text{-}11)$$

また線路それぞれに流れる同相モード電流I_{com}は

$$I_{com}\,[\mathrm{A}] = \frac{I_C}{2} = \frac{V_C}{2Z_{c0}} = \frac{V_C}{Z_{even}} \quad \cdots\cdots (17\text{-}12)$$

17-6　差動伝送線路の特性インピーダンスをTDR計測で確認

● ここまで説明したしくみを実験で確認してみよう

写真17-1のような「差動モード・ステップ波形発生器」を製作しました．この回路図を**図17-16**に，部品表を**表17-1**に示します．

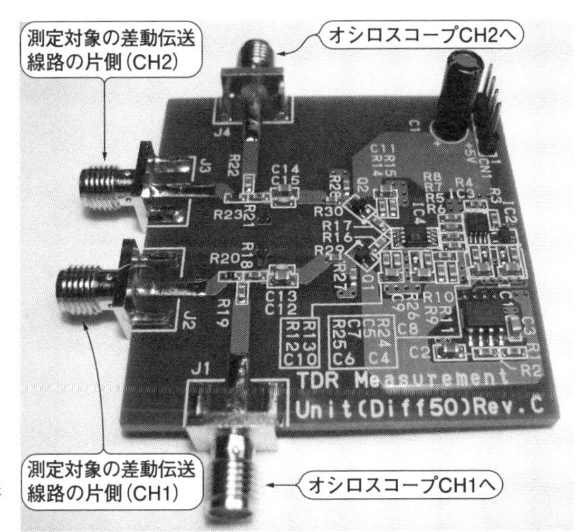

[写真17-1]
製作した「差動モード・ステップ波形発生器」

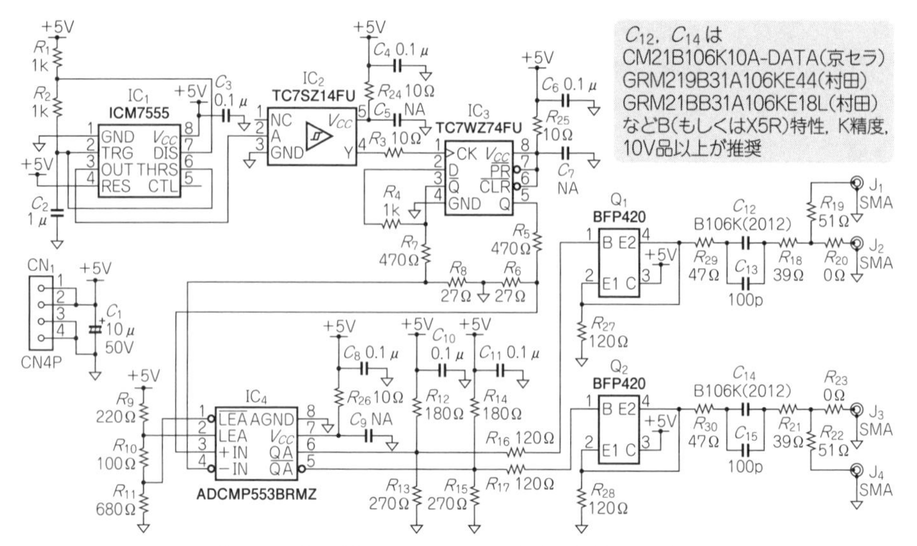

［図17-16］差動モード・ステップ波形発生器の回路図

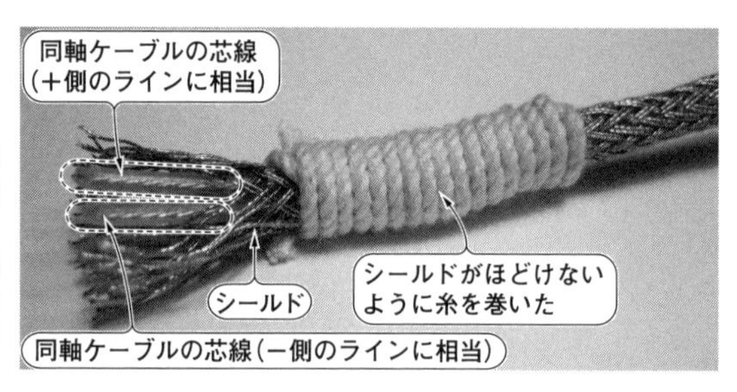

［写真17-2］50 Ωの同軸ケーブル2本を改造して作った2mの実験用差動伝送線路

本書では以降「実験線路」と呼ぶ．2本の同軸ケーブルの芯線を撚(よ)ってシールドをかぶせたもの．線路間が相互に「誘導的/容量的に」結合している

これと第13章で製作した「同相モード・ステップ波形発生器」(**写真13-1**．2チャネルを用いることで同相モードTDR計測を実現できる)を活用して，実験用差動伝送線路(以降「実験線路」と呼ぶ)の特性を計測してみます．実験線路は**写真17-2**に示すように，50 Ωの同軸ケーブル2本を改造して作った2 mのものです．**2本の同軸ケーブルは芯線同士を撚(よ)って，その上にシールドをかぶせて**あり，2本の芯線間が誘導的/容量的に結合しているものです．

● TDR計測系のセットアップ

計測系のセットアップを**図17-17**に示します．実験線路の材料は50 Ω同軸ケーブルなので，差動負荷抵抗R_Lは「とりあえず」100 Ωにしてみます．実験線路と波

［表17-1］差動モード・ステップ波形発生器の部品表

部品記号	形名/定数	メーカ名	摘　要
J_1, J_2, J_3, J_4	142-0701-851	RSコンポーネンツ	RS品番3634690
CN_1	4ピンヘッダ2.54 mm	指定なし	
IC_1	ICM7555CD	NXP	他社品でも可
IC_2	TC7SZ14FU	東芝	
IC_3	TC7WZ74FU	東芝	
IC_4	ADCMP553BRMZ	アナログ・デバイセズ	
Q_1, Q_2	BFP420	インフィニオン	
C_1	電解 10 μF 50 V	指定なし	5 mm足ピッチ
C_2	1 μF	指定なし	2012サイズ
C_3, C_4, C_6, C_8, C_{10}, C_{11}	0.1 μF	指定なし	1608サイズ
C_5, C_7, C_9	NA		未接続
C_{12}, C_{14}	チップC B106K	指定なし	B特性K温度特性, 10 μF, 京セラGRM21BB31A106KE18Lなど. **図17-16**の回路図も参照
C_{13}, C_{15}	100 pF	指定なし	1608サイズ
R_1, R_2, R_4	1 kΩ	指定なし	1608サイズ
R_3, R_{24}, R_{25}, R_{26}	10 Ω	指定なし	1608サイズ
R_5, R_7	470 Ω	指定なし	1608サイズ
R_6, R_8	27 Ω	指定なし	1608サイズ
R_9	220 Ω	指定なし	1608サイズ
R_{10}	100 Ω	指定なし	1608サイズ
R_{11}	680 Ω	指定なし	1608サイズ
R_{12}, R_{14}	180 Ω	指定なし	1608サイズ
R_{13}, R_{15}	270 Ω	指定なし	1608サイズ
R_{16}, R_{17}, R_{27}, R_{28}	120 Ω	指定なし	1608サイズ
R_{18}, R_{21}	39 Ω	指定なし	1608サイズ
R_{19}, R_{22}	51 Ω	指定なし	1608サイズ
R_{20}, R_{23}	JPW, 0 Ω	指定なし	1608サイズ
R_{29}, R_{30}	47 Ω	指定なし	1608サイズ

形発生器の間は50 Ω, 1 mの同軸ケーブル2本で接続してあります.

差動モード・ステップ波形発生器を用いてTDR計測した結果を**図17-18(a)**に, 同相モード・ステップ波形発生器を用いてTDR計測した結果を**図17-18(b)**に示します. それぞれ上側(CH1)が+側のライン, 下側(CH2)が−側のラインになっています. 信号の伝搬する速度(位相速度)は5 ns/mです.

少なくとも実験線路の入力端からの反射が見える10 nsまで(50 Ω, 1 mの同軸ケーブルの往復の時間. 5 ns/m × 1 m × 2 = 10 nsまで)は, どちらの計測結果も50 Ω負荷に相当する電圧値になっています.

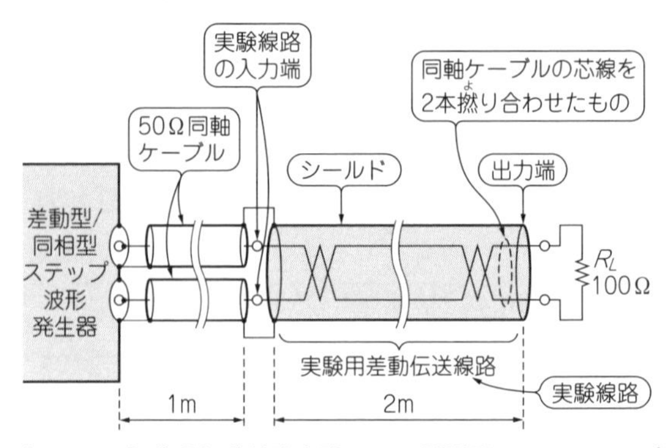

［図17-17］差動伝送線路実験のTDR計測系のセットアップ

● 差動モード・ステップ波でのTDR計測では50Ωに見えない

50Ω同軸ケーブルで作った実験線路なので，差動モードのステップ波が実験線路の入力端に到達したとき（5 ns/m × 1 m × 2 = 10 ns）には電圧は変化しないと思いがちです．しかし**図17-18（a）**では同じ電圧にはなっていません．

ここで信号が反射していることが分かります．これは奇モード特性インピーダンスZ_{odd}が（式17-4）のように変化しているからです．

式（17-4）によれば，$\sqrt{L/C}$より低下することが予想されましたが，計測結果が上昇しているのは，このL，C自体が変化してしまっていることが考えられます．片

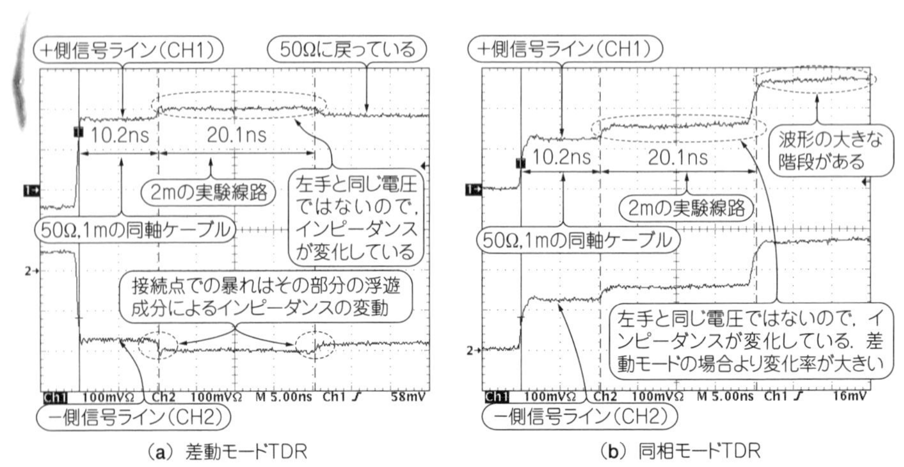

（a）差動モードTDR　（b）同相モードTDR

［図17-18］写真17-2の差動伝送線路（実験線路）をTDR計測で確認してみると線路間の結合の影響で特性インピーダンスが差動と同相で異なっていることが分かる

側の芯線から見れば，それを囲むシールドが外側に広がっているので(2本の芯線を囲むようになっているので)，容量Cが低下していることが主たるところかと思われます．さらに1 m + 2 mの長さを往復する時間［5 ns/m × (1 m + 2 m) × 2 = 30 ns］にまた50 Ωに戻っていることも分かります．

● 同相モード・ステップ波でのTDR計測でも50 Ωに見えない

同相モードのステップ波が実験線路の入力端に到達したとき(10 ns)も，電圧は変化しないと思いがちです．しかし**図17-18(b)**では同じ電圧にはなっておらず，**差動モードの場合より変化率が大きい**です．また1 m + 2 mの長さを往復する時間(30 ns)には大きな波形の階段があります．これは偶モードインピーダンスZ_{even}が式(17-10)のように変化しており，信号が反射しているからです．

さらに差動モードの場合と比較しても，マーカの30 nsのところのエッジのタイミングが精密には若干異なっている(位相速度が異なる)ことも注目すべきことです．これは第19章のColumn1で詳しく説明しています．

これらの計測結果は**差動線路が結合している**ことが原因です．次章でさらに見ていきましょう．

第18章

【成功のかぎ18】

差動インピーダンスを計測して確実に終端する

差動伝送線路の特性を正しく理解し正しく処理する

差動信号の波形を乱さずに正しく伝送するためには，差動信号源の出力インピーダンスと負荷インピーダンスを差動伝送線路の差動インピーダンスに合わせる（整合させる/終端する）必要があります．これを「マッチングさせる」ともいいます．

前章で実験のために2mの差動伝送線路（実験線路）を製作しました．本章ではこの実験線路を使って，次の二つのインピーダンスを実際に計測してみます．

- **差動インピーダンス：差動信号に対する伝送線路のインピーダンス**
- **同相インピーダンス：同相信号[注]に対する伝送線路のインピーダンス**

そして，インピーダンスを整合/マッチングさせるにはどうすればよいかを実験しながら解説します．

18-1　差動伝送線路をきちんと終端することが最重要

普段からよく使う同軸ケーブル（シングルエンドの伝送線路）の特性インピーダンスは50Ωや75Ωです．入力した信号が反射して波形が暴れるのを防ぐには，**図18-1**に示すように，伝送線路の特性インピーダンスに相当する抵抗で，信号源側と負荷側を終端する必要があります．**きちんと終端（整合終端）された伝送線路では，**

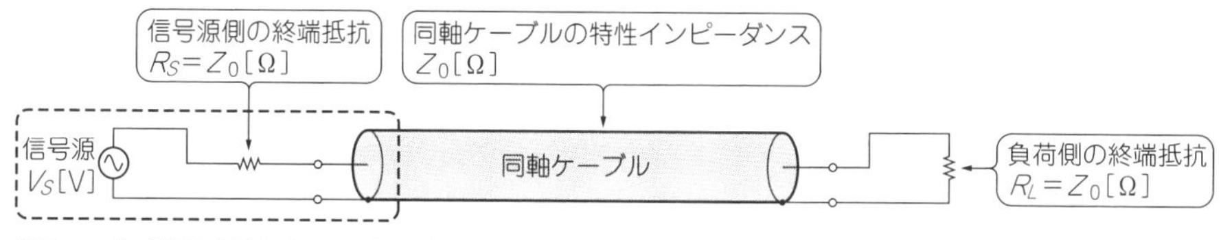

［図18-1］波形が暴れないようにするテクニック「終端」
同軸ケーブルでは特性インピーダンスに相当する抵抗で終端する．差動伝送線路では差動信号に対して差動インピーダンスに相当する抵抗で終端する

注：本章では文脈の簡潔さを考慮し，「同相信号」の表現を用いる．物理的にはこれまでの「同相モード成分」や「同相モード・ノイズ」と同じ．

信号がきれいな波形のまま伝わります．これは同軸ケーブルだけでなく，プリント基板上のパターンでも考え方は同じです．

差動伝送線路でも全く同じです．差動信号が**反射しない**ように，**波形が暴れない**ようにするためには，信号源と伝送線路，そして伝送線路と負荷のインピーダンスを**ぴったり合わせる(整合/マッチングさせる)**必要があります．終端抵抗を差動インピーダンスに整合させたときに，反射はゼロになります．

同相信号に対する伝送線路のインピーダンスである同相インピーダンスは，放射ノイズやパターン間のクロストークに影響しますが，その詳細は本書の範囲を超えるので，実測と簡単な考察にとどめておきます．

18-2 差動インピーダンスを求める方法

● 差動インピーダンスとは

差動線路を構成する2本の線路それぞれの，差動信号に対する(単体の対グラウンドの)特性インピーダンスが，**奇モード(odd mode)特性インピーダンス**Z_{odd}[Ω]です［前章で式(17-4)に示した］．奇モードとは，電圧と電流の**極性(符号)が2本の線路で逆**になっている状態を意味します．差動インピーダンスZ_{d0}は，奇モード特性インピーダンスの2倍で

$$Z_{d0} = 2Z_{odd} \quad \text{(17-5再掲)}$$

奇モード特性インピーダンスと差動インピーダンスは，差動のステップ波を差動線路に加えて得られる応答波形(TDR波形)から，以下のように求められます．

● 奇モード特性インピーダンスや差動インピーダンスを求める手順

▶① TDR波形を計測する

実験には前章の**図17-17**の実験回路を用います．実験用差動伝送線路は**写真17-2**で示した「実験線路」です．信号源からのステップ波は，50 Ω，1 mの同軸ケーブルを伝搬して5 ns(5 ns/m × 1 m)後に実験線路の入力端に到達します．ここで信号が反射し，**図18-2**のように往復時間10 nsで段差が観測されます．理由は，実験線路の入力端で特性インピーダンスが変化しているからです．

▶② 反射係数をTDR波形から読み取る

TDR波形(**図18-2**)から反射係数Γを求めます．進行波が226 mV，反射波が22 mVなので次のようになります．

$$\Gamma = 22\,\text{mV}/226\,\text{mV} = 0.099$$

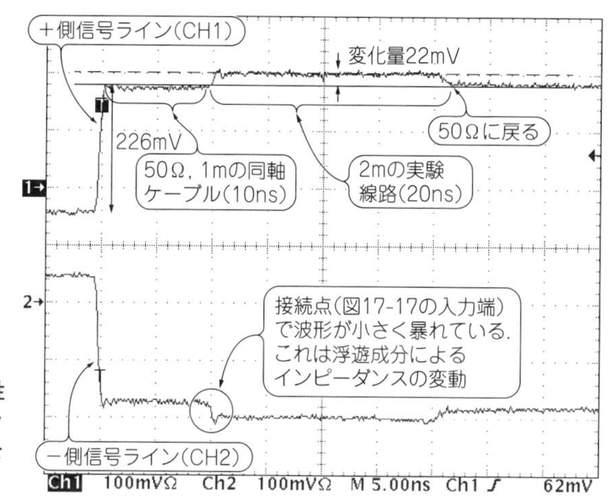

［図18-2］ **実験線路の奇モード特性インピーダンスを求める…ステップ波を差動で注入してTDR波形を観測する**

▶③ 式を使って計算する

第15章の式(15-1)を使います.

$$R[\Omega] = Z_0 \frac{1+\Gamma}{1-\Gamma} \quad \cdots\cdots (18\text{-}1.\ 15\text{-}1 再掲)$$

$Z_0 = 50\,\Omega$ですから，RをZ_{odd}に置き換えれば，奇モード特性インピーダンスは次のように求まります.

$Z_{odd} = 61\,\Omega$

▶④ 差動インピーダンスを算出する

前章の式(17-5)のとおり，Z_{d0}はZ_{odd}の2倍です．つまり

$Z_{d0} = 2Z_{odd} = 122\,\Omega$

と計算できます.

● 50Ωケーブルを撚って差動伝送線路にしても奇モード特性インピーダンスは50Ωにならない

実験線路の材料である同軸ケーブルの特性インピーダンスは，単体では50Ωでしたが，芯線を2本撚ると，単体のインピーダンス(奇モード特性インピーダンス)は61Ωになりました．理由は，前章に説明したとおり，実験線路を構成している2本の線路同士が誘導的/容量的に結合しているからです．2本の芯線とシールド間の形状(物理的/電気的構造)が，単体の同軸ケーブルとは異なっていることが原因です.

18-3　同相インピーダンスを求める方法

● 同相信号に対する実験線路のインピーダンスも50Ωではない

図18-3に示すのは，同相のステップ波を実験線路に加えたときのTDR波形です．**図18-2**と同様に，入力端に到達したとき(往復10 ns)に波形が反射しています．

さらに，同軸ケーブル(1 m)＋実験線路(2 m)を往復する時間30 ns［＝5 ns/m ×(1 m＋2 m)×2］のポイントにも，反射による大きな階段ができています．この原因は，このポイントで同相信号に対するインピーダンスが大きく変化しているからです．

● 偶モード特性インピーダンスや同相インピーダンスを求める

差動線路を構成する2本の線路それぞれの，同相信号に対する(単体の対グラウンドの)特性インピーダンスが，**偶モード(even mode)特性インピーダンス**Z_{even}[Ω]です［前章で式(17-10)に示した］．偶モードとは，電圧と電流の**極性(符号)が2本の線路で同じ**になっている状態を意味します．

偶モード特性インピーダンスも，式(18-1)を使って求めます．**図18-3**から，実験線路の10 nsの点の反射係数は，進行波が126 mV，反射波が30 mVなので，

$$\Gamma = 30\ \mathrm{mV}/126\ \mathrm{mV} = 0.238$$

です．したがって偶モード特性インピーダンスは

$$Z_{even} = 81.3\ \Omega$$

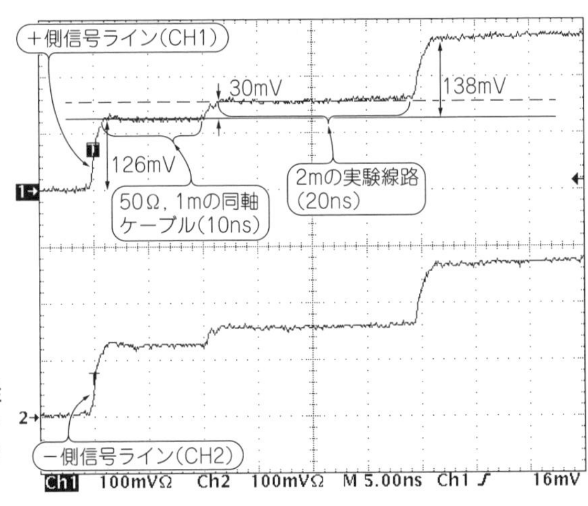

[図18-3] 実験線路の偶モード特性インピーダンスを求める…ステップ波を同相で注入してTDR波形を観測する

と求まります．これから同相インピーダンスZ_{c0}は，前章で示した

$$Z_{c0}[\Omega] = \frac{V_{even}}{2} = \frac{1}{2}\sqrt{\frac{L+M}{C}} \quad \cdots\cdots (18\text{-}2.\ 17\text{-}11再掲)$$

を用いて，

$$Z_{c0} = Z_{even}/2 = 40.6\,\Omega$$

と計算できます．

これらのことから，マイクロストリップ・ラインがプリント基板上に2本並走/結合した差動伝送線路で，偶モード特性インピーダンスZ_{even}は，奇モード特性インピーダンスZ_{odd}より大きくなることに気がつきます．

● 偶モード特性インピーダンスも50Ωにならない理由

偶モード特性インピーダンスZ_{odd}も50Ωにならないのは，実験線路を構成している2本の線路同士が誘導的/容量的に結合しているからです．これは奇モード特性インピーダンスの話と同じです．

● 偶モード特性インピーダンスに大きな階段ができる理由

図18-3の30 nsのポイントの大きな昇り階段部のインピーダンス$Z_{even\text{-}out}$を計算してみます．反射係数Γは，若干の誤差を許容すれば

$$\Gamma = 138\,\mathrm{mV}/126\,\mathrm{mV} \fallingdotseq 1$$

ですから，

$$Z_{even\text{-}out} = \infty\,\Omega$$

と求まります．

この理由は，**図18-4**に示すように，出力端に接続された負荷抵抗R_Lはグラウンドとつながっていないため，同相信号にとって開放されている線路に見えます．そ

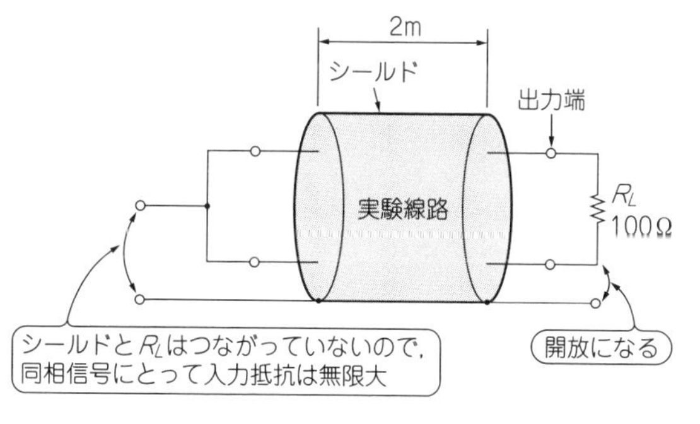

[図18-4] 図18-3の30 nsのポイントで大きな階段ができたわけ
同相信号にとって実験線路は出力端が開放されているように見える

のため反射係数$\Gamma = 1$となり，**図18-3**のような波形になるのです．

18-4　差動線路のインピーダンスが途中で変化するとどうなるか

● プリント基板でもグラウンドの不連続ができる

プリント基板表面を走る差動伝送線路の内層のグラウンド・プレーン(ベタ)面が分断されてしまうことがよくあります．例えば**図18-5**のような状態です．

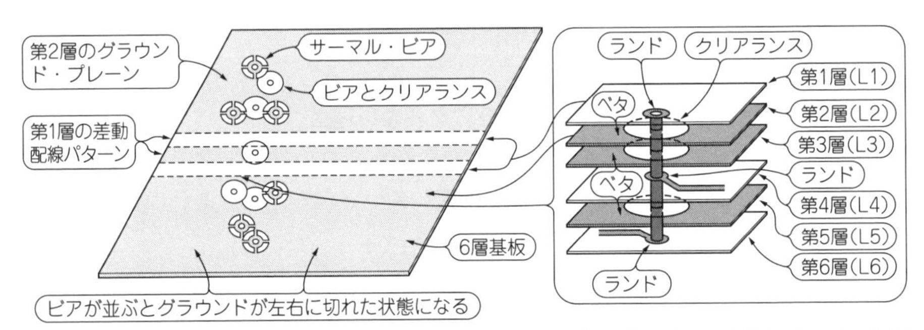

[図18-5] 差動伝送線路の下層にあるグラウンド・プレーン(ベタ)の状態が変化していることがある

プリント基板の差動伝送線路の途中でインピーダンスが変化してしまう

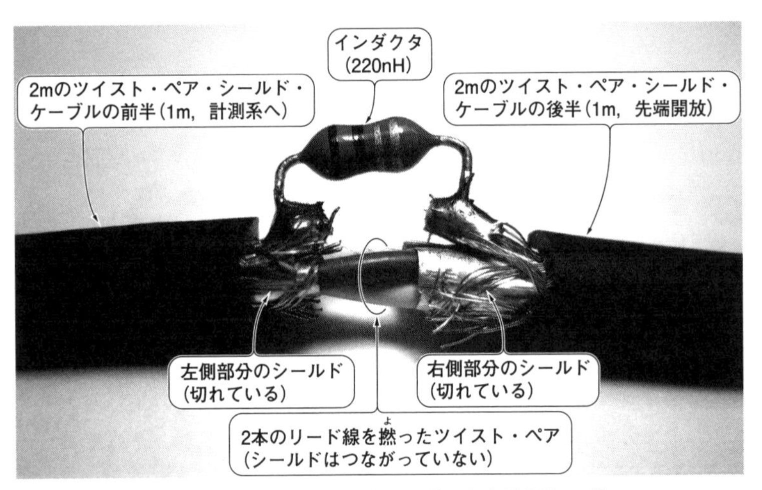

[写真18-1] 図18-5の状態を再現した実験用ケーブル

市販の2 mツイスト・ペア・シールド・ケーブルの中間1 mのところのシールドを切断し220 nHのインダクタを接続．このケーブルは先の実験線路とは別のもの多数打たれたビアの内層側のクリアランスが原因で，内層にあるグラウンドのベタ面が(**図18-5**では左右に)分断されることがあります．このようになると，線路にそって連続したベタ面が十分に取れなくなります．

分断された境界では，表層にある線路パターン下の内層グラウンドが不連続になり，インダクタンスが上昇し，容量が低下します．このようすを実験してみます．

● 別に用意した実験用ケーブルで不連続を再現してみる

図18-5の状態を，市販の2 mのツイスト・ペア・シールド・ケーブルの中間(1 mのところ)でシールド(グラウンド)を切断し，グラウンド間に220 nHのインダクタを挿入して再現してみます(**写真18-1**)．ここで使ったケーブルは先の実験線路とは別のものです．

この状態で差動モードと同相モードでTDR計測してみました．

図18-6(a)に示す差動モードTDR波形のようすから，**切断したグラウンド間に220 nHのインダクタを挿入した1 mのところ**(不連続点)の差動インピーダンスZ_{d0}(奇モード特性インピーダンスZ_{odd})の変化は，それほど大きくないことが分かります．

一方，**図18-6**(b)に示す同相モードTDR波形のようすからは，同相インピーダンスZ_{c0}(偶モード特性インピーダンスZ_{even})の暴れは，先ほどと同じところで**非常に大きい**ことが分かります．

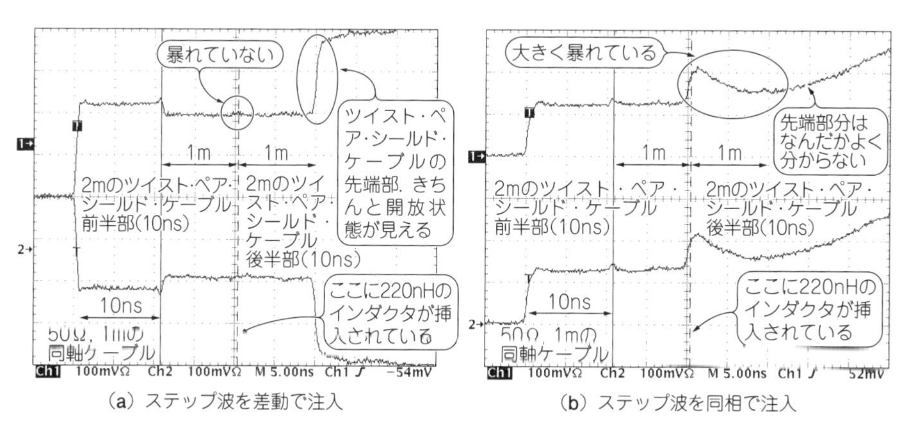

(a) ステップ波を差動で注入　　(b) ステップ波を同相で注入

[図18-6] 写真18-1の差動モードと同相モードのTDR波形
不連続点で差動インピーダンスの変化は小さく，同相インピーダンスの変化は大きい

● 差動信号は乱されにくく安定

図18-6の結果から，グラウンドが切断された不連続部分では，同相インピーダンスZ_{c0}の変化に比べて，差動インピーダンスZ_{d0}はそれほど変化しないことが分かります．つまり，内層のグラウンド・プレーンが分断されていても，**差動信号は非常に安定**に伝送できるということです．差動伝送がいかに有利か分かります．

● 同相信号は外部にノイズをまき散らす可能性あり

また**図18-6(b)**からは，同相インピーダンスが大きく変動することも分かります．同相信号の波形が乱されると，放射ノイズ(EMI)の原因になります．

18-5 定番差動インターフェースRS−485のマッチングを最適化する

● 120Ωという終端抵抗の仕様は本当に最適値なのだろうか

これまでの実験結果と考察を踏まえて，昔からよく使われている定番の差動インターフェースRS−485の実験回路を作って，適切な終端方法を検討してみましょう．

RS−485インターフェースの仕様では，次のように規定されています．

- 120Ωの差動インピーダンスのケーブルを使って120Ωで終端

「なんだかよく分からないなぁ．ましてや120Ωの差動インピーダンスってどう確認するの？」という人も多いでしょう．

そこで，RS−485差動伝送線路の差動インピーダンスと，適切な終端抵抗の大きさを実験的に求めてみます．

● 実験回路を作って事前実験してみる

図18-7に示すのは，RS−485インターフェースを再現した実験回路です．

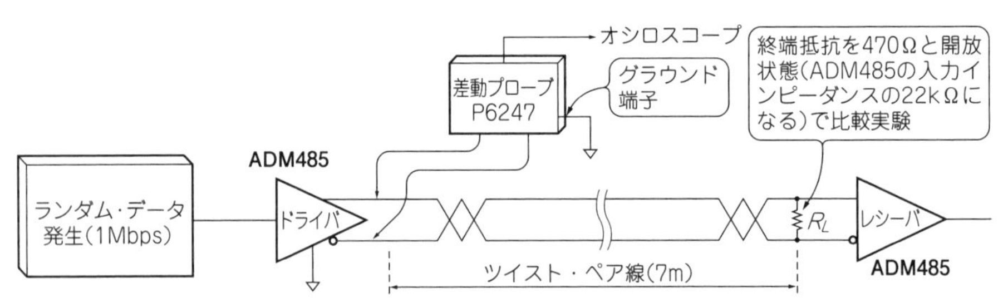

［図18-7］差動インターフェースRS−485の最適な終端方法を検討する実験回路

長さ7mの2本のリード線を撚(よ)ってツイスト・ペア線を作り，差動トランシーバIC ADM485を使って，ビット・レート1Mbpsで駆動します．

このRS−485線路のドライバ側の出力端子の波形を，差動プローブP6247(帯域1GHz，テクトロニクス)で観測します．差動プローブは，信号間の差動レベル，つまり**差動モード信号成分のみを検出**するので，基本的に同相モード成分は除去された形で観測されます．

▶ためしにテキトーにR_L = 470Ωで終端してみた

RS−485ではR_L = 120Ωと規定していますが,「抵抗ならなんでもいいだろう…」ぐらいの考えで, R_L = 470Ωの抵抗で受信側を終端してみました．このときのドライバICの出力端子の波形を**図18-8(a)**に示します．

72nsのポイントで**少し波形が暴れて**います．差動プローブで観測しているため，振幅の実際の中心電圧である同相モード成分2.2Vは観測されていません．0Vセンタで波形が観測されています．

▶終端抵抗を開放してみた

次に**図18-8(b)**に，受信側の終端抵抗を取り去ってみたときの波形を示します．

72nsのポイントの波形の乱れかたが激しく，暴れる時間も**図18-8(a)**より長くなりました．これは出力端が終端されていないため，**多重反射が生じているから**です．非常に質の悪い波形です．R_L = 470Ωの場合よりさらに悪くなりました．少なくともこれで終端抵抗の必要性は分かりますね．

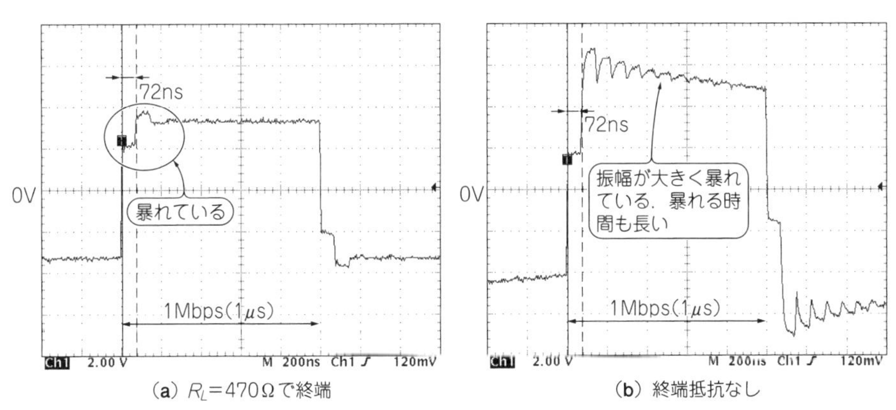

(a) R_L=470Ωで終端　(b) 終端抵抗なし

[図18-8] 図18-7の回路で信号を伝送したときのドライバ側の観測波形
72nsのポイントで波形が暴れている．72nsは信号が7mのツイスト・ペア線を往復する時間

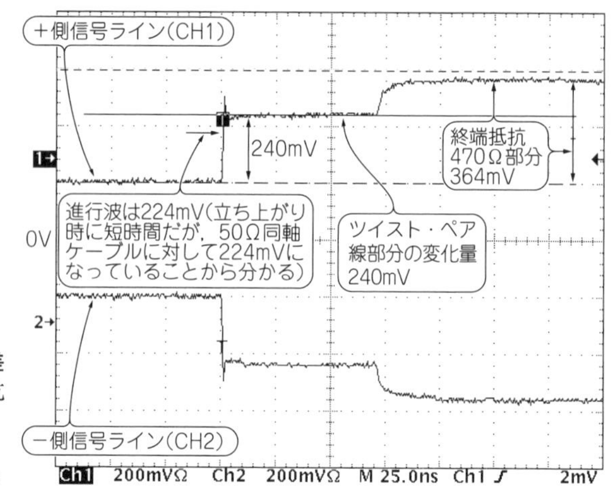

[図18-9] 図18-7の実験回路の差動モードTDR計測波形(終端抵抗470Ω)
奇モード特性インピーダンスは57.7Ω，差動インピーダンスは115Ωと計測された

● 差動インピーダンスを計測して終端してみる

ここまでの説明と実験，その考察から，ツイスト・ペア線の差動インピーダンスと等しい大きさの抵抗で終端すれば，波形の暴れはなくなるはずです.

そこでこの差動インピーダンスを実測してみます．ステップ波を差動で注入すると，**図18-9**のようなTDR計測波形が得られました．終端抵抗R_Lは470Ωです.

ここでまず，ツイスト・ペア線の奇モード特性インピーダンス$Z_{odd\text{-}TP}$を計測により求めます．反射係数Γは

$$\Gamma = \frac{R_L - Z_0}{R_L + Z_0} = \frac{\text{反射波電圧}}{\text{進行波電圧}} \quad \cdots\cdots (18\text{-}3.\ \ 14\text{-}9\ \text{再掲})$$

図18-9から進行波(50Ωに対して)は224 mV，反射波が16 mV(240 mV − 224 mV)ですから，反射係数Γ = 0.07です．式(18-3)を$R_L = Z_{odd\text{-}TP}$として変形すると，奇モード特性インピーダンス$Z_{odd\text{-}TP}$は

$$Z_{odd\text{-}TP} = Z_0\frac{1+\Gamma}{1-\Gamma} = 57.7\ \Omega \quad \cdots\cdots (18\text{-}4)$$

よってツイスト・ペア線の差動インピーダンス$Z_{d0\text{-}TP}$は，その2倍の115Ωです．RS−485の仕様で決められた終端抵抗値120Ωに近い値になりました.

同様に，終端抵抗R_L = 470Ωのポイントでは，進行波は224 mV，反射波が140 mV(364 mV − 224 mV)なので，

$$\Gamma_{RL} = 0.625$$

から

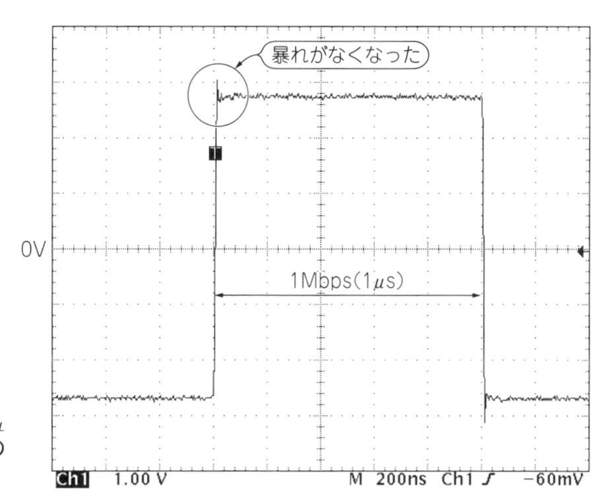

［図18-10］120 Ωの終端抵抗R_Lを接続して信号を伝送したときのドライバ側の観測波形

$$Z_{odd\text{-}RL} = 217\ \Omega$$

と求まります．差動インピーダンスは434 Ω（＝2×217 Ω）で，ほぼ470 Ωの終端抵抗と同じ値です．

▶差動インピーダンスと同じ大きさの抵抗で終端すると波形は暴れなくなる

図18-10に示すのは，**図18-7**のR_Lをツイスト・ペア線の差動インピーダンス$Z_{d0\text{-}TP}$に近い120 Ωに交換したときのRS−485ドライバ側の波形です．反射(信号の暴れ)のない，良好な信号伝送が実現できています．

RS−485は，規格では「差動インピーダンス120 Ωのケーブル」が推奨されていますが，このような単に撚(よ)っただけのツイスト・ペア線でも，ほとんど同じ特性インピーダンスなのが分かります(実際はきちんとしたインピーダンスが規定されたツイスト・ペア・ケーブルを使うべき)．

まったく同じやりかたで，USB，LVDS，Serial ATA(SATA)など，差動伝送方式のケーブルのインピーダンスや終端の状態(適/不適)も確認できます．

Column 1

差動伝送線路の四つのインピーダンス

図18-Aに示すのは，本書で出てきた，差動伝送線路を検討するときに利用する4種類のインピーダンスの意味を整理したものです．

実際の伝送線路自体は，図中のような**抵抗素子ではありません**．あくまで「入力側から見て，見かけ上，抵抗がある**ようなもの**」というイメージです．

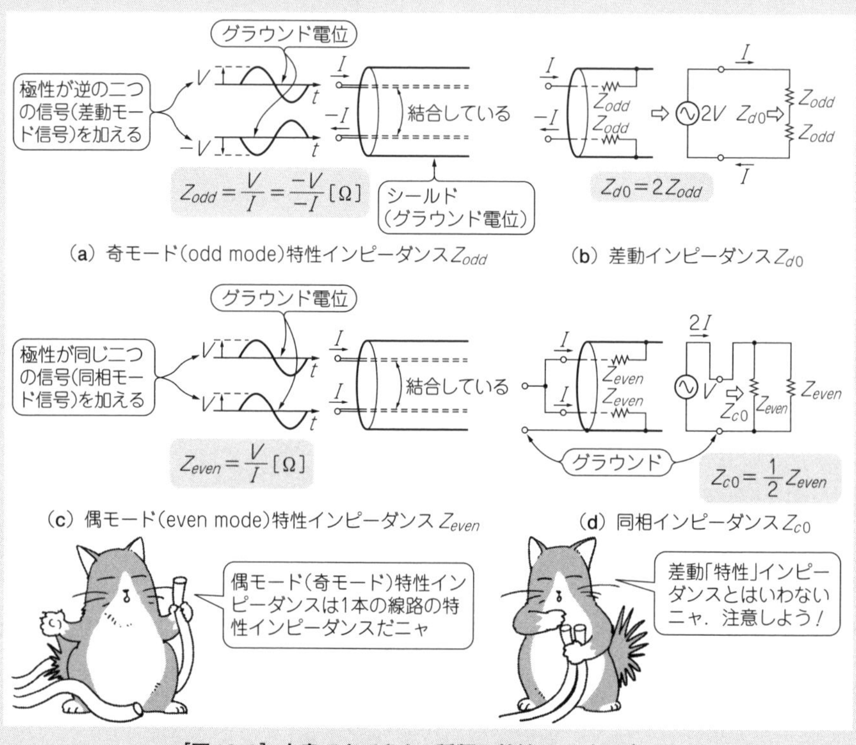

[図18-A] 本書で出てきた4種類の特性インピーダンス

第19章

【成功のかぎ19】

差動伝送線路を正しく評価するための5箇条

最適な差動信号伝送を実現するため計測の視点で知っておくべきこと

第18章では，波形を乱さずに，きれいなまま伝送するための終端の方法を説明しました．本章では，差動伝送線路の波形を高い確からしさで計測する方法を紹介します．ポイントは，ターゲットとなる差動伝送線路の処理とプローブやオシロスコープなどの測定器の使い方にあります．ここまでのまとめの意味も含めて示していきます．

19-1 その1：差動信号には差動プローブを使う

測定対象と計測系のインピーダンスを考えることは，**表1-2**のように計測の基本です．

差動プローブは，差動信号に対して高い入力インピーダンスを示します．私が実験で用いている差動プローブP6247(テクトロニクス)の差動入力インピーダンスは200 kΩです．一方，差動回路や終端された差動伝送線路のインピーダンスは一般に数十～百数十Ωです．

差動プローブの入力インピーダンスは差動線路に比べて無視できるほど高いので，接続しても線路の動作にほとんど影響を及ぼすことはありません．ただし周波数が高くなってくると，プローブの入力容量が影響を及ぼすので注意が必要です．

19-2 その2：線路は終端して計測する

前章の実験(RS－485の最適化)で分かったように，差動信号を計測するときは，線路や信号の入出力端を正しく終端しておくことが非常に重要です．

● 終端の影響を実験で確認

写真19-1に示すように，LVDSドライバIC AD9514の評価ボード(AD9514－

PCBZ)を利用して，計測における差動終端の重要性を実験してみます．今度はビット・レートが高速な信号の例です．

LVDSの**差動出力端(コネクタ)を規定の差動インピーダンス100 Ωで終端**した場合と，開放の場合とで，1 GHz差動プローブP6247を用いてAD9514出力側の終端抵抗の両端の波形を観測してみます．接続を**図19-1**に示します．

まず**図19-2(a)**に示す波形は，差動出力端子を100 Ω(LVDS差動インピーダンス相当の抵抗値)で差動終端(**図19-1**参照)したときのものです．差動プローブで計測しているので，同相モード成分がキャンセルされて中心の電圧は0 Vになって

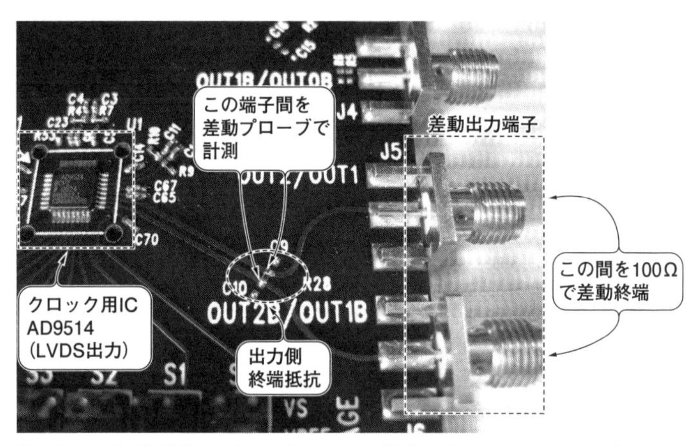

[写真19-1] 差動信号を観測するときは終端が必須であることを確認する実験

LVDS ドライバIC AD9514の評価ボード上の信号を差動プローブで観測

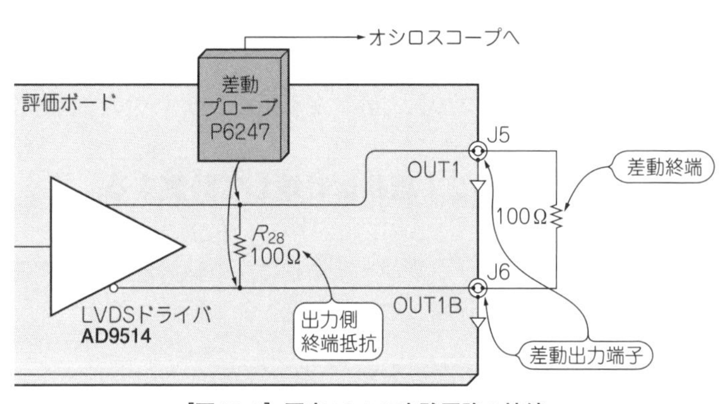

[図19-1] 写真19-1の実験回路の接続

図中の部品番号は評価ボード回路図の番号を使用している

います．差動モード信号成分だけがきちんと得られています．

次に**図19-2(b)**は，**写真19-1**のAD9514－PCBZ評価ボードの二つの差動出力端子を両方とも終端しない(開放)ときの波形です．波形が乱れたようすが観測されています．これは終端が不適切だからです．これでは確からしい計測だとはいえません．終端の重要性が分かります．

● 1mの同軸ケーブルを接続して先端を開放すると

次に「ためしの実験」を行ってみます．50Ω，1mの同軸ケーブル2本をAD9514－PCBZ評価ボードの差動出力端子OUT1/OUT1Bにそれぞれ接続します．この2

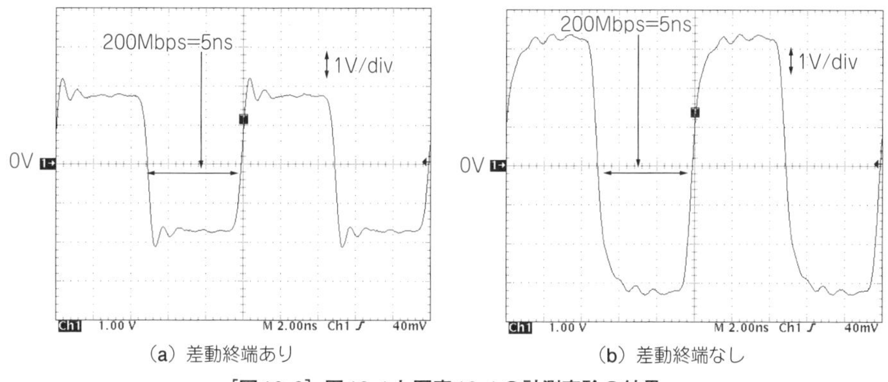

(a) 差動終端あり　(b) 差動終端なし

[図19-2] 図19-1と写真19-1の計測実験の結果
差動インピーダンスで出力端を正しく終端した図(a)の波形が正しい．アベレージングして観測

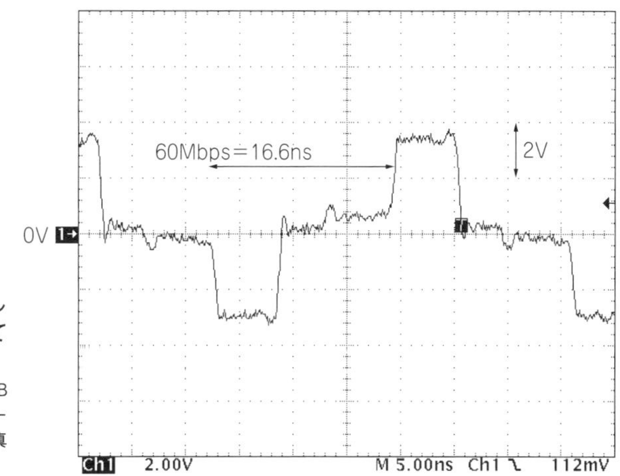

[図19-3] ためし実験…終端していないと反射波が返ってきて波形が大きく乱れる
1mの同軸ケーブルをOUT1/OUT1Bに接続して先端を開放し，差動プローブを使って，60Mbpsの信号を写真19-1の点で観測

本の同軸ケーブルの先端を開放した状態で，差動プローブを使って，**写真19-1**の点の波形を観測したのが**図19-3**です．

これは60 Mbpsの信号の例ですが，波形が非常に乱れています．前章でのRS-485の最適化と同じく，いかに終端が重要かがこれでも分かります．

● 同相モード成分は直流だけなので同相インピーダンスは問題にならない

この計測において，同相モード成分は振幅の中心電圧のDC 1.2 Vしかないので，**同相インピーダンス**については終端ありなしは問題にはなりません．しかし高周波の同相モード成分が重畳している場合は要注意です［第9章でも示した．また参考文献(10)参照］．

19-3 その3：オシロスコープの入力抵抗で終端してはいけない

差動プローブを使わずに，オシロスコープの50 Ωの入力抵抗を終端抵抗として，2チャネルでLVDS信号などを計測する方法を思いつくかもしれません．確かに差動インピーダンスは100 Ωになります．

しかし，LVDSの中心電圧，つまり同相モード電圧のDC 1.2 Vが，オシロスコープの入力抵抗50 Ωに加わって電圧が低下するため，正しく計測できなくなります．これを解決できる終端方法は，**図19-1**や第16章の**図16-6**(a)に示したとおりです．

とはいえこのLVDSのランダム・データの例のように，差動モード信号成分が交

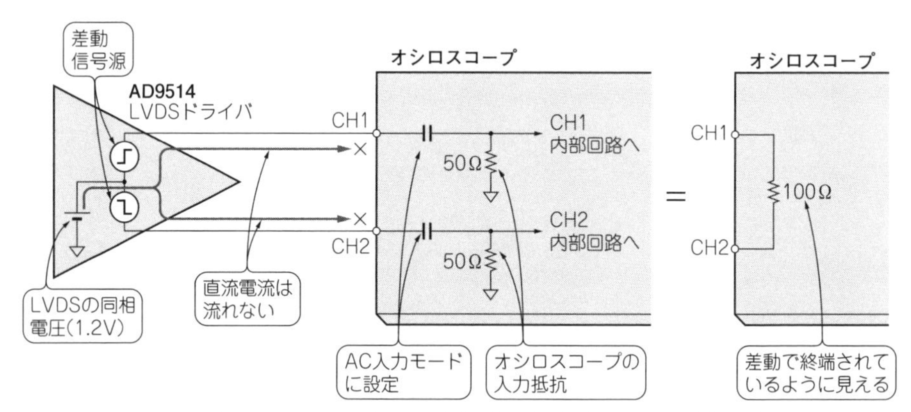

［図19-4］オシロスコープでも終端して観測できることを確認する実験
オシロスコープの入力を50 Ω，AC結合に設定．両方の信号ラインを同じ条件で終端する必要がある．この方法でうまく終端できないケースもあるが，同相モード電圧が直流だけのときは可能

流だけで同相モード成分が直流だけの場合は，オシロスコープだけでもうまく計測する方法が考えられます．**図19-4**に示すように，オシロスコープの入力を50Ωのまま AC入力に設定すればよいのです．これなら測定対象とオシロスコープの内部回路を交流結合したうえで終端できます．以後にこの計測例を示します．

オシロスコープを50Ω，AC入力に設定すると，低域のカットオフ周波数が上昇するので，低周波信号を観測するときは注意が必要です．実験に使用したオシロスコープ(TDS784D)は，50Ω入力のとき低域カットオフ周波数が200 kHzになります．

いずれにしても「差動モード信号成分と同相モード成分を**分離した考え方で(終端抵抗の考え方も理解して)計測**する」のだと，常に意識することが重要です．

19-4 その4：差動線路の片方だけを終端して計測してはいけない

本来の計測方法では，差動伝送回路の2本の線路は両方とも(両方の間を)終端する必要があります．

図19-5(a)に示すのは，差動線路の片方だけを終端したときの波形です．オシロスコープのCH1を50Ω，AC入力に設定して，AD9514－PCBZ評価ボードの出力端子OUT1と1 mの同軸ケーブルで接続しています．CH2は未接続で，評価ボードの出力端子OUT1Bも開放のままです．CH1の波形が暴れています．

図19-5(b)に示すのは，CH2も50Ω，AC入力に設定して，OUT1BもOUT1と同じ条件でオシロスコープに接続し，AC的に終端したものです．暴れがなくなり，正しい波形を観測できています．

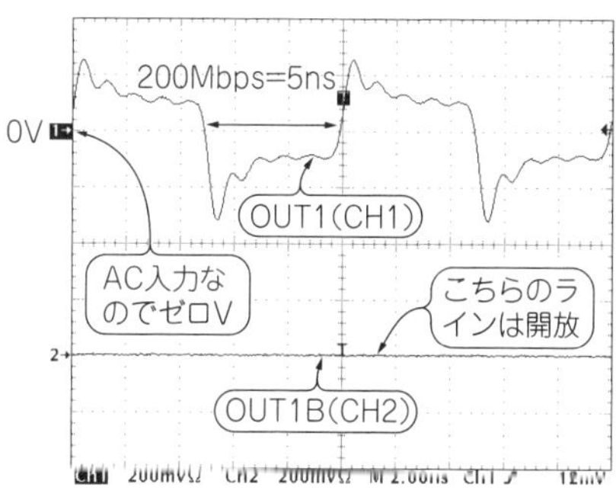

(a) OUT1は50Ω入力，AC結合で終端．OUT1Bは開放．波形が暴れている

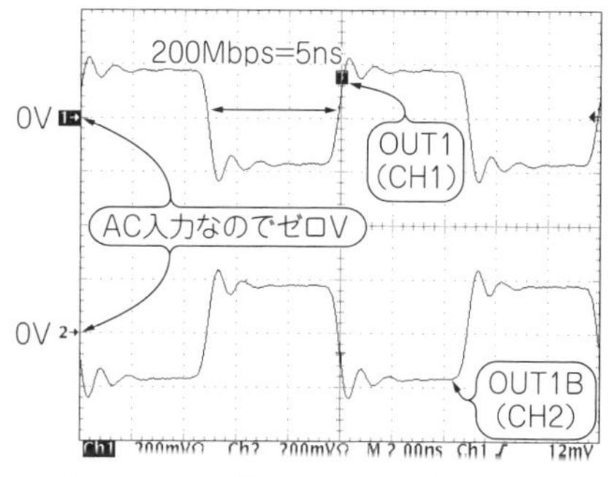

(b) OUT1，OUT1Bともに50Ω入力，AC結合で終端．暴れがなくなっている

[図19-5] 図19-4の実験結果
オシロスコープとAD9514評価ボードは1 mの50Ω同軸ケーブルで接続．アベレージングして観測

19-5　その5：減衰回路はシングルエンド回路を組み合わせて作る

差動信号のレベルが大きいときは，対象信号を減衰させる必要があります．

図19-6に，差動信号計測用のアッテネータ回路を示します．差動回路は二つのシングルエンド回路の組み合わせと考えられるので，目的の減衰量が得られるアッテネータをシングルエンド回路でまず設計し，次にその回路を二つ用意し，それぞれシャント抵抗の部分を接続します(2倍の大きさの1個の抵抗とする)．

しかし**図19-6**では同相モード成分は減衰しません．同相モード成分も減衰させたい場合は，抵抗の接続中点を**図19-7**のようにグラウンドに落とす必要があります．

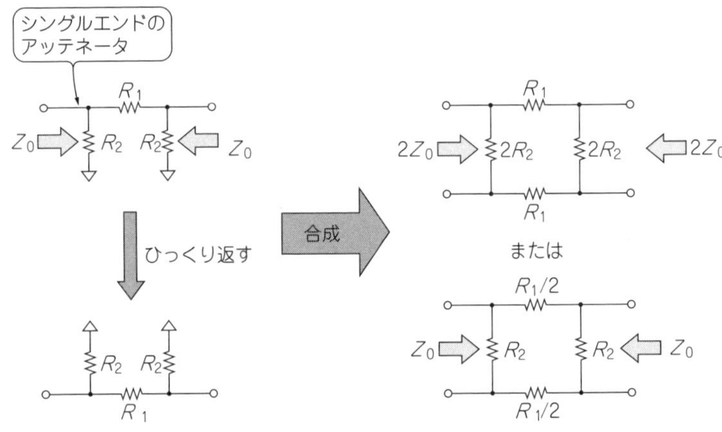

[図19-6] 差動信号を減衰させるアッテネータ
二つのシングルエンド回路の組み合わせで作る

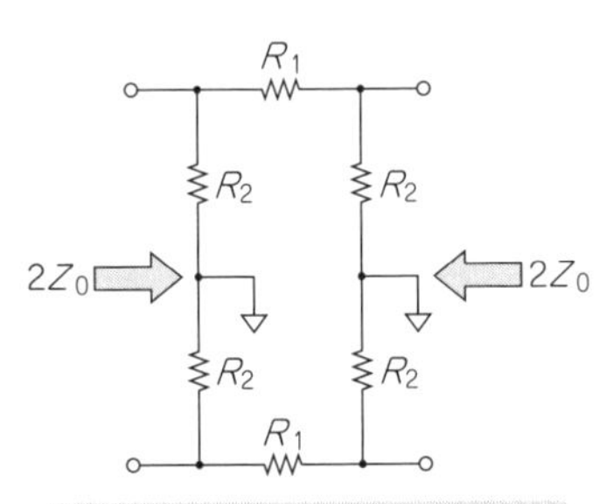

[図19-7] 同相信号も減衰させることができるアッテネータ

抵抗値をすべて1/2にすれば入出力インピーダンスが Z_0[Ω]のアッテネータになる

アッテネータだけではなく，フィルタも同じように考えることができます.

＊

第6部(第16章〜第19章)では，差動伝送の基本的な考え方とTDR計測での実験，そしてRS−485やLVDSを例にして実際の問題解決方法などを紹介しました．差動伝送は難しそうに見えますが，差動/同相の成分ごとに分解すればすっきり理解でき，適切に計測できます．差動回路/差動伝送は，現代の回路設計では非常に重要な位置を占めています．しっかり理解して適切に計測し，最適な回路設計や信号伝送を是非実現してください.

Column 1

差動モード成分と同相モード成分…どちらが速い？

差動モード成分と同相モード成分の伝搬速度(位相速度)について考えてみます.

シングルエンド伝送線路では，単位長あたりのインダクタンスをL[H/m]，容量をC[F/m]とすると，位相速度v_P[m/s]は

$$v_P = \frac{1}{\sqrt{LC}} \quad \cdots\cdots (13\text{-B 再掲})$$

この式と同じ形で，差動伝送線路の差動モード(奇モード)信号成分と，同相モード(偶モード)成分の伝搬速度$v_{P\mathrm{diff}}$[m/s]と$v_{P\mathrm{comm}}$[m/s]は，

$$v_{P\mathrm{diff}} = \frac{1}{\sqrt{(L-M)(C+2C_m)}} \quad \cdots\cdots (19\text{-A})$$

$$v_{P\mathrm{comm}} = \frac{1}{\sqrt{(L+M)C}} \quad \cdots\cdots (19\text{-B})$$

で計算できます．ここでMとC_mは17章の**図17-12**のとおりです．この式は，$v_{P\mathrm{diff}}$と$v_{P\mathrm{comm}}$が異なることを示しています.

▶実際に計測して実験してみる

前章の実験(**写真18-1**)で使ったツイスト・ペア・シールド・ケーブルを10.7 mに伸ばしてTDR計測した結果を**図19-A**に示します．手持ちのケーブルをなるべく長くして実験に使いました.

図19-A(a)の差動モード(奇モード)と**図19-A(b)**の同相モード(偶モード)の場合で，反射の時間が異なっています．同相モードの伝搬速度のほうが速いことが分かります.

実験はしていませんが，一様な媒体中に線路が形成されている場合，たとえばプリント基板内層で形成されるストリップ・ライン(電磁波的には純TEM線路という)は，

$$v_{P\mathrm{diff}} = v_{P\mathrm{comm}}$$

になるといわれています[たとえば参考文献(10)のp.451や(12)のp.62]．基板上に線路が形成されるマイクロストリップ・ライン(電磁波的には準TEM線路という)では，

$$v_{P\mathrm{diff}} > v_{P\mathrm{comm}}$$

といわれています．

このマイクロストリップ・ラインでの位相速度の違いにより，プリント基板上で信号のスキューが生じ，同相モード・ノイズやひげ状のパルスが生じて問題になることもあります．

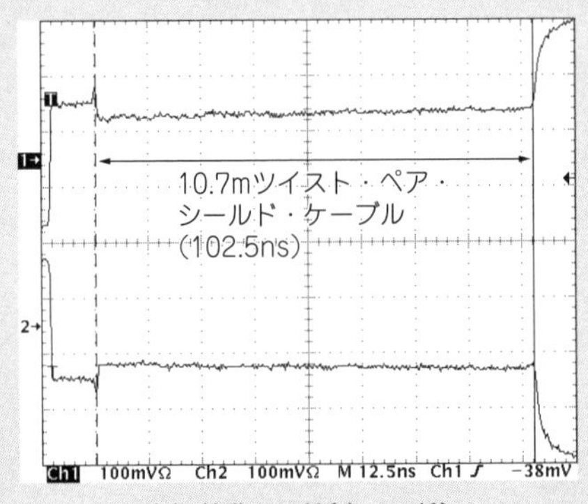

(a) 差動モード(奇モード)

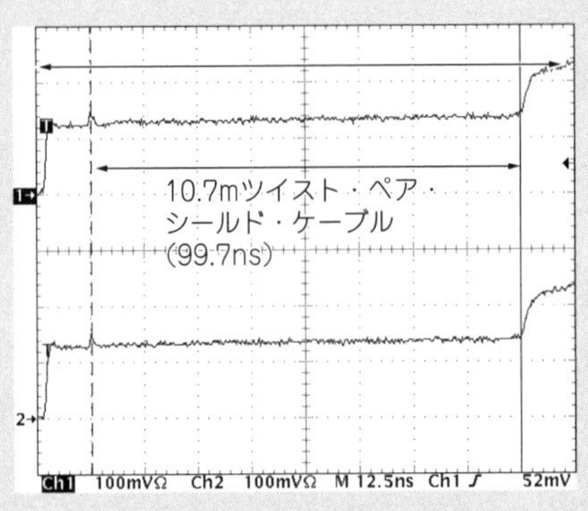

(b) 同相モード(偶モード)

[図19-A] 差動モードと同相モードの伝搬速度を比べてみた

前章の実験(写真18-1)のツイスト・ペア・シールド・ケーブルを10.7 mに伸ばしてTDR計測した

第7部

アナログ信号計測技術のレベルアップ

第20章

【成功のかぎ20】

オシロスコープ自体もノイズ源になりうる

標準機能や自作のロー・ノイズ・プリアンプで波形を正しく捉える

最近は高性能（広帯域）なオシロスコープも低価格になってきたため，広帯域なオシロスコープで作業することも増えてきているのではないでしょうか．

一方で，そのオシロスコープで計測する回路側としては，それほど高い周波数の信号を取り扱っていない，というケースも多いのではないかと思います．さらに，それが微小なアナログ信号であるケースも多いでしょう．

このようなとき，広帯域オシロスコープ内部で発生しているノイズがこの測定対象の信号に乗って，ノイズっぽい波形を観測してしまうことがあります．

そこで本章では，オシロスコープ内部そのものから発生するノイズの影響を低減するテクニックを紹介します．

20-1 オシロスコープ内部で発生するノイズが計測に影響を与える

● オシロスコープ自体から発生するノイズが原因で，本来の信号にはない「見かけノイズ」が表示される

電子機器は機器内部からノイズが発生します．このノイズは「ホワイト・ノイズ」

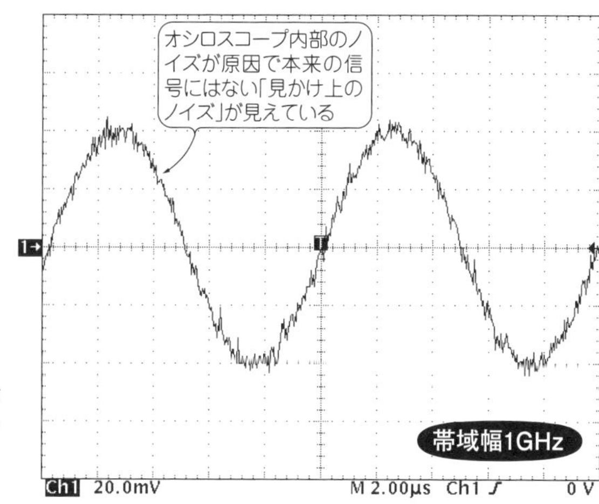

[図20-1] 要注意！ 信号源の振幅が小さいと（電圧レンジが低いとき）ノイズが一緒に観測される
帯域幅1 GHzの場合

というものが主体で，熱により自然に発生したり，半導体中を電子が移動したりすることで発生します.ここではスイッチング・ノイズなどではなく,このホワイト・ノイズを「ノイズ(内部ノイズ)」として説明します．このノイズが本来の信号に混じって，例えばオーディオやラジオでは，ノイズ音として聞こえてきます.

オシロスコープも同じです．オシロスコープは計測した結果が管面(表示)に波形として現れます．オシロスコープの内部ノイズが加わることにより，本来のアナログ信号の波形から，見かけ上ノイズが乗った波形に変化してしまいます(**図20-1**).

● 微小信号を計測するときに問題になる

図20-2に示すように，オシロスコープの縦軸となる電圧は，電圧レンジを大きくすると内部のアッテネータ(入力分圧回路)で分圧され，電圧レンジを小さくするとプリアンプで増幅されます.

オシロスコープへの入力電圧レベルが大きいときは信号を減衰させるため，オシロスコープから生じるノイズはあまり気になりません．逆に入力電圧レベルが小さいときは，信号が増幅されるため，同図に示す内部ノイズが一緒に観測されてしまい，計測で問題になってきます.

● 内部で発生しているノイズは広帯域で一定

オシロスコープ内部で発生するノイズは，**図20-2**のようにモデル化できます.内部ノイズ源はオシロスコープの入力回路の初段に加わるようにモデル化します.このノイズの周波数スペクトルは,**周波数によらず広帯域にわたりレベルが一定**(ホワイト・ノイズ)です.

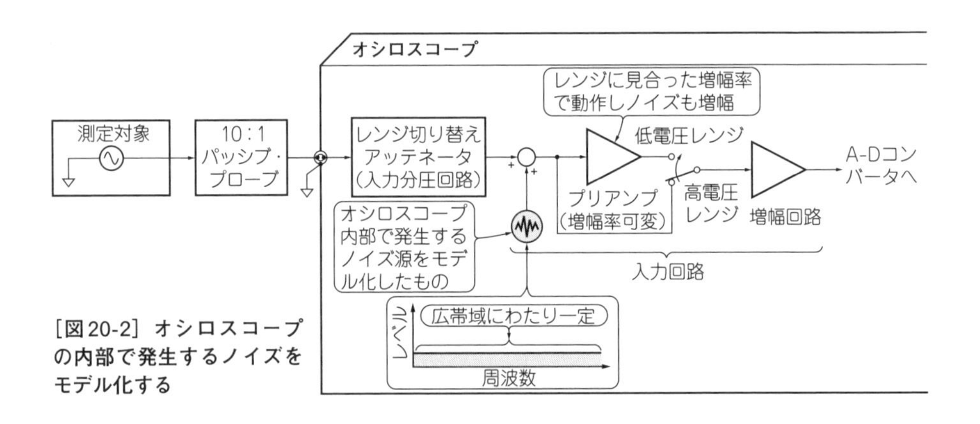

[図20-2] オシロスコープの内部で発生するノイズをモデル化する

● 帯域幅が広いオシロや古いオシロはノイズが大きくなる

電圧レンジが低い場合は，プリアンプがレンジに見合った率で増幅します．そのため，内部ノイズが増幅され目立ってくることになります．

このノイズが，計測した結果として信号と一緒に表示されてしまいます．本来の波形自体にノイズが乗っていなくてもです．

ノイズ電圧の大きさは，この初段の性能に大きく依存しています．帯域幅の広いオシロスコープの方が，また設計が古いオシロスコープの方がノイズ量が多めになっています．

● 意外!? 高性能オシロほどノイズが大きい

このノイズ量は，オシロスコープの周波数帯域幅の平方根に比例します．つまりオシロスコープのプリアンプが高性能であっても，周波数帯域幅が広帯域であればあるほど，表示されるノイズ量は大きくなります．

これは**近年の数GHz以上の周波数帯域幅をもつ高性能オシロスコープを使っている**ときに「なんだか波形がノイズっぽいなあ…」と何気なく思うことの理由です．

● パッシブ・プローブでさらに見かけノイズが増える

また，よく使うパッシブ・プローブは，**図20-3**のように，プローブ先端で入力

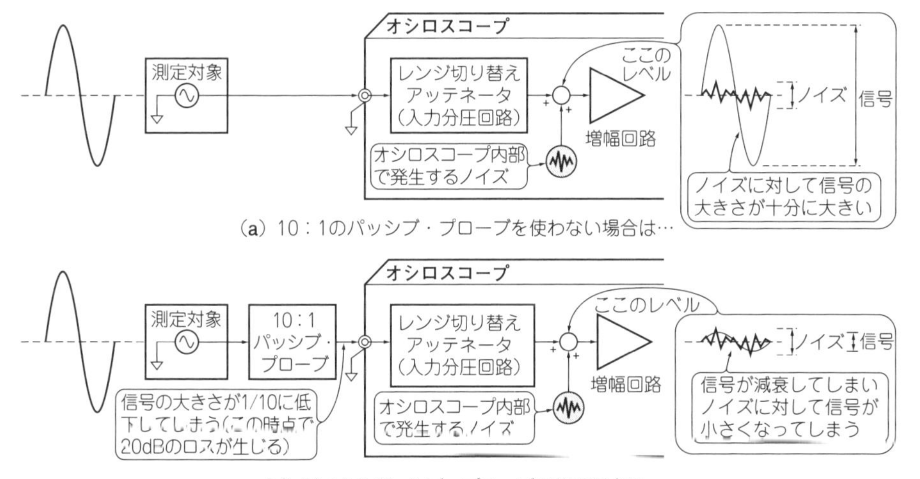

[図20-3] パッシブ・プローブは10：1で信号を減衰させるため，見かけ上(本来の信号にはないのに)**ノイズが増えてしまっている**

信号電圧が10：1(1/10)に低下(減衰)してオシロスコープに入力されます．この時点ですでに−20 dBのロスが生じていることになります．パッシブ・プローブを使用すると，信号が減衰してしまうため，微小な信号を的確に計測するには悪い方向にしかなりません．

高性能なオシロスコープを用いても，ノイズがさらに増えてしまっては「元も子もない」といえます．

20-2 「見かけノイズ」を低減するテクニック

● その1：広帯域オシロスコープで有効「帯域制限機能」

図20-4のように実際の現場では，オシロスコープが対応できる周波数範囲(帯域)と比較して，かなり低い周波数の信号を観測する場合が多いと思います．

しかし**必要以上に広帯域なオシロスコープを使う**と，オシロスコープ内部の広帯域ノイズ(広帯域オシロスコープであることによる)により，観測したい波形がノイズっぽく見えやすいことになります．

▶帯域幅を1/4にするとノイズ電圧は1/2になる

オシロスコープには，周波数帯域幅を制限する機能を備えたものがあるので，それをうまく利用します．

私の所有しているオシロスコープTDS784Dはフル帯域幅が1 GHzです．前述の**図20-1**は，周波数帯域幅を1 GHzとしてフル帯域に設定したものです．信号に内

[図20-4] **オシロスコープの性能と比較して低い周波数の信号を計測することがよくあるが，過剰スペックは不適切**

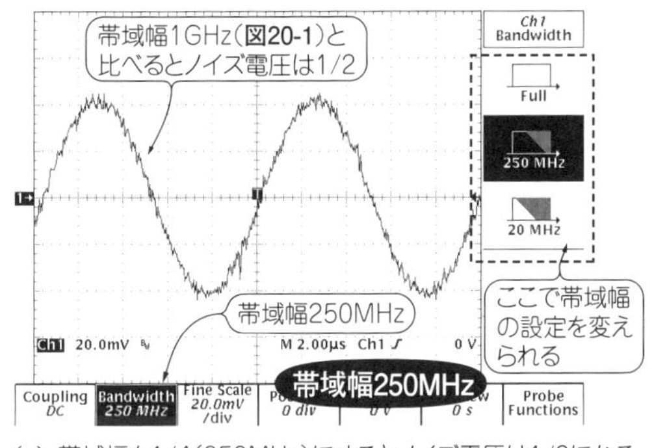

(a) 帯域幅を1/4(250MHz)にするとノイズ電圧は1/2になる

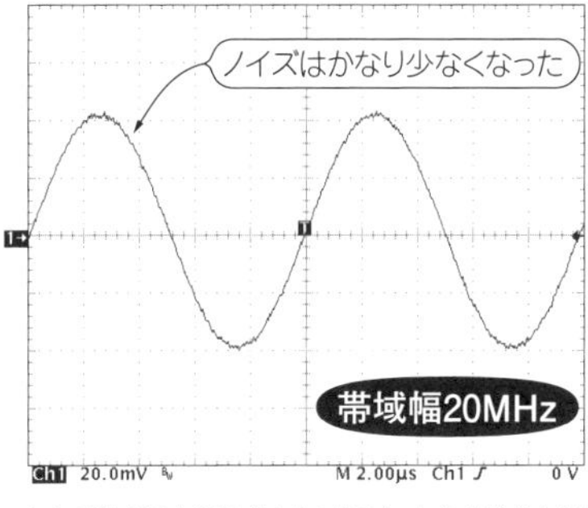

(b) 帯域幅を20MHzにするとノイズがかなり少なくなっている

[図20-5] オシロの内部ノイズの影響をなくすテクニック①…オシロの帯域幅設定を調整する
実験で使ったオシロスコープは，20 MHz/250 MHz/1 GHz(Full)の3種類の帯域幅を設定可能．帯域幅1 GHz波形は図20-1

部ノイズが乗っているところが見えると思います．

帯域幅を250 MHzに切り替えたようすを**図20-5(a)**に示します．帯域幅をフル帯域1 GHzから250 MHzにして1/4に制限すると，ノイズ振幅(電圧)を1/2に低減できます(ノイズ振幅は帯域の平方根に比例する)．

低い周波数の信号を観測するのであれば，帯域幅を適切に抑えて(といっても帯域制限は1種類～2種類程度しか選べないが)計測をすることも重要です．

図20-5(b)は，帯域幅を250 MHzよりさらに狭い20 MHzに制限して，同じ信号を観測したものです．内部ノイズは見えなくなるほど小さくなっていることが分かります．

▶やみくもに「帯域制限すればよい」わけでもない

とはいえ，単純に「いつでも帯域制限すればよい」というものではありません．計測する信号の周波数が高くなってくれば，**この帯域制限により波形が鈍ったり，振幅も低下したりしますし，位相も変化します**．この辺りを事前によく考察したうえで，きちんとした帯域制限の操作を行ってください．

帯域幅と計測の確からしさについては，第23章の23-1節でも説明します．

● その2：繰り返し波形で有効「アベレージング機能」

帯域制限機能を用いなくても，繰り返し波形を観測するのであれば，アベレージング(つまり平均化処理)をかければ波形をきれいに表示させることができます．

図20-1と同じように帯域幅をフル帯域に設定したままで，アベレージングした

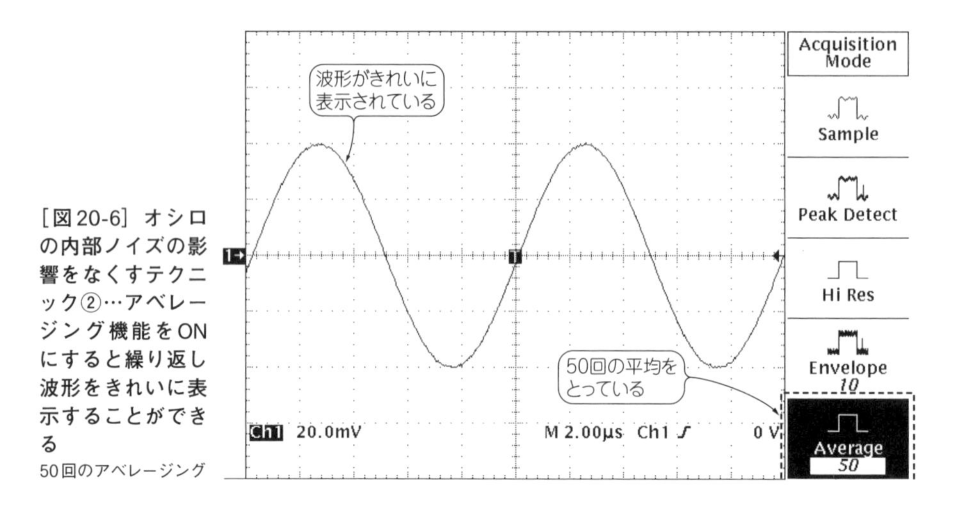

[図20-6] オシロの内部ノイズの影響をなくすテクニック②…アベレージング機能をONにすると繰り返し波形をきれいに表示することができる
50回のアベレージング

波形を**図20-6**に示します．これは信号自体にノイズがある場合にも有効です．

● その3：よく使う10：1ではなく1：1のパッシブ・プローブを使う

▶1：1だと信号の大きさが10倍大きく見えるため，ノイズは逆に小さく見える

図20-3で，10：1のパッシブ・プローブは信号を1/10に減衰させるため，見かけ上ノイズの影響が10倍大きくなると説明しました．

代わりに**写真20-1**のような1：1のパッシブ・プローブを用いて計測する方法も手といえます．このパッシブ・プローブP2220はスイッチが付いており，減衰比を10：1と1：1に切り替えることができます．

設定を1：1にすれば，同じ信号を計測するにしても，オシロスコープ内部からは信号の大きさが10倍(+20 dB)大きく見えるわけですから，見かけ上内部ノイズが小さく見えるようにできます．

▶100 kHz未満の信号ならシールド線の直結もあり

写真20-1のような市販の1：1のパッシブ・プローブを活用することが基本ですが，100 kHz未満の低い周波数では，単純に普通のBNCコネクタ付きのシールド線を，測定対象に直結して観測する方法でもほぼ問題ありません．ただし以後の話題と同様に，**シールド線の容量で周波数特性が劣化**するので注意が必要です．

▶1：1パッシブ・プローブ計測の注意点：周波数特性に問題あり

この1：1プローブ(計測系)を測定対象(回路)に接続することで，**図20-7**のように，回路に対して1 MΩの抵抗と，それと並列に，プローブのケーブル容量C_{cable}[F]

[写真20-1] オシロの内部ノイズの影響をなくすテクニック③…10：1と1：1を切り替えられるパッシブ・プローブを利用する
P2220(テクトロニクス)．1 MΩ，110 pFの入力構成に変更できる

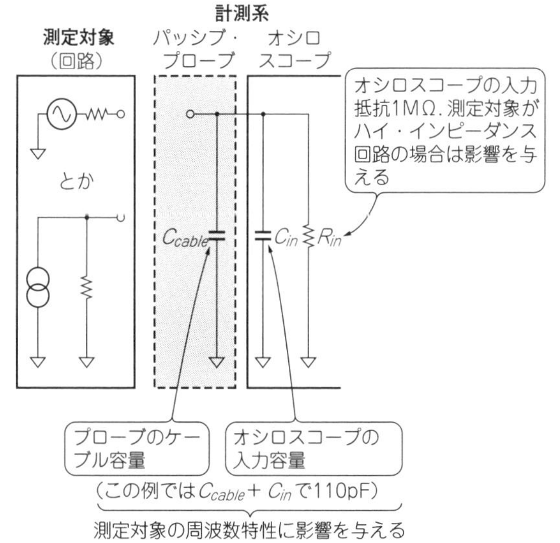

[図20-7] 1：1のパッシブ・プローブを測定対象に接続した状態をモデル化する

とオシロスコープの入力容量C_{in}[F]との合成容量，$C_{cable}+C_{in}$(P2220では110 pF)のリアクタンスが測定対象の負荷になってしまいます．このリアクタンスは10：1のパッシブ・プローブと比較して結構影響を与える値です．

つまりこの計測系は，**周波数特性に問題がある**という側面を持っています．

▶容量成分の方が抵抗成分より影響度としては支配的

抵抗成分の1 MΩは，測定対象に対して(ハイ・インピーダンス回路は別にして)それほど影響は与えないと思われます

しかし合成容量$C_{cable}+C_{in}$は100 pFを超える大きさになるため，測定対象に対し

て，特に**周波数特性として影響を与える可能性**が高まってきます．この影響を十分に考えて(測定対象側もモデル化して)，誤差要因としてよく考慮して計測する必要があります．シールド線直結の場合も要注意です．

20-3　自作ロー・ノイズ・プリアンプを使った「見かけノイズ」を低減した計測

● 小振幅かつ高速な信号はプリアンプを使う(テクニックその4)

これは「テクニックその4」となりますが，ロー・ノイズ・プリアンプを計測系の前段に接続すると，そのプリアンプのノイズ特性が計測系全体のノイズ特性を決める支配的要因になり，計測系全体のノイズ性能を向上できます．観測する信号上に現れる内部ノイズは，プリアンプの利得ぶんの1の大きさに低減されます(信号自体が利得ぶん大きくなる)．

このテクニックは，スペクトラム・アナライザなど他の計測器でも有効です(第11章でも説明し，実験もしている)．

プリアンプのあり/なしでもノイズの大きさが変わらなければ，信号自体に含まれるノイズだと予想がつく，という発生原因の切り分けかたもできます．

● プリアンプには高い周波数まで良好な振幅/位相特性が必要

使用するプリアンプとして，計測の確からしさという点では，**図20-8**のように低い周波数から，少なくとも計測する信号の周波数帯域(スペクトル)上限の5倍～10倍の周波数まで(特にひずみの大きい信号を計測する場合)，振幅と位相特性が

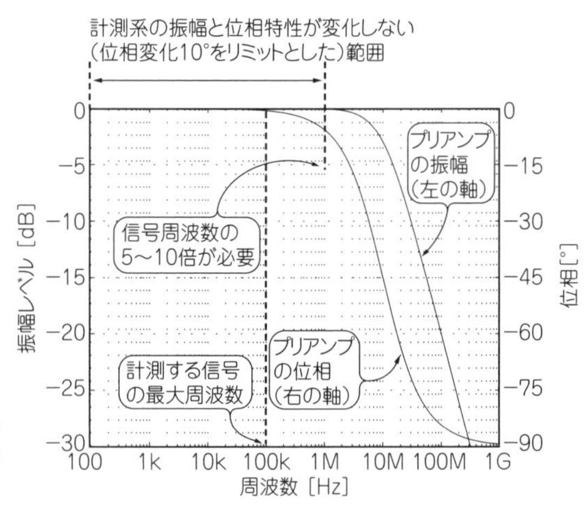

［図20-8］プリアンプは低い周波数から信号の数倍の周波数まで，周波数と位相特性が安定している必要がある

変化しない／計測に影響を与えないものを用いる必要がありますので，十分に注意してください．ディジタル信号は高調波成分が多いので，この方法での計測は無理と考えた方がよいでしょう．

プリアンプの特性が計測結果に誤差として現れてくるようでは，元も子もありません．

［写真20-2］試作したロー・ノイズ・プリアンプの外観
高速ロー・ノイズOPアンプADA4817−1の評価用基板を流用

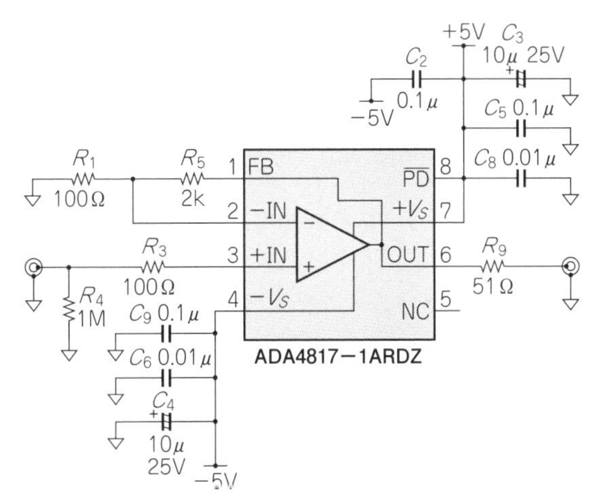

［図20-9］オシロの内部ノイズの影響を軽減するテクニック④…手作りロー・ノイズ・プリアンプをオシロと測定対象の間に挿入する
部品番号は評価用基板に合わせている

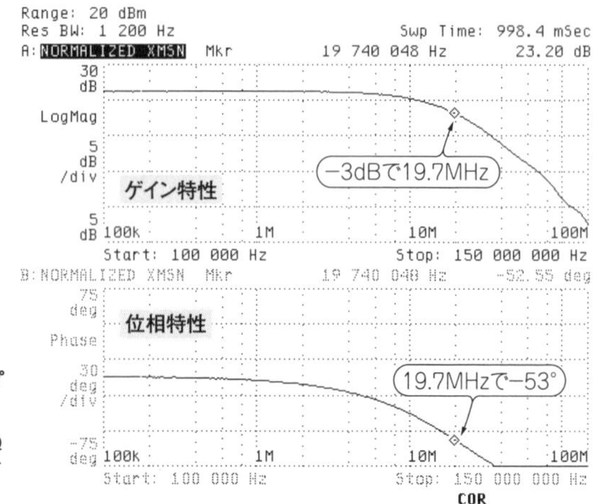

[図20-10] 自作のロー・ノイズ・プリアンプの周波数特性
振幅(上)と位相(下). なおプリアンプが1 MΩ入力なので, 計測方法の理由で20 dBのゲインに+6 dBとして26 dBに見えている

● OPアンプでロー・ノイズ・プリアンプを製作してみる

計測に使えそうな高速ロー・ノイズOPアンプADA4817−1とその評価用基板を用いて，ロー・ノイズ・プリアンプを作ってみました．このアンプは高速ながら電流性ノイズと電圧性ノイズともに低いという特長をもっています．

図20-9はこのプリアンプの回路，**写真20-2**はプリアンプの外観です．

図20-10は−3 dBの周波数(19.4 MHz)を示しています．このOPアンプの利得帯域幅積(GB積)は400 MHz以上ですが，全体の増幅度を10倍にしていますから(OPアンプで20倍，出力抵抗と負荷抵抗で1/2になっており，全体で10倍になる)，周波数特性としてはこのくらいでしょう．

このプリアンプを使用する際には，オシロスコープは50 Ω入力にしてから計測を行ってください(この回路はそれに合わせて設計してある)．

● 製作したプリアンプで見かけノイズを低減した計測を実験

図20-11にこのロー・ノイズ・プリアンプをオシロスコープの前段に接続して計測してみた例を示します．上側(CH1)がプリアンプなし(パッシブ・プローブP6139Aで計測)，下側(CH2)がプリアンプありで計測した波形です．オシロスコープの内部ノイズが軽減されていることが分かります．

プリアンプのノイズ特性は実測していませんが，データシートから想定すると，プリアンプ出力で1 Hzあたり47 nV/$\sqrt{\mathrm{Hz}}$，−3 dB帯域19.7 MHz(等価ノイズ帯域30.9 MHz)として考えると，実効値で260 μV_{RMS}程度のノイズ特性が実現できてい

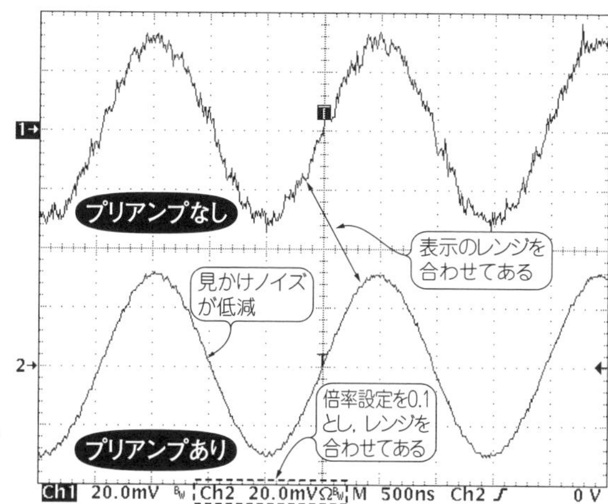

［図20-11］目的の信号をロー・ノイズ・プリアンプで増幅してからオシロに入力すれば「見かけノイズ」が減る

CH1：プリアンプなし，CH2：プリアンプあり．BW＝250 MHz．CH2は倍率設定を0.1とし，CH1とレンジを合わせてある

ると想定されます．

なおこのプリアンプは最大20 mVのオフセット電圧が出力に生じるので，これも計測時に考慮する必要があります．

Column 1

オシロの内部ノイズ(見かけノイズ)が回路のノイズと思われてはたまらない

［図20-A］正しく顧客や周囲にアピールしよう

顧客や関係者から「ここの部分をオシロスコープで観測して，その波形が欲しい」と依頼されることも多いと思います．

超高性能オシロスコープを用いて計測したにしても，単純に「超高性能オシロスコープで計測しました！」として，そのまま管面(表示)のデータを報告書に貼り付けて提示するのではなく，帯域制限をうまく活用してきれいな波形として提示することも大切です(**図20-A**)．

図20-1のように，超広帯域オシロスコープで帯域制限をしていないと，低周波の微小信号を観測したときに見かけ上ノイズが乗ってしまいます．

そこで**図20-5(b)**のように適切に帯域制限をして，波形からノイズを取り去って報告書データとして提示することが，「見栄え上でも」ポイントです(報告書には帯域制限をして計測している旨もきちんと記載しておく)．

ともあれ「高性能なオシロスコープで計測したみたいだが，ノイズが多いなあ….計測系が高性能だから回路内のノイズが見えているのか？」と顧客や関係者から誤解されてしまうのは，とても損なことです．

第**21**章

【成功のかぎ21】

パッシブ・プローブの等価モデルと正しい計測

調整の必要性から性能を100 %引き出すコツまで

オシロスコープには通常，パッシブ・プローブが付属しています．すぐ使えるようにというわけですが，何もせず適当につなぐだけで正しい計測ができるわけではありません．まず，オシロスコープに合わせた調整(補正)が必要です．そして性能を引き出すには，回路とのつなぎ方にもコツがあります．

この章では，調整の必要性と，計測においてパッシブ・プローブの性能を引き出すコツについて解説します．

21-1 パッシブ・プローブは調整しておかないと正しく計測できない

● パッシブ・プローブには調整機構がついている

オシロスコープで一番活用されるプローブは，パッシブ・プローブです．パッシ

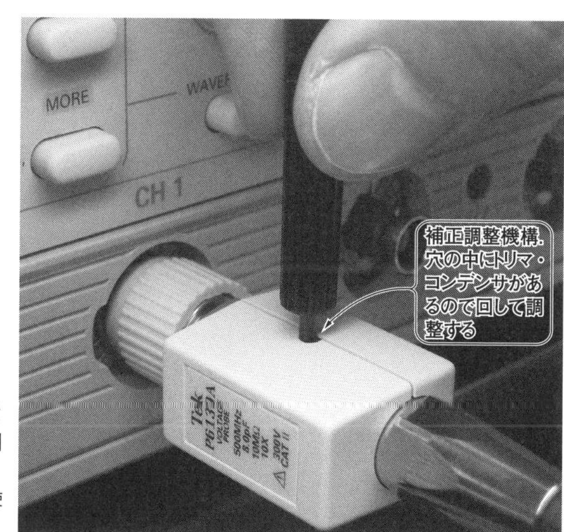

[写真21-1] オシロスコープを買ってついてくるパッシブ・プローブは周波数特性を調整(補正)してから使う
プラスチックなど絶縁体でできた調整棒を使うこと

ブ・プローブには，**写真21-1**のようにトリマ・コンデンサによる調整機構(プローブ補正機能)がついています．きちんとこの**トリマ・コンデンサを調整**して，きちんと計測できるように**プローブの周波数特性を補正**する必要があります．

● プローブ補正をしないとかなり誤差がでる

プローブは，本来きちんと補正して使うべきです．しかし，隣のオシロスコープから拝借するとか他人から借りるなど，補正せずにうっかり計測してしまうことがけっこうあるものです．パッシブ・プローブP6139Aを使用して，補正が適切でないようすを再現してみます．

▶ディジタル信号の計測への影響

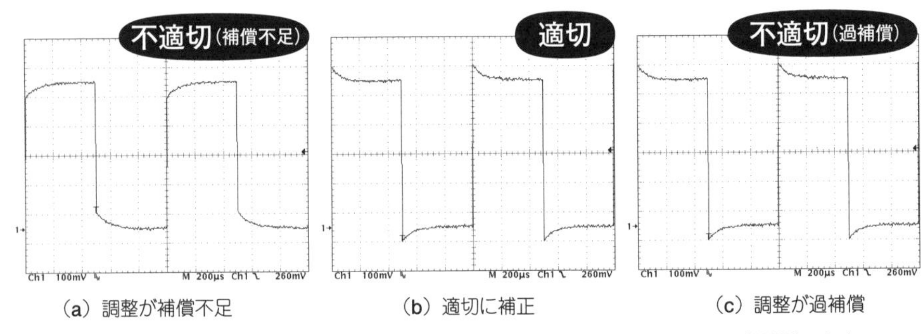

(a) 調整が補償不足　(b) 適切に補正　(c) 調整が過補償

[図21-1] プローブの周波数特性の調整を済ませていないと方形波が正しく計測できない

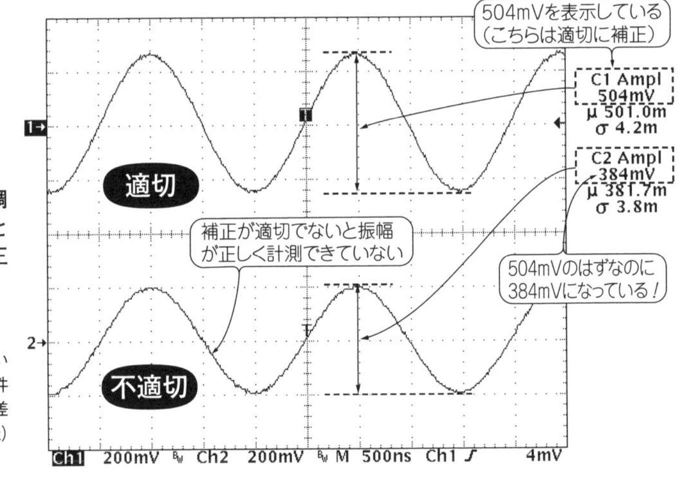

[図21-2] プローブ調整を済ませていないと正弦波の振幅電圧も正しく計測できない
信号周波数は500 kHz．CH1は適切に調整済み，CH2は調整されていない(ただし図21-1と同じ条件ではない)．それぞれの差が大きい周波数(500 kHz)で観測

プローブの補正が不十分(補償不足)なままディジタル信号を計測したものが**図21-1**(a), 適切にしたものが**図21-1**(b), 再度補正が不十分(過補償)なものが**図21-1**(c)です. **図**(a), (c)では確からしく方形波を計測できていません.

▶アナログ信号の計測への影響

プローブ補正の適切/不適切それぞれの状態で, 正弦波信号(低周波信号発生器の出力)を計測したのが**図21-2**です(**図21-1**と同じ条件ではない). プローブ補正を行なって計測したのがCH1, 補正が不十分なまま計測したのがCH2です. なんと約24 %の電圧誤差が発生しています. これではいくら計測系がきちんとしていても,「確からしさの高い計測」を実現ができるはずがありません.

21-2 パッシブ・プローブの補正の影響をシミュレーションで確認

補正をせずに安易に測定対象にパッシブ・プローブを接続して計測すると, **図21-1**や**図21-2**のように, 計測に誤差が生じます. そこでプローブの補正がどれだけずれているときに, 周波数特性としてどのように誤差が生じてくるかをシミュレーションで確認してみます.

● ケーブル容量やオシロの入力回路を含めたパッシブ・プローブの等価回路と周波数特性

図21-1で示した補正が不適切なときの波形と, パッシブ・プローブP6139Aの仕様書の値を基に, パッシブ・プローブの等価回路定数を**図21-3**のように推定し

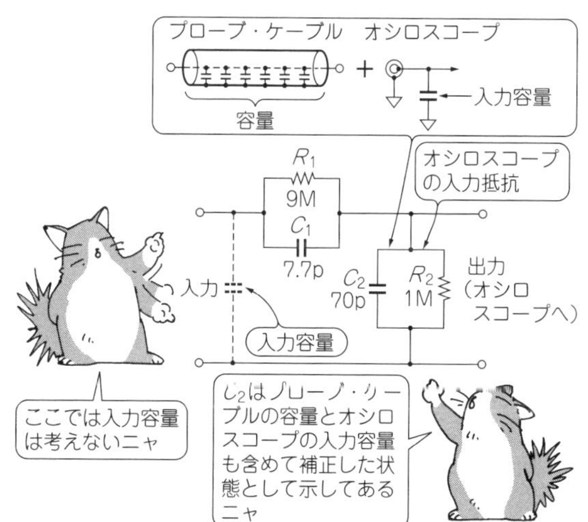

[図21-3] パッシブ・プローブの基本内部等価回路
シミュレーションで解析するには, P6139Aの仕様書の数値に対してプローブ・ケーブルの容量も含めてモデル化する必要があったため, 実測から推測した

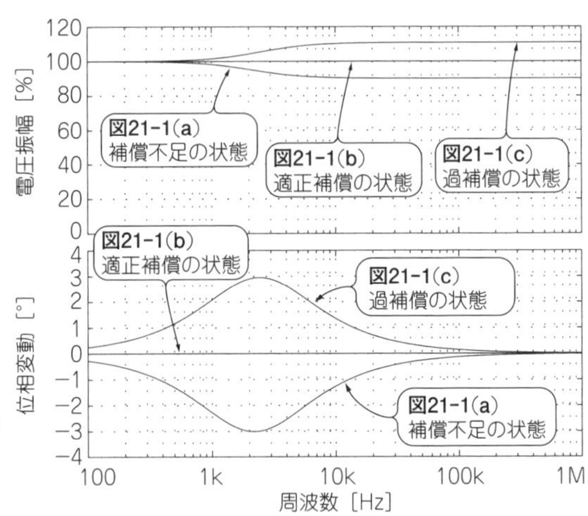

[図21-4] パッシブ・プローブの周波数特性
それぞれ図21-1の補償状態に対応したシミュレーション結果

(プローブ・ケーブルの容量やオシロスコープの入力回路も含めて)，シミュレーションをしてみた結果を**図21-4**に示します．**図21-1**のそれぞれの状態(不足・適正・過)での周波数特性を求めてみました．

補正せずに適当にプローブをオシロスコープに接続して計測すると，大きな誤差が生じることが分かります．誤差は周波数特性を持っていますから，余計厄介です．計測する前にきちんとプローブの周波数特性を補正する必要があるということです．

● パッシブ・プローブには使える限界の周波数がある

とはいえ単純に「プローブを適切に補正しておけばよい」というわけではありません．計測する信号が高速になると，以下のように問題が生じてくるので，安易にパッシブ・プローブを用いるべきではありません．

21-3 パッシブ・プローブが正しく使える上限は100 MHz程度

● グラウンド・リードと入力容量も加えたパッシブ・プローブの等価回路

高周波アナログ信号の計測では，**グラウンド・リードがけっこうな問題児**になるため，この影響を考慮しなければなりません．この話題は第3章の3-4節でも説明しました．

図21-5に入力容量とグラウンド・リードを含めたパッシブ・プローブの等価回路モデルを示します．ここではグラウンド・リードは100 nH(100 mm程度)の「インダクタンス」としてモデル化しています．

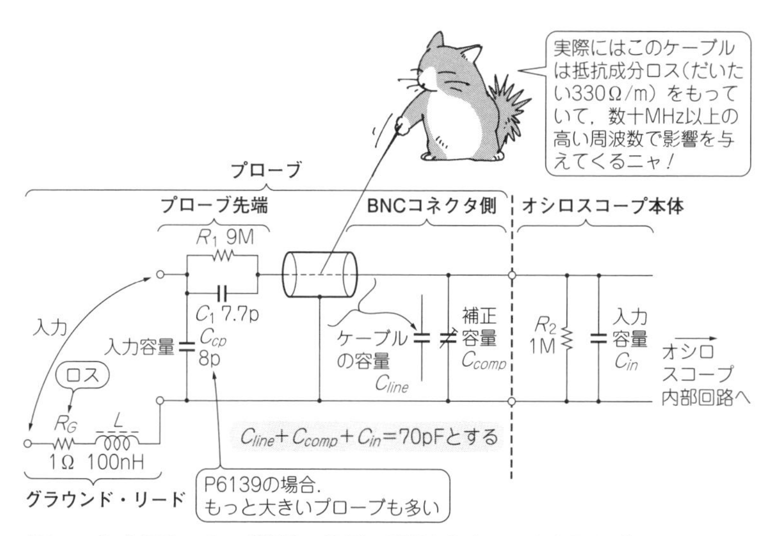

[図21-5] 高周波アナログ信号の計測で影響を与える入力容量とグラウンド・リードも含めたパッシブ・プローブの等価回路モデル

グラウンド・リードの抵抗ロスも入れてある

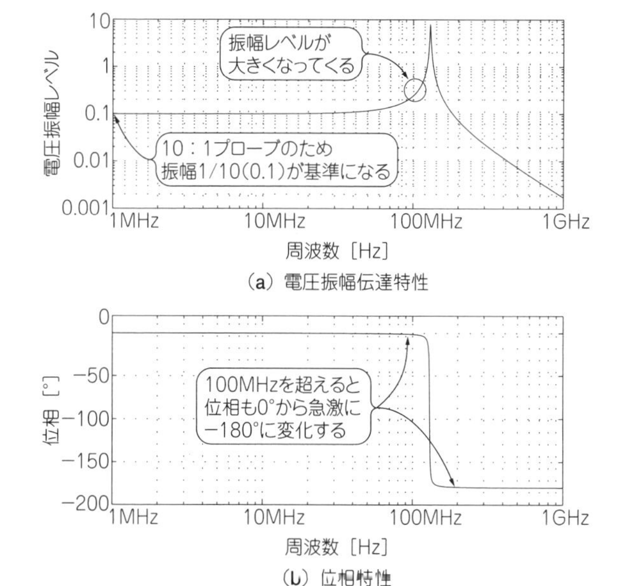

[図21-6] パッシブ・プローブの先端からオシロスコープの入力にかけての周波数特性

図21-5の回路でのシミュレーション結果．プローブ・ケーブルぶんは伝送線路の分布定数として取り扱っていない

100 nHは10 MHzでなんと6 Ωのリアクタンス…つまり抵抗相当量になり，計測に影響を与える可能性がでてきます．

回路のグラウンドと計測系(オシロスコープ)のグラウンドが「10 MHzでは6 Ωの抵抗で分離されている」と考えると，「果たして正しく高い周波数のアナログ信号を計測できているのか？」と直感的にも不安に思うのではないでしょうか．

● 100 MHz辺りから特性がフラットでなくなる

この等価回路モデルを使って，パッシブ・プローブの先端からオシロスコープの入力にかけての周波数特性(伝達関数)をシミュレーションしたものを**図21-6**に示します．ここでは**図21-3**と同様，プローブ・ケーブルの容量も含めており，またケーブル部分は集中定数として(分布定数としてではなく)取り扱っています．

100 MHz程度から振幅レベルが大きくなってきて(暴れ始めて)おり，高い周波数帯域までフラットにはなっていません．これでは100 MHz以上の高周波アナログ信号を，確からしさを維持して適切に計測するには，かなり問題があることが分かります．

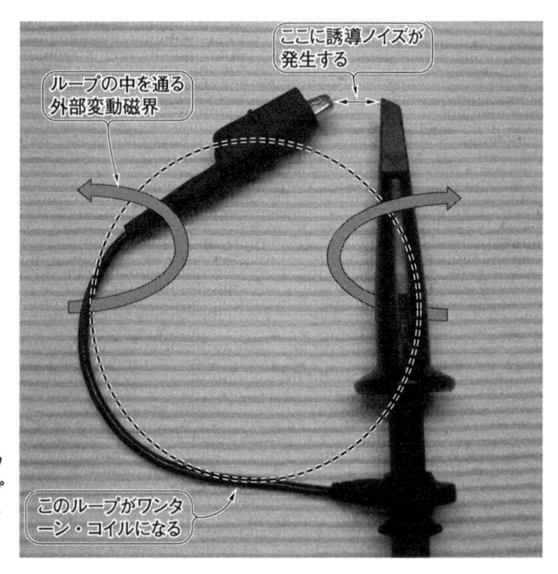

[写真21-2] プローブ先端からグラウンド・リードにかけてできるループがワンターン・コイルになり誘導ノイズが発生する

21-4 グラウンド・リードのループはできるだけ小さくする

● グラウンド・リードを含めて「コイル」ができる

パッシブ・プローブのグラウンド・リードはインダクタンスだと説明しました．それだけでなく，グラウンド・リードが接続されたプローブ先端は，**写真21-2**に示すようにプローブ先端からグラウンド・リードにかけてループができています．これが「ワンターン・コイル」を形成してしまいます．

このループの中を**外部磁界**(例えば基板上の別の回路を流れる電流から生じた磁

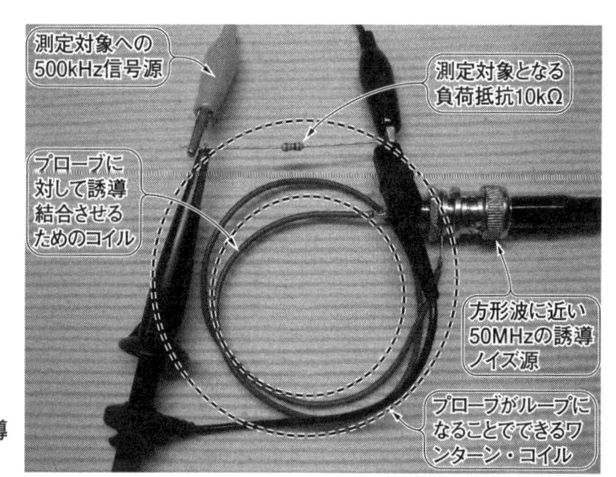

[写真21-3] ループにより発生する誘導ノイズを再現してみた(セットアップ)

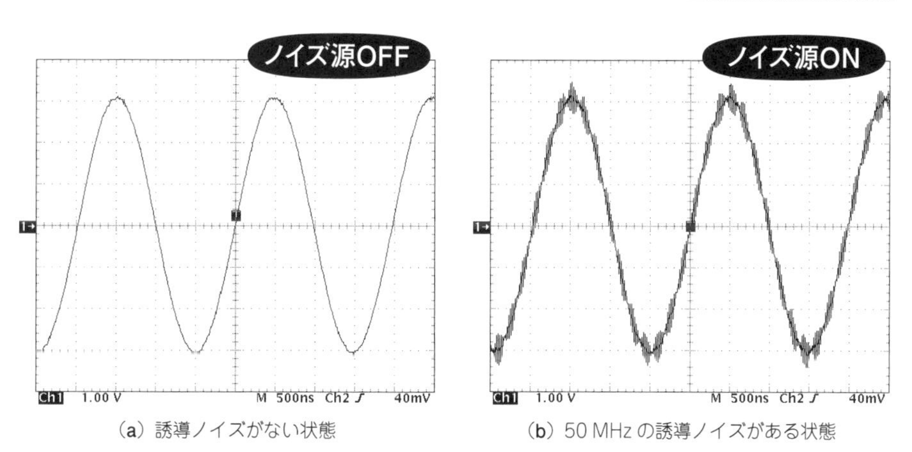

(a) 誘導ノイズがない状態

(b) 50 MHz の誘導ノイズがある状態

[図21-7] グラウンド・リードのループにより誘導ノイズが発生する

界)が通れば，この**外部磁界の変動周波数とループの面積に比例した誘導電圧がプローブ先端(ワンターン・コイル)に生じて**しまいます．

● 外部磁界が計測結果に誘導ノイズとして現れる

この誘導電圧が，計測する信号に対してノイズ(誘導ノイズ)となって付加されてしまう…パッシブ・プローブでピックアップされてしまうわけです．意外とこの問題に気がつかず，「変なノイズが多いなあ…」ということになりがちです．

写真21-3のセットアップでこの誘導ノイズのようすを再現させてみました．ここでは500 kHzの測定対象信号に，方形波に近い50 MHzの信号を外部磁界として誘導ノイズ源になるように誘導結合しています．**図21-7(a)**は誘導ノイズ源をオフにした場合，**図21-7(b)**は50 MHzのノイズ源をオンして外部磁界を結合させた場合です．外部磁界の周波数が高くなると，計測系に誘導ノイズが結合し(パッシブ・プローブでピックアップし)，管面(画面)にノイズが現れています．

Column 1

パッシブ・プローブの多くが観測信号を1/10に減衰させる理由

パッシブ・プローブはオシロスコープ計測で一番ポピュラなものです．アクティブ素子が入っていないので，電源供給も不要で簡単に使うことができ，精度も維持しやすいものです．

多くのパッシブ・プローブは10：1で抵抗分圧されているため，測定対象の回路に対して10 MΩの高いインピーダンスになります(ただし直流から低周波まで)．これにより測定対象に影響を与えずに計測できます．

10：1で入力信号が1/10に減衰しますので，高い電圧レベルも安定に計測できます．またオシロスコープ画面上での値の読みも(1/10なので)楽です．

オシロスコープの入力端子には容量成分があります．10：1で分圧する回路に並列に(調整用の)容量を接続することでプローブの補正回路を作ることができるため，プローブの周波数特性を高域までフラットに維持できます．

しかし周波数が高くなってくると，プローブ先端の入力容量の問題などが顕著になってくるため，100 MHz程度の周波数以下で使うことが現実的といえるでしょう．

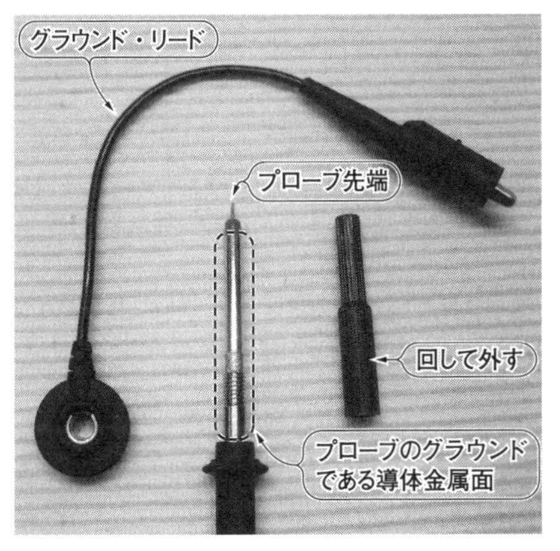

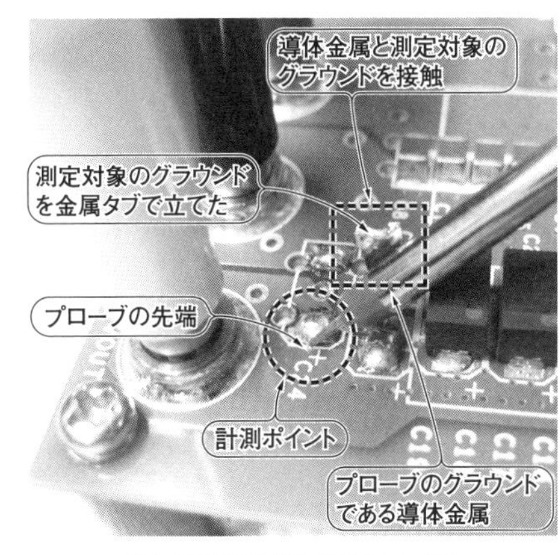

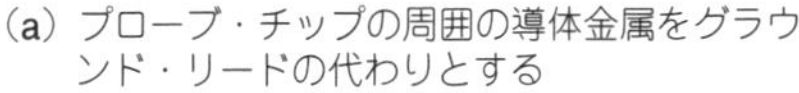
(a) プローブ・チップの周囲の導体金属をグラウンド・リードの代わりとする

(b) 実際に計測しているようす

[写真21-4] パッシブ・プローブを「裸」にすると正しく計測できる
(b)ではスイッチング電源回路(ADP1870ARMZ−0.6−R7の評価ボード)の出力リプル電圧を計測している

21-5 パッシブ・プローブを「裸」にしてグラウンド・リードを短くする

● パッシブ・プローブをバラバラにして使う裏技

ここまで説明してきた「インダクタ」の問題,

- グラウンド・リードがインダクタンスになるため高い周波数で特性がフラットにならない
- ループ(ワンターン・コイル)による誘導電圧

の両方を解決する方法があります.

それは**写真21-4**(a)のようにこのプローブを裸にして,プローブ・チップの周囲の導体金属をグラウンド・リードの代わりとする方法です.**写真21-4**(b)は実際にこの方法で計測しているようすです.プリント基板のグラウンド・パターン側に金属のタブを立てて,ここを基板のグラウンドとプローブ周囲の導体金属との接触点にします.これによりグラウンド・リードのインダクタンスが小さくなり,またループ(ワンターン・コイル)もなくなるため,**誘導ノイズが小さくなる**はずです.

この方法はどのプローブでも実現できるものではありません.実験で用いたP6139Aで可能な方法です.またプローブ・メーカで推奨しているものでもありま

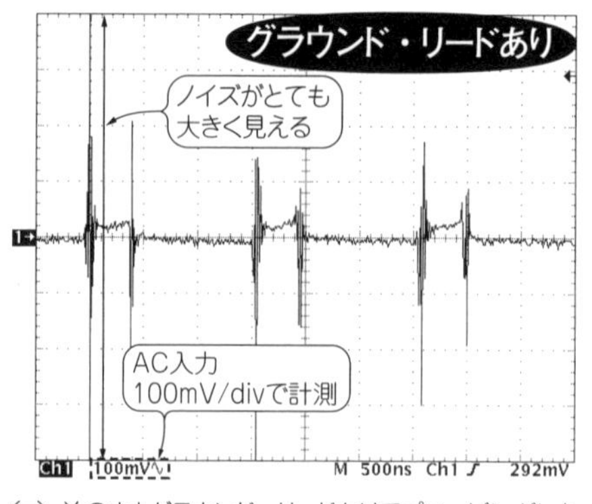

(a) そのままグラウンド・リードありでプロービングした波形(ノイズが大きい)

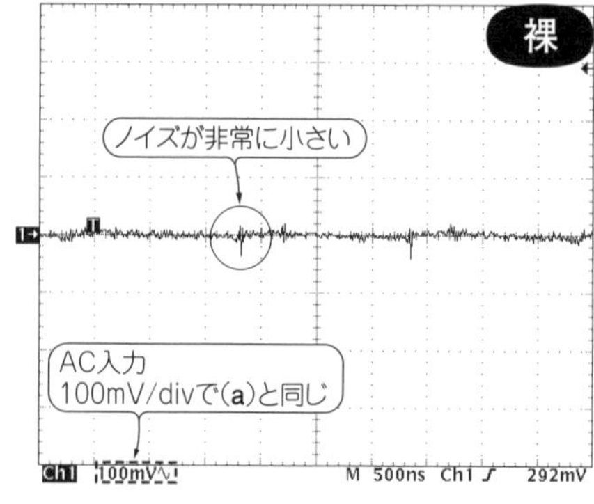

(b) 写真21-4の方法で「裸」にしてプロービングした波形(ノイズが低くおさまっている)

[図21-8] パッシブ・プローブを「裸」にして使うとノイズが減る

ADP1870ARMZ－0.6－R7の評価ボード，3.3 V出力，負荷10 Ω

せん．一例だとして見てください．

●「裸」プロービングの効き目を実験

それではこの方法で，プロービングした波形を見てみましょう．大電流が流れるため発生する放射磁界が大きい，スイッチング電源回路(ADP1870ARMZ－0.6－R7の評価ボード)の出力リプル電圧を計測してみました．

図21-8(**a**)はP6139Aを「そのままグラウンド・リードあり」でプロービングしたものです．スイッチングにより発生する磁界からの誘導で，大きな誘導ノイズが見られます．一方**図21-8**(**b**)は**写真21-4**(**b**)の方法でプロービングしたものです．ノイズが激減していることが分かります．これだけ波形が異なるのです．

このプロービング方法であれば，ここまで示したプローブで生じる「インダクタ」としての二つの影響を，理論的にはほとんどなくすことができます．

Appendix5

ディジタル・オシロスコープならではの計測の注意点

ちょっと本題とは異なりますが，普段使っているディジタル・オシロスコープでの計測の注意点を紹介します．

21-A　その1：サンプリング時のエイリアシングが原因で正しく計測できない

ディジタル・オシロスコープを用いるとき，サンプリング・レートの1/2より高い周波数の信号を計測すると，異なった低い周波数に見えてしまいます．本来の波形の変化に対して，サンプリング・レートが追いついていないことが原因です．これを「エイリアシング」といい，しくみを**図21-A**に示します．

これでは計測の確からしさは全くありません．

例として**図21-B**に，マイコン用の33 MHzのクロック発振器を観測した場合に，

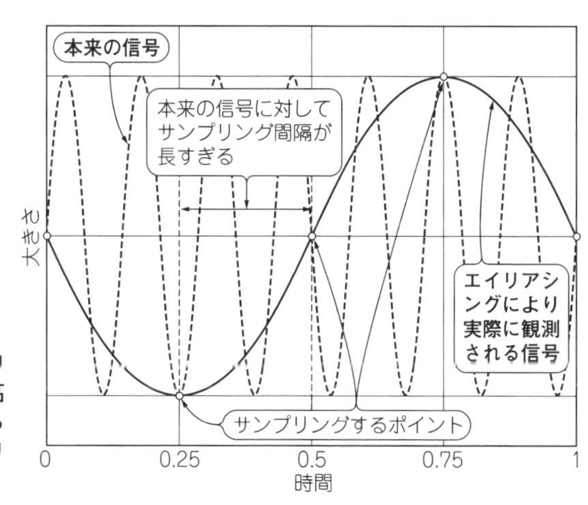

［図21-A］ディジタル・オシロスコープのサンプリング周波数よりも高い周波数の信号を観測しようとすると，エイリアシングにより実際より低い周波数の波形が表示される

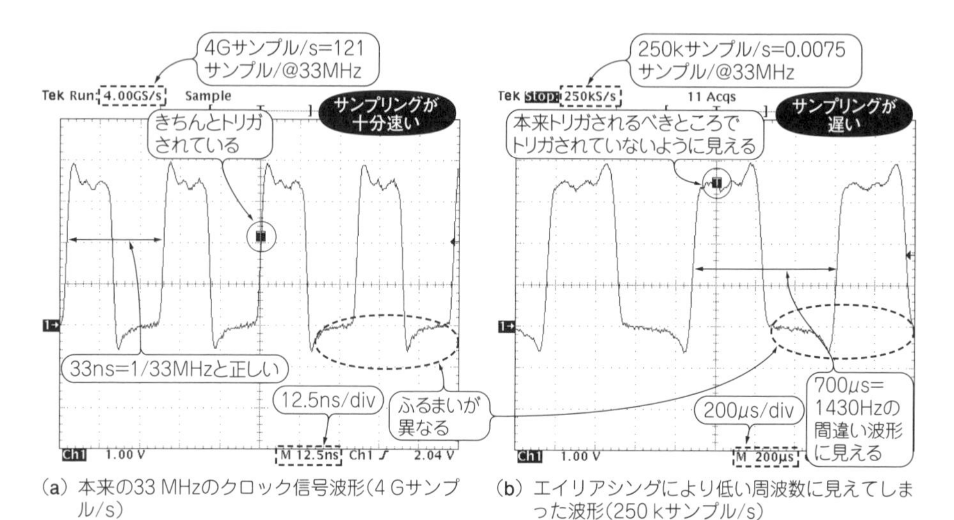

(a) 本来の33 MHzのクロック信号波形(4 Gサンプル/s)

(b) エイリアシングにより低い周波数に見えてしまった波形(250 kサンプル/s)

[図21-B] 33 MHzのクロック発振器を250 kHzでサンプリングすると正しく計測できない

正しく表示されているようす[**図21-B(a)**]，エイリアシングで本来の周波数33 MHzが表示**されていない**ようす[**図21-B(b)**]を示します．

しくみは分かっていても，気を抜いたり焦ったりしているとやりがちです．注意しましょう．

21-B　その2：FFT機能で計測できるダイナミック・レンジは40～50 dB程度

最近のディジタル・オシロスコープでは，計測した信号つまり時間軸(タイム・ドメイン)情報を，周波数軸(周波数ドメイン)情報に変換するFFT機能が，かなりの機種で実装されています．

このFFT機能を使って信号の周波数スペクトルを計測する場合，なかなかダイナミック・レンジを広くとれません．

● サンプリング・レートを上げると最高周波数が高くなる

計測した時間軸情報(信号)と，それをFFTした周波数軸情報とは，**図21-C**のような関係があります．サンプリング・レート(周波数)を上げればFFTの最高周波数が高くなり，サンプリングする時間を長くすればFFTの周波数分解能を向上できます．

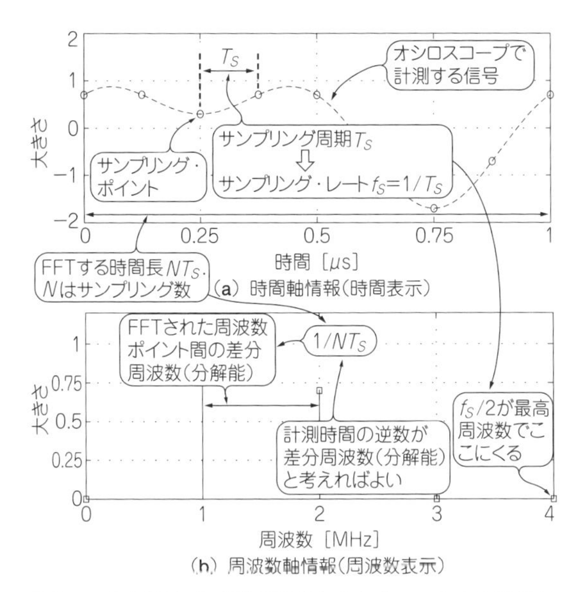

[図21-C] 計測した時間軸情報とそれをFFTした周波数軸情報の相互関係

FFTを使って目的の最高周波数や周波数分解能を得るためには，この**図21-C**の関係を十分理解して計測する(オシロスコープを設定する)ことがポイントです．

● 同じサンプリング・レートでもサンプリング長を伸ばすとノイズが減るので，ダイナミック・レンジが広くなる

サンプリング・レートが同じでも，サンプリング長(メモリ長)を伸ばせば，オシロスコープ内部で発生するノイズがFFTによりフィルタリングされたようになるため，ある程度はノイズ・フロア[注]を低減できます．

ノイズ・フロアを低減できれば，計測できるダイナミック・レンジが向上します．

● ダイナミック・レンジを40～50 dBより広くしたければスペアナを使う

しかし，オシロスコープで用いられているA-Dコンバータは8～10ビット程度のものが多く，測定器の内部ノイズや量子化ノイズなども含めて，40～50 dB程

注：ノイズ・フロアとは「ノイズの床」という意味で，測定器の内部ノイズなどにより生じる，消しきれない一定量のノイズのこと．このノイズ・フロアが測定器の計測限界になる(第11章脚注の再掲)．

度のダイナミック・レンジがよいところです．

本来このような計測には，80 dB ～ 100 dBのダイナミック・レンジが一般的には要求されます．そういう点では，やはりスペクトラム・アナライザを用いた計測が最適でしょう．

第**22**章

【成功のかぎ22】

入力容量1pFの自作アクティブ・プローブによる計測

パッシブ・プローブでは対応できない高周波アナログ信号計測に挑戦

本章ではオシロスコープを用いた計測において，測定対象に影響を与えずに，アナログ信号の確からしい計測を実現する方法を紹介します．パッシブ・プローブの限界を解説し，より測定対象に影響を与えにくい簡易アクティブ・プローブを製作して実験してみます．また，アクティブ・プローブによる計測に限界があることにも触れておきます．

「測定対象に影響を与えないで計測する」の意味はいろいろ考えられますが，ここでは周波数特性について考えます．

22-1 パッシブ・プローブで計測できる周波数の上限

オシロスコープ計測で一般的に用いられるパッシブ・プローブは，周波数特性を補正しないと，確からしい波形として計測できません．またグラウンド・リードがインダクタとなって，周波数特性の乱れを生じさせ，さらにワンターン・コイルとなって，計測する波形に外部磁界からの誘導ノイズが乗るため，グラウンド・リードは極力短くした方がよいことを前章で説明しました．

しかしながら高周波アナログ信号を計測する場合は，グラウンド・リードを極力短くするだけでは不十分なのです．そのことを以下に説明します．

● プローブは回路の動作に必ず影響を与えている

図22-1は前章の**図21-5**で示したパッシブ・プローブのモデルのうち，グラウンド・リードの長さをゼロとして，入力部分だけを取り出したものです．

プローブ・チップ先端とグラウンド間には**入力容量**があり，P6139Aの場合，データシートでは8 pF_{typ}になっています．

このモデルを用いて，プローブの入力インピーダンス特性を計算した結果を**図22-2**に示します．

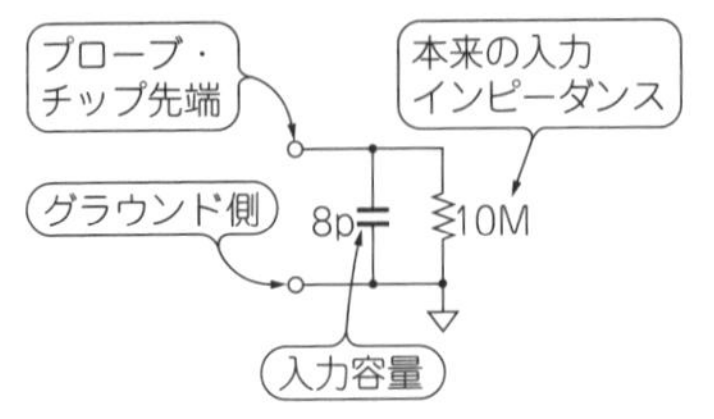

[図22-1] パッシブ・プローブ先端のモデル

前章図21-5のモデルからグラウンド・リードの部分などを取り去って簡略化した．P6139Aについての値を使用

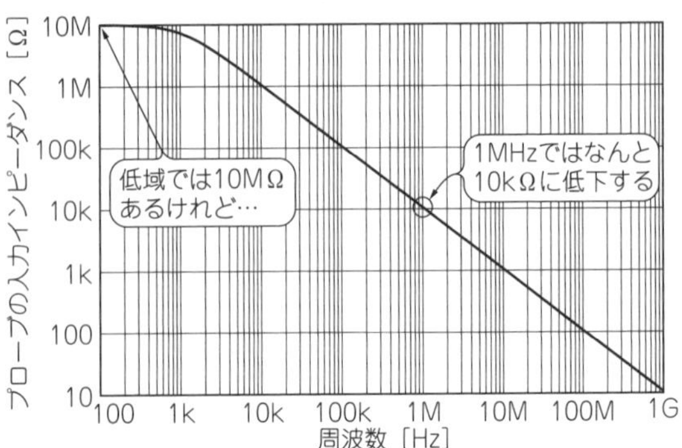

[図22-2] パッシブ・プローブ先端の入力インピーダンス特性

図22-1のシミュレーション結果

低い周波数では入力インピーダンスは10 MΩですが，周波数が高くなってくると8 pFの入力容量の影響で入力インピーダンスがだんだん低くなってきます．1 MHzではなんと10 kΩ程度しかありません(インピーダンスの大きさのみで表示．位相ぶんは無視している)．

この図から分かることは，周波数が高く(10M ～ 100MHzあたり)なってくると，プローブの入力インピーダンスが大きく低下してくることです．このたった**8 pFという容量成分が，測定対象に対して「負荷容量」として影響を与える**ことになってしまいます．

高速信号用パッシブ・プローブP6139Aの入力容量は8 pF_{typ}でしたが，低速用途のプローブでは**入力容量がより大きい**ものがほとんどです．さらに影響が大きくなります．

パッシブ・プローブでは「インテグリティの高い/測定対象に影響を与えない」計測というのは，けっこう難しそうです．

22-2 測定対象に影響を与えにくいアクティブ・プローブ

● 入力容量が小さいため入力インピーダンスの変化が少ない

パッシブ・プローブの限界を超える周波数のアナログ信号を計測したい場合は，プローブの入力容量を小さくした「アクティブ・プローブ」の出番です．プローブの入力回路としてFETなどのアクティブ素子が用いられており，等価的に入力容量を低減させています．**写真22-1**のようなオシロスコープ用アクティブ・プロー

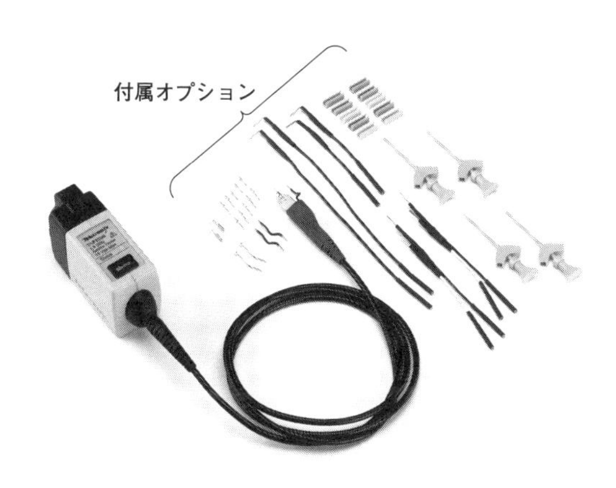

[写真22-1] 測定対象に影響を与えずに高速信号を計測できるアクティブ・プローブTAP1500
高性能オシロスコープ用．テクトロニクス製

ブ(FETプローブともいう)が市販されています．

一般にアクティブ・プローブの入力抵抗は数十k～1MΩ程度と，パッシブ・プローブと比較して低めです．しかし入力容量は1pF程度であり，周波数が高くなっても測定対象に与える影響が少なく，適切に計測できます．

図22-3にアクティブ・プローブTAP1500の入力インピーダンス周波数特性を示します(入力容量は1pF未満)．パッシブ・プローブP6139Aと比較して特性が10倍近く改善されていることが分かります．

● 特徴1：アクティブ・プローブの周波数特性はパッシブ・プローブの10倍程度

とはいえ，いずれにしても入力容量があることには変わりがありません．それが**図22-3**の特性にも出ています．パッシブ・プローブからは10倍近く改善されていますが，「入力容量の問題が全くなくなる」わけではありません．逆にいえば，10

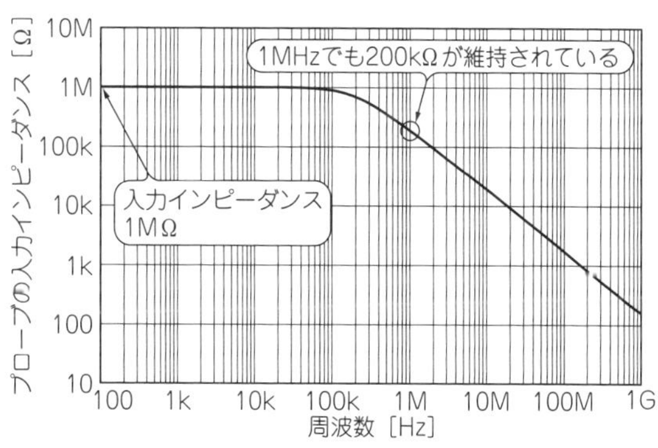

[図22-3] アクティブ・プローブTAP1500型の入力インピーダンス周波数特性
TAP1500の取扱説明書より抜粋

倍程度しか改善していないともいえます.

● 特徴2：壊さないように注意！最大入力電圧はパッシブ・プローブより低い

「アクティブ」とか「FET」とかいう名前のとおり，プローブ先端に電子回路が内蔵されています．そのため**最大入力電圧（耐電圧）は，パッシブ・プローブと比較してかなり低く**なります.だいたい数十V程度であり,TAP1500の場合で±8Vです.

● 特徴3：入力インピーダンスがパッシブ・プローブより低い

アクティブ・プローブは入力インピーダンスがパッシブ・プローブの10 MΩよりも低いので（TAP1500の場合で1 MΩ），測定対象の出力インピーダンスが，その影響を受けるほど高い場合には注意が必要です.

● 特徴4：計測できる信号周波数は数百MHzくらいまで

アクティブ・プローブを用いて計測する測定対象としては,

- 高速ディジタル回路
- 数MHzまでで動作する出力インピーダンスが高めのアナログ・センサ回路
- ビデオ回路などの高速アナログ回路
- 高周波回路（数M ～数百MHz程度）

などが挙げられます.近年ではより高速なアクティブ・プローブも市販されています.

22-3　より高周波までOK！低入力容量プローブ

● その1：差動プローブ

アクティブ・プローブと似たアクティブ方式である差動プローブ（第9章，**写真9-3**）も，測定対象に影響を与えにくい計測が実現できます．**図22-4**に差動プロー

[図22-4] 差動プローブの入力回路のモデル（P6247の取扱説明書より抜粋）

ブの入力回路のモデルを示します.

差動信号を取り扱うため，プラスとマイナスの入力があります．グラウンド電位を基準にしたシングルエンド信号計測の場合は，グラウンド端子とマイナス端子を，測定対象側のグラウンドに接続します．その結果1.5 pF + 0.25 pF = 1.75 pFの容量が回路側から見えることになります.

また**図22-4**のとおり，入力抵抗も100 kΩとアクティブ・プローブとも異なるので，注意が必要です．近年では10 GHzを越える信号も計測できる差動プローブも市販されています.

● その2：低インピーダンス・プローブ(Z0プローブ)

次章でも高周波アナログ信号をプロービング/観測するための低インピーダンス・プローブやノウハウを説明しますが,「低入力容量のプローブ」という視点から，本章でも簡単にふれておきます.

写真22-2の低インピーダンス・プローブ(Z0プローブ)は，50 Ωのケーブルに入力分圧抵抗を取り付け，20：1のパッシブ・プローブを実現しています(P6158の場合). 考え方は第4章で説明した50 Ω系計測と同じです. 余計な付帯回路がないので，P6158の入力容量は1.5 pFです.

入力インピーダンスは1 kΩと低いのですが，アクティブ・プローブと比較してみると，高周波回路ではこのプローブの方が確からしい計測を行えることがあります．高周波回路は低インピーダンスで信号を伝送するため，プローブのインピーダンスが低くても回路が影響を受けにくいためです.

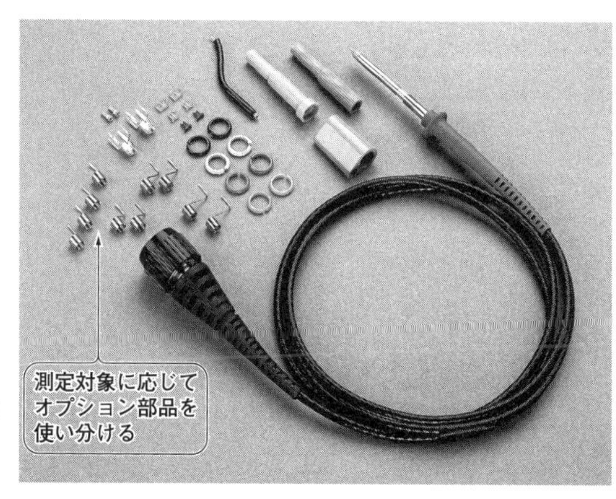

[写真22-2] 低インピーダンス(Z0)プローブ
P6158型(テクトロニクス)

● どんなプローブも万能ではない

一方でこれらのプローブも万能というわけではありません．依然として周波数特性があったり，差動プローブの場合には*CMRR*特性が周波数で低下してきたりすることもあるので，注意が必要です．

基本的に考えることは**表1-2**の項目です．プローブの**データシートの数値とつき合わせて**，目的の精度が維持可能な計測ができるように，計測系の誤差と精度を考える(計測系の仕様を判断して使用する)ことが大切です．

22-4　入力容量1 pFの簡易アクティブ・プローブを手作り

ここまでの説明のように，数十MHzを超える高い周波数では，パッシブ・プローブの**入力容量**(**図22-1**)が原因で，プローブの入力インピーダンスが低くなってしまいます(**図22-2**)．そのため周波数が高くなってくると測定対象に影響を与えて，計測に誤差が生じます．

そこで，このような計測で使える「入力容量が低いアクティブ・プローブ」に相当する回路を製作して，それを使って実際に計測してみます．

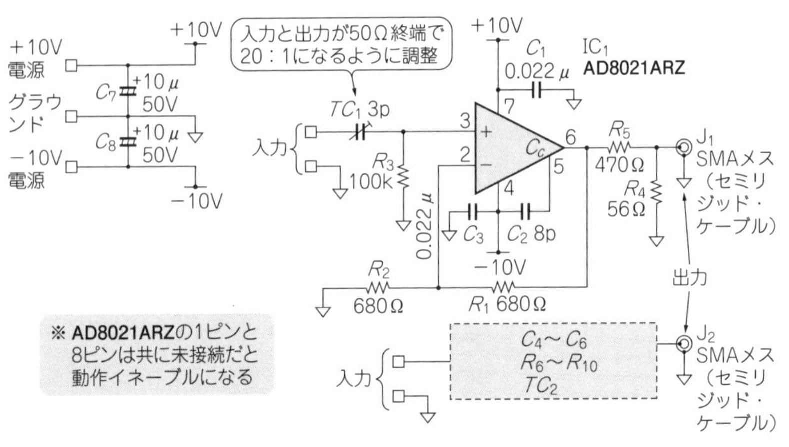

[図22-5] 高速OPアンプAD8021を使った20：1アクティブ・プローブの回路図
低入力容量のOPアンプを採用，パターン設計も低容量にする必要あり(今回の製作では空中配線で低容量化)．直流カットしてあるのでDCからは利用できない

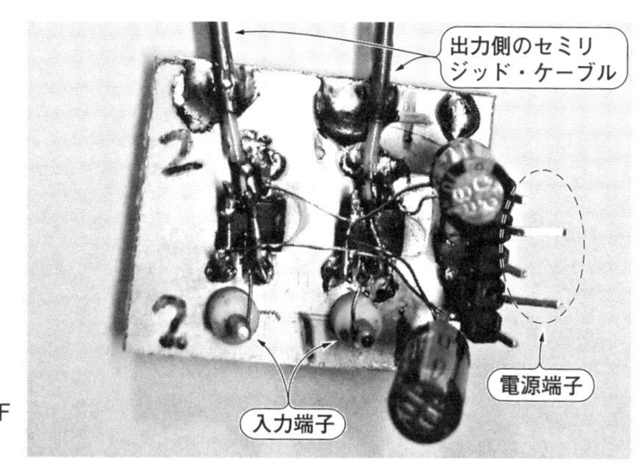

[写真22-3] 製作した入力容量1pFのアクティブ・プローブ

● 回路には高速・低入力容量OPアンプを使う

図22-5は高速・低入力容量OPアンプAD8021を使った20：1の簡易アクティブ・プローブの回路です．OPアンプの入力容量が2pF程度で，さらに入力のトリマ・コンデンサでOPアンプの入力容量2pFと1/2分圧回路を構成させて，回路全体の入力容量を1/2に低減し，全体で約1pFの入力容量を実現しています．

● プリント・パターンは低容量になるように設計する必要あり

写真22-3は製作したアクティブ・プローブの基板です．OPアンプの選定だけではなく，プリント基板としても，**端子間や対グラウンドが低容量になるように**配慮して設計する必要があります(今回は空中配線で低容量化した)．

注意点として，計測するポイントからリード線を長めに引っ張り，このアクティブ・プローブを測定対象から離して配置すると，リード線で生じる寄生インダクタンス(1mmあたり1nH程度)により，目的の計測の確からしさが得られなくなります．

● アクティブ・プローブからオシロスコープまでは50Ω系とする

このアクティブ・プローブの出力インピーダンスはR_4，R_5によりちょうど50Ωです．オシロスコープに信号を伝送するには，特性インピーダンスが50Ωの同軸ケーブルを使います．同時にオシロスコープは50Ω入力に設定するか，それが不可能な(1MΩの入力設定しかできない)オシロスコープでは，50Ωのフィードスルー・ターミネーション(第4章の**写真4-1**)をオシロスコープ側に接続します．

22-5 製作したアクティブ・プローブの特性を計測

OPアンプのバイアス電流による影響を抑えるため，入力抵抗R_3は100 kΩにしています．この抵抗値が大きすぎるとオフセット電圧が大きくなります．入力容量は1 pF程度のはずです．まずこのプローブの周波数特性と入力容量を計測してみましょう．

● 周波数特性は100 MHzまで伸びている

図22-6は周波数特性の計測結果です．−3 dB帯域幅として下限周波数側が400 kHz程度，上限周波数側が100 MHz程度になっています(「フルパワー帯域幅」による上限もあるので注意)．バイアス電流の理由で入力抵抗が100 kΩになっている関係で，下限周波数が決まります．高域周波数で特性が素直に落ちていないのは，入力が低インピーダンスで適切に終端されていないため，また浮遊成分の影響と考えられます．

● 入力容量は1 pF程度とほぼ設計どおり

入力容量の確認は，パルス信号源に10 kΩの抵抗を直列に挿入して，ステップ入力による出力応答波形の時定数として計測しました．パッシブ・プローブを使って回路入力で時定数を直接計測することは，パッシブ・プローブの入力容量が影響するので不可能です．

振幅の63%$(1 - 1/e)$まで波形が変化する時間を時定数$\tau = CR$[s]として計測し，C[F]を計算で求めます．振幅が0.4 Vなので，$0.4 \times 0.63 = 0.25$ Vになるまでの時間

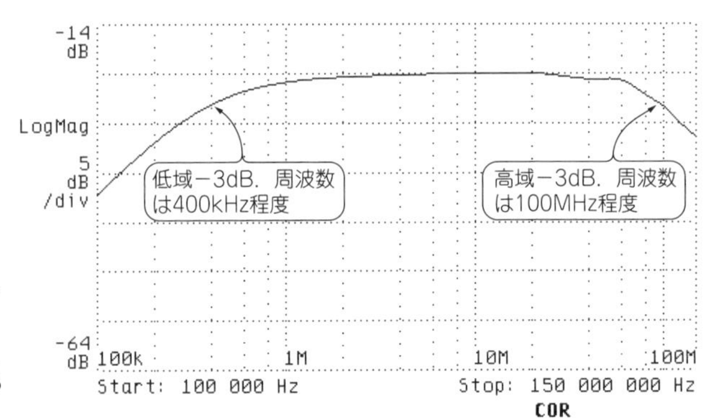

[図22-6] 製作したアクティブ・プローブの周波数特性
高域側は100 MHzまで伸びている．平たん部分が−19 dBになっているのは校正方法が原因

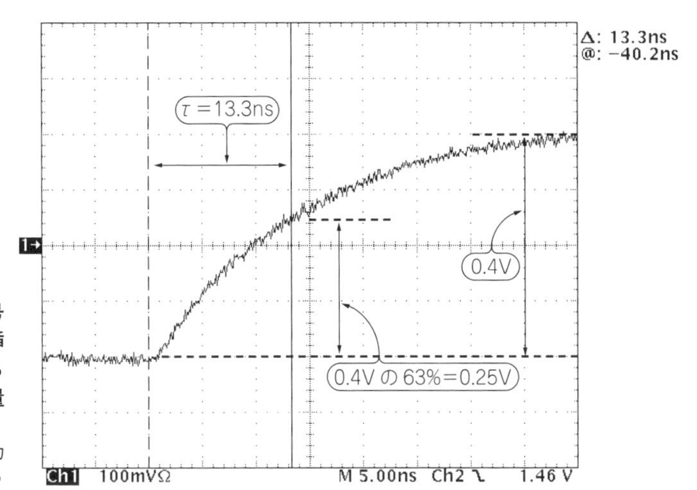

[図22-7] パルス信号源に10 kΩを直列に挿入．出力応答波形から時定数として入力容量を推定
外部要因を考慮すると入力容量1 pF程度になっている

を計測したところ，τ = 13.3 nsとなりました(**図22-7**)．

抵抗が10 kΩですので，C = 1.33 pFと計算できます．パルス信号源とOPアンプの立ち上がり時間もあるので，入力容量は設計どおりのほぼ1 pFと推定できます．

なお入力信号は0.4 Vと小さめにして，OPアンプができるだけ小信号動作になるように配慮しました(「フルパワー帯域幅」に関係する，「スルー・レート制限」を避けるため)．

● オシロスコープはAC結合入力に設定する

OPアンプのバイアス電流によりR_3(100 kΩ)でオフセット電圧が発生しますので，オシロスコープはAC結合入力にして観測してください．

このように高速・低入力容量OPアンプを使い，高い周波数のことも考慮してきちんと実装すれば，さすがに市販の高性能・低容量アクティブ・プローブまではいきませんが，良好な特性の簡易アクティブ・プローブを作ることができます．

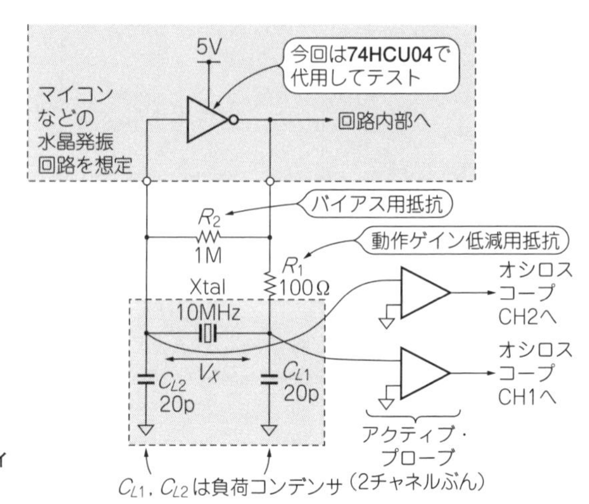

[図22-8] **水晶発振回路とアクティブ・プローブを接続するようす**

22-6 水晶発振回路の励振電力の計測に応用してみる

製作したアクティブ・プローブでのアナログ信号の計測例を示してみましょう．ここではマイコン用の10 MHz水晶発振回路を計測し，水晶振動子に加わる電力(励振電力)を求めてみます．

● 水晶振動子は最大励振電力が決まっている

水晶振動子は製品ごとに，励振電力(ドライブ・レベルともいう)の最大値が決まっています．100 μW ～ 200 μW_{max}程度のものが多いようです．共振周波数の高い，また小型の水晶振動子ほど小さい値です．実際の**励振電力をきちんと仕様の範囲内に収めておく**必要があります．

● 入力容量の大きいパッシブ・プローブでは計測に使えない

図22-8のような水晶発振回路に接続されている負荷コンデンサC_{L1}，C_{L2}は，一般的に数pF ～数十pF程度です．また水晶発振回路は動作インピーダンスが高く，接続される計測系の容量に敏感です．

これにパッシブ・プローブを接続すると，**図22-1**の等価回路のとおり，プローブ・チップ先端の入力容量が測定対象である回路に影響を与えてしまい，**精度良く計測できません**．そこで製作した低入力容量の簡易アクティブ・プローブを活用してみたいと思います．

通常は電流プローブで水晶振動子に流れる電流を計測し，それから励振電力を求めます．しかし原理的には，以下やColumn1に示すように，水晶振動子の端子電圧を計測しても，同様に励振電力を求められます．

● 製作したアクティブ・プローブの帯域不足を分圧器で解消

製作したアクティブ・プローブは，出力$5V_{P-P}$(大振幅動作時)の最大周波数(フルパワー帯域幅W_{FPBW})が約10 MHzまでです．これを超える信号を入力しても，W_{FPBW}を決定づけるスルー・レート制限により，正しい波形が得られません．ここでやってみる例でも信号振幅が大きいので，この制限が計測に影響を与えます．

図22-5の入力部分は，TC_1(TC_2)とAD8021の入力容量2 pFとで，1/2の分圧回路になっています．この分圧を1/10にして**スルー・レート制限を緩和**させ，W_{FPBW}を上昇させてみます．R_3，R_8に並列に7 pFを接続し，TC_1，TC_2を1 pF程度に調整します．AD8021は低容量なので，必要となる容量を正確に付加できます．また入力容量自体はそれほど大きくなりません．

このテクニックを応用すれば，入力容量の大きなOPアンプでも低入力容量をAC結合で実現できます．

このとき同じ信号を加えたとして，出力は$1\ V_{P-P}$相当となり，W_{FPBW} = 50 MHz程度が得られます(**図22-6**で示した周波数特性は小信号での特性なので，この変

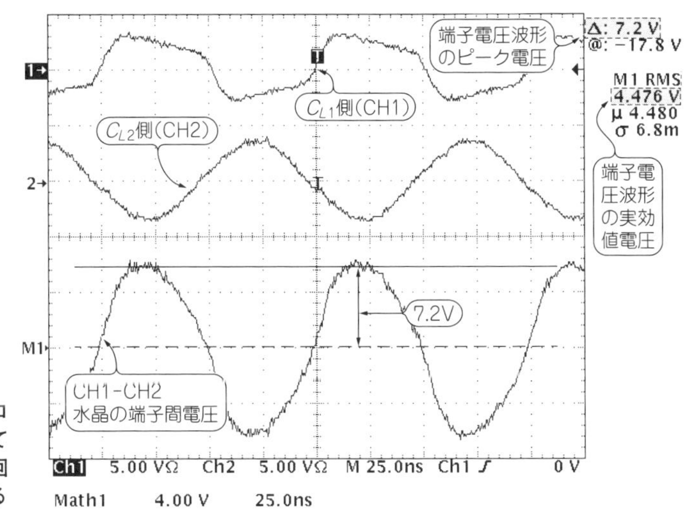

[図22-9] オシロスコープで引き算して10 MHzの水晶発振回路の端子間電圧を得る

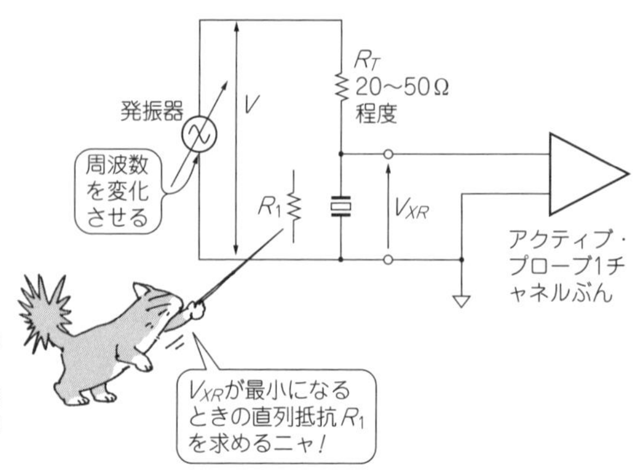

[図22-10] 水晶振動子の直列抵抗R_1を求める方法
直列共振する周波数に合わせる．この周波数は本来の発振周波数から数kHz～数十kHz程度下側にある

更でも変化しない)．

なおこれで100：1のプローブになりますので，実際の計測値を得るには注意してください．本実験では計測前にきちんとレベルを校正し，オシロスコープのプローブ減衰率を100：1に設定しました．

● 製作したアクティブ・プローブをつなぐ

図22-8のようにアクティブ・プローブを水晶振動子の端子に接続して，オシロスコープで観測してみます．

まず水晶発振回路の入力側だけにアクティブ・プローブを接続してみると，発振周波数は8 ppm変化する程度です(パッシブ・プローブP6139Aでは20.3 ppm)．また波形変動も数%程度です(同20 %程度)．

● 水晶振動子の端子間電圧から励振電力を計算する

オシロスコープは演算(MATH)モードとし，CH1とCH2を引き算した大きさ，つまり水晶振動子に加わる電圧を**図22-9**のように表示させます．

計算に必要な実効値V_X[V]は，まずピーク値を計測し，それを$1/\sqrt{2}$にして実効値に換算します(若干誤差は出るが)．オシロスコープにRMS電圧(実効値)を計測できる機能がついていれば(**図22-9**のように)，ぜひそれを活用してください．

励振電力P_D[W]は以下で計算できます(式の根拠はColumn1に示す)．

$$X_C = \frac{1}{2\pi f\left(C_0 + \dfrac{C_{L1}\,C_{L2}}{C_{L1}+C_{L2}}\right)} \qquad \cdots\cdots (22\text{-}1)$$

$$P_D = \left(\frac{R_1 V_X}{R_1 + X_C} \right)^2 \frac{1}{R_1} \quad \cdots\cdots (22\text{-}2)$$

ただし，C_0[F]は水晶振動子の端子間並列容量，R_1[Ω]は水晶振動子の直列抵抗(仕様書では標準値ではなく最大値表記が多い)です．

この実験結果では，Column1の定数例を用いると250 μWと計算でき，励振電力が若干大きめということが分かります．

● 実際の直列抵抗R_1を計測できればベスト

R_1は一般的に規格範囲上限(最大値)での表記が多く，本来の直列抵抗の値ではない可能性があります．

そこでこのアクティブ・プローブを**図22-10**のように使うことで，直列抵抗R_1を計測できます．(L_1[H]，C_1[F]による直列共振周波数でR_1を計測している)

この図の電圧測定結果V_{XR}[V]から，R_1を

$$R_1 = \frac{V_{XR} R_T}{V - V_{XR}} \quad \cdots\cdots (22\text{-}3)$$

として求めることができます．V_{XR}を求めるには，発振器の周波数を変化させていき，電圧が最小になった周波数でのV_{XR}を計測します．この周波数は本来の発振周波数から数k～数10 kHz程度下で，なおかつ電圧値は**周波数に対して非常に先鋭に変化**します．

C o l u m n 1

水晶振動子の励振電力の計算方法

水晶振動子はC_{L1}，C_{L2}と合わさって，共振状態になっています．**図22-A**に示すように共振状態で等価回路は，

① 容量になる成分：$C_0+(C_{L1}/\!/C_{L2})$．これをリアクタンスX_Cとする

② インダクタンスになる成分：L_1とC_1の合成(共振周波数では$X_{L1}>X_{C1}$になる)．これをリアクタンスX_Lとする

と考えることができます．また共振周波数では，これらのリアクタンスが

$$X_L=-X_C$$

図22-Aに10MHzのときの数値を例として示していますが，X_C，$X_L \gg R_1$であることが分かります．

つまり単純に水晶振動子に加わる電圧を，X_L，R_1で分圧したもの($X_L \gg R_1$として計算を簡略化)が，R_1に加わる電圧として計算できます．これにより式(22-2)として示したわけです．

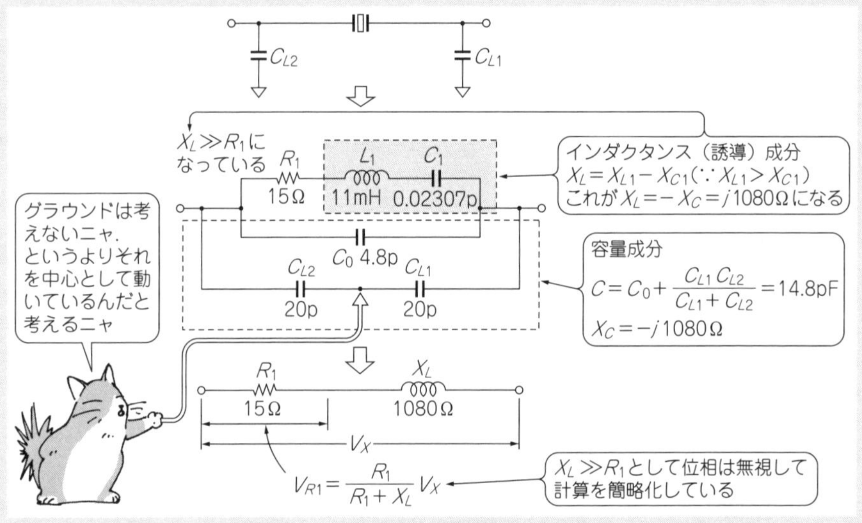

[図22-A] 水晶振動子の励振電力の計算方法

第23章

【成功のかぎ23】

100 MHz超のアナログ信号波形の正しい計測

高周波アナログ信号を的確にオシロに取り込む技と注意点

本章では，汎用オシロスコープで計測の困難度が高くなる，100 MHz超のアナログ信号を確実に観測するためにやるべきことを，実例を挙げて説明していきます．

この周波数領域になってくると，オシロスコープの公称性能と実際の測定波形との関係に注意を払わなくてはなりません．また，プロービングの方法も非常に重要になってきます．

4章でもディジタル信号の50 Ω計測について示しましたし，各種プローブについても複数の章で繰り返し取り扱ってきました．ここではとくに，アナログ信号の観測に的を絞って説明していきます．

23-1 500 MHzのオシロで計測できる波形の周波数は…

● オシロの周波数帯域いっぱいまで正しく計測できると思うなかれ

確かな高周波アナログ信号の計測を行うためには，オシロスコープの仕様で規定されている周波数帯域特性と，測定対象波形の周波数との関係を理解しておくこと

[図23-1] オシロスコープの周波数帯域特性表示はうのみにできない

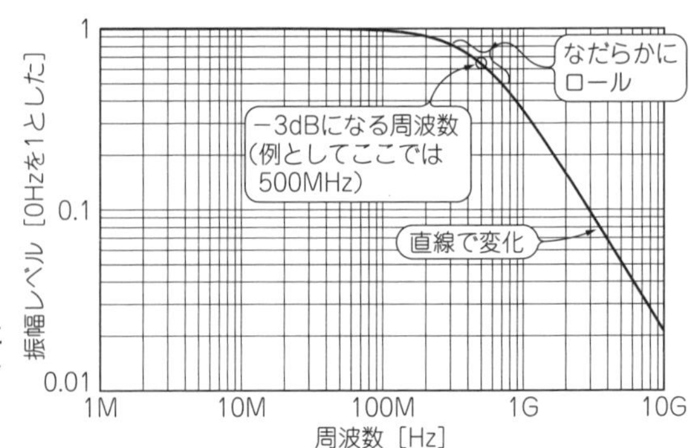

［図23-2］オシロスコープの入力部にあるアナログ回路（アナログ・フロントエンド）**の周波数特性**
「1次系の周波数特性」としてモデル化した

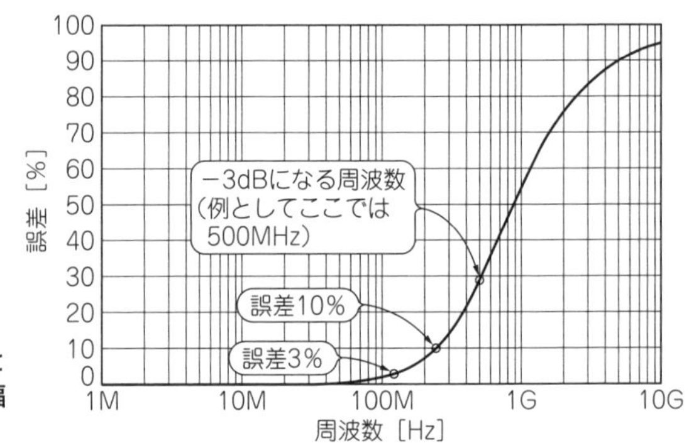

［図23-3］「1次系の周波数特性」として考えた場合の周波数ごとの振幅誤差

が大切です．

「オシロスコープが500 MHzまで周波数帯域をもっているから，500 MHzまできちんと計測できるんだ」と安易に考えてはいけません(**図23-1**)．

実際には周波数特性がアナログ的に徐々に低下してくるため，その結果，帯域幅特性の500 MHzより低い周波数でも，**本来の信号レベル振幅から低下した**振幅レベルを表示してしまう可能性があるのです．

● 500 MHz帯域のオシロで振幅誤差が3 %以下なのは125 MHzくらいまで

オシロスコープの周波数特性を簡単にモデル化すると，**図23-2**のような周波数特性になります．これを「1次系の周波数特性」といいます．オシロスコープの周波数帯域特性は500 MHzとして計算しています．後述するように「オシロスコープはガウシャン特性(Gaussian；定群遅延特性)」といわれますが，ここでは簡単化の

注1：厳密にガウシャン特性をアナログ回路で実現するのは非常に困難．Column1も参照のこと．

ため「1次系の周波数特性」として解析を行います[注1].

この「1次系の周波数特性」はローパス・フィルタであり，抵抗とコンデンサでモデル化されます.

このとき仕様で規定される周波数帯域より低い周波数で，どれだけ誤差が生じるかを計算してみましょう.

図23-3を見てください．これは「本来の信号レベルからどれだけ振幅の誤差が生じるか」を計算してみたものです．ここでも－3 dBの周波数，つまりオシロスコープの周波数帯域特性を前述と同じく500 MHzとしています.

ここで「誤差10 %」まで許容すると考えると，240 MHz程度までしか精度よい周波数帯域特性(計測の確からしさ)が得られないことが分かります.「誤差3 %」ともなれば125 MHz程度になってしまいます．これはオシロスコープでの**カーソル計測や電圧計測機能で顕著に生じる誤差問題**です.

● 計測系の特性と期待される精度は把握しておくこと

このようにやみくもに基本的な数字だけを捉えることなく，本来の特性と期待される精度に十分配慮して計測することが大事です．オシロスコープに限らず，第1章でも示したように，すべての測定器に共通する基本的な考え方です.

「誤差がどれほど潜んでいるか」そして「観測される波形にどれだけ差異が許されるか」を考えながら計測を行ってください.

● オシロの実際の周波数帯域特性を実測してみた

ためしにTDS784D(公称周波数帯域幅1 GHz)で，実際に周波数特性がどのようになっているかを計測してみましょう.

読者ご自身が現場で実際にオシロスコープを用いて計測するときにも，事前にこのようなテストをしておき，使用するオシロスコープがどのような周波数特性を持っているのかを確認しておくのもよいでしょう.

▶50 Ω系に設定して計測する

周波数特性の安定性を考えて(オシロスコープ本来の性能を計測する意味から)，50 Ω系で計測します．オシロスコープの設定(入力インピーダンス)を1 MΩから50 Ωに変更します.

信号源には高周波用信号発生器E4432B(現キーサイト・テクノロジー)を用いました．オシロスコープとはBNCコネクタでケーブル直結します.

▶フロントエンドの周波数特性はガウシャンにだいぶ近い

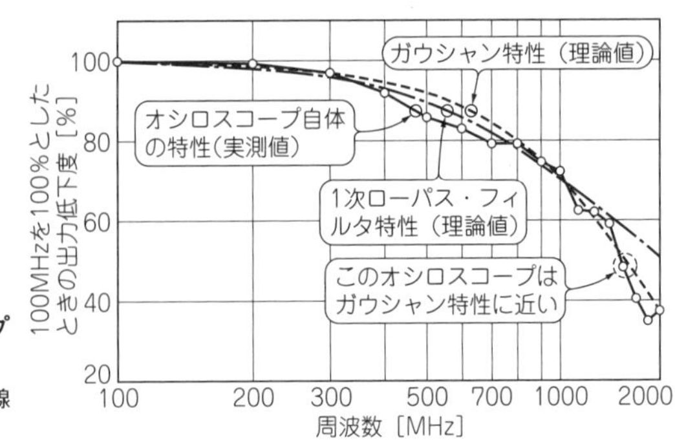

［図23-4］公称1 GHzのオシロスコープの周波数特性（実測）
1点鎖線は「1次ローパス・フィルタ特性」，破線は「ガウシャン特性」

このセットアップ（E4432Bから50 Ωの同軸ケーブル直結）で計測した結果を**図23-4**に示します．

これまで説明してきたように，オシロスコープの周波数帯域特性は，周波数が2倍で－6 dB減衰（－6 dB/oct）する「1次ローパス・フィルタ特性」とか，「ガウシャン特性」だといわれています．

図23-4に示す実測結果と，それに重ね合わせたそれぞれのカーブを見ると，「ガウシャン特性」に近いことが分かります．とはいっても幾分誤差や暴れもあります．

このような高速な信号を計測できるオシロスコープでは，内部で周波数特性補償がされている可能性もあります．さらに後処理のディジタル信号処理でいくらでも補正をかけられますから，それらのことも考慮する必要もありそうです．

このようにオシロスコープの能力を事前に確認しておくのも大事です．

23-2　高周波アナログ信号は50 Ω系直結計測が活用できる

数MHzを超える周波数においては，一般的に低いインピーダンス（例えば50 Ω

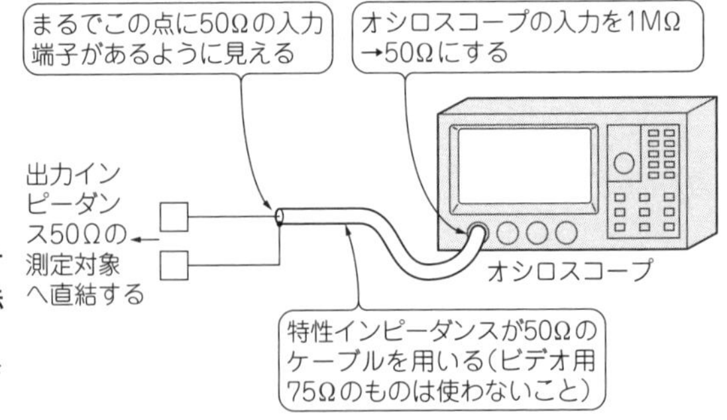

［図23-5］100 MHz超の高周波アナログ信号を計測する50 Ω系計測方法
（図4-3を修正して再掲）
プローブ先端が50 Ωに見える．接続は「できるだけ短く」を心がけるや75 Ω)で回路が動作し，その出力インピーダンスで信号を伝送します．特にスペクトラム・アナライザなど高周波用測定器では，計測系側においても同じインピーダンス(例えば50 Ωや75 Ω)で直結して受けて，**信号の振る舞いを安定にしたうえで計測**します．

オシロスコープでも同様に計測することができます．ここでは50 Ω系について解説しますが，75 Ω系に対応するケーブルや測定器を使えば，75 Ω系でも同様な計測を行えます．

Column 1

オシロのアナログ・フロントエンドの周波数特性は1次LPFで近似できる

本来，オシロスコープの周波数特性は「ガウシャン(Gaussian)特性」といわれています．これはガウシャン特性が位相特性・群遅延特性なども含めて非常に素直な特性であることから，そう設定されています．

しかし，現実問題として「ガウシャン特性」をきっちりそのままアナログ回路(フロントエンド)として実現することは非常に難しいため，「ガウシャン特性をアナログ回路で近似している」というのが実際のところではないかと思います．

特性解析についても，簡単な1次系で近似させるのが現実です．そこで差異を見るために，周波数特性のモデリングを「1次系」とした場合と「ガウシャン」とした場合で，**図23-A**のようにシミュレーションで計算してみました．

同じ−3 dBカットオフ周波数とした場合，−6 dBまでの特性であればだいたい誤差±1 dB以下になっています．

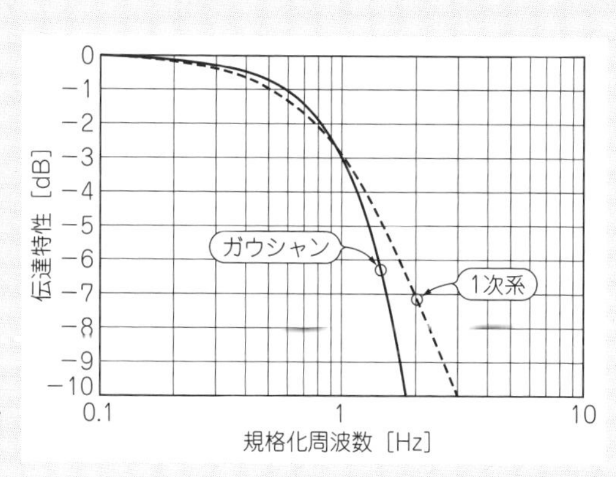

[図23-A]「1次系」と「ガウシャン」の特性差異は小さい

● 高周波アナログ信号の波形は「50 Ω系計測」で計測する

測定対象の出力インピーダンスが50Ωであれば，パッシブ・プローブを使わずに，50 Ωの同軸ケーブルを用いて，かつオシロスコープの入力を50 Ωにして，測定対象と直結して計測を行う「50 Ω系計測」が使えます．これは第4章でも紹介しました．100 MHzを超えるアナログ信号を計測するために，あらためてこの計測方法について説明します．

図23-5にこの計測方法の全体像を示します．Z0プローブはこのテクニックを活用したものです．以降でZ0プローブについてもこの視点から説明します．

この50 Ω系直結計測を実現するポイントは二つです．

- 特性インピーダンスが50 Ωの同軸ケーブルを用いる
- オシロスコープを50 Ω入力に設定して直結する

● 先端では「その点に50 Ωの入力端子がある」ように見えるので波形が乱れない

図23-5のように，ケーブルの特性インピーダンスが50 Ω，オシロスコープも入力が50 Ωであれば，プロービングしている先端では「その点に50 Ωの入力端子がある(50 Ωの抵抗負荷がつながっている)」ように見えます．このことは第4章の4-3節，第14章の14-2節，第17章でも説明しました，この考え方が，50 Ω系計測が「信号の振る舞いを安定にし，確からしい計測ができる」ポイントであり，数百MHzの高速なアナログ信号波形も観測できる理由です．

Z0プローブもこの原理どおりであり，例えば前章で紹介したZ0プローブP6158型は周波数帯域3 GHzと広帯域です．

▶数百MHzの計測も可能だが，接続は「できるだけ短く」

しかし接続は，グラウンドも含めて「**できるだけ短く**」を心がけないと，接続でインピーダンスが変化し，波形のレベルが変化したり，ひずんできたりします．同軸ケーブルのグラウンド(外皮)を長くむいてはんだ付けしたりすると，100 MHz～200 MHzを超えるとそのインダクタンス成分が影響を与えてきます．

23-3 50 Ω系計測の特長を生かしたZ0プローブ

● 50 Ω系に直列に抵抗を挿入したものがZ0プローブ

50 Ω計測系が測定対象の50 Ω負荷相当として接続されて計測するならよいのですが，**図23-6**のように，回路(測定対象)に対して50 Ω計測系が並列に接続されると，回路側にとって計測系が余分な重い負荷になり，計測に影響を与えてしまうことがあります．

この場合は**図23-7**に示すように，450 Ωの抵抗を直列に接続することで，この50 Ω計測系が500 Ωの入力抵抗になります．これにより回路側に対して負荷が軽くなり，影響を低減させることができます．また10：1プローブを実現できます．

Z0プローブはこの考え方で実現されています．450 Ωは10：1の場合で，ほかの比率で実現したい場合や，回路(測定対象)側への影響度を低減させたい場合には，この抵抗値を変更します．これにより三つの利点が得られます．

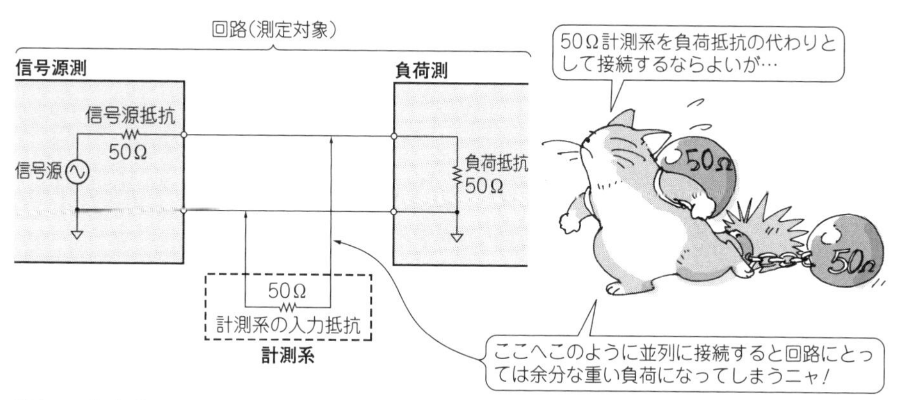

[図23-6] 負荷抵抗が接続された回路で50 Ω計測系を並列に接続すると余分な重い負荷になってしまう

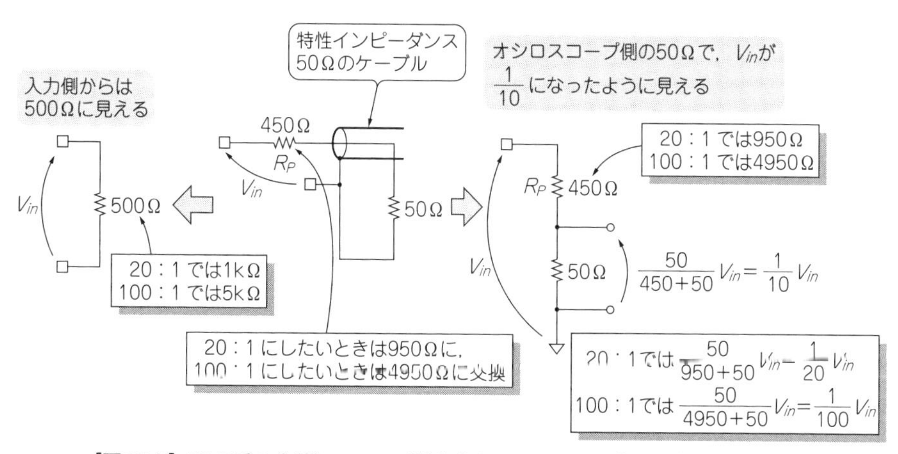

[図23-7] 50 Ω系の先端に450 Ωが挿入され10：1のZ0プローブができている
20：1や100：1の場合の抵抗値も併記してある．R_Pは式(23-1)で用いるもの

- 50 Ω系計測で実現できる高い計測の確からしさはそのまま活用できる
- 測定対象から見た計測系の入力抵抗値を50 Ωから500 Ωに大きくできる
- オシロスコープとしても，10：1パッシブ・プローブでの10：1表示と同じになり，表示上でも都合がよい

しかし低周波で，高いインピーダンスで動作するアナログ回路に，Z0プローブを接続するのは，「相当な重い負荷がつながる」ことになり，計測系が測定対象に影響を与えるので，この場合はあまり向きません．

● 負荷に影響を与えてしまうときは直列抵抗を大きくする

500 Ωでは回路側が影響を受けやすいといった場合には，**図23-7**で示した450 Ωの直列抵抗R_P[Ω]を大きくすれば，だいたい問題が解決されます(影響や誤差が少なくなる)．

逆に生じる問題は，オシロスコープで10：1で直読できなくなります．10：1以外の比率の場合は，以下のように値を変換する必要があります．

実際の回路側の電圧をV_S[V]とすると，抵抗R_Pによりオシロスコープで表示される電圧V_Mは(10：1の表示モードになっているとして)

$$V_M = 10\frac{50}{R_P + 50}V_S \quad \cdots\cdots (23\text{-}1)$$

となります．これで読みを補正すればよいのです．

ただし，あまり直列抵抗を大きくして倍率を大きくすると，オシロスコープ側に伝送される信号レベルが減衰して低くなります．低い信号レベルを観測する場合には，オシロスコープ自体の内部ノイズが見えてくる可能性もあります．また**浮遊容量の影響により，周波数特性が低下する可能性もあります**．

▶ 20：1や100：1の市販Z0プローブもある

P6158型(テクトロニクス)は20：1であり，950 Ωの直列抵抗が付加されています．このため回路側から見た抵抗値は1 kΩになり，回路への影響度を軽減できます．さらには100：1のZ0プローブというものがあります．直列抵抗を4950 Ωとし，100：1を実現しています．

● 自作する場合は470 Ωの抵抗を使う

第4章でも説明しましたが，市販のZ0プローブでなくとも，50 Ωの同軸ケーブルで同様なプローブを作れます．**図23-7**では同軸ケーブルの先端に450 Ωを直列

接続していますが，このかわりに470 Ωの抵抗を直列接続します．520/500 = 1.04の誤差4 %はオシロスコープの観測/表示上ほとんど分かりません．

この場合，470 Ωの直列抵抗はできるだけ小型の抵抗か，可能であればチップ抵抗が好ましいです．

23-4 差動プローブやアクティブ・プローブを正しく使う

差動プローブやアクティブ・プローブについては，本書のこれまででも説明してきました．ここでは100 MHz以上の信号(特に高周波同相モード電圧[注2]を含んだアナログ信号．ディジタル信号も含む)を計測するときの注意点を紹介します．

アクティブ・プローブも差動プローブも，プローブ内部の半導体素子で増幅していることはどちらも変わりありません．そのため基本的な考え方はどちらも同じです．

アクティブ・プローブも多用されると思いますが，ここでは主に差動プローブを説明します．差動プローブはグラウンド基準として電圧を計測できない構成の端子電圧の計測もできるので，非常に便利です．

● 差動信号のみを計測したいが，周波数が高くなってくると同相モード電圧も影響を与えてくる

差動プローブの入力回路の構成と同相モード電圧V_C[V]を含んだ測定対象の例を**図23-8**に示します．各定数はP6248(テクトロニクス)を参考にしています．

注2：第16章以降では「同相モード成分」と表現してきたが，本章では分かりやすいように，あらためて「同相モード電圧」として説明する．

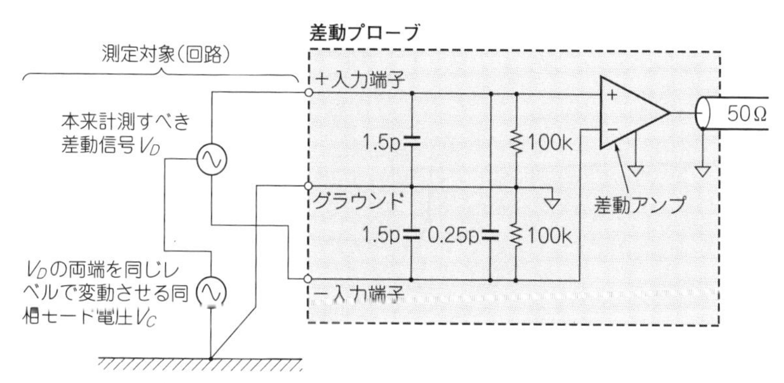

[図23-8] 差動プローブの入力回路構成と，そこに加わる差動信号と同相モード電圧
差動プローブの定数はP6248(テクトロニクス)を参考にした

計測の目的は差動信号V_D[V]のみを計測することですが，同相モード電圧V_Cの周波数が高くなってくると差動プローブの性能低下のために，同相モード電圧V_Cも計測に影響を与えて(観測されて)しまいます．同相モード電圧は，グラウンド電圧に対して二つの差動信号が同じレベルで変動する電圧成分です(第17章の17-2節で詳しく説明)．この影響度は*CMRR*特性として，差動プローブのデータシートにきちんと示されています．

図23-9はP6248の*CMRR*周波数特性です．300 MHzを超えた辺りで*CMRR*特性が低下してきて，÷10のモードでは20 dB(つまり10 %程度の影響が観測される)になっています．

通常の計測シーンで，オシロスコープで波形を観測する目的であれば許容できる誤差範囲かもしれません．しかし同相モード電圧の周波数やレベルが高い場合や，差動プローブをスペクトラム・アナライザやネットワーク・アナライザに接続して高ダイナミック・レンジで計測する場合は特に注意が必要でしょう．

また以後にも示しますが，同相モード電圧がプローブ規定の**入力レンジを超えると，適切に計測できなくなって**しまいます(P6248では±7 V)．

● 同相モード電圧の問題かどうかを切り分ける二つの方法

「果たして今計測している信号への同相モード電圧の影響がどれほどか」は，プローブのデータシートを見ただけでは確認できません．そこで**図23-10**に確認方法を2例，示してみます．

▶方法その1：2本の差動入力リード線を1カ所に接続してみる

図23-10(a)のように，差動プローブの2本の入力リード線を信号出力端子の一方に両方とも接続し，なおかつ計測する差動信号を停止させます．

そのときに計測される電圧レベルが「計測系に現れる同相モード電圧の影響」と

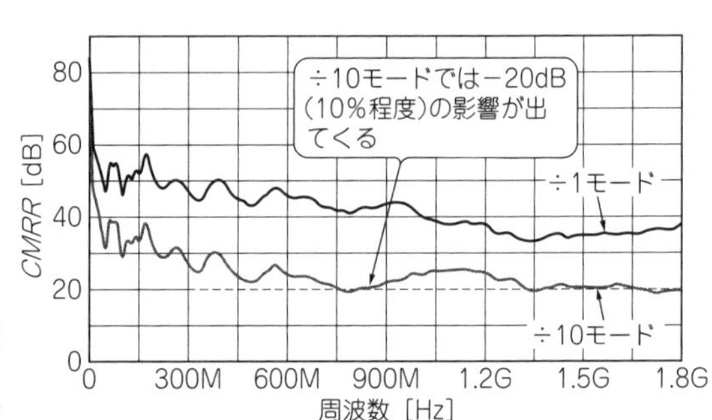

[図23-9] 差動プローブの*CMRR*周波数特性
P6248(テクトロニクス)の取扱説明書より抜粋

見積もることができます．差動信号を停止させるのは，同じ信号出力端子に2本の入力リード線を接続させるため，差動信号が確認に影響を与えないようにするためです(ややこしいが，この停止させた差動信号自体が同相モード電圧を生成する原因だったということもあるので，それも注意)．

▶方法その2：2本の入力リード線を逆に接続してみる

図23-10(b)のように，別の部分の信号(回路として相互に影響していない別の箇所の同じ信号波形，もしくは同じ周波数か同期している波形)でトリガをかけて，その状態で差動プローブの2本の入力リード線を逆に接続して(極性を反転させて)，このときの波形の変化のようすを見てみる，という方法です．

同相モード電圧の影響がなければ，それぞれで「極性が反転した全く同じ波形」が観測されるはずです．一方，同相モード電圧が影響していれば，それぞれの波形は**図23-10(b)**のように，極性が反転した波形として観測される差動信号のうえに，同じ極性のままで変化する波形の部分が確認できるはずです．

● その他の注意点1：これらのプローブの許容入力レンジはそれほど広くない

くり返しますが意外と見逃しがちなこととして，差動プローブやアクティブ・プローブは入力レンジが数Vと狭い点があります(P6248では÷10モードで8.5 V，÷1モードでは850 mV)．さらに差動プローブの場合は，**図23-8**で示した同相電圧

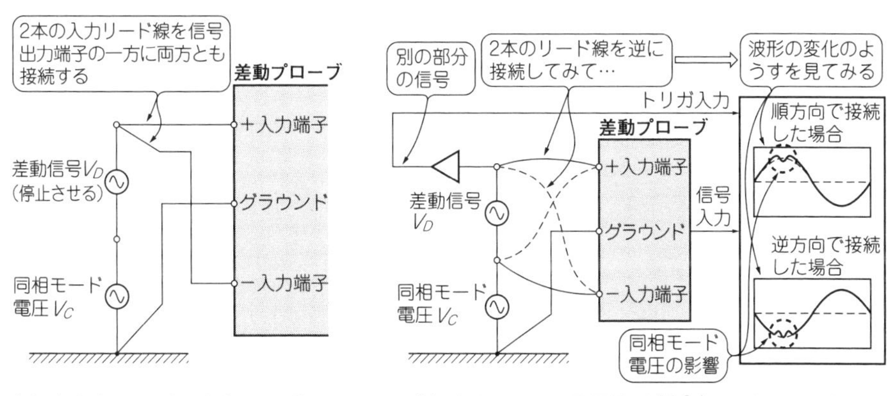

(a) 方法その1…2本の入力リード線を信号出力端子の一方に両方とも接続する

(b) 方法その2…差動プローブの2本の入力リード線の接続を逆に接続する

[図23-10] 差動プローブでの同相モード電圧の影響を調べる方法

差動信号源と同相モード電圧源の接続は図23-8が正しいが，見やすさのためこの図と図23-11ではこのように簡単化して示している

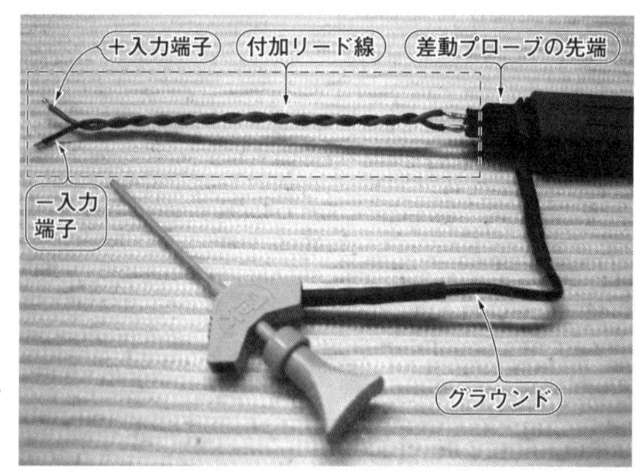

[写真23-1] 差動プローブ(P6247)から測定対象まで付加リード線を伸ばす
筆者所有のP6247

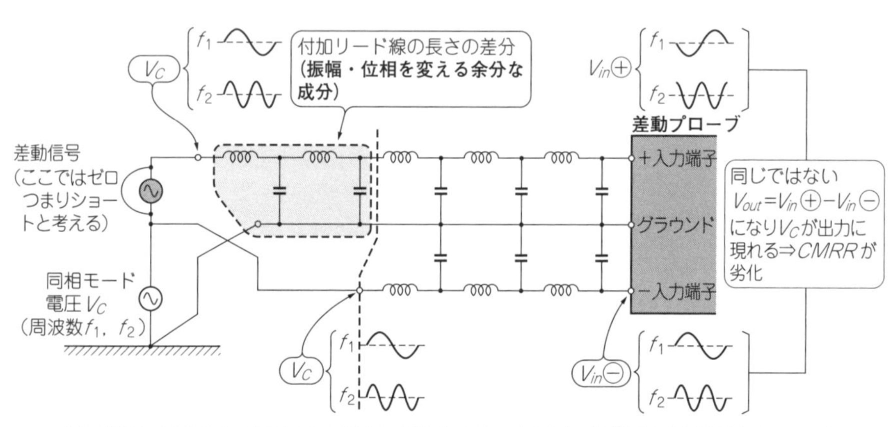

(a) 差動入力間のアンバランスで$CMRR$が劣化するしくみ(リード線間の容量は示していない)

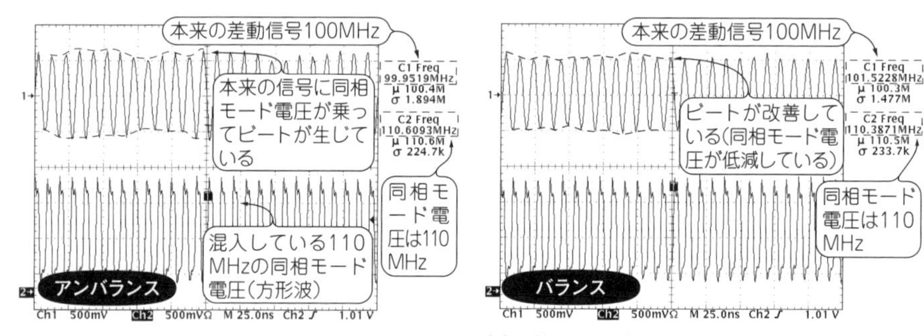

(b) $CMRR$特性の劣化により同相モード電圧がビートとして観測されている(+側だけを5cm伸ばして劣化を大きくした)

(c) 付加リード線を等長にしてよく撚って測定対象に接続したときの波形(改善されている)

[図23-11] 付加リード線により$CMRR$の劣化が生じる問題

入力レンジも規定されています．それらが規格内に入っていることを確認してから，計測を行うことが重要でしょう．

このレベルを超えてしまうと，プローブの内部回路が飽和して，ひずみのある波形を観測することになります(**最悪，プローブが破壊する**)．

● その他の注意点2：入力容量が低くても周波数が高くなると要注意

前章などでも説明しましたが，プローブには入力容量が存在します．パッシブ・プローブに比べて差動プローブやアクティブ・プローブは，入力容量は1 pF程度と低めではありますが，それでも周波数が高くなってくると，このリアクタンスが無視できないレベルになってきます(例えば200 MHzで1 pFは800 Ωになる)．

いずれにしてもプローブのデータシートで入力容量がどれほどかを把握して，「それが測定対象に負荷として接続されているのだ」といつも意識しながら計測を行うことが重要です．

このように差動プローブやアクティブ・プローブであっても万能というわけではありません．周波数特性があったり，超低容量なZ0プローブと比較してみると特性が若干劣ったりする場合もあるので，注意が必要です．

23-5 差動プローブに長い付加リード線を接続するときの注意点

差動プローブから測定対象までの距離がある場合は，**写真23-1**のように付加リード線を接続して計測するケースも結構多いかと思います．ここでは注意すべき三つのポイントがあります．

● その1：同相モード特性の劣化

写真23-1のような付加リード線により，**図23-11(a)**のように2本の差動入力間のアンバランスが生じ，ここでも*CMRR*が劣化することがあります．

この劣化により，本来観測されることのない同相モード電圧が観測されることがあります．これを実験してみたようすを**図23-11(b)**に示します．ここでは＋側だけを5 cm長く伸ばして，劣化をわざと大きくして100 MHzの差動信号を観測しています．

この図の下側の波形は混入している110 MHzの同相モード電圧(方形波)で，上側は差動プローブで検出された信号です．100 MHzの本来の差動信号に110 MHz(下側の方形波)とのビートが生じていることが分かります．

図23-11(c)は2本の付加リード線を等長にして，よく撚(よ)って(**写真23-1**のよう

にして)，測定対象に接続したようすです．改善されていることが分かります．

▶差動入力のアンバランスによりCMRRが劣化するメカニズム

あらためて**図23-11**(a)を見てください．付加リード線自体のインダクタンスがリード線の差分長で差のできるようす，またリード線と周辺とで生じる浮遊容量が同じく差分長で差のできるようす，そしてそれらがリード線間でアンバランスになり，CMRRに影響を与えるようすを示しています(この図では付加リード線間の容量は示していない)．

これらによって，同相モード電圧が2本の差動入力経路のそれぞれで，異なる波

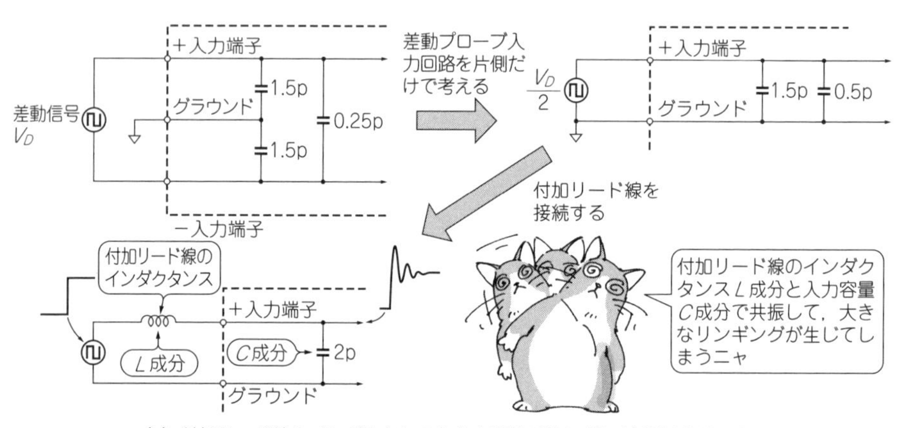

(a) 付加リード線のインダクタンスと入力容量でリンギングが生じるしくみ

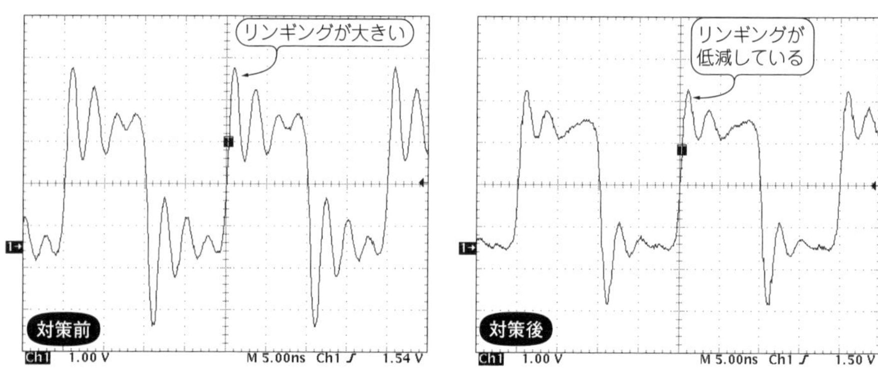

(b) インダクタンスと入力容量により大きなリンギングが観測されている

(c) 直列に100 Ωを挿入することでリンギングが低減している

[図23-12] 差動プローブに付加した付加リード線のインダクタンスが原因となって，波形に大きなリンギングが生じているかのように表示される

形に変化し，それが差動信号として検出されてしまいます．これが「同相モード-ノーマル(差動)モード変換」で，十分に注意が必要です(第16章のAppendix 4も参照)．

基本は**付加リード線はできるだけ短く**というところでしょう．また付加リード線を伸ばす場合には，少なくとも$CMRR$特性が劣化しないように，(**写真23-1**のように)2本を「十分に撚って」バランスを取って使用してください．

● その2：付加リード線により生じるリンギングは「抵抗で対策」

図23-12(**a**)のように，付加リード線のインダクタンス(だいたい1 mmで1 nH程度と思っておけばよい)と，**図23-8**に示した入力容量とで，**図23-12**(**b**)のようにリンギングが生じることがあります．これはプローブ接続で生じるもので，観測された波形本来のものではありません(計測の確からしさが低下している)．

図23-12(**c**)のように数十Ω～百数十Ωの抵抗を直列に接続(ここでは100 Ωを挿入)することで，リンギングが低減し，確からしさを高くして観測できます．なおオーバーシュートの起きない臨界制動抵抗値は$R = 2\sqrt{L/C}$で計算できます(例えば$L = 10$ nH，$C = 2$ pFとすると，$R = 140$ Ωになる)．

なお付加リード線には線間容量も分布定数として生じます．付加リード線のインダクタンスも分布定数であり，これらで付加リード線が「伝送線路」になります．伝送線路になることにより，第5章の5-4節や第13章以降でTDRとして示したような振る舞いが，この付加リード線上でも生じることにもなります．これも注意すべきことといえるでしょう．

これらのこともモデル化して計測時に考慮にいれておくことも大切です．

差動プローブP6248では，回路に直接はんだ付けして計測するタイプの抵抗内蔵型のアクセサリがあります［196-3504-XX(1インチ)，196-3505-XX(3インチ)］．

とはいえ付加リード線を伸ばせば，それに応じてインダクタンスが増えますので，やはり**付加リード線はできるだけ短く**というところです．

● その3：付加リード線はインダクタンス．周波数特性に変化が生じてしまう

上記と同様な話になりますが，**図23-12**(**a**)の付加リード線のインダクタンスL成分と入力容量C成分とでローパス・フィルタが形成され，周波数特性に変化が生じてしまうこともあります．

例えば100 mmの付加リード線をつないだとして，入力容量が2 pFであれば，約350 MHzの－3 dB周波数をもつローパス・フィルタができあがってしまうことに

なります(よく撚ることで軽減はできる)．**図23-12**(**b**)のようにリンギングが生じるのは，この周波数特性が変曲するところでピークができているからです．

ここでも基本は，**付加リード線はできるだけ短く**というところでしょう．

*

第7部(第20～23章)では，特にアナログ信号を適切に計測するためのオシロスコープの計測方法とプロービングについて説明してきました．特に近年，設計現場で直面する高速な信号の計測には，50Ω系計測(Z0プローブ)や差動プローブを用いることがポイントでありますし，確からしい計測を行ううえでも重要です．

いずれにしても大切なことは「**適切にモデル化して理論的に誤差要因を解析する**」という考えをいつも持っていることです．

第8部

ソフトウェアとデバッグのための計測基本技術

第24章

【成功のかぎ24】
マイコン動作チェック術①…I/Oポート&シリアル通信
ソフトといえどもハードウェアとしての動作確認が基本

本章と次の章では，オシロスコープを用いたソフトウェアのデバッグ方法のアイディアを紹介していきます．とくにICE(In Circuit Emulator；マイコン開発装置)がないなど，開発環境リソースが乏しくなりがちな小規模のワンチップ・マイコンのデバッグをメインに説明していきます．本章ではまず，マイコンの入出力動作を確認するためのオシロスコープ活用方法を紹介します．

24-1　信号を出力しているはずのポートの電圧レベルが変化していない

● ポートのようすをオシロで確認してみる…Lレベルしか出ていない!?

「出力ポートに設定してポートを変化させているのだが，オシロスコープで見るとI/Oポートが“L”のまま」というケースは，開発/デバッグの初期段階で生じがちなトラブルです．

「I/Oポートが“L”のまま」というときは，そもそもこのポートが出力になっているのか，入力になっているのか，判断に悩む場合もあるでしょう．

オシロスコープのパッシブ・プローブは，入力抵抗が10 MΩです．つまりI/Oポートにプローブを接続することは，I/Oポートが10 MΩでプルダウンされているようなものです．ポートが入力の設定なら，**Lレベルしか出てきません**．

● 1 k～10 kΩ程度の抵抗でプルアップ/プルダウンしてみる

1 k～10 kΩ程度の抵抗で，動作を調べたいI/Oポートを外部でプルアップ/プルダウンしてみると，I/Oポートの設定状態を確認できます(**図24-1**)．

I/Oポートが入力の設定になっていれば，I/Oポートに接続した抵抗の反対側をV_{CC}/GNDに交互につないでオシロスコープで確認してみると，I/Oポートのレベルが H/Lに変化するはずです．レベルが“L”のままであればポートは出力になっている可能性が高いといえます(もしくはどこかとショートしている)．

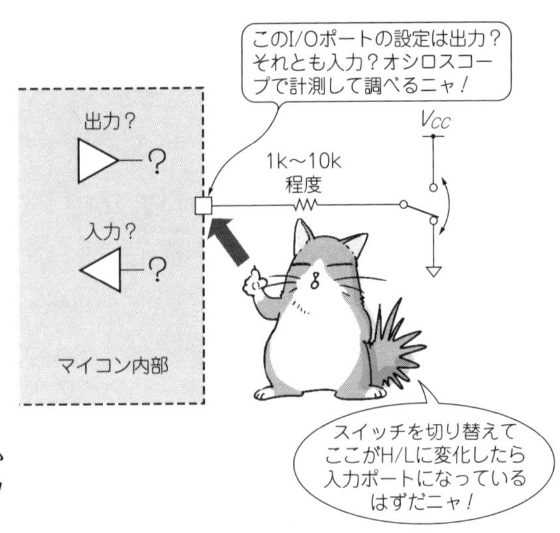

[図24-1] I/Oポートの設定が出力か入力かは抵抗でプルアップ/プルダウンすると確認できる

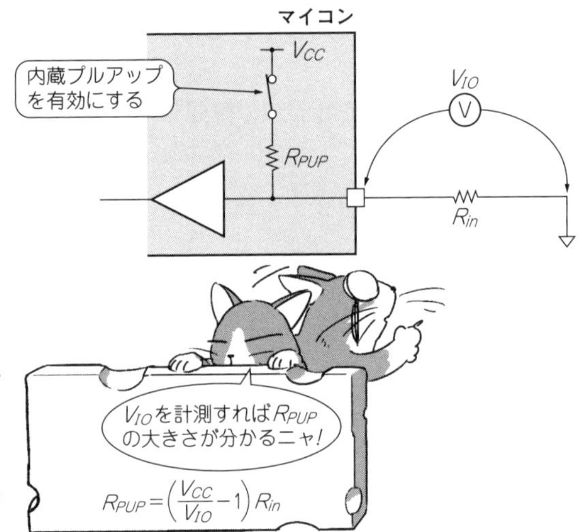

[図24-2] マイコンの内蔵プルアップの有無は抵抗を接続すると確認できる
抵抗の反対側をグラウンドに接続したとき0Vを示せば内蔵プルアップは無効だと推測できる

▶マイコンの内蔵プルアップがONしているかも計測できる

図24-2のように，I/Oポートが入力に設定されていて，かつ内蔵プルアップ抵抗R_{PUP}[Ω]を設定している場合もあるでしょう(この場合は“H”のまま).

このようなときは，接続した抵抗R_{in}[Ω]の反対側をグラウンドに接続すると，この抵抗R_{in}とマイコンの内蔵プルアップR_{PUP}とでマイコンの電源電圧V_{CC}[V]が分圧され，ポートのレベルは，“L”になるはずが中間の電圧レベルになります．これによりマイコンの内蔵プルアップR_{PUP}がONになっているかの確認もできます.

さらにマイコンの内蔵プルアップR_{PUP}の抵抗値も，この状態で，I/Oポート端子の電圧V_{IO}[V]を計測することにより，以下の式で計算することができます.

$$R_{PUP}=\left(\frac{V_{CC}}{V_{IO}}-1\right)R_{in} \quad \cdots\cdots (24\text{-}1)$$

24-2　ソフトウェアでポートを読んでみるとなぜか値が不安定…

● 深みにはまる前に…隣のピン同士がショートしていないか確認する

デバッグをしていて,「なんだかよく分からないが，I/Oポートがうまく読めない」,「読めるときと，うまく読めないときがある」,「外部の回路をうまくドライブできないことが時々あるようだ」などといった，ソフトウェアの視点では解決できないような問題が生じることがあります(とはいえ，結局は理論的なのだが).

▶隣同士がショートすると不定(中間)レベルが出る

当然いろいろな原因が考えられるとは思いますが，ここはひとつ，問題のそのI/Oポートにプローブをあてて，そのポートのレベルを確認してみてください.

隣のポート(もしくはそのポートと接続された，他のICの端子とその隣の端子)とショートしており，Hレベルもしくはレベルのはずが，不定(中間レベル)になっているのを発見することがあります．**図24-3**は隣同士のI/Oポート(出力)がショートした波形の例です.

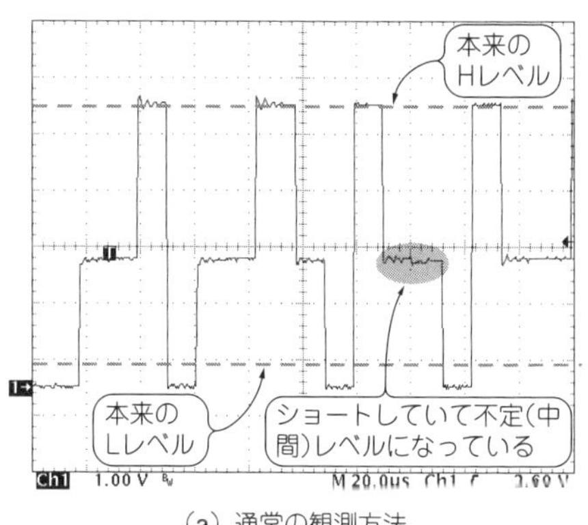

(a) 通常の観測方法

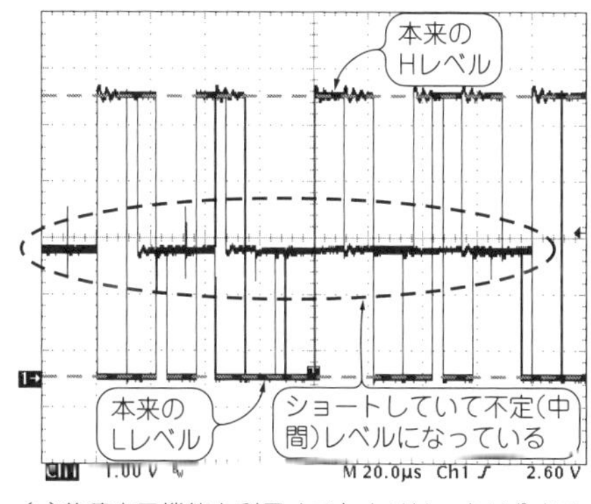

(b)蓄積表示機能を利用するとよりはっきり分かる

[図24-3] 隣同士のI/Oポートがショートしているときの波形

Lレベルや Hレベルになることはなるが中途半端な電圧になっている期間もあるとき，出力ポート同士がショートしている可能性が高いこれは特に，手はんだで試作品を作り上げたときに発生しやすい問題で，開発現場ではよくあるものです．この確認をしないままデバッグを進めてしまい，長い迷路に迷い込んでしまうケースもままありますので，「おかしいと思ったらオシロで確認！」くらいの気持ちでデバッグにあたるとよいでしょう．

● ときどき生じるバス衝突や不定電位を見つけ出せる回路

実際のトラブルで，中間レベルになる確率が非常に低い場合，普通にオシロスコープの画面を見ているだけでは見つけられないことがあります．

そこで，第4章の**図4-10**で紹介した中間電圧レベルでトリガできるウインドウ・コンパレータ回路を活用します．この回路でバス衝突や不定電位レベルなど異常状態でトリガをかければ，簡単に問題点を発見することができます．

● 電源電流を計測してI/Oポート過負荷誤動作の原因を見つけ出す方法

小規模のワンチップ・マイコンでしかできない技ですが，たとえば超低消費電流を実現するシステムのデバッグなどに威力を発揮します．

想定外に重い負荷がI/Oポートにつながっていたとか，I/Oポート同士がショートしていたとか，見積りよりも消費電流が大きい状態を確認できます．

マイコン内部のペリフェラルが個別にパワーダウンできるものであれば，マイコン全体の消費電流の見積り値に対して，そのペリフェラルのパワーダウン状態が適切か(どれだけ影響するか)どうかの確認もできるといえるでしょう．

▶電流検出用ICをうまく活用する

図24-4はこれを計測するための回路です．電流検出用IC AD8208を用いています．ディジタル・マルチメータを使っても同様な計測は可能ですが，この方法ならオシロスコープでの観測が可能です．

抵抗R_1，R_2は，マイコン単体の電流量から，R_1，R_2で生じる電圧降下が20～100 mV程度になるような値を選んでください．一方で，計測したい電流量変化も計測系の分解能で計測できるような抵抗値にすることも大切です．このためI/O本数の多い大規模マイコンの計測には適しません．

後段で増幅するOPアンプAD8032は，マイナス電源から−200 mV低いレベルも入力範囲として検出が可能な性能を持つものです．AD8208の出力がグラウンド電圧に近いのでこのようなアンプを選んでいます．

AD8208の電流検出応答速度にも限界がありますので，I/Oポートは実時間でダイナミックに動作させるのではなく，ひとつずつON/OFFさせるようなテスト・

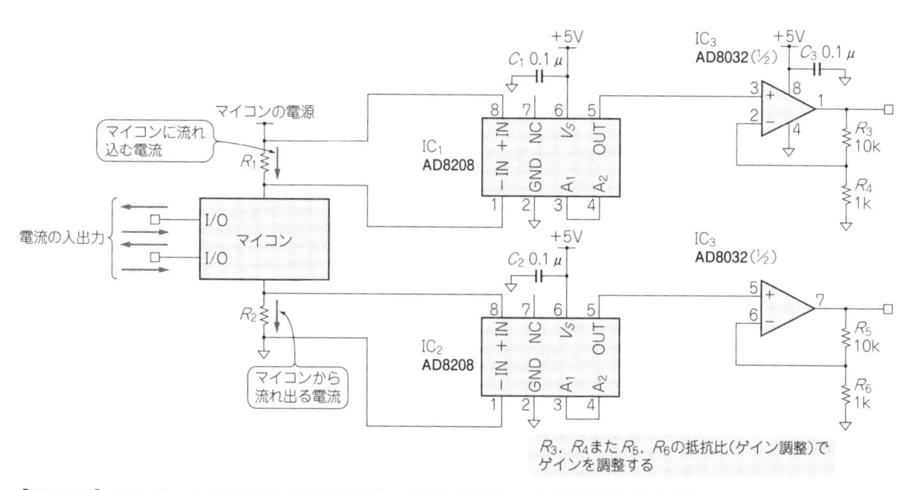

[図24-4] I/Oポートの誤動作の原因を見つけ出す回路…入出力電流を確認し，マイコンの電源に流れ込む電流と流れ出る電流を計測できるようにする回路
電流検出用IC AD8208を用いた電源電流の計測システム

プログラムで駆動するのがよいでしょう．

IC_1の出力からはマイコン回路に流れ込む電流量，IC_2からは流れ出る電流量に比例した電圧値が得られます．これをさらに増幅し，コンパレータで基準電圧(システムで規定した許容最大電流量に応じた大きさ)と比較し，これをオシロスコープのトリガとして，その時の各I/Oポートの状態を確認する方法とかを使えば，どのポートが過電流の原因になっているかをより適確に突き止めることができます．

24-3 低速シリアル通信がうまくできないとき

● 今でも出番の多い低速シリアル通信

個々の機器間の情報伝送を，RS-232-Cのシリアル通信で行うことは少なくなってきました．しかし，周辺ICを初期設定するI^2CやSPIとか，同一基板内あるいはマザーボードとドーター・カード間の通信などには，現時点でも低速シリアル通信が多用されています．

PCディスプレイの個体認識や，一部のメーカのPC用ACアダプタ/バッテリの純正認識などにも，これまで低速シリアル通信は用いられてきていますし，高信頼性通信のRS-485は未だに現役です．

▶マイコン内部のレジスタ設定がめんどうで，トラブルが多い…

「シリアル通信制御レジスタは，きちんと設定したから大丈夫」として，ソフトウェアの視点のみで開発/デバッグをスタートすると，使用するポートを間違えたなどの単純なミスに引っかかって，「動作がおかしいのだが，その原因や理由がよく分からない」というトラブルに直面してしまうことがあります(**図24-5**)．

● ソフトウェアのデバッグの前にまず実波形を確認する

低速シリアル通信システムの開発/デバッグを開始するときに，一番最初に「目視」でシリアル通信のようすを確認しておくとよいでしょう．**通信している実波形を確認することで「不確定な要素が事前にひとつ減る」**わけです．

RS-232-Cであれば，スタート・ビットがあり，それ以降がLSBファーストで(LSBが先に)伝送されることは既知なわけですが，RS-232-Cであっても，ビット・レート，ビット数，パリティなど，可変要素が意外と多くあります．

▶UART信号波形の観測方法

マイコンのシリアル通信インターフェース(以降UART；Universal Asynchronous Receiver Transmitterと呼ぶ)の計測は難しいことはありません．オシロスコープのトリガ・レベルを電源電圧の1/2程度(5V電源であれば2.5V程度)にしておき，トリガ・モードはシングルまたはノーマルにします．たとえばRS-232-Cではスタート・ビットは(UARTでのCMOSレベルでは)Lレベルなので，トリガのSLOPEは立ち下がりに設定しておきます．

この設定でUARTを観測したようすを**図24-6**に示します．

[図24-5] ソフトウェアばかり疑っていても一向にトラブル・シュートは進まない

● UARTが送信/受信できない原因をオシロで見つけ出す

マイコンのUARTの設定は厄介です．初めて使うマイコンであればなおさらでしょう．汎用I/OポートからUART入出力に変更するレジスタ，通信パラメータを規定するレジスタなど，さまざまなレジスタを間違いなく設定しないと，通信できません．

これらの制御レジスタの初期設定が不適切であったため，マイコンがUARTのハードウェアとして機能していない場合が結構あります.以下のようにしていけば，不確定要因をひとつずつ潰していくことができるでしょう．

▶送信端子はI/Oポートとして出力できるのかを確認

まず，ソフトウェアで想定しているポートが，実際にハードウェアとして接続されているポートと同一なのか(正しいものなのか)を確認するのが最初でしょう．あまりにも単純と思うかもしれませんが，思い込みで間違って設定していたというケースが実際に多いものです．

UART「送信」端子としてそのポートを使うのであれば，**図24-7**のように，まずはそのI/Oポートを通常の出力設定にして(UARTの動作モードにしないで)，連続してトグルするようなテスト・プログラムを書き込み，オシロスコープで観測して，きちんとトグルしているかを確認します．

PORT_Aというアドレスのビット0をトグルするのであれば，

```
while(1){
      PORT_A = 0x01;
      PORT_A = 0x00;
}
```

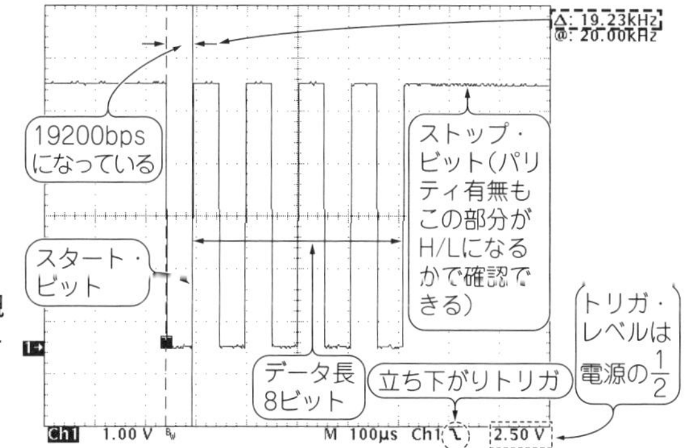

[図24-6] トリガを適切に設定して観測したシリアル通信インターフェース(UART)の波形
19200 bps，パリティ無し，ストップ2，0x55を送出

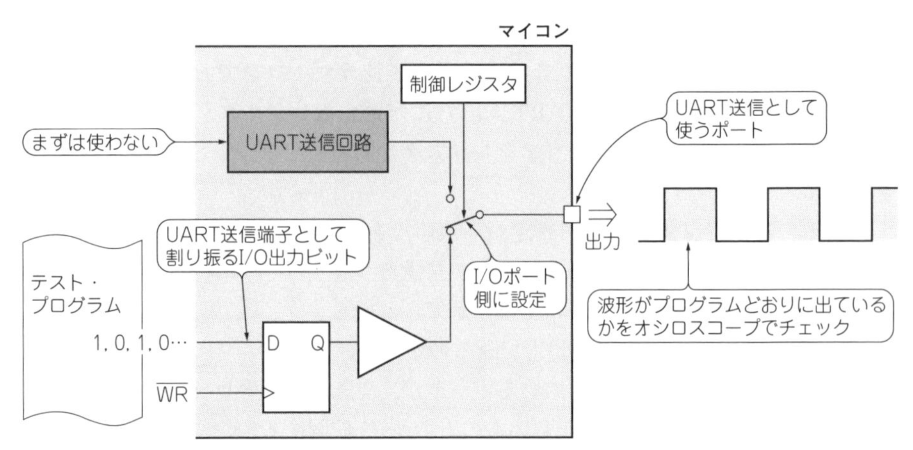

[図24-7] UART送信に使う端子だとしても，まずは普通のI/Oポートとしての動作を確認しておく

という無限ループを組んでみることです．出力ポートとしての確認は後述する「XOR技」も活用できます．

▶受信端子も同様にI/Oポートとして入力値を読めるのか確認

UART「受信」端子としてそのポートを使うのであれば，**図24-8**のようにテストとして，まずはそのI/Oポートを通常の入力設定にします．

テスト・プログラムは，このポートを読んで，その状態を別のI/O出力ポートに出力します．出力ポートをオシロスコープで観測しながら，テストする入力ポートに外部からH/Lレベルを加え，ソフトウェアがその入力ポートのH/Lのレベルをきちんと読み込み，出力しているかを確認します．

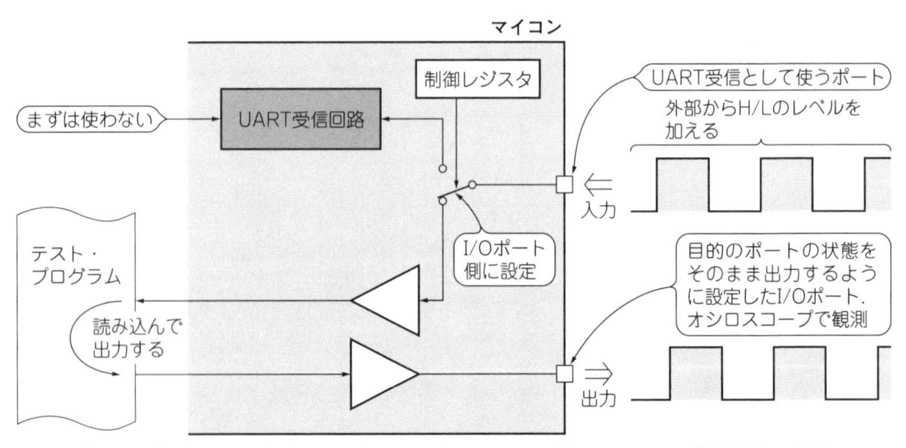

[図24-8] UART受信ポートで使うときも最初にI/Oポートのままで基本動作の確認

これにより，想定しているポートがハードウェア的に正しく動作しているのか(正しいポートなのか)を知ることができます．

▶UART送信なら送信波形を，UART受信なら受信波形をオシロスコープで観測

上記が確認できたら，UART送信なら1バイト送信するようなテスト・プログラムを書き込んで，このUART送信ポートにプローブを当てて，UART送信したようすをシングル・トリガで波形を観測してみます．観測方法は先の「UART信号波形の観測方法」のとおりです．

この波形がどうなっているか(フォーマット，ビット・レートなど)を確認することで，UART制御レジスタの設定が正しいかどうか判断できます．

マイコンの内蔵オシレータ(発振器)は，発振周波数に誤差が生じていることがあります．UARTのクロック源としてこれを使う場合は，ビット・レートが規定の誤差範囲に収まらないことがあります．これもオシロスコープで確認できます．

UART受信の場合も同様です．外部から加えるシリアル・データを目視で確認したうえで，1バイト受信完了フラグが正常に立つか(オーバーラン，フレーミング，パリティなどのエラーなしで)どうかで，設定が正しいかどうかを判断できます．

ここまでの話は，単純といえば非常に単純ですが，このような**基本的な作業の積み重ねが，効率よいデバッグを実現**してくれるのです．

● きちんと連続して受信できているかを調べる方法「XOR技」

きちんとシリアル・データを受信しているかを確認するには，ICEがあれば，割り込みルーチンにブレーク・ポイントをかけてブレークさせることで，ソフトウェア的なアプローチでデバッグできます．

ICEを使わなくても，空いているI/Oポートを利用して，ここをフラグ的に利用することで，きちんと受信しているかを確認できます．

▶確認したい部分にXOR命令を2回書いて短時間のパルスを出力する

たとえば，PORT_Aというアドレスのビット0をこのフラグ端子にして，割り込みルーチン(または1バイト受信完了部分)に以下のようなコード(ビット0を2回XORする)を書いておきます．

```
PORT_A ^= 1; //XOR1回目
PORT_A ^= 1; //XOR2回目．レベルが元に戻る
```

1バイト受信が完了すると，HまたはLの幅の細いパルスをPORT_Aのビット0端子から出力させることができます．

パルス幅は，XORとポート処理の命令動作ぶんなので，マイコン動作の数クロックの間だけです．

XOR命令を用いる理由は，現在のI/Oポートの論理レベルが“H”か“L”かにかかわらず，必ずこのポートを**トグルさせることができる**からです．そして**同じコード(XOR)を2回書くだけ**で，幅の細いパルスが必ず出せます．とても簡単で間違いがありません．機械語の命令数も少なく無駄がありません．

▶パルスをトリガにしてオシロスコープで計測

このパルスでオシロスコープをトリガさせれば，きちんと受信していること(このルーチンを通っていること)をハードウェア的に確認できます．

この設定状態で，UART受信波形と「XOR技」でのパルスを観測したようすを，**図24-9**に示します．この図では見やすくするため，パルス幅は(ウエイトを持たせて)長めにしてあります．

● パルスを作る「XOR技」はいろいろなところでとても便利

XOR命令を加えて，プログラムの動作状況をI/Oポートに出力するこの技は，他にも応用できます．低速シリアル通信に限っても，このパルス出力を周波数カウンタや計数カウンタでカウントすれば，バイト転送レート(スループット)やトータル転送バイト数などを簡単に目視で確認できます．周波数カウンタでも計数カウンタ機能を持つものが多いので，計数用に使えることが多いでしょう．

▶送信ができるかどうかの確認もできる

受信の完了を確認するだけでなく，当然送信ができているか，何バイト送信したかも同じように確認することができます．

上記の「XOR技」のコードを1バイト送信ルーチンに書いておくだけでよいのです．

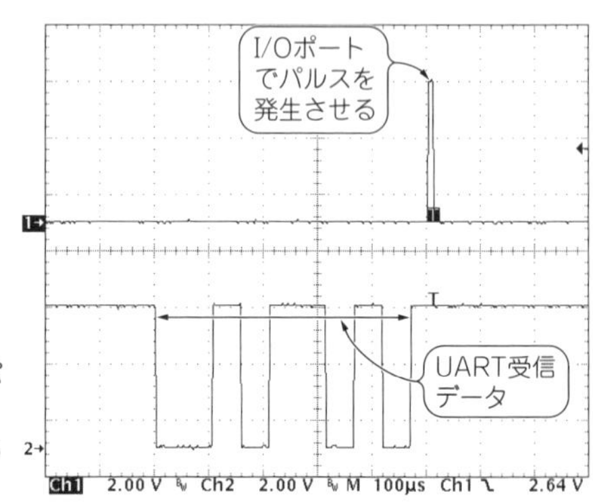

[図24-9] 受信時にXORにて空きI/Oポートでパルスを発生させトリガにする
分かりやすいように，パルス幅はわざと少し長めにしてある．実際の「XOR技」だともっとパルス幅が狭い

Column 1

I/Oポートの設定ミスは波形で見つけられることもある

I/Oポートの出力が不思議な波形になる例と，その原因を，トラブルの一例としてご紹介します．これは私があるシステムを開発するときに直面したケースです．原因は単純なのですが，**図24-A**のようなロジックICとは思えない不思議な波形に，「これはなんだ？」と最初は動揺しました．

● 出力のつもりが入力に！ さらに内蔵プルアップがONになっていた！

開発に使用したマイコンはATmega328Pというものです．目的はポートBのビット3～ビット1(PB3～PB1)を出力ポートにして，トグルさせるというものでした．そこで初期化設定として次のようなコードを書きました．

```
//Port B
DDRB = 0xe0;          //PB3-PB1を出力に設定
                      //(DDR=Data Direction Register)
PORTB = 0x0f;         //PB3-PB0をHに設定
```

上記のコードでPB3～PB1を出力(本来ならDDRB = 0x0e)にすべきところを，実際は「DDRB = 0xe0」でPB7～PB5が出力になっていたのです．また「PORTB = 0x0f」は，このレジスタPORTBのポートが入力の場合は，(出力であれば出力ビット用レジスタだが)内蔵プルアップをON/OFFする機能となり，PB3～PB0の内蔵プルアップを有効にしていたのでした．

ここで思惑としては「出力ポートをトグル」するため，メイン・ループで，

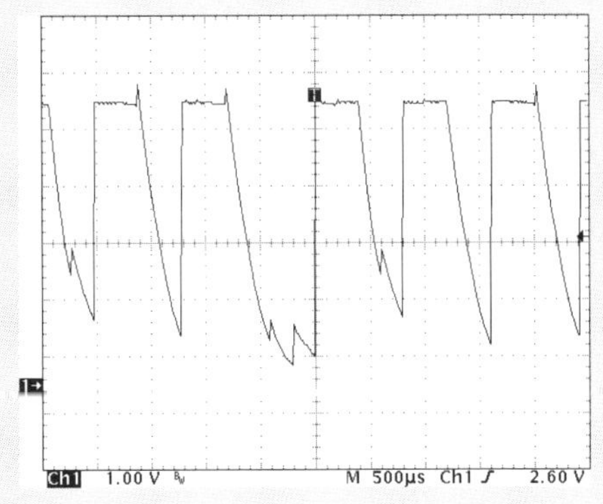

[図24-A] I/Oポートに不思議な波形が現れたら設定をミスしているかもしれない

```
PORTB ^= 0x0e;          //XOR技
```

としてあり，私としては出力ポートをトグルしているつもりだったのが，実際は内蔵プルアップをトグルしていたのでした．そのため**図24-A**のように，

①トグルのスピードを速くすると“L”が出てこない

②“H”から“L”への遷移で“L”が鈍る

③Lレベルがばたつく

などのおかしな動作が生じていたわけでした．わかってみれば…というところですが，「他山の石」（中国最古の詩集「詩経」の「他山之石，可以攻玉．」にある言葉）というお話でした．

第25章

【成功のかぎ25】
マイコン動作チェック術②…割り込み/タスク切り替え/起動
オシロ×自作回路でできるちょっと高機能なデバッグ

マイコンのソフトウェアも，オシロスコープなどの測定器をうまく併用すると，非常に効率よく開発やデバッグできます．このテクニックは，開発環境リソースが乏しくなりがちな，ICEなしで行う小規模のワンチップ・マイコンのデバッグなどに威力を発揮します．特にデバッグの難しい割り込み処理や，RTOS(リアルタイムOS)でのタスク遷移のデバッグにも活用できます．

プログラム・ソースやデバッガの画面ばかりを注視するのではなく，柔軟な思考で測定器を開発/デバッグに活用してみてください．

25-1 割り込み動作のデバッグ術

● 意外と悩む割り込みのデバッグ手法

「割り込み」はマイコン・システムで多用されます．しかしデバッグが難しく，さらにICEなどを使っても「クリアに簡単にデバッグできる」というものでもなく，便利だけれど取り扱い注意な機能です．特にここで示す「多重割り込み」や「割り込み応答時間」，「割り込み処理時間」などは，実時間システムとして考えてみても，評価も難しいものです．

● 想定外の多重割り込みの発生を見つける

割り込みにより動作がおかしくなるバグは，結構発生します．割り込みが想定外に多重に発生し，より動作が複雑になることで，デバッグを困難にしていることもあるかと思います．

前章に示した「I/OポートXOR技」を使えば，多重割り込みの発生状態も観測できます．

▶二つの割り込みハンドラに別々のI/Oポートをフラグとして割り当てる

図25-1のように，異なる割り込み要因に対して，異なる割り込みハンドラ(割

り込み処理ルーチン/割り込みサービス・ルーチン)があったとします．それぞれに別々のフラグ用I/Oポートを用意し，出力ポートにして**Lレベルに初期化**しておきます．

ここではもともとのXOR技とはプログラムの書き方を少し変えます．

それぞれの割り込みハンドラでは，そのルーチンの最初にそれぞれのフラグ用ポートを1回XORするコードを，ルーチンを抜けるときにもう1回XORするコードを書いておきます．こうすると，割り込みハンドラ内でプログラムが走っている間はフラグが立っていることになります．

割り込みごとに「割り込み処理中フラグ」を用意するイメージです．

▶二つの割り込み状態をANDしてトリガとする

これで個々の割り込みごとに別々にフラグを立てることができます．多重割り込みの発生を見つけるには，**図25-1**のように，二つの割り込み処理中フラグをANDして，オシロスコープのトリガとします．

この信号でトリガすることで，マイコン周辺の端子の状態を観測しながら何が原因かをソース・コードやICEで解析していきます．

▶ロジック・アナライザを使うともっと柔軟にトリガ条件設定できる

このトリガ条件は，ロジック・アナライザを使うと非常に柔軟に設定できます．ロジック・アナライザも併用してデバッグするとよいです(Appendix6参照)．

● 割り込み処理の開始が異常に遅れる原因を見つける

割り込み動作のデバッグにおいて，上記のXOR技の別な応用方法も考えられます．マイコン内部リソースからの割り込み要求には対応できませんが，便利に使えると思います．

▶割り込み応答時間の遅延を検出する

図25-2のように「I/O割り込みイベントが入ったが，別の処理中なので割り込み禁止中」というケースがあります．

この場合，ソフトウェアの処理としては同図中のように，別の処理が完了した時点で，割り込み許可フラグをイネーブルにします．

ここで禁止中に入ったI/O割り込みイベントがペンディング(待ち)となっており，割り込み許可フラグをイネーブルにした時点でペンディングになっていた割り込みが処理される，というケースがあります．

この場合は割り込み要因の発生から，実際に割り込み応答が始まるまでの「割り込み応答時間の遅延」が生じます．ここでシステム要求で規定される応答時間に対して，遅延時間が超過してしまう，というバグが生じることがあります．

しかし，この検出は簡単ではありません．

▶割り込み要因の信号でタイマを起動し，一定時間経っても処理が始まらなかったらトリガをかける

このようなケースは「タイムアウト」という状況です．**図25-3**のようなタイマIC 555とDフリップ・フロップの74HC74を使った簡単な回路で，タイムアウトになったときに立ち上がりトリガ信号を出すようにすればデバッグできます．

この回路の場合，割り込み要因の信号は「**外部からマイコンに入力されるLパルス**」である必要があります．さらに，割り込み要因がシリアル信号の場合は，スタート・ビットを検出するなどの簡単なデコード回路が必要です．

割り込みハンドラ処理開始フラグのポートは**Hレベルで初期化**し，割り込みハンドラの最初で2回XORしてLパルスが出るようにしておきます．

タイムアウト時間設定は，小さな変更はVR_Tを回転させて，大きな変更の場合は時定数設定用コンデンサC_Tを適切な大きさに交換して対応します．

Tr_1でC_Tを放電できる十分な時間が必要です．そのためLパルスの幅は，C_Tに

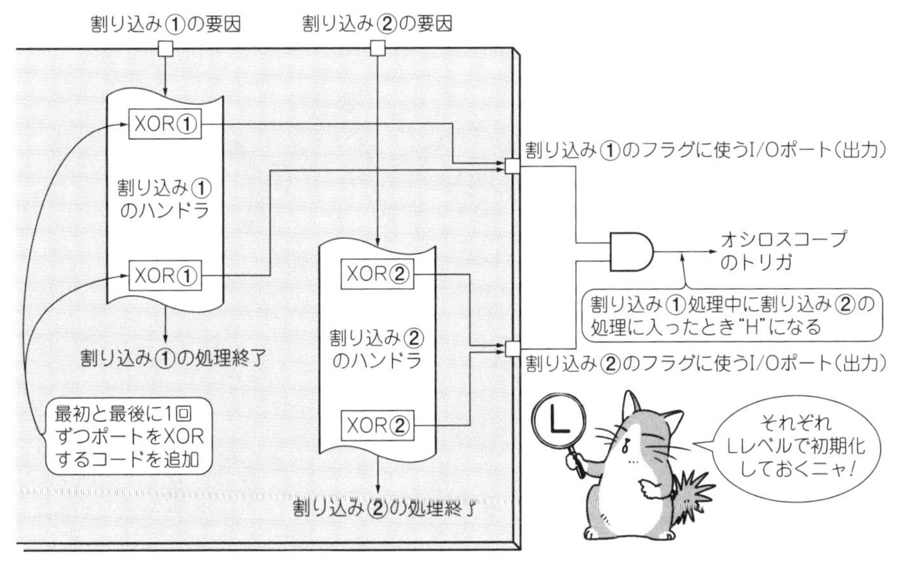

［図25-1］ **多重割り込みの発生はオシロスコープで確認できる**

プログラムでそれぞれの割り込み処理中のフラグをポートに出力させておく．両方のフラグが立ったら多重割り込み処理中だと分かる

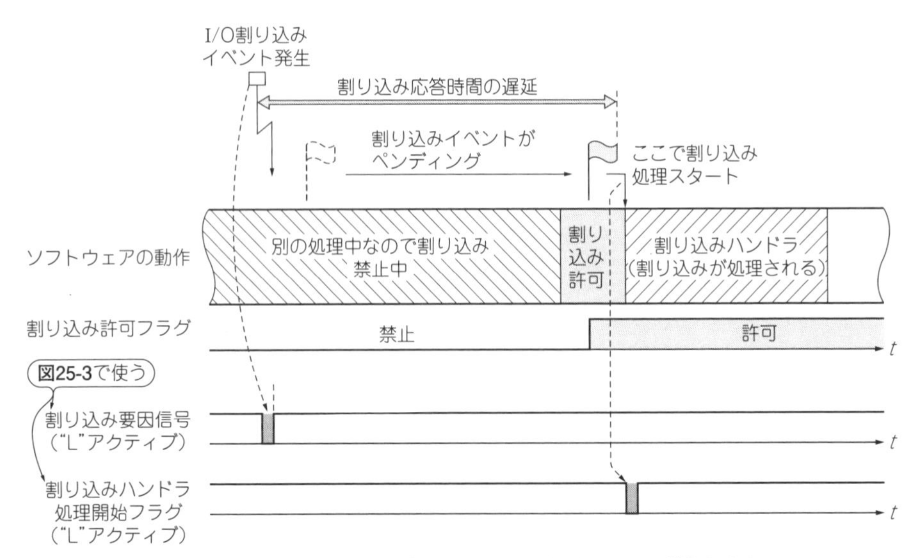

[図25-2] 割り込み応答時間が異常に長い…原因を調べるにはどうしたらいい?

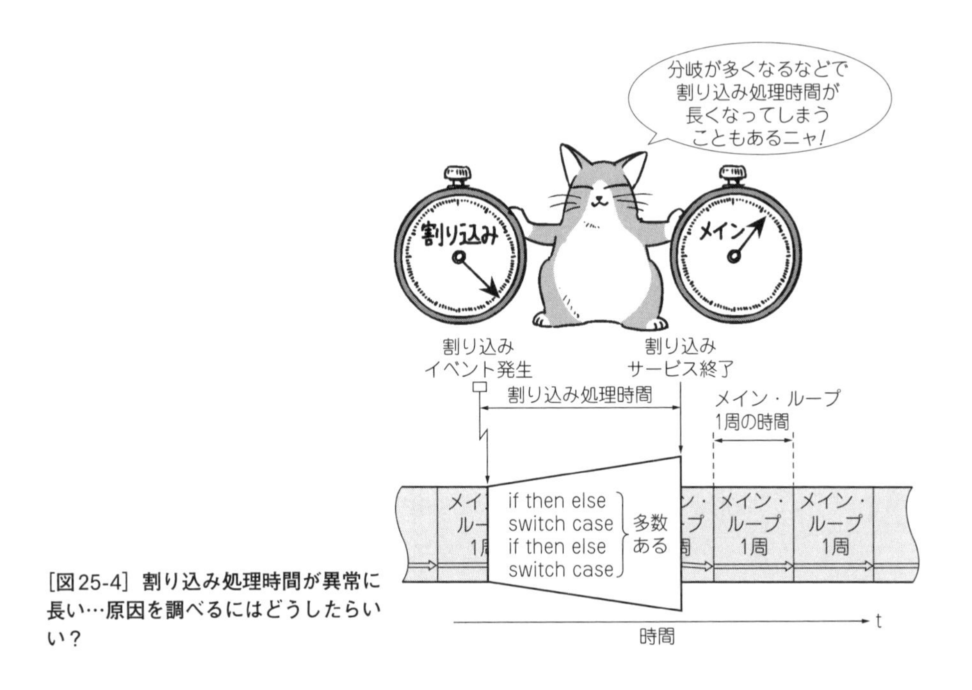

[図25-4] 割り込み処理時間が異常に長い…原因を調べるにはどうしたらいい?

0.1 μFを使った場合は5 μs以上確保してください．C_Tをより大きいコンデンサにする場合は適宜パルス幅を長くします．

● 割り込み処理時間が長すぎる原因を見つける

本来は「割り込み処理時間はできるだけ短くする」という設計を心がけるべきですが，どうしても割り込みルーチン内に複雑な条件分岐などの処理を用意しておかなくてはならないケースもあります．

このようなときは，**図25-4**に示すように割り込み処理時間が長くなりすぎて，メイン・ループの周期が長くなり，システム全体の更新動作が遅くなる，他の割り込み処理を取りこぼす，などのトラブルが生じがちです．

このような「システム要求で規定される割り込み処理の許容時間に対して，実際の処理時間が長すぎて，許容時間の規定を超過してしまう」バグが生じることがあ

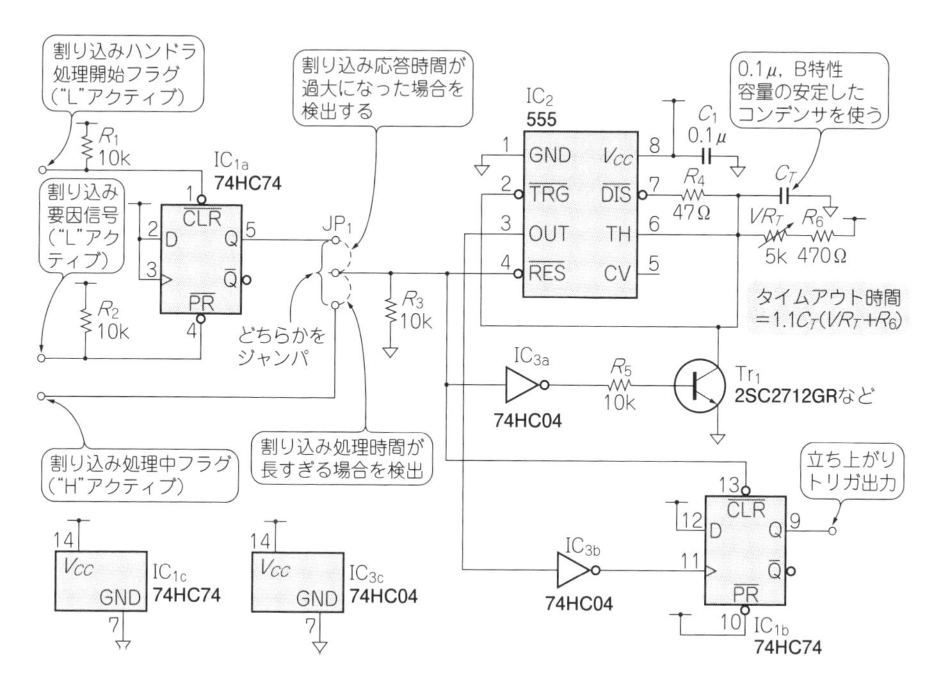

［図25-3］**割り込み応答時間や割り込み処理時間の異常はオシロスコープとこのような回路を組み合わせた計測系で見つけることができる**

マイコン・システムの外部にタイマ回路を追加して，割り込み応答時間や処理時間が過大になった場合を検出する．プログラムでは，割り込みハンドラ処理開始フラグ用ポートはHレベルで初期化し，Lパルスが出るようにしておく

ります．しかし，この検出もちょっと難しいです．

▶外部のタイマ回路を利用してトリガを作る

この場合も**図25-3**の回路を活用できます．前段のDフリップ・フロップの部分をスキップして，割り込み処理中フラグを直接タイマIC 555に加えます．フラグ用ポートは**Lレベルで初期化**し，割り込み処理中はHレベルが出るようにします．

こうすることで，割り込み処理時間が長くなりすぎてタイムアウトになったときに，立ち上がりトリガ信号を出すことができます．タイムアウト時間設定は先の場合と同じです．

▶トリガさえできれば，あとはどうにでもなる

問題となっている条件でトリガできれば，あとは色々な部分をプロービングしたり，ICEのトレース機能やブレーク機能を併用したりして，問題点を見つけ出し修正するだけです．ここでもロジック・アナライザを使えばとても柔軟に行うことができます．

25-2 ステート・マシンの計測によるデバッグの勧め

● ステート・マシンの状態を読み出す

最近のマイコンのソフトウェア設計は，イベント・ドリブン的な手法を取り込んでいることも多いのではないでしょうか．RTOSもマイコン・システムの多くで利用されています．

これらの設計手法においては，**図25-5**のような「ステート・マシン」という考え方も用いられます．ステート・マシンは動作モード・フラグのようなものといえます．イベント・ドリブンで，どのハンドラが動作中か(アイドル中か)を示す変数も，ステート・マシンと考えられるでしょう．これらに以下の計測方法を応用できます．

ステート・マシン設計でなくても，このようなアプローチでソフトウェアを作っておけば，ここで説明するようなデバッグ方法が利用できます．

▶ステートにコード番号を割り振りコード番号をI/Oポートに出力させる

たとえば，信号入力ポートのレベルが変化することにより，ステート・マシンが変化し，その変化により信号出力ポートのレベルを変化させたり，データを出力したりするケースがあります．

このとき入出力信号の変化と，マイコン内部のステート・マシンのステート(状態)を比較したいことがあるでしょう．

図25-6のように，ステート数に必要なビット数(nビットで2^nステートを表せる)のI/Oポートを出力として用意し，各ステートにコード番号を割り振り，ステートが変化(遷移)するごとに，このポートに現在のステートに相当するコード番号を出力すれば，動作中のステート遷移をモニタできます．

ステート遷移が低速であれば，LEDランプでの目視も可能であり，実際にLEDでステートをモニタできるように設計されたシステムもあります(たとえばColumn1)．

このステート遷移と入出力の変化をトリガ条件として，オシロスコープやロジック・アナライザで観測すれば，バグの解析に大きな威力を発揮してくれます．また

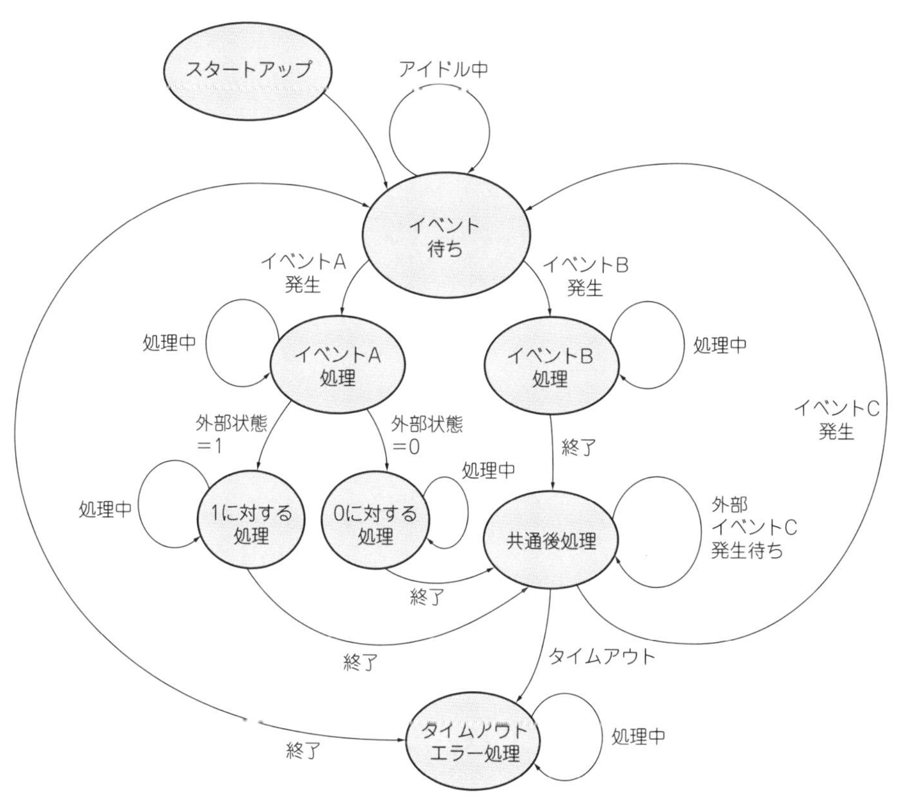

[図25-5] プログラムの動作をある状態から別の状態への遷移で表現する「ステート・マシン」の考え方

Appendix6に示す，ロジック・アナライザでの高度なトリガ条件を活用すれば，ステート状態のいろいろな変化条件でトリガをかけることもできます．

▶ステート・マシンだけではない．メイン・ルーチンの処理ごとの所要時間も把握できる

ここではステート・マシンを例にしましたが，もっと単純な話としてメイン・ル

Column 1

動かなくなったパソコンの状態をモニタできるツール

PCは，電源を投入すると，BIOS(Basic Input Output System)というPC内部のフラッシュ・メモリに格納されたプログラムが走り始めます．BIOSがPC内の初期設定を行い，その後にHDDに格納されたOSに制御を手渡すという動作になります．

このBIOS内で電源投入時にPC内の各ハードウェアなどが適切に動作するかをチェックする「Power On Self Test = POST」という機能があります．POST機能はどのハードウェア部分をテストしているかを示すコード番号を，

```
mov   al, POST_CODE
  ;POST_CODEという値をalレジスタに転送
out    80h, al
  ;alレジスタ値をI/Oポート0x80に出力
```

としてx86 CPUのI/O空間のアドレス0x80(80h)にライトしています．

I/O装置としてこれをデコードして，7セグメントLEDなどに16進値を表示する機能を用意しておけば，現在BIOSがどの部分のテストを実行しているか，またどのテスト部分でエラーで停止してしまったかを，目視でコード番号として確認できます．このコード番号をPOSTコードといいます．

写真25-Aは，私が動かないPCを修理するために購入したPOSTコード表示(モニタ)基板です．「これがあれば完璧」と思われるかもしれませんが，実際はPOSTコード自体がBIOSメーカや年代によって異なっていたり，公開されていなかったりすることから，一般のPCユーザがトラブル・シュート目的でこの基板を活用し

ーチンの処理順序ごとにコード番号を用意して，そのコード番号をI/Oポートに出力すれば，メイン・ルーチンのそれぞれの処理が，どれだけ時間を要しているかを確認することができます．

てデバッグを行うのは(現実的には)無理があります．

実際問題，POSTコードの表示がめまぐるしく変わり(目視では追えない)，最終的に表示されたコードが「異常な状態です」というような，わけの分からないものだったので，修理はあきらめざるを得ない結果となりました．

本章のコンセプトと同じように，「PCでもソフトの動きを目視で確認できるのだ」という，ひとつの話題提供というお話でした．

［写真25-A］動かなくなったパソコンを修理するために入手したPOSTコード表示用の基板

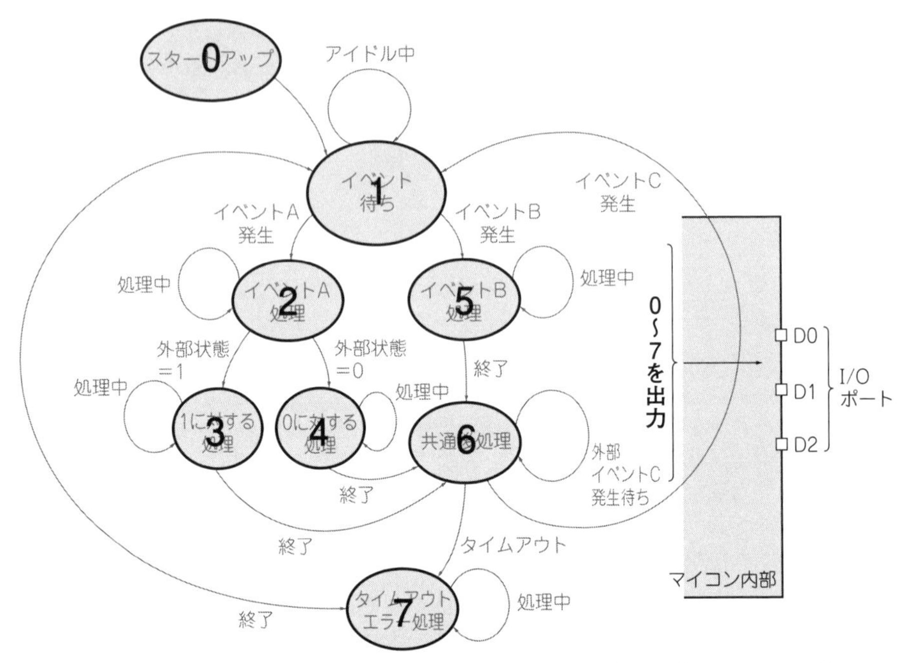

[図25-6] どのステートにいるかをオシロスコープで確認しながらデバッグするとよい
ステートにコード番号を割り振りI/Oポートに出力する

25-3 フラグなど内部メモリの値をモニタする方法

ステートだけではなく，フラグなど，あるメモリの情報をいつも読み出しておきたいという要求もあるでしょう．

8ビットや16ビットのメモリの情報を，パラレルにI/Oポートに出力する，という直球勝負の方法もあるかと思いますが，シリアル・データにして外部に出力するという方法があります(ステート情報も可能)．

ひとつはUART(必要に応じて，I/Oポートをプラス1ビット)を使う方法，もうひとつはI/Oポートを3ビット使う方法です．

● シリアル・インターフェースUARTを活用する

マイコンにUART(SPIなどUART以外のシリアル通信インターフェースでもよい)が余っているのなら，これを活用しない手はありません．

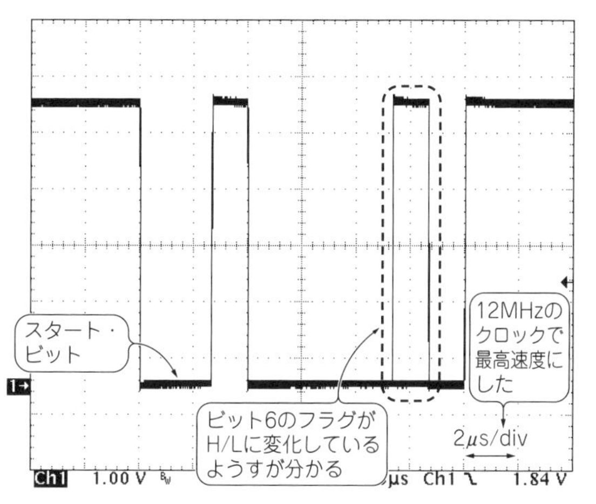

[図25-7] メモリ内の情報をマイコンの外に出力させればソフトウェアのデバッグに役立つ
メモリ内のフラグ情報の8ビット中のどのビットが立っているのかUART出力で確認するようす．12 MHzのクロックで最高速度にした．ビット6のフラグが変化している

UARTをできるだけ高速なビット・レートに設定して，読み出したいメモリが8ビット情報ならUARTの送信レジスタにメモリの内容を書き出すだけです．ただし送信中は余計な上書きをしてはいけません．

オシロスコープ側ではスタート・ビットで(または「XOR技」で1バイト送信開始時に別の出力ポートでパルスを発生させ，このパルスで)トリガできるようにし，またトリガはNORMALモード，立ち下がりにして，画面いっぱいに8ビットが観測できるようにしておきます．

こうすれば，8ビット中のどのビットが立っているのか(とくにフラグ情報などであれば)を目視で観測できます．このようにして観測してみた例を，**図25-7**に示します．

2バイト以上の状態出力も，1バイト目の送信開始時に，先と同じ「別の出力ポート」にXOR技でパルスを発生させ，これでオシロスコープをトリガさせれば観測することが可能です(1バイト送信時間などもあるので制限はある)．

UARTのビット・レートを，PCで受信できる汎用の速度(たとえば19200 bps)にしておけば，このメモリ情報をRS-232-CポートのあるPCで読み出し，ファイルに保存して後で解析することもできます．

● I/Oポートを3ビット活用する

そのマイコンにUARTがない，あるいは余っているUARTがないのであれば，メモリ内容の読み出しにI/Oポートを活用することができます．

```
// PB1 Data    (Port B1)
// PB2 Clock   (Port B2)
// PB3 /Frame  (Port B3)
// 初期化ルーチンは記載していない

DataOut = 出力する16ビット・データ;
PORTB &= 0xf5;                          // /Frame = 0, Data = 0
for (i = 0; i < 16; i++) {
    PortData = (unsigned char) (DataOut) & 0x01;
    PortData = PortData << 1;           //DataビットはPB1のため
    PORTB = (PORTB & 0xfd) | (PortData & 0x02);
    PORTB ^= 0x04;                      // Clock = 1
    PORTB ^= 0x04;                      // Clock = 0
    DataOut = DataOut >> 1;
}
PORTB = (PORTB & 0xfd) | 0x08;          // /Frame = 1, Data = 0
```

［リスト25-1］I/Oポートを使ってメモリの内容を外部に読み出すCプログラム

16ビットぶん出力．条件分岐などにより，タイミングズレが生じないようにしてある

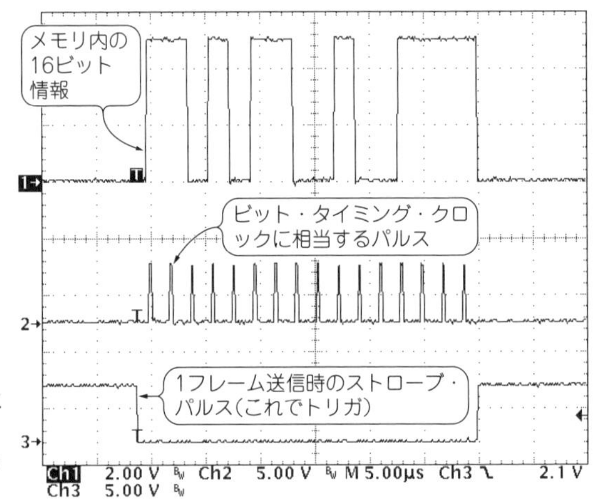

［図25-8］I/Oポートを使って外部にメモリの内容を出力してみた

リスト25-1のプログラムでLSBから16ビット出力している

読み出したい任意長のワード情報を1ビットずつ一つのポートに出力し，ビット・タイミング規定のためクロックに相当するパルスを別のポートから出力します．

さらにまた別のポートから，XOR技で1ワード送信時にストローブ・パルスを発生させます．オシロスコープはこのストローブ・パルスでトリガします．

この方法なら，UARTのように8ビットの整数倍にビット数が限定されることはありません．

この方法を応用したCで記述したプログラム例を**リスト25-1**に，実際に出力しているようすを**図25-8**に示します．条件分岐などで出力タイミングがずれないようなプログラムにします．同じく途中で割り込みが入ると出力タイミングがずれて，

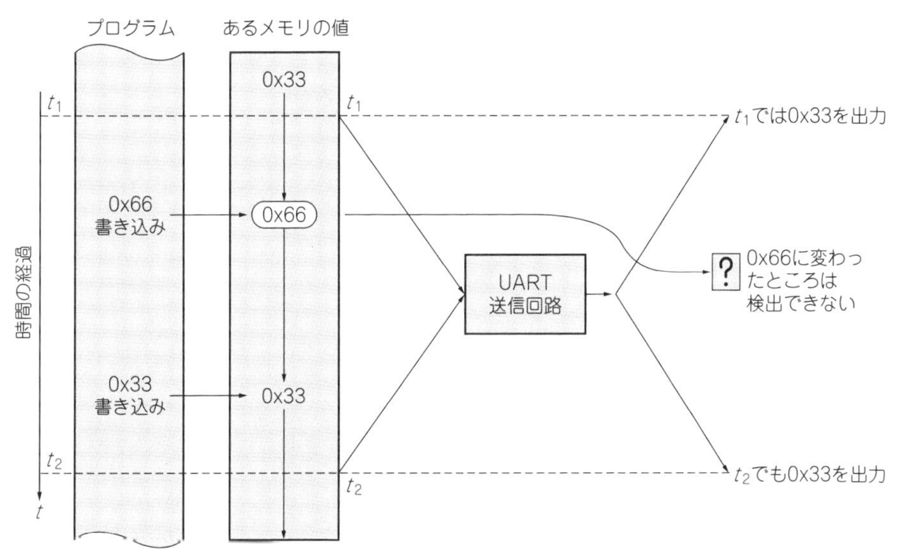

［図25-9］ **出力周期より短いメモリ書き換え（イベント）は検出できないことがある**

波形が乱れます．

これらのシリアル出力の方法は，データが出力周期内で複数書き換わった場合はデバッグができません(**図25-9**)．デバッグできる範囲に限りがあることは注意してください．

25-4 パワーオン・リセットの解除とCPU起動のモニタリング

小規模なマイコンはパワーオン・リセット回路を内蔵しています．外部から「いつリセットが解除し，CPUが動作しはじめたか」を確認する手段がありません．

とくに電源投入時に電源電圧が不安定に変動してしまうもの，たとえば複数の周辺ICが順次(非同期に)リセットから解除され，消費電流が順次増えることで，電源投入時に電圧が階段状に上下動するような場合は，いつリセットが解除され，CPUが動き出すかをきちんと把握しておくことが重要です．

そこでここでも，先に示したI/Oポート XOR技を使って，プログラム中で使用しているI/Oポートでも良いので，リセットが解除された直後に，そのポートを2回トグルさせ，単発パルスを発生させます．電源電圧は立ち上がる方向なので，使用するI/Oポートはプルダウンしておき，Hパルスを出す(**“L”で初期化**しておく)

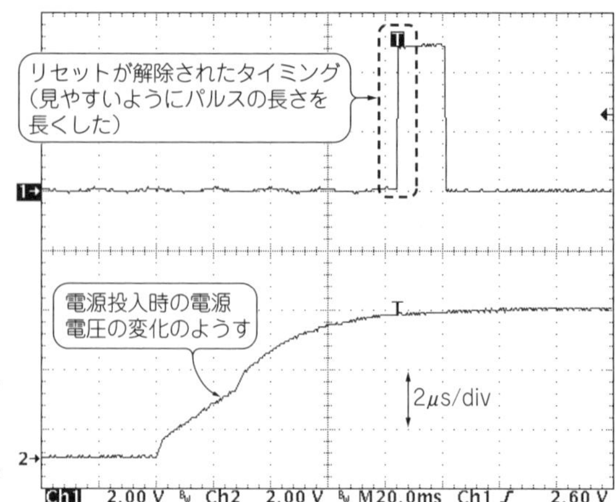

[図25-10] マイコンのパワーオン・リセットが解除されたタイミングはオシロスコープで確認できる

「XOR技」を使えばよい．“H”の期間にウエイトを入れてあり，“L”に落とすまでのパルス長を長くしている

とよいでしょう．

出力させたパルスの計測例を**図25-10**に示します．Hパルスが細くて観測が難しい場合は，“H”の期間にウエイトを入れるか，XORを1回だけにして“L”に落さないようにして，観測しやすくするとよいでしょう．

このパルスをトリガにして，電源電圧波形やマイコン周囲のICやI/Oポートの入出力の状態を確認します．

25-5 メイン・ループの一巡に時間がかかり過ぎる原因を見つける

バグなどで，メイン・ループが1周するのが予想以上に長くかかるケースも多々あります．

動作のフェイルセーフという視点では，ウォッチドッグ・タイマを使うのが正しい対処ですが，開発/デバッグの段階であれば，きちんとこの遅延の原因を突き止めておく必要があります．

つまり，ループするのに時間がかかっていることを条件として，トリガをかけてデバッグしたいわけです．

このデバッグはマイコン内部のフリーラン・タイマをトリガ・ソースとして用いる方法が一番簡便でしょう．それでもタイマが停止してしまったり，マイコン内部のソフトウェア動作により，タイマの動作が変化したりしてしまう場合がありますので，完璧だとはいいきれません．

これを外部回路で対応するには，**図25-3**の回路のJP_1に，メイン・ループの最初にマイコンからLパルスが加わるようにすれば実現できます．マイコンからのLパルスはメイン・ループの最初で「XOR技」を使います(**ポートは“H”で初期化**)．

ただしタイマIC 555につながっている時定数設定用コンデンサC_TをTr_1で放電するのに十分な時間が必要なので，XORの2回目は少し間をあけておく必要があります．Lパルスの幅は，C_Tが0.1 μFの場合5 μs以上は確保してください(より大きいコンデンサの場合は適宜パルス幅を長くする)

この回路では555を使っていますが，設定時間を可変できるウォッチドッグ・タイマICを利用するのも手です．

*

第8部(第24章と第25章)では，測定器を用いた，マイコンのソフトウェアのデバッグ方法を紹介しました．ソース・コードからアプローチという視点だけではなく，マイコンもハードウェアとして動いているのだ，という視点でデバッグを行うとよいでしょう．

本書を読む読者は，ハードウェア担当の方が多いと思いますが，ソフトウェア・デバッグの一面をかいま見るようなイメージで見ていただけたらよいと思います．

Appendix6

測定器を利用した高度なトリガ・テクニック

ロジック・アナライザ(ロジアナ)やミックスト・シグナル・オシロスコープ(MSO)を用いれば，オシロスコープと自作のトリガ回路を組み合わせて使うより，さらに高度なトリガ条件を設定できます．回路では作りにくい複雑な条件のイベントでもトリガできるので，デバッグ効率が格段に向上します．

● ロジック・アナライザのトリガ機能をプログラムのデバッグに利用する

ロジック・アナライザは，設定したトリガ条件が成立すると，内部でトリガが発生し，データの保存を開始します．このトリガを外部に出力できる機能(端子)をもつロジック・アナライザが多数あります．マイコン・デバッグの技として，知っておくと大変便利です．**図25-A**(a)はこの考え方の説明，**図25-A**(b)は私の所有する16500C(現キーサイト・テクノロジー．古い機種だがHDDをCFカードに換えて現役で使用中)というロジック・アナライザでこの設定をしているようすです．

▶トリガ出力をマイコンの割り込み端子に入れてスナップ・ショットする

トリガ出力をマイコンの割り込み端子に入れて，マイコン内部のそのときの動作状態を「スナップ・ショット」して空きメモリ上にダンプし，あとでメモリの内容を確認してみるデバッグ方法があります．同様にICEのトリガ入力端子(この機能をもつICEであれば)に入力して，トレース動作などを実行させるという技もあります．

この方法により，計測系とマイコン・システムの連動デバッグが可能になります．

● アナログ信号とディジタル信号を同時に観測できる測定器を使おう

ミックスト・シグナル・システムにおいてアナログ信号がマイコンの動作に影響を与えるとき，オシロスコープ機能があるロジック・アナライザや，ミックスト・シグナル・オシロスコープであれば，このアナログ信号(オシロスコープ機能によ

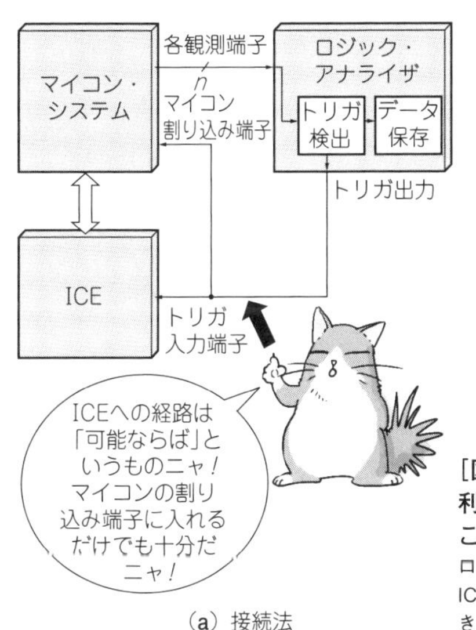

(a) 接続法

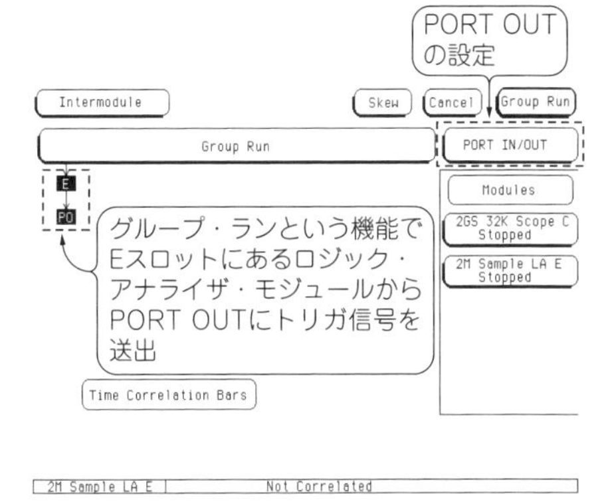

(b) ロジック・アナライザでのトリガ出力の設定

[図25-A] ロジック・アナライザのトリガ検出機能を利用すれば特定の条件でマイコンに割り込みをかけることができる
ロジック・アナライザのトリガ出力をマイコンの割り込み端子やICEの外部トリガに入れる．こうすると，検出したかった条件が起きたときをマイコン(ソフトウェア)側で把握できる

り観測)と，マイコンのI/Oポートなどのディジタル信号(ロジック・アナライザ機能により観測)の両方を観測しながらデバッグできます(**図25-B**).

オシロスコープ機能であれば，アナログ信号だけでなく，ディジタル信号の不定電位レベル(中間電位)状態なども観測できます.

ロジック・アナライザ機能/オシロスコープ機能の片側のトリガにより，もう片方の観測をトリガできるように，ロジック・アナライザやミックスト・シグナル・オシロスコープを設定しておくことも肝心です.

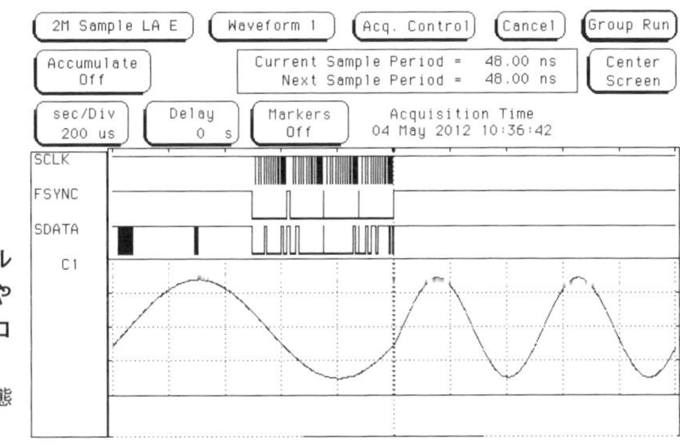

[図25-B] アナログ信号とディジタル信号を一度に観測できるロジアナやミックスト・シグナル・オシロスコープ活用の勧め
例としてDDS IC(AD9834)の周波数変更状態を示した

● ロジアナで多重割り込みを検出してトリガする

この使い方でのトリガ条件の考え方は，**図25-1**で紹介した方法と本質的には何ら変わりません．しかしこのトリガは，ロジック・アナライザがあれば，トリガ回路の用意は必要なく，非常に簡単に設定できます．

図25-Cのように，二つのポートが割り込み処理中を示す状態をトリガとすればOKです．**図25-1**の場合と同様に，プログラムの割り込みハンドラでは，その処理ルーチンの最初に，フラグとするI/Oポートを1回XORするコードを書いておきます．処理ルーチンを抜けるときにも，同じコードをもう1回書いておきます．**ポートは最初に"L"に初期化**しておきます．

ロジック・アナライザのトリガ条件は**図25-C**のように，両方のポートが同時に"H"になったときにトリガするようにしておけばいいだけです．

● ロジアナでメイン・ループの処理時間が異常に長い状態を検出してトリガする

これも**図25-2**で紹介した方法と何ら変わらないものです.このトリガもロジック・アナライザがあれば非常に簡単に設定できます．

「XOR技」としてXOR命令を2回つづけて書いておき，パルスをメイン・ループで1回出すようにしておけばいいだけです．ロジック・アナライザは，**図25-D**のように，パルスの間隔がある規定時間を超えたときにトリガさせます．

● ロジアナで異なるマイコン・システム間の同期が外れたことを検出してトリガする

図25-Eに示すように，二つのマイコン・システムが相互に通信しながら同期をとって動作しているとします．

個別に(外部からの個別要因にそれぞれ応答しながら)動作している別システムで

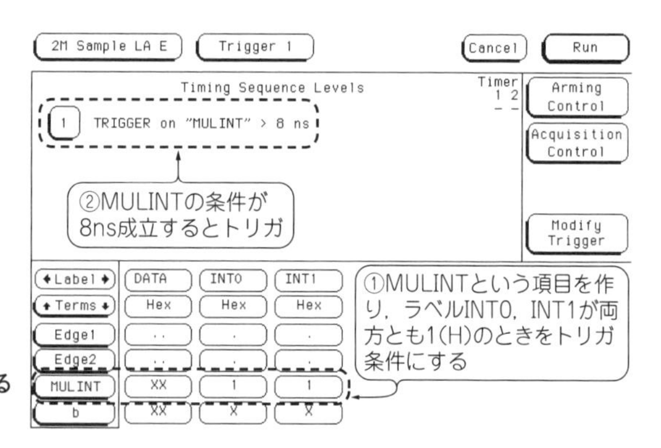

[図25-C] 多重割り込みを検出するときのロジアナのトリガ設定

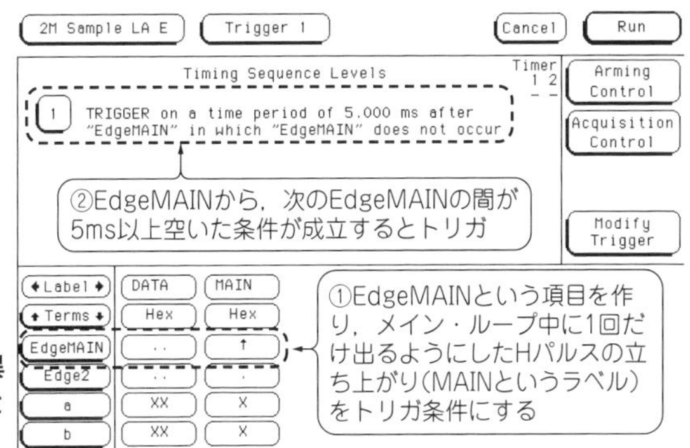

[図25-D] メイン・ループの処理に異常に長い時間がかかる原因を調べるときのロジアナのトリガ設定

すから，完全に同期しているとはいい切れません．外部で発生したイベントはそれぞれ非同期ですから，何らかの同期はずれ(タイミングの遅延や，ステート遷移のもれ)が生じることも考えられます．

▶二つのマイコン・システム間のピンポン動作の破綻で同期外れを検出する

ここでもそれぞれのマイコンから，相手方との同期タイミングで「I/Oポート XOR技」を使って"H"パルスを出します．

ロジック・アナライザのトリガ条件は，**図25-F**のように，片側のマイコンが続けて2回パルスを出したときにトリガするようにします．同期が外れれば「二つのマイコン・システム間のピンポン動作が破綻した」と検出できるからです．

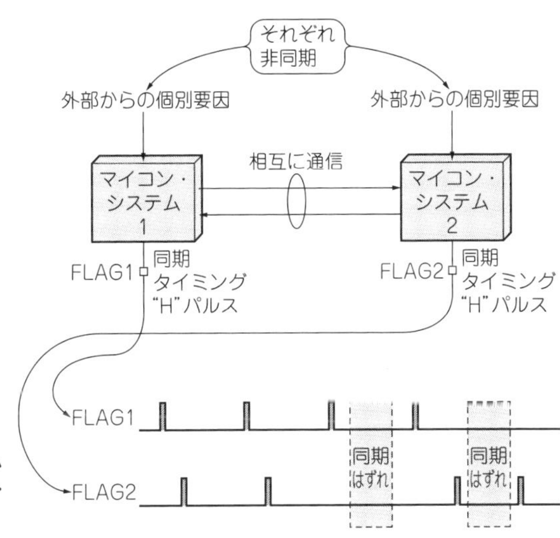

[図25-E] 二つのマイコン・システム間では同期がはずれることがある…この原因を調べるには？

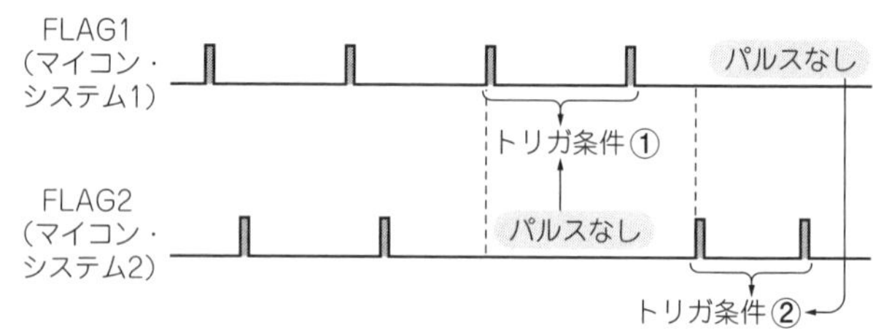

(a) トリガ条件の考え方

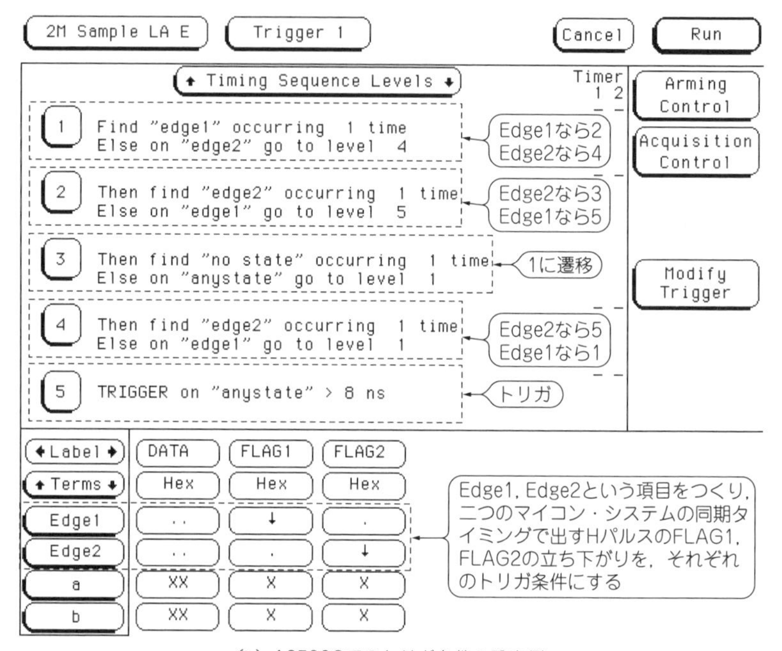

(b) 16500Cでのトリガ条件の設定例

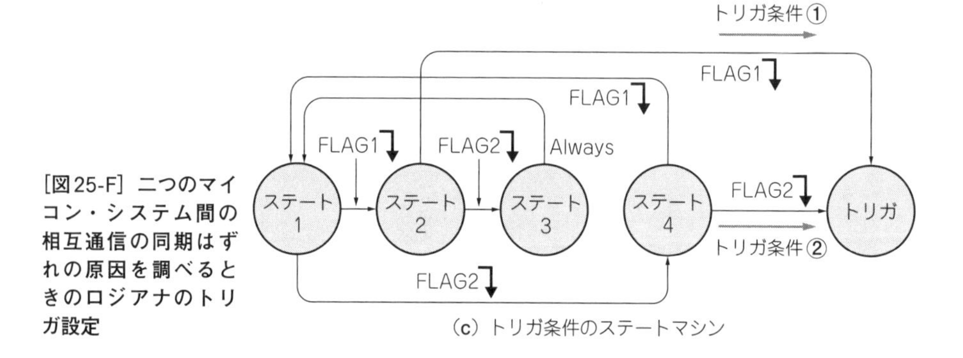

(c) トリガ条件のステートマシン

[図25-F] 二つのマイコン・システム間の相互通信の同期はずれの原因を調べるときのロジアナのトリガ設定

ゆっくりお話ししてみようと，食事に誘ってみたところ…

Appendix 7

本書で紹介した計測用治具の回路図

図25-A ～**図25-F**に本書で紹介した計測用治具の回路図を示します．順不同になっています．

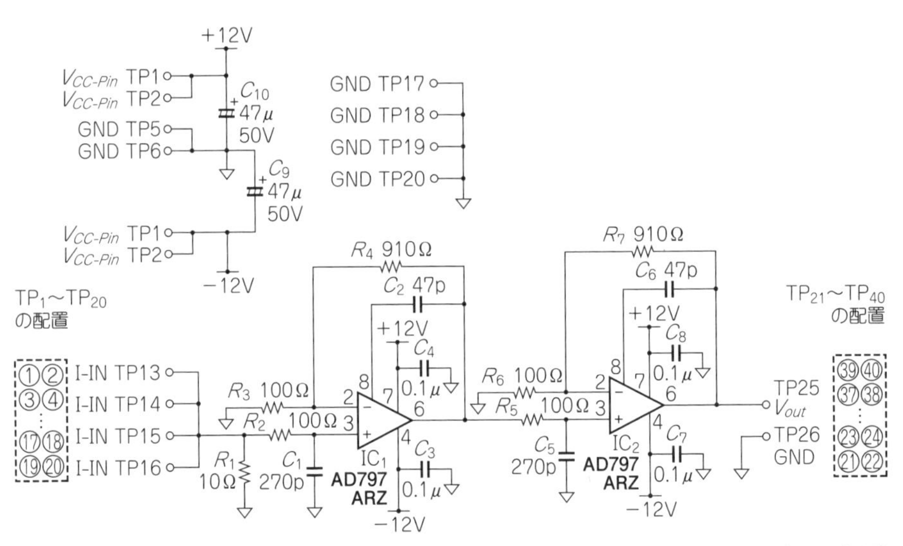

図25-A　電流トランス(CT)を使ってケーブルに流れる電流量を計測できる簡易電流プローブ回路
第7章の7-4節で紹介した「簡易電流プローブ回路」

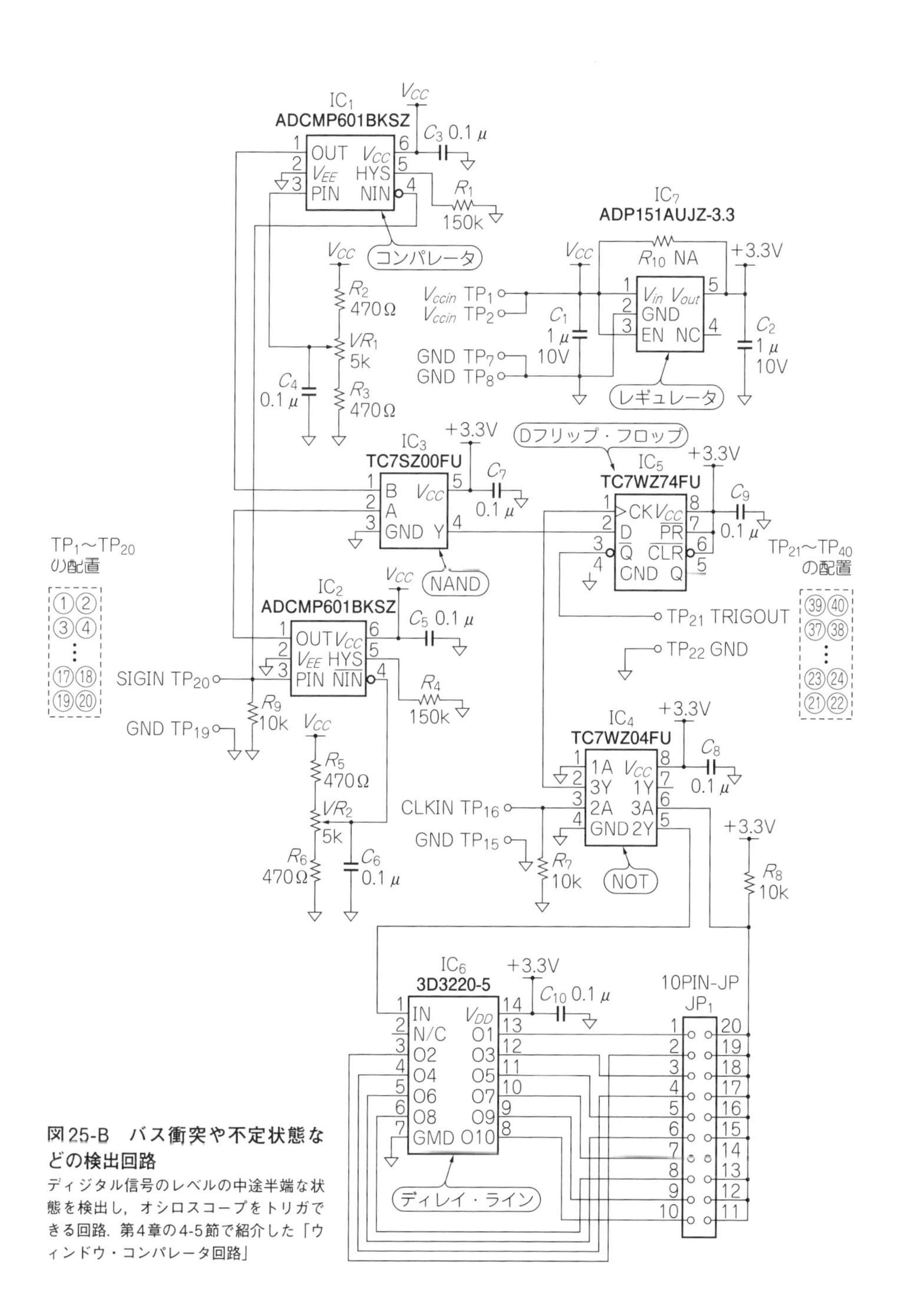

図25-B　バス衝突や不定状態などの検出回路

ディジタル信号のレベルの中途半端な状態を検出し，オシロスコープをトリガできる回路．第4章の4-5節で紹介した「ウィンドウ・コンパレータ回路」

図25-C　パラレル/シリアルの特定ワード・パターン検出回路

オシロスコープのトリガに使えるので，高価なロジック・アナライザが不要になる．第3章のColumn3で紹介した「ワード・パターン検出回路」

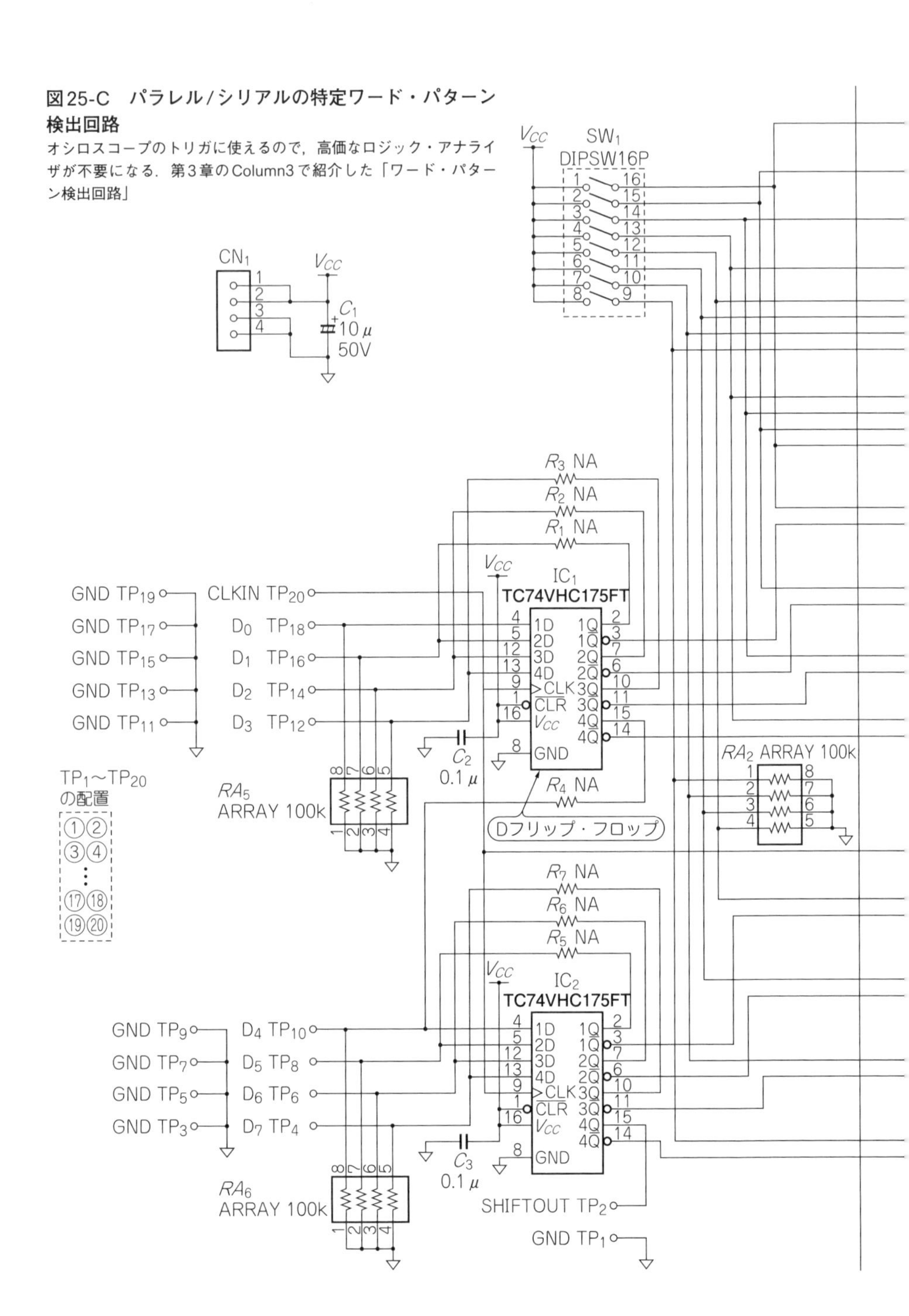

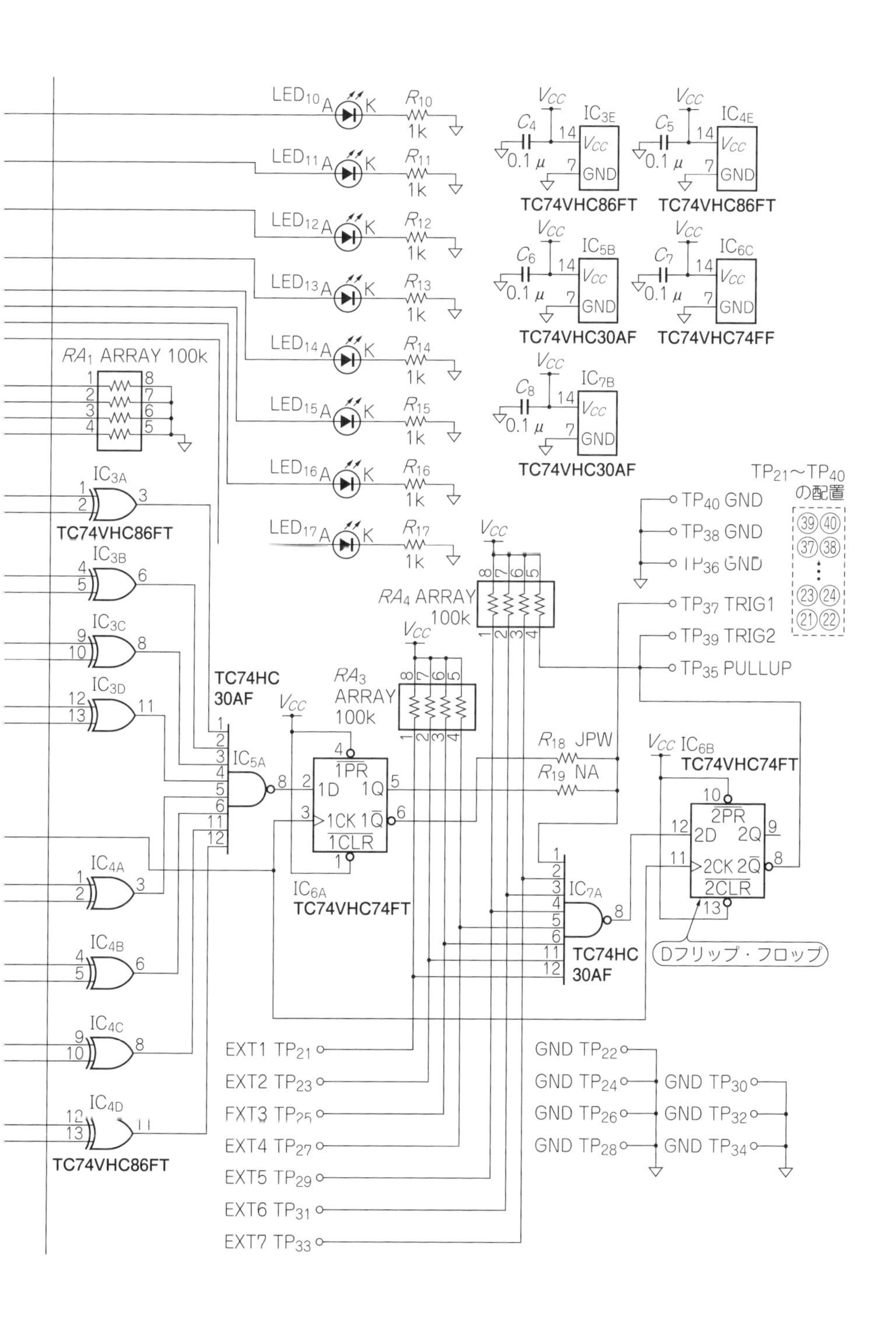
LED10 A K R10 1k
LED11 A K R11 1k
LED12 A K R12 1k
LED13 A K R13 1k
LED14 A K R14 1k
LED15 A K R15 1k
LED16 A K R16 1k
LED17 A K R17 1k
VCC IC3E C4 0.1μ 14 7 GND TC74VHC86FT
VCC IC4E C5 0.1μ 14 7 GND TC74VHC86FT
VCC IC5B C6 0.1μ 14 7 GND TC74VHC30AF
VCC IC6C C7 0.1μ 14 7 GND TC74VHC74FF
VCC IC7B C8 0.1μ 14 7 GND TC74VHC30AF
RA1 ARRAY 100k
IC3A TC74VHC86FT
IC3B
IC3C
IC3D
TC74HC 30AF
IC5A
RA3 ARRAY 100k
RA4 ARRAY 100k
1PR 1D 1Q 1CK 1Q 1CLR
IC6A TC74VHC74FT
R18 JPW
R19 NA
TP21～TP40 の配置
TP40 GND
TP38 GND
TP36 GND
TP37 TRIG1
TP39 TRIG2
TP35 PULLUP
IC6B TC74VHC74FT
2PR 2D 2Q 2CK 2Q 2CLR
IC7A
TC74HC 30AF
Dフリップ・フロップ
IC4A
IC4B
IC4C
IC4D TC74VHC86FT
EXT1 TP21
EXT2 TP23
EXT3 TP25
EXT4 TP27
EXT5 TP29
EXT6 TP31
EXT7 TP33
GND TP22
GND TP24
GND TP26
GND TP28
GND TP30
GND TP32
GND TP34

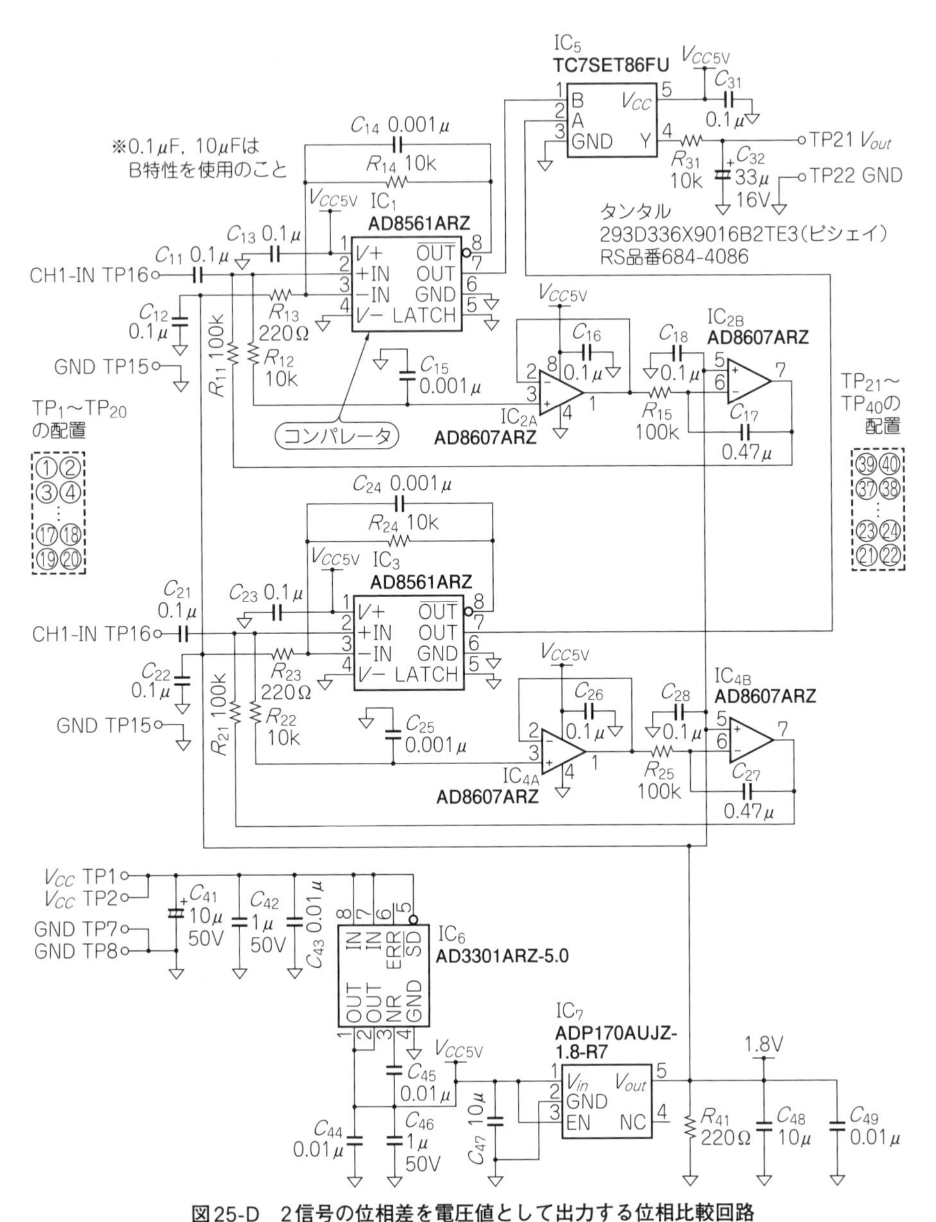

図25-D　2信号の位相差を電圧値として出力する位相比較回路

位相差に相当する出力電圧をディジタル・マルチメータなどで直読できる．第8章の8-2節で紹介した「位相比較回路」

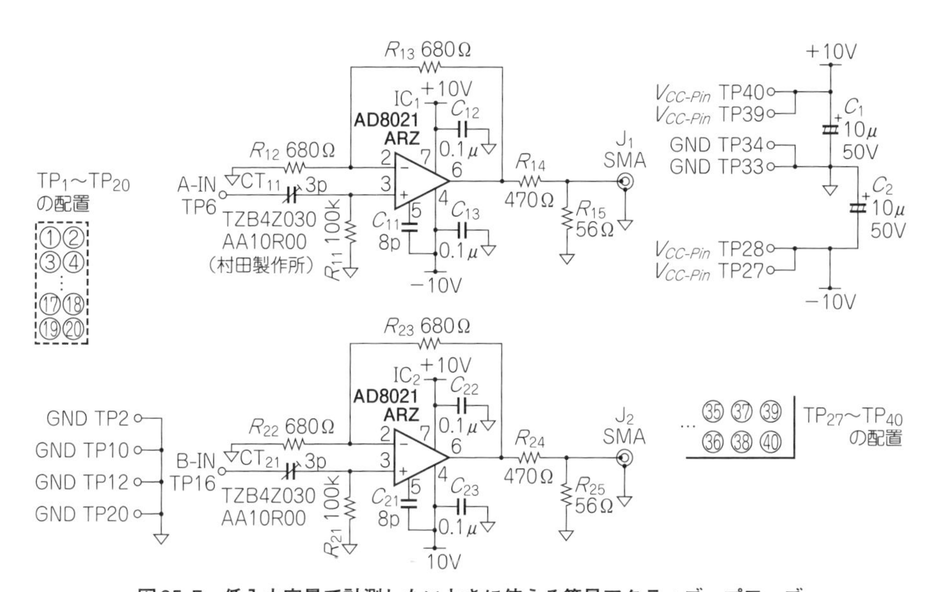

図25-E　低入力容量で計測したいときに使える簡易アクティブ・プローブ

第22章の22-4節で紹介した，高速OPアンプを使った，AC信号専用で低入力容量な20：1の「簡易アクティブ・プローブ回路」

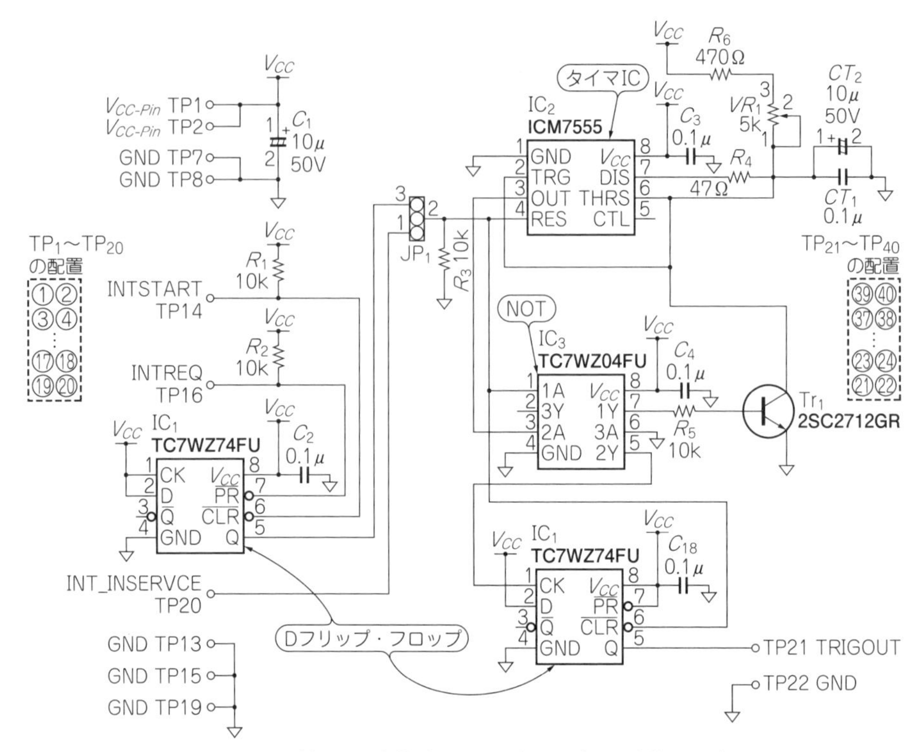

図25-F　割り込み応答時間/処理時間などの異常検出回路

第25章の25-1節で紹介した，割り込み応答時間や割り込み処理時間の異常状態を検出して，オシロをトリガできる回路．
「割り込み異常時間検出トリガ回路」

索引

【か・カ行】

【さ・サ行】

参考・引用*文献

(1) JIS Z 8103:2000 計測用語
(2) 石井 聡：合点！電子回路超入門，CQ出版社，2009年11月.
(3) 石井 聡；電子回路設計のための電気/無線数学，CQ出版社，2008年5月.
(4) 志田 晟；ディジタル・データ伝送技術入門，CQ出版社，2006年1月.
(5) 久保寺 忠；高速ディジタル回路実装ノウハウ，CQ出版社，2002年9月.
(6) 馬場 清太郎；電源回路設計成功のかぎ，CQ出版社，2009年5月.
(7) 遠坂 俊昭；計測のためのアナログ回路設計，CQ出版社，1997年11月.
(8) 福与 人八ほか；電子計測改訂版，実教出版，1980年7月.
(9) 杉江 俊治，藤田 政之；フィードバック制御入門，コロナ社，1999年2月.
(10) エリック・ボガディン著，須藤 俊夫監訳；高速デジタル信号の伝送技術，丸善.
(11) 碓井 有三；分布定数回路のすべて，自費出版.
(12) 小西 良弘；高周波・マイクロ波回路の構成法，総合電子出版.
(13) Bob Orwiler；Vertical Amplifier Circuits，Circuit Concept Series，Tektronix，1969.
(14) Geoff Lawday，David Ireland，Greg Edlund；A Signal Integrity Engineer's Companion：Real-Time Test and Measurement and Design Simulation，Prentice Hall，2008年6月.
(15) 技術資料 周波数特性分析器によるスイッチング電源の安定性評価，エヌエフ回路設計ブロック.
(16) キーサイト・テクノロジー；インピーダンス測定ハンドブック，5950-3000JA.
(17) John Ardizzoni；高速時間領域の測定 - 改善のための実用的なヒント，Analog Dialogue Vol. 41 No. 1，アナログ・デバイセズ.
(18) 天野 典；合点！オシロスコープ入門，第3回，トランジスタ技術，2009年3月，CQ出版社.
(19) 上村 銑十郎；スペクトラム・アナライザの使い方，トランジスタ技術，1976年8月号，pp. 161-179，CQ出版社.
(20) 若林 尚；スペクトラム・アナライザの使い方(1)，トランジスタ技術，1993年9月号，pp. 323-330，CQ出版社.
(21) 若林 尚；スペクトラム・アナライザの使い方(2)，トランジスタ技術，1993年

10月号，pp. 369-378，CQ出版社.
(22) 石井 聡；スペクトラム・アナライザによる実回路の観測，トランジスタ技術，2003年7月号 pp. 190-204，CQ出版社.
(23) 漆谷 正義；シンプルなTDR測定アダプタの製作，RFワールド，No. 13，CQ出版社.
(24) AppCad，キーサイト・テクノロジー.
(25) Fundamentals of RF and Microwave Noise Figure Measurements，AN 57-1，Keysight Technologies.
(26) 8 Hints for Making Better Spectrum Analyzer Measurements，AN 1286-1，Keysight Technologies.
(27) Spectrum Analysis Basics，AN 150，Keysight Technologies.
(28) Spectrum Analyzer Measurements and Noise，AN 1303，Keysight Technologies.
(29) Selected Articles on Time Domain Reflectometry Applications，Application Note 75，Mar. 1996，Hewlett Packard.
(30) TDR Technique for Differential Systems，AN 62-2，Keysight Technologies.
(31) Eric Bogatin，Mike Resso；タイム・ドメイン・リフレクトロメトリを使用した差動インピーダンス測定，AN 1382-5，キーサイト・テクノロジー.
(32)* P6139A 10X Passive Probe Instruction Manual，Tektronix.
(33)* TAP1500型1.5 GHz，10Xアクティブプローブ取扱説明書，テクトロニクス.
(34)* P6247型1 GHz差動プローブ取扱説明書，テクトロニクス.
(35) P6158 20X 1kΩ Low Capacitance Probe For 50 Ohm Oscilloscopes，Tektronix.
(36)* P6248 1.7 GHz Differential Probe Instructions，テクトロニクス.
(37)* Keysight 8560 E-Series Spectrum Analyzers Data Sheet，Keysight Technologies.
(38) AD202/204データシート，アナログ・デバイセズ.
(39) AD7400Aデータシート，アナログ・デバイセズ.
(40) AD9514/PCB評価ボード・データ シート，Evaluation Board for AD9513/AD9514/AD9515 Clock Distribution ICs，アナログ・デバイセズ.
(41) AD8351データシート，アナログ・デバイセズ.
(42) ADM485データシート，アナログ・デバイセズ.
(43) ADP1870データシート，アナログ・デバイセズ.
(44) AD8021データシート，アナログ・デバイセズ.

〈著者略歴〉

石井　聡（いしい・さとる）

1963年　千葉県生まれ
1985年　第1級無線技術士(旧制度．現在の第1級陸上無線技術士)合格
1986年　東京農工大学工学部電気工学科卒業
1986年　双葉電子工業株式会社入社
1994年　技術士(電気電子部門)合格．登録30023号
2002年　横浜国立大学大学院博士課程後期(電子情報工学専攻・社会人特別選抜)修了．博士(工学)
2009年以降　アナログ・デバイセズ株式会社に勤務

アナログ・センスで正しい電子回路計測

2015年5月1日　初版発行　© 石井　聡 2015

著　者　石井　聡
発行人　寺前 裕司
発行所　CQ出版株式会社
東京都豊島区巣鴨 1-14-2（〒170-8461）
電話　編集　03-5395-2148
　　　販売　03-5395-2141
　　　振替　00100-7-10665

編集担当　上村 剛士，内門 和良
DTP・印刷・製本　三晃印刷株式会社
乱丁・落丁本はご面倒でも小社宛お送りください．送料小社負担にてお取り替えいたします．
定価はカバーに表示してあります．
ISBN978-4-7898-4203-7
Printed in Japan